本书获 2018年国家自然基金面上项目（项目号：61872384） 2021年国家自然基金青年基金项目（项目号：62102450） 2022年国家自然基金面上项目（项目号：62272478） 支持

密文域可逆信息隐藏技术

柯　彦　张敏情　苏婷婷 ‖ 著

西安电子科技大学出版社

内 容 简 介

本书主要围绕新型信息隐藏技术——密文域可逆信息隐藏技术展开，书中系统介绍了该技术的发展脉络、研究前景、应用特点与评价体系。基于作者近年来的研究成果，本书从密文域可逆信息隐藏的现实需求出发，剖析了该技术的需求特点与研究瓶颈，介绍了作者针对瓶颈的理论与技术问题展开的研究工作。书中还结合该领域最为前沿的几种加密环境，详细分析了基于格密码、同态加密、编码技术的密文域可逆信息隐藏技术，并结合不同密文环境下的不同特点，对所提出的各类算法的理论构思、算法过程、实验过程、实验结果以及相关的技术指标进行了详细的说明。本书最后对该技术进行了总结与展望。

本书内容新颖，面向应用，对该技术领域的现状与发展前沿进行了详细综述，可以作为多媒体信息安全、网络空间安全等相关专业的高年级本科生和研究生的参考书，也可以作为从事图像安全、多媒体安全等研究工作的研究人员与技术人员的参考书。

图书在版编目(CIP)数据

密文域可逆信息隐藏技术 / 柯彦，张敏情，苏婷婷著. --西安：西安电子科技大学出版社，2024.1
ISBN 978 - 7 - 5606 - 7051 - 5

Ⅰ. ①密…　Ⅱ. ①柯…　②张…　③苏…　Ⅲ. ①加密技术　Ⅳ. ①TN918.4

中国国家版本馆 CIP 数据核字(2024)第 008710 号

策　　划　陈　婷
责任编辑　郑一锋　陈　婷
出版发行　西安电子科技大学出版社(西安市太白南路 2 号)
电　　话　(029)88202421　88201467　　邮　　编　710071
网　　址　www.xduph.com　　电子邮箱　xdupfxb001@163.com
经　　销　新华书店
印刷单位　咸阳华盛印务有限责任公司
版　　次　2024 年 1 月第 1 版　2024 年 1 月第 1 次印刷
开　　本　787 毫米×1092 毫米　1/16　印张　15
字　　数　363 千字
定　　价　45.00 元
ISBN 978 - 7 - 5606 - 7051 - 5 / TP

XDUP 7353001 - 1

前　言

密文域可逆信息隐藏是现代信息隐藏技术的重要分支之一，它是将信息隐藏的原理应用于现实中的密码技术环境，是密码技术与信息隐藏技术两大基础信息安全技术交叉结合的关键领域。目前，密码技术在网上银行、金融贸易、云服务、政府以及军事保密通信等诸多领域发挥着基础性的关键作用，密态数据在网络空间的占比越来越大。密文域可逆信息隐藏具有内容隐私保护与秘密信息传递双重安全保障，是一种重要的密文域信号处理技术，其应用领域主要包括远程医疗诊断、云服务、司法或军事数据保密管理等。经过近二十年的发展，该技术在嵌入容量、可分离性、安全性等方面取得了长足进步，积累了大量研究成果。

本书介绍的密文域可逆信息隐藏技术是作者所在的武警工程大学密码与信息安全研究团队的一个主要研究方向，团队负责人是张敏情教授。作者团队通过汇集多年来的研究成果，力求向读者介绍密文域可逆信息隐藏技术的特点与发展前景，为同行研究者提供一定的参考与启发。书中关于信息隐藏与密码技术的溯源、对比，以及密文域可逆信息隐藏技术在信息隐藏领域的定位、分析，来自作者团队的多次讨论。在不断的讨论中，我们对信息隐藏技术应用场景、发展潜力的认识不断深入，在密文域可逆信息隐藏领域不断尝试新的研究切入点，从技术的理论框架、适用环境、应用场景、评价指标等很多方面提出了许多颇具新意的改进与完善方法，这也是撰写本书的最大基础与最主要驱动力。

下面简要介绍本书的主要内容安排。第1章首先从信息安全的发展起源开始介绍，通过对比密码与狭义的信息隐藏(隐写)技术的特点，强调信息隐藏的基本特征，明确现代信息隐藏技术中水印与隐写这两大主体技术的异同。然后从可逆性这个无论是在社会生活，还是基础理论研究中都非常重要的属性出发，介绍信息隐藏技术在发展过程中引入可逆性的意义与内涵，指出可逆信息隐藏的出现与发展具有必然性，对于信息安全、隐私保护等都具有重要的意义——对这部分内容的构思起源于课堂上与学生们的交流，通过对学生们质朴而天然的问题进行解答，自己对于技术源起的理解似乎也更加深入，因此要感谢我的学生们。最后，给出了关于密文域可逆信息隐藏技术的评价体系，这是当前该领域最为系统性的评价体系与技术指标体系，也是后续章节的重要理论指导。

第 2 章主要介绍我们团队在密文域可逆信息隐藏领域所提出的一种新型可逆嵌入理论框架——基于加密过程冗余的可逆嵌入理论。为了帮助读者更好地理解该理论，本章首先从空间域可逆嵌入技术框架出发，通过对比分析来突出密文域可逆嵌入的难点与已有的解决思路。然后，重点阐述了当前另外两种主流的密文域可逆嵌入框架——基于加密后腾出可逆嵌入冗余框架与基于加密前腾出可逆嵌入冗余框架，总结分析了该两类框架的技术特点与局限性，指出从加密过程自身产生的冗余出发，探索基于加密过程冗余实现可逆嵌入的可行性，并且具体介绍了三种基于加密过程冗余实现可逆嵌入的理论框架。最后，总结了不同嵌入理论与技术框架的特点与优劣，为后面章节介绍算法创新点提供了理论依据。

第 3 至 5 章介绍了近年来我们在基于格密码、同态加密、编码技术的密文域所做的研究工作。每章均以多个典型的原创算法为例，介绍了算法创新改进的思路与具体的实现过程，给出了每个算法相应的实验仿真结果与理论分析。在各个章节的最后，对比总结了不同密文域下实现可逆嵌入的技术特点与应用场景。

第 6 章对密文域可逆信息隐藏技术进行了总结与展望，包括该技术未来的发展与应用，这也是后期我们团队在该领域的几个主要研究方向，相信能够给同行提供一定的借鉴。

全书的撰写离不开近一年来与张敏情老师、苏婷婷老师的通力合作，更是多年来研究团队所有成员共同努力的结晶。感谢武警工程大学优良的科研环境与对人才培养的投入，感谢国内外同行专家、众多前辈老师的合作与指导，感谢一路走来无数审稿专家的犀利意见与真挚建议，感谢祖国稳定的大环境与对科研事业的重视。最后，感谢每一位读者的阅读选择，期待能够收到读者的反馈意见，指导我们未来的研究工作，相信未来我们可以成为研究道路上的挚友。

柯　彦

2023 年 6 月

目　录

第 1 章 信息隐藏概述

随着 5G 通信等信息技术的推广应用，日益增多的大数据信息不断在网络空间传播、发酵，导致保障网络空间安全的难度不断加大。一旦出现重要数据的泄露、窃取、恶意篡改或非法复制等信息安全问题，势必会对个人隐私、企业利益、社会安定乃至国家安全造成威胁。信息技术的发展与普及对信息安全技术的发展提出了极为迫切的现实需求。

在国际上，“棱镜门”“云泄露”以及勒索病毒等信息安全事件不断出现，这类网络空间的攻击行为给世界各国政治、经济、军事等领域带来了巨大的安全威胁，引起了各国政府的高度重视[1-3]。美国已经正式将网络空间列为与陆地、海洋、天空、太空并列的“第五战场”，将网络司令部升级为一级司令部。我国将网络空间安全提升为新的国家战略，成立了中央网络安全和信息化领导小组，后于 2018 年改为中国共产党中央网络安全和信息化委员会，新增“网络空间安全”学科为一级学科[4-5]。

保障信息安全离不开基础理论与专业技术的支撑，信息隐藏与密码学是当前保障信息安全的两大基础理论与技术，其中信息隐藏(Information Hiding/Data Hiding)自 20 世纪 90 年代被提出后，在隐私保护、保密通信等领域发挥着越来越大的作用，已经逐渐成为信息安全领域的研究热点，并引起了学术界和安全部门的广泛关注[6-7]。本书所介绍的密文域可逆信息隐藏技术在信息处理的过程中可以提供内容隐私保护与秘密信息传递的双重安全保障，在云端密文管理、远程医疗诊断、司法或军事数据保密管理等领域发挥着重要作用。

在介绍密文域可逆信息隐藏技术前，本章首先对信息隐藏技术进行回溯与简单的综述，目的是理清信息隐藏领域的技术分支与密文域可逆信息隐藏技术的归类与特点，同时也为介绍密文域可逆信息隐藏技术的特点与应用前景进行铺垫。

1.1 保密通信

经济的发展与军事的对抗促使人类科技不断进步，而在这其中扮演重要角色的科学技术之一就是通信技术。在通信技术不断发展的今天，信息安全问题也逐渐为人们所重视，信息安全的需求来源于人们对通信过程安全保密的需要。保密通信(Secret/Secure

Communication)(也称秘密通信)就是为了实现与目标对象之间安全、有效、可靠的通信交流而使用的一种采取了保密措施的通信。随着承担信息的载体(石器、铜器、书帛、纸卷、无线电波以及数字多媒体等)不断发展进化，一代代研究者也不断探索着保密通信的新技术、新方法。

保密通信是一个比较大的概念，其内涵远比密码或信息隐藏丰富。保密通信最早可以追溯至17世纪中叶，著名的自然哲学家、科学家弗朗西斯·培根(Francis Bacon)提出“密写”(Cypher)，并给出了达到密写的三个基本条件：

(1) 密写方法应该不难使用；

(2) 其他人应该不可能恢复或读取明文(reading the cipher)；

(3) 在某些情况下，其他人不应怀疑保密消息的存在。

从后来的历史发展来看，同时满足这三个条件似乎很难，但是如果考虑只满足其中的两个条件，保密通信技术便出现了两种基本雏形，即追求消息内容的不可读的密码技术与追求隐藏通信存在性的信息隐藏技术。密码与信息隐藏相辅相成，促成了保密通信从古典阶段发展至近代、现代阶段。

现代的保密通信技术起源于二战时期军事领域传递保密消息的通信需求。实现保密通信主要有两大技术：密码(Cryptography)技术与隐蔽通信(Covert Communication)技术。隐蔽通信技术还有一个更加兼具学术化与艺术化的名字——隐写术(Steganography)。隐写术来源于约翰尼斯·特里特米乌斯的看上去是有关黑魔法，实际上是讲密码学与隐写术的一本书——*Steganographia*。此书书名源自希腊语，意为“隐秘的/有遮盖物的”(Steganos)和“书写”(Graphie)。下面将对隐写技术与密码技术进行介绍与区分。

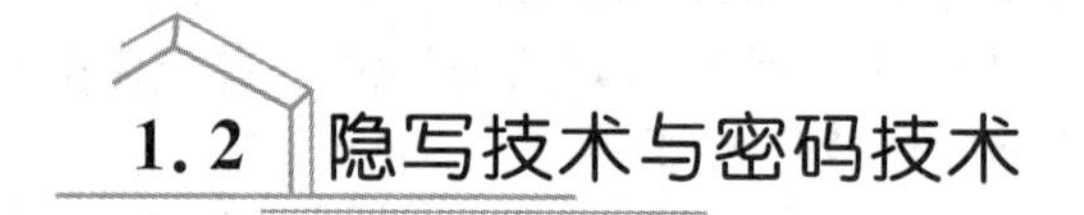

1.2 隐写技术与密码技术

隐写技术与密码技术各有所长，下面从以下几方面对二者进行辨析与区分。

1.2.1 安全标准

1. 安全目标

从安全保密方面来看，密码技术强调对通信内容的保密，通过对明文内容进行加密变换，使密文数据呈现无意义的随机噪声态；隐写技术强调可以保持保密通信存在事实的不可感知性。不可感知性主要包括四方面含义[8]：

(1) 信息内容不可见。

(2) 信息的存在性不可见。

(3) 信息的发送方、接收方不可见。

(4) 传输的信道不可见。

2. 算法保密与密钥保密

在技术实用化发展过程中，信息系统的安全性主要是基于算法保密或算法公开(密钥保密)。现代安全系统是从基于算法保密逐渐转向基于密钥保密的，这是安全技术在发展与实践应用中的选择，因为基于算法保密的系统在理论与实践上具有诸多弊端，可以从以下三方面来讨论：

（1）保密成本。

基于算法保密的系统保密成本较大，因为需要保密的部分包括算法、系统硬件、系统软件、操作人员等，发生信息泄露的可能途径很多，保密难度较大。比如在算法方面，可以通过代码反向工程进行反编译来获悉算法细节；软件方面，可以执行内存转储或在调试器的控制下运行该软件以理解软件运行方法；硬件方面，可以购买或窃取硬件，并构建硬件测试所需的相关程序工具对其进行分析，或拆卸硬件后在显微镜下检查硬件芯片的细节；人员方面，可以通过贿赂、勒索或其他方式威胁相关人员使其解释系统，甚至在战争中，一方可能会捕获另一方的设备和人员，或利用间谍收集信息等。保密通信系统如果要应用在现实中，必然是需要广泛配发到各通信部门的。通过上面的分析可知，系统保密要求各通信部门统一保密算法、软件、硬件、人员管理等，成本较大，因此系统保密在实际中是困难的。

（2）更新成本。

如果需要通过更新得到一个与正在使用中的安全系统具有同等安全强度的安全系统，则基于算法保密的安全系统需要更新的部分包括算法、软硬件、人员操作技能等，而一种电子技术产品能够支持的算法是有限的，因此基于算法保密的安全系统难以频繁地实现系统更新。而基于密钥保密的安全系统只需要更新密钥即可实现与当前正在使用中的系统同等的安全强度。

（3）安全系统的标准。

算法公开是对系统的安全性进行分析定性，以及实现普及与实用化的前提，因为一个算法的细节如果完全保密，其安全性就不能经过公开的数学分析证明，完全可以对其安全性进行质疑，而安全性存疑的算法肯定不能直接进行标准化与工业普及。

综上所述，安全系统的实际应用有赖于实现算法公开下的安全，而一旦算法公开，基于密钥保密是实现系统安全的可行性选择。当前能够支持算法公开的隐写方法屈指可数，因为算法公开后，隐写需要抵抗的就是专用隐写分析的攻击。隐写算法的主体当前是基于修改的最小化嵌入失真的算法，这类算法也不能较好地满足算法公开以实现基于密钥保密的系统安全，即不能较好地抵御专用隐写分析。以当前性能得到普遍认可的STC（Syndrome Trellis Codes，校验子格编码）隐写为例，在算法公开的情况下，携密载体抵御专用隐写分析的效果较差。

信息系统安全基于密钥安全也是当前的密码算法的重要准则之一——Kerckhoffs准则，该准则是所有信息安全技术发展过程中需要重视的基本原则，但是隐写技术由于其应用领域的特殊性，其算法设计与改进过程中通常不过分强调密钥的生成及分配过程中的保密性。而密文域可逆信息隐藏技术与密码技术关联性较强，在嵌入算法设计过程中需要重点考虑Kerckhoffs准则的应用与体现。

1.2.2　攻击方式

从攻击者或分析者的角度来看，密码技术的目的在于最终得到密钥或明文序列，当然现代密码分析的阶段性目标也包括伪造密文、区分密文与随机序列等。隐写技术的目的在于探测出隐蔽通信的存在性，并不要求一定得到通信内容，当然得到隐蔽通信内容，甚至分析出嵌入容量(即嵌入量)或嵌入位置是更好的。因此，对应用于保密通信的安全系统而言，隐写系统比密码系统更加脆弱，一旦通信的存在性被暴露或被嗅探，可以认为隐写系统被攻破。这也意味着隐写系统所提供的安全保障层次更高，它不仅要保持通信内容的保密，甚至连发生了通信这件事也不能让人知道。换句话说，隐写不仅保护了通信的内容，也保护了通信的信息源，保障了隐写信道使用者的隐蔽性或安全。

1.2.3 理论模型

在密码技术的理论模型中，通信的双方分别是 Alice 和 Bob，他们身处受控的安全环境，但是通信的信道是开放的，因此攻击者 Eve 可以任意截听信道中的内容，Alice 和 Bob 使用密钥对明文消息进行加密与解密处理，然后将密文通过公开信道进行传递，他们要求消息内容对 Eve 来说不可读。Eve 可以知道加密、解密算法的全部细节，但是无法得到解密密钥，希望通过不断积累知识，最终得到比穷举整个密钥空间更为高效的破译密文内容的方法。由此，根据攻击者在前期积累攻击经验时的信息来源，Eve 可以实施的攻击模型可以分为唯密文攻击、已知明文攻击、选择明文攻击、(适应性)选择密文攻击等。上述攻击的攻击等级与防御难度按照先后顺序逐个递增，对应的密码算法的安全等级相应地可以分为抗唯密文攻击安全、抗已知明文攻击安全、抗选择明文攻击安全、抗选择密文攻击安全等，即其中最安全的是抗选择密文攻击安全。

隐写技术的理论原型来源于 1984 年西蒙斯(Simmons)在隐渠道和囚徒模型上的创始工作。图 1-1 所示的囚徒模型很好地诠释了它的理论抽象与安全性要求[9]。

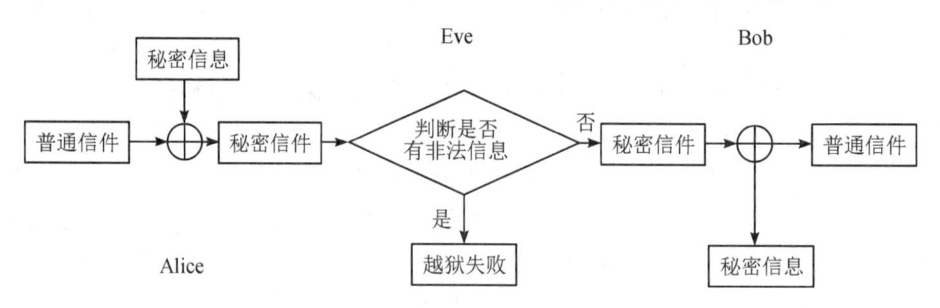

图 1-1 囚徒模型

囚徒模型的原理为：Alice 和 Bob 被关进监狱，他们身处非受控的环境，只能通过监狱看守 Eve 来交换一些看上去无关紧要的日常信息(如自然图片)，而事实上他们却以这些日常信息为载体，在其中隐藏一些秘密信息来设计逃跑计划。在这个模型中，隐蔽通信，即隐写的过程主要存在三个要素：① 秘密信息；② 载体；③ 公开信道。其中**公开信道已经假定为实现隐写安全的最差情况**，因为这个信道的存在是由 Eve 来实现与维护的，通信的内容、时间、方式对于 Eve 来说没有任何秘密性，Eve 可以得到 Alice 和 Bob 交换的所有内容，并且如果发现所交换的内容是不正常的，Eve 可以选择中断信道，或者处决 Alice 和 Bob。类似地，Eve 可以实施的隐写攻击模型可以分为唯携密载体攻击(Stego-Cover Only Attack，SCOA)、已知载体攻击(Known Cover Attack，KCA)、选择载体攻击(Chosen Cover Attack，CCA)、适应性选择载体攻击(Adaptive Chosen Cover Attack，ACCA)。

1.2.4　技术应用

密码技术具有较为完备的理论根基，尤其是公钥密码等现代密码主要是基于数学及逻辑上的困难问题，通过严格的数理推导来保证算法的安全性。在应用过程中，结合信息时代的特点，密码技术不断衍生出众多的应用体制，其内涵已经远不止于保证消息内容不可读，还包括了签名、哈希、秘密共享、零知识证明、同态加密、多方安全计算、属性基加密、代理重加密，以及区块链技术等。

隐写技术与密码技术相比，前者侧重于对通信存在性的保密，其理论基础在于对载体冗余的分析与利用，然后基于多媒体数据的复杂性、人类感观的不可感知性、统计分析的不可区分性等理论设计信息嵌入方法。但是上述过程没有实现从理论目标到技术实践的完全推导，达到理论安全性的完备隐写方案似乎还没有出现，其原因大概是不同载体的特点不同，嵌入原理与方法各异，导致难以完全建模。以图像载体为例，自然图像的隐写分析理论模型特征维度就十分庞大，动辄可能超过上万维。即使如此，在使用了高复杂度甚至人工智能工具的分析者的眼中，载体因为若干嵌入修改而发生的特征改变依然能够被有效地分析出来。隐写方案在提出与论证的过程中也更重视实践效果，要考虑在隐写方案实施的全过程中可能遭受的攻击，通过设计抵抗现存所有可能的攻击，尽量杜绝通信暴露的可能。但是这并不表示现有的隐写技术不能用，在实用条件下安全总是相对的概念，隐写技术能够面对具有一定分析能力的敌人提供一定时间内(如战争延续时间、情报任务时间)的安全保障即可，即使在密码学中，具有信息论意义上理论安全的密码方案“一次一密”也并不实用，需要对应地对密钥或加密方式进行实用化的重构与精减。另外，在技术实用化发展中，隐写与隐写分析技术得到了此消彼长式的迭代，在博弈式发展中实现了技术的优化与创新，也不断拓展着隐写技术的载体类型与嵌入平台。通过不断吸收前沿的信号处理技术，信息隐藏成为了信息安全实现学科交叉与多领域技术融合的重要阵地。

隐写技术的安全保护理论的应用场景及其实践手段要求较高，其应用特点不太符合民间或商业化的应用特点。隐写技术更加适用于国家安全部门或特情部门人员的情报回传应用，看似平常的载体有效地掩护了情报回传工作，降低了特情人员被敌人怀疑的风险。因此算法设计过程中也更加注重工程应用上的可实现性与实用性。

1.3　现代信息隐藏技术

信息隐藏技术自诞生至今已经三十多年了，其间得到了国内外学术界和产业界持续广泛的关注。信息隐藏暨多媒体安全国际会议(ACM Workshop on Information Hiding and Multimedia Security，IH&MMSec)是目前信息隐藏领域最有影响力的国际会议，前身是已成功举办十四届的国际信息隐藏学术研讨会。国际数字取证与水印大会(International Workshop on Digital-forensics and Watermarking，IWDW)作为多媒体信息安全领域的另一个顶级国际会议，在数字取证和水印领域有着相当大的影响力，截至2022年已成功举办20届。国内信息隐藏领域的前沿学术会议包括已举办十五届的全国信息隐藏暨多媒体信息安全学术大会(China Information Hiding and Multimedia Security Workshop，CIHW)，以及已举办9届的全国信息隐藏暨多媒体信息安全青年学术交流会。

1.3.1 信息隐藏的发展

狭义的信息隐藏技术特指隐蔽通信技术或隐写术，是一门涵盖信息安全、数学、计算机视觉、人工智能以及计算机应用等的交叉学科。利用隐写术可将秘密信息嵌入用于掩护的载体，公开信道中传输的是携密载体。随着时代的不断发展，研究者发现，以数据嵌入技术为基础不仅可以实现情报回传，同时也可以携带具有其他功能的信息。数据嵌入在公开可见的显性信道基础上提供了一种不可见的隐性信道，在实现了显性信息(载体)传递的同时，通过嵌入技术秘密传递了额外信息。现代信息隐藏技术的另一个重要分支就是这样一种基于数据嵌入操作的应用技术——水印技术。水印技术适用于和平年代下商业应用中的版权认证与防伪。

1.3.2 信息隐藏的分类

广义的现代信息隐藏技术主要是指利用载体数据中的冗余数据来携带或隐藏额外信息，以实现隐私保护、保密通信、数字签名与认证等功能的信息安全技术。一个信息隐藏系统通常包括的系统组件有：载体、秘密信息、信道、密钥；嵌入方、提取方；隐藏算法、提取算法。核心环节主要是围绕载体与秘密信息两部分展开的，如图1-2所示。

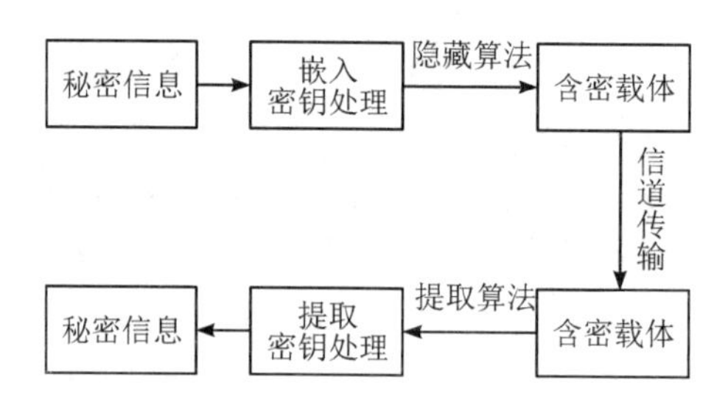

图1-2 隐写系统基本模型

因此常见的信息隐藏的分类方法主要是基于载体与秘密信息来讨论的，具体分类如下。

1. 按秘密信息的功能分类

按照所嵌入信息的功能与安全性要求的不同，信息隐藏主要可分为两类：隐写术(Steganography)和数字水印(Digital Watermarking)。隐写术主要关注所嵌入信息的隐蔽性与通信存在性的不可感知性，主要用于隐蔽通信；数字水印主要关注嵌入信息的稳健性，也称为鲁棒性，主要用于数字版权保护[10]。这里需要指出：水印也分为脆弱水印、半脆弱水印与鲁棒水印，鲁棒水印技术在研究领域以及应用领域相对更受关注，因此这里主要以鲁棒水印为主介绍水印与隐写的不同特点。

下面结合囚徒模型分析隐写安全与水印安全的不同[11]，对于隐写安全来说，Eve只要发觉Alice和Bob之间存在保密通信，它们之间的隐写安全性就可认为被攻破了。但是对于水印安全来说，嵌入消息的不可感知性并不是保证水印安全的充分条件，因为水印在实际生活中主要用于载体版权的认证与防伪，例如可见水印已经直接暴露了水印的存在；有的版权拥有者会事先公开所要嵌入的水印标识，用于日后的提取与认证。因此囚徒模型对于水印安全来说，Eve的任务首先是嗅探水印消息的存在，然后是试图提取水印内容，但是此时还不能认为水印安全完全被攻破了，Eve最终要实现的是对水印的破坏、篡改与伪造，换句话说，这里的Eve需要完成一个主动攻击者的任务，才能达到攻击目的，这与Kalker[12]定义的水印安全性是一致的："水印安全性是指未经授权的用户无法访问或使用原始水印信道"。而在隐写模型中，Eve只需要完成一个被动攻击者的行为，就可以达到攻击目的，因此隐写模型对于攻击者的要求较低，Eve不需要实现对嵌入消息的破坏、篡改与伪造，只要能发觉出秘密消息的存在即攻破了隐写系统的安全。那么Eve完成什么操作之后便可以确定已经发觉秘密消息的存在了呢？有以下两种情况：

(1) Eve检测出携密载体非自然载体；

(2) Eve能够提取出隐藏消息的内容。

Eve的以上两种行为可以理解为分别从载体与秘密消息的角度出发来发觉保密通信的存在，它们都会直接暴露存在秘密消息这一事实，也就意味着隐写安全被攻破。需要提及的是，J. Fridrich在文献[13]中把Eve的攻击行为分为被动攻击、主动攻击与恶意攻击。所谓恶意攻击，是指即使在不知道隐写是否存在的情况下，仍然对信道中传输的内容进行破坏、篡改的主动攻击。对于恶意攻击，要考虑的主要是鲁棒性而不是安全性，攻击行为只要没有危及隐写安全，即使当前信道被恶意破坏，隐写方案仍可以继续使用，因为在现实的多媒体与网络环境下，隐写系统可以重新选择其他的公开信道，这里不考虑没有可用信道的情况，另外，关于隐写鲁棒性的分析与实现也是当前学术界研究与思考的一个方向。而从水印安全来看，对抗Eve的被动攻击没有太大现实意义，水印需要保护每一个内容载体的版权，因此水印的研究者们需要的是一个可以抵抗主动攻击甚至恶意攻击的有效方案。

2. 按载体嵌入后的损失类型分类

传统的信息隐藏通常是非可逆信息隐藏，即有损信息隐藏。这里的有损指的是载体信息与嵌入之前相比发生了不可逆的修改。嵌入过程给原始载体带来的永久性失真，在一些对数据认证要求高，同时对载体失真较为敏感，需要无失真恢复出原始载体的应用场合是不可接受的，如云环境下的加密数据标注、远程医学诊断、司法取证等。为了兼顾信息隐藏与原始载体的无失真恢复，Barton[14]首次提出了可逆信息隐藏的概念。所谓可逆，是指嵌入信息的过程必然要对载体进行一定的重量化与再编码，从而使载体数据受到一定的破坏，而合法用户不但可以在接收端提取秘密信息，而且可以恢复遭受破坏的数据，实现原始载体的无损还原[15-16]。此后几年，可逆信息隐藏技术吸引了大量国内外学者的关注。

3. 按载体类型分类

载体的类型繁多，这里主要列举典型的几种，如面向数字图像(包含彩色图像、灰度图像、矢量图像、Jpeg压缩格式图像等)、数字音频(.midi、.mp3、.wma、.wav等)、视频(GIF图、H.264/AVC压缩格式视频等)、文本(.txt、doc、.docx、.xls等)、软件、神经网络、域下信道、密文等的信息隐藏。

4. 其他分类方式

按是否有密钥参与以及密钥的不同特点分类，可分为无密钥信息隐藏、对称密钥下的信息隐藏、公钥条件下的信息隐藏、满足 Kerckhoffs 准则的信息隐藏等；

按照抵抗攻击的类型分类，可分为抵抗唯载体攻击的信息隐藏，抵抗选择载体攻击的信息隐藏等；

按所提供的安全保护类型分类，可分为支持签名的信息隐藏、支持密钥分发的信息隐藏等。

1.3.3 信息隐藏的基本特征

信息隐藏的基本特征与应用场景关系较大，在算法分析过程中考虑的技术评价指标也有不同的侧重，这里主要介绍常用的三个方面的特性：不可感知性、隐藏容量以及鲁棒性。

1. 不可感知性

不可感知性又被称为不可见性，是隐写过程中最重要的指标，表明载体进行信息隐藏后，抵抗非法攻击者感知与检测的能力。感知指隐写后的含密载体具有较好的视觉效果，不存在可被观测的视觉差异，使得攻击者无法对载体进行怀疑，所以也可被称为主观不可见性；检测指隐写前后嵌入载体的统计特征不会发生较大变化从而可让攻击者轻易进行分析判断，通常以峰值信噪比进行定量衡量，也被称为客观不可见性。

2. 隐藏容量

隐藏容量就是在保证载体不可感知性的前提下，可传输秘密信息的最大容量。通常在保证载体数据质量的影响范围内，应尽可能提高嵌入数量，从而提升通信效率。也可结合编码算法，在同等嵌入容量下保证较小的修改率，从而减少对载体质量的影响。

3. 鲁棒性

鲁棒性主要体现在算法的抗干扰能力上，即嵌入后载体经过无意或恶意攻击时，仍可以保持嵌入信息完整恢复的能力。抗干扰能力越强，鲁棒性能越高。

Fridrich 给出了三者之间的三角关系(Magic triangle)，如图 1-3 所示。三个主要特性之间相互依赖并制约，很难找到完美的隐写算法使三者同时最优。这是因为隐藏容量的大量增加势必会给载体的视觉质量和统计特性带来不可逆的修改，降低算法安全性的同时也会制约鲁棒性的发展；若在不可感知性较好的前提下，将隐藏容量做一定程度的扩充，对鲁棒性的运用难度也会大大下降，但无法达到嵌入容量的极限最大值。所以在设计算法时需根据实际的应用环境对其做出指导。

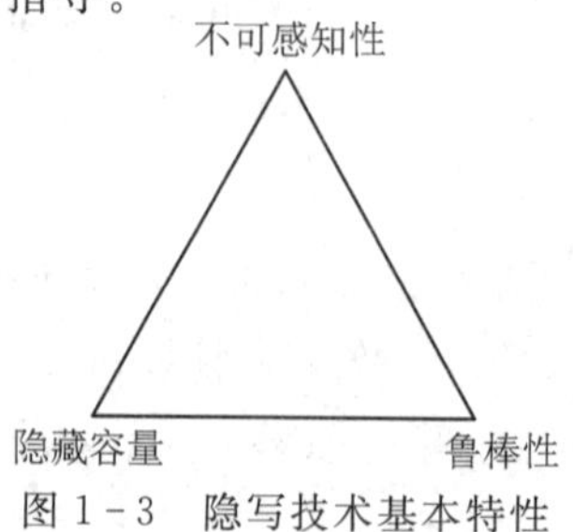

图 1-3 隐写技术基本特性

1.4 可逆信息隐藏技术

1.4.1 可逆信息隐藏的提出

传统的信息隐藏通常是非可逆信息隐藏，即有损信息隐藏，嵌入信息的过程会给原始载体带来永久性失真，这在一些对数据认证要求高，同时对载体失真较为敏感，需要无失真恢复出原始载体的应用场合是不可接受的，如云环境下的加密数据标注、远程医学诊断、司法取证等。为了兼顾信息隐藏与原始载体的无失真恢复，Barton 于 1997 年[14]首次提出了可逆信息隐藏(Reversible Data Hiding，RDH)的概念，所谓“可逆性”，是指嵌入信息的过程必然要对载体进行一定的重量化与再编码，从而使载体数据受到一定的破坏，而合法用户不但可以在接收端提取秘密信息，而且可以恢复遭受破坏的数据，实现原始载体的无损还原[15-16]。

可逆信息隐藏被提出后，现代信息隐藏技术根据载体在信息嵌入后是否可以可逆恢复，分为不可逆信息隐藏和可逆信息隐藏，可逆信息隐藏也叫作无损信息隐藏。信息隐藏的分类如图 1-4 所示。

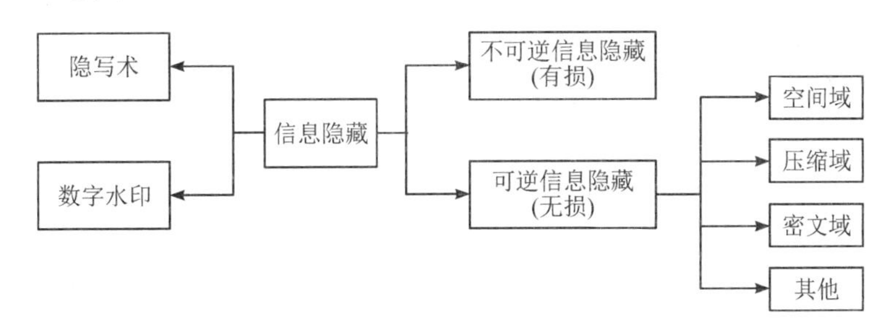

图 1-4 信息隐藏的分类

1.4.2 可逆性的内涵与技术意义

可逆性是一个比较常见的性质，如人类的视觉系统根据真实物体在视网膜呈现的虚像可以根据光路的可逆性，在大脑中构建现实的影像；Word 文档的编辑是可逆的，按下 Ctrl+Z 键可恢复出上一个操作前的文档状态。同时，可逆性又是稀少的，如整容手术往往是不可逆的，即使整容者后悔了，也无法再回到整容前自然的容颜状态；细胞衰老是不可逆的，人或者任何生命都在不约而同地走向同一个终点——死亡。可逆性有效地降低了人为活动试错的成本，似乎提供了一种技术操作或现实体验的后悔药，但是保障可逆性的方法成本却差异较大，光路的可逆是自然法则，而 Word 文档的撤回操作依赖的是文档的备份与操作日志的倒序存储，如果想得到一种万能的可逆机制，那可能需要一个时间机器。而现实情况下，可逆操作的最便捷有效的实现手段应该是数字操作的可逆性，如无损压缩算法、可逆函数与等价变换等。可逆信息隐藏技术就是一种基于可逆数学变换的信息安全技术。

对于当下的技术发展而言，可逆性具有不可替代的技术意义，因为受一定阶段或历史时期下人类理论水平、认识水平、观测能力、技术条件的局限，对于原始信息的评价能力往往是有限的，观测结论可能是片面的或错误的，而可逆性操作使人类对同一事物的重复观测或重复评价成为可能，例如量子状态的测量存在坍缩现象，无法对未知量子态进行复制保存，使得量子状态的测量结果极具随机性。对于数字图像、视频等多媒体数据来说，具有可逆性的数据处理具有现实价值，因为我们在自然采样的过程中，总是想尽可能全面地保留更多的原始信息，把最动听的声音与最感人的光景尽可能多地保留下来，但是后期的处理过程中为了传输与存储效率的提升，总是会不可避免地放弃一些所谓的噪声或冗余信息，这些表面上的噪声信息说不定正是一首歌或一幅画的神韵所在，导致原本已经有所缺失的原始信息再次变得支离破碎。比如现场音乐的效果肯定是最好的，而黑胶唱片所搭载音乐的音色与质感毋庸置疑又要好过网络上传播的各种压缩格式下的音乐。

信息隐藏尤其是水印技术的嵌入操作往往也会给原始载体造成不可逆的修改，用于保护内容版权的技术却首先对内容进行了破坏，这在一定程度上来看总是遗憾的。现实中数字资源可以通过备份存储实现对原始采样信息的保留，信息的复制在一定程度上保证了重复观测同一事物或者现象的可能，但是存储成本的压力不容忽视，因此可逆操作的重要性呼之欲出。可逆信息隐藏是将可逆性体现在信息隐藏处理的过程中，主要应用于对载体失真较为敏感的场合，如军事遥感图像、医学图像等，额外信息嵌入后不影响载体内容的使用，因为嵌入操作是可逆的，提取信息后依然可以恢复出原始载体。

可逆信息隐藏技术实现了一种原始内容载体与额外无损信道的叠加，传输的信息是任意的比特流，比特流的内容功能决定了该技术最终的应用。如果是一段用于认证载体内容拥有者的签名，那么可逆信息隐藏的应用场景就是身份认证；如果是一段对于载体内容的描述，那么可逆信息隐藏的应用场景就是提供内容的附加标签，只是这个标签与传统的标签相比，更不易被攻击者发觉、剪切或伪造，毕竟它是以“嵌入”的方式存在的，其与载体内容融合在一起。

1.4.3 评价指标

可逆信息隐藏的技术评价指标在信息隐藏技术特性的基础上增加了可逆性、嵌入后载体失真等标准，这里我们不做过多介绍。

1.4.4 可逆信息隐藏技术分类概述

可逆信息隐藏技术一直是信息隐藏领域的重要研究方向之一。近年来，发表在 IEEE Transactions 系列期刊上的关于可逆信息隐藏研究方向的文章数量和影响力正不断提高。多篇可逆隐藏方向的学术论文已被引用超过 2000 次，例如施云庆教授 2006 年发表在 IEEE TCSVT 期刊上的文章“Reversible data hiding”是多媒体安全领域最为经典的高被引论文之一[17]。我国的国家自然基金也对可逆信息隐藏相关研究进行了持续资助。近年来，获得资助较多的高校包括北京交通大学、中国科学技术大学、上海大学、暨南大学、南京信息工程大学、武警工程大学等。2009—2021 年面上项目中该方向的资助项目数以及该方向资助项目数占信息隐藏类资助项目总数的比例如表1-1所示。从表中可以看出，除2019年以外，2017—2021年可逆信息隐藏方向的资助项目数占信息隐藏类资助项目总数的25%以上。

表1-1 2009—2021可逆信息隐藏资助项目数占信息隐藏类资助项目总数的比例

年度	信息隐藏类	可逆信息隐藏	可逆信息隐藏占比
2009	10	1	0.10
2010	6	0	0.00
2011	10	1	0.10
2012	10	2	0.20
2013	10	1	0.10
2014	5	1	0.20
2015	10	3	0.30
2016	4	1	0.25
2017	12	3	0.25
2018	15	6	0.40
2019	14	1	0.07
2020	8	3	0.375
2021	7	5	0.71

下面从可逆嵌入载体的不同类型出发，对可逆信息隐藏技术的研究现状进行分类介绍，重点对非密文域可逆信息隐藏的研究现状进行分析归纳，对其技术难点进行总结。

1. 空间域可逆信息隐藏

空间域可逆信息隐藏，也称为空域可逆信息隐藏，是可逆信息隐藏技术研究的主体。由于空域中存在的冗余信息丰富，数据嵌入的难度较小，因此早期的可逆信息隐藏大多数是面向空域的。空域可逆信息隐藏直接在图像像素组成的矩阵空间上进行嵌入操作。经过二十多年的发展，空域可逆隐藏算法按照嵌入原理的不同可分为基于差值扩展(Difference Expansion，DE)的算法[18-19]、基于直方图平移(Histogram Shifting，HS)的算法[20-21]、基于无损压缩(Lossless Compression，LC)的算法[22]三个主要类型。

(1) 基于无损压缩的算法。

该类算法将载体图像进行无损压缩，然后将待嵌入的数据填充到压缩后的空余空间中。文献[23]是该类算法较为典型的例子，该方法利用二值图像压缩编码算法(Joint Bit-level Image Experts Group，JBIG)[24]对特定位平面进行图像压缩；文献[25]同样基于位平面无损压缩原理，在嵌入方式上选择最低有效位(Least Significant Bit，LSB)方法；文献[26]提出的无损认证水印，基于广义最低有效位方法和图像分层认证技术，允许在恢复载体图像之前验证水印图像；文献[27]、[28]等早期的空域可逆隐藏算法大多数是基于无损压缩的，其共同点在于算法性能主要取决于无损压缩算法的压缩性能。该类算法的优点在于设计原理简单、计算复杂度较低等，缺点在于嵌入容量受压缩效率的制约较大。

(2) 基于差值扩展的算法。

为解决无损压缩类算法嵌入容量不足的问题，Tian在文献[18]中提出了第一个基于差值扩展的算法，并成为十多年来该领域的主要研究方向之一。早期的差值扩展算法主要是通过扩展两个甚至多个像素间的差值，以提高差值的容错能力，额外信息通常嵌在扩展后的差值中。基于差值扩展的改进算法主要分为三类：第一类算法是改变差值扩展适用的整数域，如文献[29]中的算法本质上是基于整数Haar小波变换后进行的DE嵌入。文献[30]～[34]等提出的算法均属于通过设计新的整数变换角度改进算法性能。第二类算法是从改进嵌入位置选择的角度，从按顺序嵌入转换成自适应选择位置嵌入。如文献[35]提出的算法是第一个自适应可逆隐藏算法，根据数据嵌入前的局部方差对像素对进行排序操作，并根据新的位置顺序进行数据嵌入。类似的自适应算法还有基于改进排序的算法与改进像素选择方法的算法[36-38]等。第三类算法是改进差值类型，从像素差值转换成预测差值。由于预测差值在挖掘图像空间域冗余方面与像素差值相比优势较为明显，因此该类算法也是三类算法中效果最好、成果最多的一种，如文献[39]～[45]。Thodi等人[45]最早提出了基于预测差值的差值扩展(Prediction Error Expansion，PEE)算法。在PEE方法中，数据嵌入分为像素值预测和预测误差值扩展两个步骤。接收方需要共享同样的预测算法，用以信息提取及载体恢复。基于差值扩展的算法是当前研究较成熟、成果较丰富、影响较大的一类算法。该类算法与无损压缩类算法相比具有较高的嵌入容量，具有设计巧妙、嵌入容量较大的特点。然而，由于差值扩展类算法难以控制每个像素值的修改幅度，因此容易出现嵌入失真较大的问题。此外，现有图像预测算法的预测精度有限，还无法充分利用图像空域像素值之间的冗余。

(3) 基于直方图平移的算法。

该类算法首先根据像素值高维空间和图像冗余构建直方图，然后利用修改图像直方图的方式进行数据嵌入。直方图平移类算法最初是由Ni等人提出的[17]，并能在理论上证明该类算法可以确保携密图像的峰值信噪比(Peak Signal to Noise Ratio，PSNR)不小于48 dB。之后的十多年来涌现出了大量改进算法及扩展方法，其中性能提升较为明显的一种是将直方图平移方法(HS)和预测误差扩展方法(PEE)进行结合的PEE-HS方法，例如文献[46]、[47]等。

基于PEE-HS的改进算法主要有两大类：第一类从改进预测性能的角度出发，构建分布函数曲线更为尖锐的直方图，例如基于菱形预测器的可逆算法[48]，基于图像插值的预测方法[49]、基于图像修复技术的预测方法[50]、基于像素值排序(Pixel Value Ordering，PVO)的预测方法[51]、基于局部预测器的预测方法[52]等；第二类从优化直方图条柱选择方法的角度出发，改进直方图自适应修改策略，例如文献[53]提出的双阈值直方图修改策略，文献[54]介绍的在嵌入阈值和波动阈值的基础上增加直方图左侧和直方图右侧两个阈值以约束直方图修改策略，同类算法还包括文献[55]～[57]所述的算法。基于直方图平移的算法与无损压缩类算法相比具有更好的嵌入容量，与差值扩展类算法相比具有更好的率失真性能，与预测误差扩展相结合的PEE-HS方法是当前研究的重点方向。

除了LC、DE、HS三大类算法之外，近年来该领域还涌现出了一些其他的相关技术与理论研究，例如文献[58]提出的基于码分多址的图像可逆隐藏算法；文献[59]提出将码分多址技术与频分多址技术相结合，将待嵌入信息转化为并行码流以提高嵌入容量；文献[60]针对空域可逆隐藏的嵌入容量界限等理论问题进行研究。关于空域可逆信息隐藏的研究，除了在可逆嵌入方式上的创新与改进外，当前人们也在探索应用过程中其他性能的优化与改进，如对嵌入失真性能的提高[61]、信息鲁棒性的提高[62-63]等。

2. 压缩域可逆信息隐藏

压缩格式的图像是网络上传播使用的主流格式图像，因此适用于压缩域的可逆信息隐藏技术。图像压缩是将图像数据中的冗余信息进行精减或舍弃，图像压缩域中存在的冗余信息减少，数据嵌入的难度会增大。此外，图像压缩的目的是尽可能减少图像文件的存储成本，以提高图像传输或者存储的效率。因此，该类算法要控制信息嵌入后图像的文件大小，保持文件压缩率。总之，除了携密图像质量、嵌入容量等空间域算法指标外，压缩率变化或者文件大小也是衡量压缩域图像可逆隐藏算法优劣的重要指标。

图像压缩域可逆隐藏根据图像类型的不同分为面向JPEG(Joint Photographic Experts Group)图像的算法[64]、针对矢量量化压缩图像的算法[65]、基于块截断编码压缩图像的算法[66]、基于JPEG2000压缩图像的算法[67]等。目前图像压缩域可逆隐藏主要是面向JPEG图像的，JPEG压缩的主要步骤包括DCT变换、DCT系数重量化(基于量化表)、量化后系数的熵编码(基于霍夫曼码表)。面向JPEG图像的压缩域可逆隐藏算法按照嵌入原理主要分为基于量化表修改的算法[68-72]、基于霍夫曼编码表修改的算法[73-77]以及基于量化DCT系数修改的算法[78-85]三大类，分别对应于JPEG压缩的三个主要步骤。

除了以上三大类算法之外，还出现了一些其他值得借鉴的算法，例如基于辅助数据构造的算法[86]、基于动态填充策略的算法[87]等。由于JPEG压缩的特殊性，当前还没有直接将直方图平移等空间域算法应用到JPEG压缩域的实例，且在嵌入率等评价指标上压缩域算法与空间域算法也存在一定的差异。

3. 其他类可逆信息隐藏

随着可逆嵌入技术的推广，更多的载体类型被引入，其中具有代表性的例子有面向视频媒体的可逆信息隐藏[88-92]、适用于音频格式的可逆信息隐藏[93-94]；面向指纹图像等司法图像的可逆信息隐藏[95]、基于矢量地图的可逆信息隐藏[96]等。

当前非密文域可逆信息隐藏的研究也存在一些共性问题，如非密文域可逆嵌入安全性的定义与评价指标以及可逆水印等技术的实用化等，这些问题都有待研究与进一步探索。与非密文域可逆信息隐藏技术相比，密文域可逆信息隐藏技术的应用场景较为明确，因此在近年来的研究过程中，相关的嵌入理论框架得到不断的补充与完善，多种加密技术被引入该领域，算法性能等相关评价体系也得以不断完善。

1.5 密文域可逆信息隐藏技术

1.5.1 密文域可逆信息隐藏的提出

密文域可逆信息隐藏(Reversible Data Hiding in Encrypted Domain，RDH-ED)是现代

信息隐藏技术的重要分支之一，特点是其用于嵌入的载体是经过加密的，要求不仅可以从嵌入信息后的携密密文中准确地提取嵌入信息，而且可以解密并无损地恢复出原始明文[97-98]。RDH-ED 运用信息隐藏的原理，服务于现实中的密码应用环境，是密码与信息隐藏两大基础信息安全技术交叉结合的关键领域。目前，密码技术在网上银行、金融贸易、云服务、政府以及军事保密通信等诸多领域发挥着基础性的关键作用，密态数据在网络空间的占比越来越大。RDH-ED 兼顾内容隐私保护与秘密信息传递双重安全保障，是一种重要的密文域信号处理技术，其应用领域主要包括远程医疗诊断、云服务、司法或军事数据保密管理等[98-99]。经过近二十年的发展，RDH-ED 技术在嵌入容量、可分离性、安全性等方面取得了长足进步，积累了大量研究成果。

1.5.2 应用前景

加密技术通常用于信息存储与传输过程中的内容保护，密文域可逆信息隐藏主要应用于加密数据管理与认证、密文域隐蔽通信等领域[97]，其研究意义主要体现在社会应用、军事应用及安全技术理论三个方面。

1. 社会应用方面

随着人们隐私保护意识的提高，商用及民用加密技术不断普及推广，加密技术以及众多的密码应用被广泛地引入各种底层网络或通信协议的设计中，因此网络空间中密态信息的占比越来越大，如何安全有效地管理本地或网络上大量存在的密文数据成为一个重要问题。密文管理的难点在于如何对噪声形态的密文数据实施归类、查询、修改等操作，尤其是对于提供第三方服务的数据库方或云服务方，如何在兼顾用户隐私保护，即在不解密用户密文数据的情况下实现必要的密文数据管理是一大技术难题。传统的基于密文检索的管理方法具有计算复杂度高、功能单一、信息易被剪裁等缺点[3]。RDH-ED 可以灵活、高效、安全地支持在密文数据中嵌入额外信息，以额外信息为辅助可以支持密文标注、密文数据分类等管理需要。例如，在远程医疗诊断过程中[97]，为了保护患者隐私，患者的各类诊断辅助信息需要进行加密传输或存储。医院的服务器端通过在各类患者个人信息的密文中嵌入额外信息(如就诊日期、患者的身份、前期病历、诊断结果等)，用于辅助实现个人密文的归类与管理。同时，医学图像等医用信息对数据失真较为敏感，任何失真都可能造成诊断出错或医疗决策的失误，RDH-ED 可以同时兼顾信息嵌入与原始明文数据的无失真恢复。图 1-5 所示为医学图像的密文管理应用示例。在云环境下，为了使云服务不泄露用户隐私，用户可以选择对个人数据进行加密后上传，而云端为了能在密文域实现对数据的检索、聚类或认证等管理操作，可以使用 RDH-ED 技术嵌入额外的备注信息，同时 RDH-ED 技术的可逆性保证了管理信息的嵌入不会影响用户对云端数据的解密与下载使用。在其他密文传输过程中，通过 RDH-ED 技术，以可逆方式嵌入校验码或哈希值，可以在不解密的情况下验证数据的完整性与正确性。

2. 军事应用方面

在军事信息处理过程中，密码技术的使用与普及程度远超过社会其他方面的应用。军事类信息，如军用遥感地图、军事命令等都要求信源加密后再进行存储与传输。为了适应

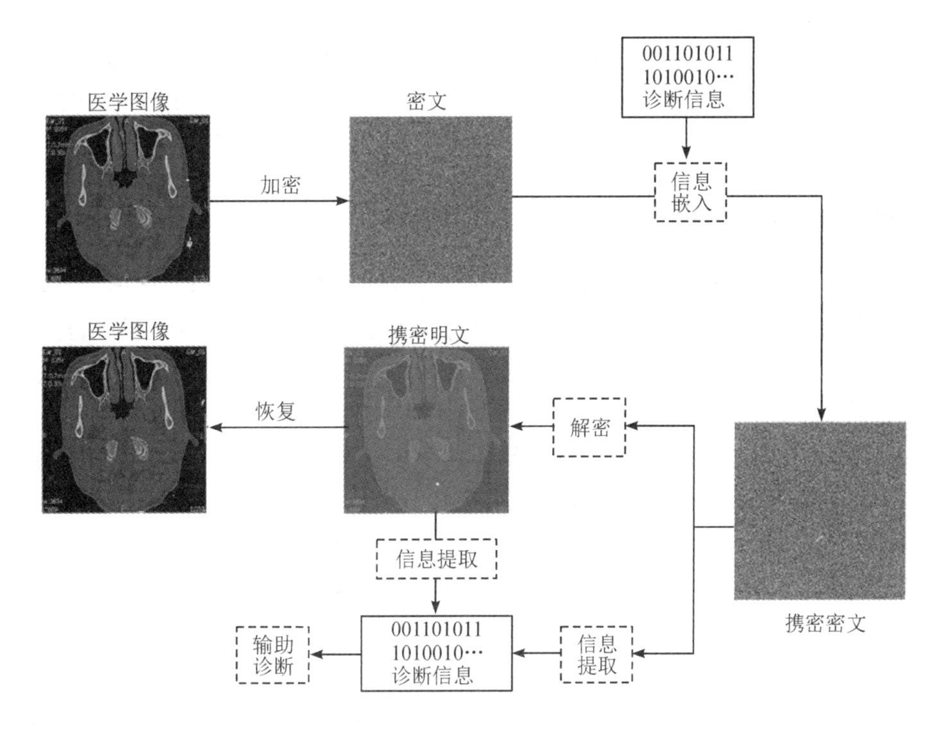

图 1-5　医学图像密文管理应用示例

不同军事场合中密文数据的分级管理，以及访问权限的多级管理，可以在加密数据中嵌入相关的管理备注信息。同时，像作战地图等重要的军事类信息对于原始信息的数据损失具有不可容忍性，密文域可逆信息隐藏可以有效兼顾额外信息的嵌入与原始信息的无失真恢复。

在军事通信方面，隐蔽通信的需求随着信息技术的发展在不断进步，虽然通信的载体以及传输信息的量级在发生改变，但对通信安全性和隐蔽性的需求从未改变。以明文多媒体数据为载体的传统隐写方法难以达到可证明安全性，而阈下信道技术以网络通信协议为掩护来传输信息，具有可证明安全性，但是其信息传输率很低[100]。基于 RDH-ED 的密文域隐写可以以常见的密态数据交流平台为掩护实现新型的隐蔽通信，密文域隐写在保证可证明安全性以及较高的信息嵌入容量方面具有独特的优势。密文域隐写等新模态下的隐蔽通信技术逐渐成为军事或安全部门在隐蔽通信领域新的研究方向之一[101-103]。

3. 安全技术理论方面

随着 5G 技术的普及与新媒体形式的井喷式发展，网络空间资源已然成为国家的战略资源，网络空间安全的可信架构亟待新技术的融入与补充。密文域可逆信息隐藏作为加密技术与信息隐藏技术的交叉点，起源于现实应用中的安全需求，兼顾两类基础安全技术的特点，形成了独具特色的应用场景与技术评价指标。面对现实中的不断革新的信息安全需求，尤其在密文域信息处理领域(如社交网络、在线应用、云计算、分布式数据处理等)，RDH-ED 提供了一种新的安全有效的技术保障手段。随着研究的持续发展与技术的不断成熟，RDH-ED 未来可以在更广义的安全架构设计中发挥一定的作用。对于国家安全部门的安全架构规划、可信协议的创新完善，以及军事作战系统的设计，RDH-ED 都能够提供更多的技术支撑。此外，近年来针对量子计算的研究持续深入，为应对量子计算对于现行密码体制的冲击，后量子密码算法的研究与应用正在不断推进。基于后量子密码的 RDH-ED 研究是当前 RDH-ED 研究的新兴聚集点，对于后量子密码环境下的应用创新具有一定的技术指导意义。

1.5.3 技术分类

密文域可逆嵌入与信息隐藏技术的基本原理相同，即发现并利用载体中存在的冗余信息。利用冗余信息实现密文域嵌入的方法，既可以通过压缩冗余使载体数据腾出一定的空间用于额外信息的填充，也可以基于特定的修改策略改变冗余量的数值或区间分布使冗余负载额外信息。但是密文数据是以随机噪声的形态存在的，而基于非密文域冗余(如相邻像素的相关性等)的传统嵌入方法无法被直接应用于密文域，因此如何在密文中生成或发现可利用的冗余是实现密文域可逆嵌入的前提。

根据嵌入冗余的不同来源，可以将密文域可逆信息隐藏算法中使用的密文域可逆嵌入技术分为三种类型[15]：基于加密后生成冗余的密文域嵌入(Vacating Room After Encryption, VRAE)[104]，基于加密前生成冗余的密文域嵌入(Vacating Room Before Encryption, VRBE)[104]，基于加密过程冗余的密文域嵌入(Vacating Redundancy In Encryption, VRIE)[99, 105]。下面分别介绍基于 VRAE、VRBE 与 VRIE 密文域可逆嵌入技术的密文域可逆信息隐藏算法的研究现状。为了便于叙述，本文出现的该领域的基本术语列举如表 1－2 所示。

表 1－2 密文域可逆信息隐藏基本术语

名 称	含 义	备注
明文(Plaintext)	未经加密的数据，如图像、文本等	
密文(Ciphertext)	加密后的数据	
额外信息(Additional data)	可逆嵌入的信息，通常为二进制	
携密密文(Marked ciphertext)	携带额外信息的密文	
携密明文(Marked plaintext)	携密密文解密后的明文	可选
恢复明文(Recovered plaintext)	携密明文可逆恢复后的明文	无失真
加密密钥(Encryption key)	加密明文时的密钥	
解密密钥(Decryption key)	解密密文或携密密文的密钥	
隐藏密钥(Data-hiding key)	信息嵌入或者信息提取的密钥	
预处理算法(Preprocessing)	信息嵌入预处理操作的算法	可选
加密算法(Encryption)	加密明文的算法	
解密算法(Decryption)	解密密文或携密密文的算法	
嵌入算法(Data embedding)	在密文中嵌入信息的算法	
提取算法(Data extraction)	从携密密文/携密明文中提取信息的算法	
恢复算法(Cover recovery)	对携密明文进行无损恢复的算法	可选

1. 基于 VRAE 的密文域可逆信息隐藏

密文域可逆信息隐藏算法实现的难点首先在于如何保证信息的可逆性，即在解密后能够恢复出原始明文。VRAE 嵌入技术的特点是生成可嵌入冗余的操作主要在密文域实施，利用密文无损压缩或同态加密等技术在密文域腾出冗余用于可逆嵌入，能够较好地保证信息的可逆性。

首个 RDH-ED 算法是在 2008 年的文献[106]中提出的，针对高级加密标准(Advanced Encryption Standard，AES)加密后的密文图像进行可逆嵌入，解密前需要将携密密文恢复成嵌入前的原始密文，嵌入容量较低；2011 年，Zhang 在文献[107]中基于图像加密算法中流加密异或操作的加同态效应，提出了一种适用于加密图像的可逆信息隐藏方法，这种方法操作简单且具有较高的可逆性；文献[108]、[109]等分别基于文献[107]的算法在嵌入容量上进行了提高。但上述算法存在一个共同的局限性，即提取额外信息与解密携密密文的操作有顺序要求，不具有解密和信息提取操作的“可分离性”。可分离的密文域可逆信息隐藏是指既可以从携密密文中直接提取额外信息，也可以对其先进行解密得到携密明文，然后再从携密明文中提取信息。可分离性影响着 RDH-ED 技术应用的实用性与灵活性，主要用以保证加解密双方之外的第三方在不解密密文的情况下嵌入并提取信息。

2012 年，Zhang 首次提出了可分离的密文域可逆信息隐藏算法[110]，通过对流加密后的密文像素矩阵进行无损压缩实现密文域嵌入，嵌入后的消息可以在密文或解密后的明文中提取；文献[111]通过对传统的图像加密算法进行修正，能够在相邻像素密文间保留一定的相关性，从而实现了一种可分离的 RDH-ED 算法。可分离性是当前密文域可逆信息隐藏算法设计与实现过程中的一个难点，同时也是一项重要的实用性质与技术评价指标[112-113]。RC4(Rivest Cipher 4)加密由 Li 等人引入 RDH-ED[114]，相关算法及其改进是该领域的重要研究方向之一。但是 RC4 加密在 2013 年被宣布攻破[115]，因此基于 RC4 加密的可逆信息隐藏算法的可用性有待论证，未来可能仅适用于一些对加密强度要求不高，而对运行效率要求较高的场合。上述 VRAE 类算法主要是基于流加密等对称加密体制，优点是加解密速度快、密文扩展小，但是对称加密消耗的密钥量较大，在实际应用中存在密钥协商、分配、管理难度大的问题[98]。公钥加密技术能够较好地弥补对称加密技术的不足，在社交通信、通信协议、金融服务等领域都有着较多的应用，基于公钥加密的密文域可逆信息隐藏也是该领域的一个重要研究方向[99]。

基于 Paillier 算法[116]的同态性而构造的算法是基于公钥加密的密文域可逆信息隐藏算法的主体。Chen 等人首次提出了基于 Paillier 加密的 RDH-ED 算法[117]；文献[118]通过结合 Paillier 加密的乘同态性和 HS 技术构造密文嵌入算法，有效提升了密文嵌入量。但是密文同态运算的结果只能反映在解密结果中，因此以上基于 Paillier 加密同态性的密文域可逆信息隐藏算法在提取信息前要先进行数据解密，信息提取只能在明文域中实施，即算法是不可分离的。

为了能够直接从携密密文中提取信息，Zhang 等人[119]提出了一个由无损嵌入算法和可逆嵌入算法构成的组合嵌入方案，无损算法支持从密文中直接提取信息而不影响解密结果，可逆算法支持先解密得到携密明文，然后从携密明文中提取信息。文献[120]基于

Paillier 密码系统设计了两个适用于加密图像的可逆嵌入算法，其中一个算法可以对携密密文先解密后提取信息，该算法的嵌入容量较高，另一个算法支持从携密密文中直接提取信息，嵌入容量较低。以文献[119]、[120]为代表的 VRAE 类算法，在密文域同态嵌入的基础上，通过构造二次密文域嵌入过程实现了从密文中直接提取额外信息同时不影响解密结果的功能。该类方法安全性较高，有效保证了算法的可分离性，但是二次嵌入过程的设计难度较大，密文嵌入量较低。文献[121]提出了一种基于 Somewhat-LWE(Somewhat-Learning With Errors)公钥加密的可分离的 RDH-ED 算法，通过修改 LWE 加密过程中的参数设置，能够实现相邻像素密文的差值与像素明文的差值相等，然后基于密文间的相关性可以在密文域直接使用空域可逆技术实施信息嵌入，嵌入量较高，实现了算法的可分离。但是文献[121]中密文之间的相关性较强，理论上更容易受到密码分析攻击。

随着对密文域可逆信息隐藏技术的深入研究，其他加密体制不断被借鉴或引入该领域，其中具代表性的有秘密共享技术[122-123]、编码技术[124-129]等。秘密共享算法具有加同态性，文献[122]、[123]由此在(2, 2)秘密共享的密文中嵌入额外信息，嵌入方法借鉴了文献[117]中的方法，嵌入量较大，缺点在于不能实现算法的可分离性。经典的(t, n)秘密共享技术($n>t\geqslant 2$)作为加密技术的一种补充，具有分布式存储的鲁棒性，以及数据容错性、防灾性等优点，但是以上两个 RDH-ED 算法没能保留(t, n)秘密共享的技术优势，只是利用其加同态性实现了密文域信息嵌入。

基于编码技术的密文域可逆信息隐藏算法从不同编码技术的特点出发，将额外信息与密文数据进行编码结合，相关算法在解密前通常要求先进行解码与信息提取操作。文献[124]基于 GRC's(Golomb-Rice Codewords)密文熵编码提出了不依赖于加密方式和被加密对象的通用密文域可逆嵌入，拓展了密文域可逆信息隐藏技术的适用范围。其缺点是解密要求先恢复出原始密文码字，而且只能在提取信息后才可以恢复原密文，因此不具有可分离性。类似算法还包括基于低密度奇偶校验码的算法[125]、基于分布式信源编码的算法[126]、基于汉明距离的算法[127]、基于湿纸编码的算法[128]以及基于码分多址复用技术的密文域可逆信息隐藏算法[129]等。

综上所述，VRAE 类算法当前的研究成果较多，但是普遍存在嵌入率不高、嵌入量与可逆性互相制约较大、可分离性效果差的问题。为了解决这些问题，主流 VRAE 类算法主要是通过精简或修改加密过程使密文中保留部分明文域数据特征，然后可以直接在密文域中使用空域 DE、HS 等技术进行嵌入，代表算法如文献[111]、[121]。文献[111]中，修正后的图像加密算法可以在图像密文中保留图像相邻像素间的相关性，但是密文中存在明文数据相关性会导致加密强度减弱，密文数据因此更易遭受差分分析等统计类密码攻击[98]；文献[121]主要是通过重用加密密钥以及共用加密过程参数的方法来确保相邻像素的密文间保留明文相关性，此方法的安全性也有待进一步的论证。

2. 基于 VRBE 的密文域可逆信息隐藏

VRBE 密文域可逆嵌入技术的特点是产生可嵌入冗余的操作是作为加密前的预处理过程在明文域实施的。通过预先保留一定的明文像素块或变换域特征值不作加密处理，可以用于在加密后负载额外信息，或通过使用无损压缩、数值预测等技术在像素中空余出一定的闲置比特位，可以用于加密后负载额外信息。VRBE类算法通常在VRAE类算法的基础上进行改进，能够有效提升算法性能。

文献[130]在文献[106]的基础上，通过在加密前引入像素值预测等预处理操作得到像素预测差值，使用AES加密预测差值然后实施嵌入，密文嵌入量得到有效提升，但是由于AES加密的密文中难以腾出更多的冗余，因此当前面向AES加密密文的密文域可逆信息隐藏算法较少。Qian等人[131]在文献[107]的基础上提出了一种在加密后的JPEG图像的比特流中嵌入信息的RDH-ED算法；文献[132]通过在预处理中引入像素值预测技术，提高了密文嵌入量。VRBE类算法为了进一步提高算法性能会使用更复杂的预处理操作来提高明文压缩率，腾出更多的冗余用于密文域嵌入，例如文献[104]在加密前利用空域RDH技术将部分像素信息嵌入其他像素中，从而在明文中保留了大量的空余位置用于密文域可逆嵌入，该算法提取信息前需要先解密。

在基于Paillier同态加密的密文域可逆信息隐藏算法中，Shiu等人在文献[133]和Wu等人在文献[134]中通过预处理操作解决了像素溢出问题，改进了文献[117]中算法的嵌入量。文献[135]在文献[104]的基础上利用Paillier加密的同态性，构造了可分离的密文域可逆信息隐藏算法：加密前首先使用空域RDH技术将目标像素的数值可逆地嵌入其他像素中，用于目标像素的最终恢复，然后对图像进行加密，目标像素的密文由特定像素值的密文替代，之后基于Paillier算法的乘同态性，将额外信息的密文与目标像素的密文相乘，使目标像素的密文负载额外信息，提取信息时，首先解密得到携密的目标像素，将其与特定的像素值做差即可得到嵌入信息，但是当直接从携密密文中提取信息时，只能得到信息的密文。为了在不用私钥解密的情况下得到信息内容，文献[135]引入从密文到明文的一对一映射表，用于同态嵌入的额外信息的密文来自映射表，而不是来自Paillier算法的即时加密。信息提取时首先得到嵌入信息的密文，通过映射表查询得到密文对应的明文，查表过程不会泄露用于解密的私钥。文献[135]的预处理过程可以得到大量的目标像素，有效提升了基于Paillier加密的密文域可逆信息隐藏算法的嵌入量，而且实现了可分离性。但是，从理论上讲，大量映射表的暴露和积累，可能会增加第三方实现密码分析的风险，而Paillier算法理论上无法抵抗适应性选择的密文攻击[116]。

综上所述，VRBE类算法当前主要通过在加密前构造有效的预处理操作，以提高明文压缩率进而腾出更多的冗余用于密文域嵌入，代表算法如文献[132]、[135]。但是复杂的预处理过程具有应用局限性：① 对于明文持有者，即用户方来说，复杂的预处理过程提高了用户端的计算复杂度，增大了上传密文前的计算成本；② 对于密文管理者，即第三方服务器方来说，在客户端实施的预处理操作决定了服务器方实施密文嵌入操作的前置条件，预处理过程越复杂，服务器方对客户端操作的依赖越大，造成对密文实施管理的稳定性减小、难度增大。

VRAE、VRBE两种嵌入技术当前存在一定的应用局限性与技术问题，其可逆性、可分离性与嵌入容量互相制约的内在原因，主要在于两种密文域嵌入技术所引入的嵌入冗余与密文是相互独立的。腾出空间用作嵌入冗余的方法本质上等同于对加密前明文或对加密后密文的无损压缩，压缩效果受到数据内容以及加密算法的制约较大，造成了信息嵌入提取过程与加解密过程的互斥[99]。引入可分离性这一技术要求后，有限的嵌入冗余需要支持明文域与密文域双重信息提取，有效信息的嵌入量通常会进一步受到影响。

3. 基于 VRIE 的密文域可逆信息隐藏

针对 VRAE、VRBE 两种嵌入技术的难点，VRIE 密文域可逆嵌入技术由 Zhang、Ke 等人提出[99, 105]。VRIE 密文域可逆嵌入技术的特点在于发掘加密过程自身产生的冗余用于密文域可逆嵌入。现有的 VRIE 类密文域可逆信息隐藏算法中所利用的密文冗余主要来自格密码 LWE 加密算法[103, 105][136-139]。LWE 加密算法由 Zhang、Ke 等人在文献[103]、[105]中首次引入密文域可逆信息隐藏领域，通过量化 LWE 加密的密文域空间，并基于 LWE 加密密文扩展中产生的冗余对 LWE 加密的密文重新编码，使其负载额外信息。

此后，文献[136]～[139]在文献[103]的基础上将可嵌入信息的编码形式从二进制推广到四进制和十六进制，提高了算法的嵌入容量。该类算法可逆性好、安全性强，并且能够保证可观的密文嵌入量，但是上述算法仅支持私钥持有者可分离地实施信息提取与数据解密，而且 LWE 加密算法加密过程中的密文数据扩展较大，造成嵌入算法的密文嵌入率较低。VRIE 属于该领域的新兴研究方向，算法的设计与实现基于深入解析密码算法过程，难度相对较大。

1.5.4 评价指标

1. 总体评价体系

密文域可逆信息隐藏技术评价体系如图 1－6 所示，其中主要有三方面评价标准：正确性指标、安全性指标与实用性指标。

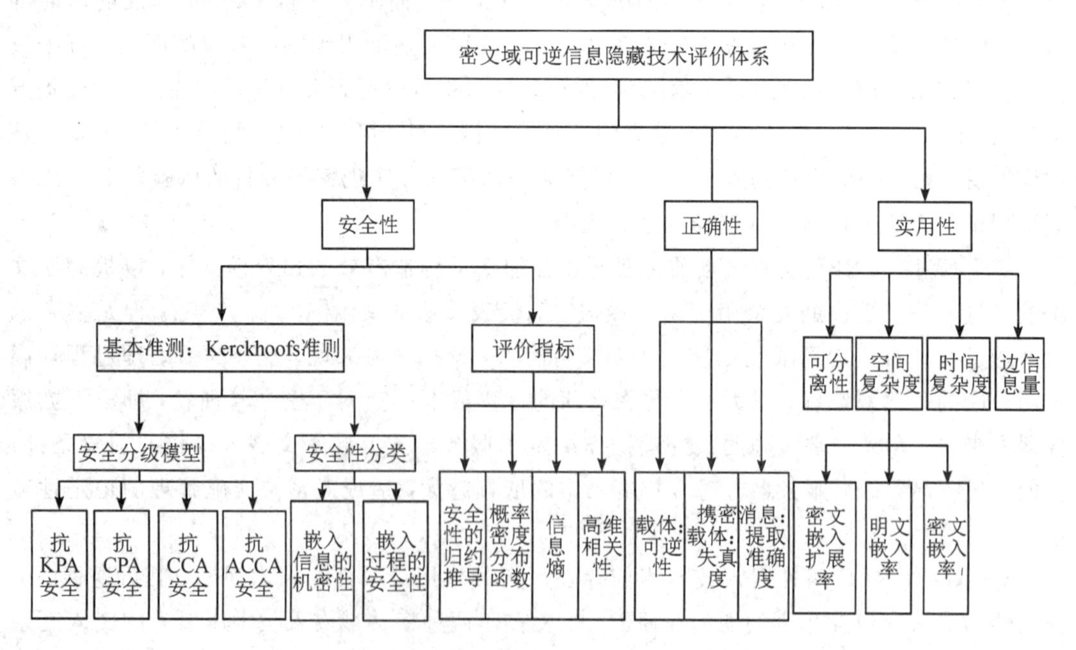

图 1－6　密文域可逆信息隐藏技术评价体系

2. 评价体系的定义与说明

各指标的分类描述如表 1-3 所示。

表 1-3　密文域可逆信息隐藏技术评价体系

类　别	标　准	定　　义
正确性指标	载体恢复的可逆性	直接解密后的载体失真，以及载体最终恢复的失真
	消息提取的准确性	解密前提取信息的失真，以及解密后提取信息的失真
安全性指标	嵌入信息的机密性	隐藏密钥未知时无法获得嵌入信息内容
	嵌入过程的安全性	嵌入与提取过程不降低原加密算法的安全强度
实用性指标	可分离性	对携密密文既可以先提取信息后解密，也可以先解密再提取信息
	空间复杂度	嵌入单位比特信息所引起的密文扩展率；额外信息的明文嵌入率；额外信息的密文嵌入率
	时间复杂度	嵌入单位比特信息的计算复杂度或时间消耗
	边信息量	辅助进行解密或信息提取与载体恢复的信息传输量

3. 定量、定性指标计算

(1) 正确性指标。正确性指标包含两方面内容：额外信息提取的准确性与明文可逆恢复的准确性。

上述两个标准都要求准确率达到 100%。另外，大部分密文域可逆信息隐藏算法在对携密密文解密后不能直接得到原始的明文数据，而是得到带有一定失真的携密明文。携密明文中通常要求携带额外信息，并且可以通过可逆恢复过程无失真地将携密明文恢复为原始明文。

携密明文的失真情况通常用峰值信噪比 PSNR 来度量。PSNR 可以定量评价携密载体与原始载体相比的失真情况。大小为 $M\times N$ 的 256 级灰度图像的 PSNR 的定义如下：

$$\mathrm{PSNR}=10\times\lg\left(\frac{255\times 255}{\mathrm{MSE}}\right)\tag{1-5-1}$$

式中：MSE 表示携密图像像素矩阵 $\boldsymbol{I}'$ 与原始图像像素矩阵 $\boldsymbol{I}$ 的均方误差(Mean Squared Error，MSE)，定义如下：

$$\mathrm{MSE}=\frac{\sum_{i=0}^{M-1}\sum_{j=0}^{N-1}(I_{i,j}-I'_{i,j})^2}{M\times N}\tag{1-5-2}$$

PSNR 的单位为 dB，PSNR 值越大，表示图像失真越小。一般情况下，当 PSNR 值大于 35 dB 时，人眼视觉就无法感知图像的失真。无失真时的 PSNR 值为无穷。

(2) 安全性指标。安全性指标包含两方面内容：嵌入信息的内容保密性以及嵌入过程的安全性。

安全性指标主要由密文域可逆信息隐藏技术的应用环境所决定。嵌入信息的内容保密性通常可以通过将额外信息在嵌入前与随机序列进行异或加密来保证；因为现实中的加密算法在应用过程中具有标准加密强度与操作使用的安全规范，密文域可逆信息隐藏技术服务于当前的密码应用环境，因此嵌入过程的安全性要求信息的嵌入与提取过程不能损害或降低原加密算法的安全性。当嵌入过程存在对密文数据实施加密操作之外的修改时，需要分析修改前后的密文数据统计特征的变化情况，理论上要求信息嵌入前后密文数据的统计特征不发生变化。安全性是密文域可逆信息隐藏的关键技术指标之一，密文概率密度分布函数、信息熵、高维相关性等多种安全性技术指标可以用于分析论证信息嵌入前后密文数据的统计特征变化情况。

密文域可逆信息隐藏的安全理论应遵循密码学中的基本安全准则——Kerckhoffs 准则，基于该准则可以提出密文域可逆信息隐藏的安全分级模型[11]，该模型指出，在不同的应用场景中 RDH-ED 对安全性有不同的需求，以对应抵抗不同强度的密码攻击，包括已知明文攻击(Known-Plaintext Attack，KPA)、选择明文攻击(Chosen-Plaintext Attack，CPA)、选择密文攻击(Chosen-Ciphertext Attack，CCA)、适应性选择密文攻击(Adaptive Chosen-Ciphertext Attack，ACCA)等，参照密码思想提出的安全分级模型分为抗 KPA 安全、抗 CPA 安全、抗 CCA 安全、抗 ACCA 安全。

需要注意的是，如果将密文域可逆信息隐藏技术应用于密文域隐写，根据隐写安全性的要求，嵌入前后的密文统计特征不能发生变化[11, 103]，该要求与上述嵌入过程安全性的要求一致。从抵抗隐写分析的效果来看，隐写分析特征当前主要来自根据明文图像相关性所建立的模型，而密文域可逆信息隐藏中嵌入操作实施的对象为密文数据，对于随机噪声态的密文数据来说，传统的隐写分析效果较差。由于密文域隐写的应用场景当前还有待论证，因此对于密文域可逆信息隐藏算法的安全性我们不从嵌入信息隐蔽性的角度展开分析[11]。

(3) 信息嵌入量和信息嵌入率。信息嵌入量的单位为 bit(比特)；信息嵌入率分为明文嵌入率(Embedding Rate of Plaintext，ERP)和密文嵌入率(Embedding Rate of Ciphertext，ERC)[99]。

ERP 的单位为 bits per pixel(b/p，也有人写为 bpp)(单位像素嵌入信息的比特数)或 bits per bit(b/b，也有人写为 bpb)(单位比特明文嵌入信息的比特数)。由于有的加密算法会产生密文扩展，扩展后的密文数据量大于明文数据量，此时要考虑使用 ERC，单位为 bits per bit(b/b，也有人写为 bpb)(单位比特密文嵌入信息的比特数)。

(4) 可分离性。该指标是一个反映算法实用性的定性标准。可分离 RDH-ED 算法的信息提取过程与密文解密过程相互独立，没有前后顺序的要求。

参考文献

[1] 李恒阳. “斯诺登事件”与美国网络安全政策的调整[J]. 外交评论：外交学院学报，2014(6)：107－124.

[2] 沈逸. 美国互联网自由战略的实践与阶段性评估：以 2016 年美国总统选举与俄罗斯黑客攻击为例[J]. 信息安全与通信保密，2017(4)：6－11.

[3] LI J，MA R，GUAN H. Tees：an efficient search scheme over encrypted data on mobile cloud[J]. IEEE Transactions on Cloud Computing，2017，5(1)：126－139.

[4] 沈昌祥. 以科学的网络安全观加快网络空间安全学科建设与人才培养[J]. 信息安全研究，2018，4(12)：1066－1067.

[5] 张焕国，杜瑞颖，傅建明，等. 信息安全：一门独立的学科 一门新兴的学科[J]. 信息安全与通信保密，2014，5：020.

[6] 沈昌祥，张焕国，冯登国，等. 信息安全综述[J]. 中国科学(E辑：信息科学)，2007，37(2)：129－150.

[7] 冯登国，张敏，李昊. 大数据安全与隐私保护[J]. 计算机学报，2014，37(1)：246－258.

[8] 孙圣和，陆哲明，牛夏牧. 数字水印技术及应用[M]. 科学出版社，2004.

[9] SIMMONS G J . The prisoners' problem and the subliminal channel. In：Proc. of the Advances in Cryptology. New York：Spinger-Verlag，1984：51－67.

[10] 王育民，张彤，黄继武，等. 信息隐藏技术理论与应用[M]. 北京：清华大学出版社，2006.

[11] KE Y，LIU J，ZHANG M，SU T，et al. Steganography security：principle and practice [J]. IEEE Access，2018，6(11)：73009－73022.

[12] KALKER T. Considerations on watermarking security[C]//2001 IEEE Fourth Workshop on Multimedia Signal Processing (Cat. No. 01TH8564). IEEE，2001：201－206.

[13] FRIDRICH J. Steganography in digital media：principles，algorithms，and applications [M]. Cambridge：Cambridge University Press，2009.

[14] BARTON J M. Method and apparatus for embedding authentication information within digital data [P]. U. S. Patent 5646997. 1997.

[15] SHI Y Q，LI X，ZHANG X，et al. Reversible data hiding：advances in the past two decades [J]. IEEE access，2016，4：3210－3237.

[16] SIVADASAN E T. A survey paper on various reversible data hiding techniques in encrypted images [C]//2015 IEEE International Advance Computing Conference (IACC). IEEE，2015：1139－1143.

[17] NI Z，SHI Y，ANSARI N，et al. Reversible data hiding[J]. IEEE Transactions on Circuits & Systems for Video Technology，2006，16(3)：354－362.

[18] TIAN J. Reversible data embedding using a difference expansion [J]. IEEE Transactions on Circuits Systems. Video Technology，2003，13(8)：890－896.

[19] DRAGOI L，COLTUC D. Local-prediction-based difference expansion reversible watermarking [J]. IEEE Transactions on Image Processing，2014，23(4)：1779－1790.

[20] CACIULA I，COLTUC D. Improved control for low bit-rate reversible watermarking [C]. IEEE International Conference on Acoustics Speech and Signal Processing，Florence，Italy，2014：7425－7429.

[21] ZHANG W，HU X，LI X，et al. Recursive histogram modification：establishing equivalency between reversible data hiding and lossless data compression [J]. IEEE Transaction on Image Processing，2013，22(7)：2775－2785.

[22] JARALI A, RAO J. Unique LSB compression data hiding method [J]. International Journal of Emerging Science and Engineering, 2013, 2(3): 17-21.

[23] FRIDRICH J, GOLJAN M, DU R. Invertible authentication [J]. Proceedings of SPIE-The International Society for Optical Engineering, 2001, 4314: 197-208.

[24] 陈聪. 基于FPGA的二值图像JBIG压缩算法研究与实现[D]. 西安: 西安电子科技大学, 2013.

[25] CELIK M, SHARMA G, TEKALP A, et al. Lossless generalized-LSB data embedding [J]. IEEE Transactions on Image Processing, 2005, 14(2): 253-266.

[26] CELIK M, SHARMA G, TEKALP A. Lossless watermarking for image authentication: a new framework and an implementation [J]. IEEE Transactions on Image Processing, 2006, 15(4): 1042-1049.

[27] FRIDRICH J, GOLJAN M, DU R. Lossless data embedding-new paradigm in digital watermarking [J]. EURASIP Journal on Applied Signal Processing, 2002(2): 185-196.

[28] CELIK M, SHARMA G, TEKALP A, et al. Reversible data hiding [C]. In: Proceedings of International Conference on Image Processing. NewYork: IEEE, 2002. 157-160.

[29] EMAD E, SAFEY A, REFAAT A, et al. A secure image steganography algorithm based on least significant bit and integer wavelet transform [J]. Journal of Systems Engineering & Electronics, 2018, 29(3): 199-209.

[30] WANG X, LI X, YANG B, et al. Efficient generalized integer transform for reversible watermarking [J]. IEEE Signal Processing Letters, 2010, 17(6): 567-570.

[31] QIU Y, QIAN Z, YU L. Adaptive Reversible data hiding by extending the generalized integer transformation[J]. IEEE Signal Processing Letters, 2016, 23(1): 130-134.

[32] PENG F, LI X, YANG B. Adaptive reversible data hiding scheme based on integer transform [J]. Signal Processing, 2012, 92(1): 54-62.

[33] 邱应强, 冯桂, 田晖. 利用整数变换的高效图像可逆信息隐藏方法[J]. 华侨大学学报(自然科学版), 2014, 35(2): 136-141.

[34] SUBBURAM S, SELVAKUMAR S, GEETHA S. High performance reversible data hiding scheme through multilevel histogram modification in lifting integer wavelet transform [J]. Multimedia Tools and Applications, 2018, 77(6): 7071-7095.

[35] HEIJMANS H. Reversible data embedding into images using wavelet techniques and sorting [J]. IEEE Transactions on Image Processing. 2005, 14(12): 2082-2090.

[36] 罗剑高, 韩国强, 沃焱. 新颖的差值扩展可逆数据隐藏算法[J]. 通信学报, 2016, 37(2): 53-62.

[37] WANG X, BIN M, JIAN L, et al. Adaptive image reversible data hiding error prediction algorithm based on multiple linear regression [J]. Journal of Applied Sciences, 2018, 36(2): 362-370.

[38] HONG W, CHEN T, CHEN J. Reversible data hiding using delaunay triangulation and selective embedment [J]. Information Sciences, 2015, 308: 140 - 154.

[39] THODI D, RODRIGUEZ J. Expansion embedding techniques for reversible watermarking [J]. IEEE Transactions on Image Processing, 2007, 16(3): 721 - 730.

[40] WANG L, PAN Z, ZHU R. A novel reversible data hiding scheme by introducing current state codebook and prediction strategy for joint neighboring coding [J]. Multimedia Tools & Applications, 2017, 76(4): 1 - 24.

[41] JUNG K. A high-capacity reversible data hiding scheme based on sorting and prediction in digital images [J]. Multimedia Tools & Applications, 2017, 76(11): 13127 - 13137.

[42] HIARY S, JAFAR I, HIARY H. An efficient multi-predictor reversible data hiding algorithm based on performance evaluation of different prediction schemes [J]. Multimedia Tools & Applications, 2017, 76(2): 2131 - 2157.

[43] CHEN H, NI J, HONG W, et al. High-fidelity reversible data hiding using directionally enclosed prediction [J]. IEEE Signal Processing Letters, 2017, 24(5): 574 - 578.

[44] HONG W, CHEN T S, SHIU C W. Reversible data hiding for high quality images using modification of prediction errors [J]. Journal of Systems and Software, 2009, 82(11): 1833 - 1842.

[45] THODI D, RODRÍGUEZ J. Prediction-error based reversible watermarking [C]. Proceedings of International Conference on Image Processing. NewYork: IEEE, 2004, 1549 - 1552.

[46] 项煜东，吴桂兴. 一种基于像素预测的图像可逆信息隐藏策略[J]. 计算机科学，2018, 45(2): 189 - 196.

[47] KIM S, QU X, SACHNEV V, et al. Skewed histogram shifting for reversible data hiding using a pair of extreme predictions[J]. IEEE Transactions on Circuits and Systems for Video Technology, 2018(11): 3236 - 3246.

[48] SACHNEV V, KIM H, NAM J, et al. Reversible watermarking algorithm using sorting and prediction [J]. IEEE Transactions on Circuits and Systems for Video Technology, 2009, 19(7): 989 - 999.

[49] LUO L, CHEN Z, CHEN M, et al. Reversible image watermarking using interpolation technique [J]. IEEE Transactions on Information Forensics and Security, 2010, 5(1): 187 - 193.

[50] QIN C, CHANG C, HUANG Y, et al. An inpainting-assisted reversible steganographic scheme using a histogram shifting mechanism [J]. IEEE Transactions on Circuits and Systems for Video Technology, 2013, 23(7): 1109 - 1118.

[51] SUDIPTA M, BISWAPATI J. Directional PVO for reversible data hiding scheme with image interpolation [J]. Multimedia Tools and Applications, 2018, 77(23):

31281 - 31311.

[52] DRAGOI I, COLTUC D. On local prediction based reversible watermarking [J]. IEEE Trans Image Process, 2015, 24(4): 1244 - 1246.

[53] XUAN G, SHI Y, TENG J. Double-threshold reversible data hiding [C]. Proceedings of IEEE International Symposium on Circuits and Systems. NewYork: IEEE, 2010, 1129 - 1132.

[54] XUAN G, TONG X, TENG J. Optimal histogram-pair and prediction-error based image reversible data hiding [C]. Proceedings of International Workshop on Digital Forensics and Watermaking. Berlin: Springer, 2012, 368 - 383.

[55] WANG J, NI J, ZHANG X, et al. Rate and distortion optimization for reversible data hiding using multiple histogram shifting [J]. IEEE Transactions on Cybernetics, 2017, 47(2): 315.

[56] WANG S, LI C, KUO W. Reversible data hiding based on two-dimensional prediction errors [J]. IET Image Processing, 2013, 7(9): 805 - 816.

[57] LI X, ZHANG W, GUI X, et al. Efficient reversible data hiding based on multiple histograms modification [J]. IEEE Transactions on Information Forensics and Security, 2015, 10(9): 2016 - 2027.

[58] MA B, SHI Y. A Reversible data hiding scheme based on code division multiplexing [J]. IEEE Transactions on Information Forensics & Security, 2017, 11(9): 1914 - 1927.

[59] HASANAH R, ARIFIANTO M. A high payload reversible watermarking scheme based-on OFDM-CDMA [C]. Proceedings of 10th International Conference on Telecommunication Systems Services and Applications. NewYork: IEEE, 2017: 1 - 6.

[60] KALKER T, WILLEMS F. Capacity bounds and constructions for reversible data-hiding [C]. Proceedings of 14th International Conference on Digital Signal Processing Proceedings. NewYork: IEEE, 2003: 71 - 76.

[61] JIA Y, YIN Z. Reversible data hiding based on reducing invalid shifting [EB]. http: // arXiv: 1905. 05365, 2019.

[62] AN L, GAO X, LI X, et al. Robust reversible watermarking via clustering and enhanced pixel-wise masking [J]. IEEE Transactions on Image Processing, 2012, 21(8): 3598 - 3611.

[63] WANG X, LI X, PEI Q. Independent Embedding domain based two stage robust reversible watermarking [J]. IEEE Transactions on Circuits and Systems for Video Technology (Early Access), 2019, doi: 10. 1109/TCSVT. 2019. 2915116.

[64] QIAN Z, ZHOU H, ZHANG X, et al. Separable reversible data hiding in encrypted jpeg bitstreams[J]. IEEE Transactions on Dependable and Secure Computing, 2018, 15(6): 1055 - 1067.

[65] CHU D, LU Z, WANG J. A high capacity reversible information hiding algorithm

based on difference coding of VQ indices [J]. Icic Express Letters. an International Journal of Research & Surveys. part B Applications, 2012, 3: 701 - 706.

[66] LI C, LU Z, SU Y. Reversible data hiding for BTC-compressed images based on bitplane flipping and histogram shifting of mean tables [J]. Information Technology Journal, 2011, 10(7): 1421 - 1426.

[67] OHYAMA S, NIIMI M, YAMAWAKI K, et al. Lossless data hiding using bit-depth embedding for JPEG2000 compressed bit-stream [C]. Proceedings of International Conference on Intelligent Information Hiding and Multimedia Signal Processing. New York: IEEE, 2008: 151 - 154.

[68] FRIDRICH A J, GOLJAN M, DU R. Lossless data embedding for all image formats [C]. Proceedings of SPIE 4675: Security and Watermarking of Multimedia, San Jose, California, United States, 2002, 4675: 572 - 583.

[69] CHANG C, LIN C, TSENG C, et al. Reversible hiding in DCT-based compressed images [J]. Information Sciences, 2007, 177(13): 2768 - 2786.

[70] LIN C, SHIU P. DCT-based reversible data hiding scheme [J]. Journal of Software, 2010, 5(2): 327 - 335.

[71] CHEN S, LIN S, LIN J. Reversible JPEG-Based hiding method with high hiding-ratio [J]. International Journal of Pattern Recognition and Artificial Intelligence, 2010, 24(03): 433 - 456.

[72] WANG K, LU Z, HU Y. A high capacity lossless data hiding scheme for JPEG images [J]. Journal of Systems and Software, 2013, 86(7): 1965 - 1975.

[73] MOBASSERI B, II R, MARCINAK M, et al. Data embedding in JPEG bitstream by code mapping [J]. IEEE Transactions on Image Processing, 2010, 19(4): 958 - 966.

[74] QIAN Z, XU H, LUO X, et al. New framework of reversible data hiding in encrypted JPEG bitstreams [J]. IEEE Transactions on Circuits and Systems for Video Technology, 2019, 25(1): 351 - 362.

[75] QIAN Z, ZHANG X. Lossless data hiding in JPEG bitstream [J]. Journal of Systems and Software, 2012, 85(2): 309 - 313.

[76] HU Y, WANG K, LU Z. An improved VLC-based lossless data hiding scheme for JPEG images [J]. Journal of Systems and Software, 2013, 86(8): 2166 - 2173.

[77] WU Y, DENG R. Zero-error watermarking on jpeg images by shuffling huffman tree nodes [C]. Proceedings of 2011 Visual Communications and Image Processing. New York: IEEE, 2011, 1 - 6.

[78] ZHANG H, YIN Z, ZHANG X, et al. Adaptive Algorithm Based on Reversible Data Hiding Method for JPEG Images[C]. Proceeedings of International Conference on Cloud Computing International Conference on Security and Privacy in New Computing Environments. Berlin: Springer-Verlag, 2018, 196 - 203.

[79] FRIDRICH J, GOLJAN M, DU R. Invertible authentication watermark for JPEG images [C]. Proceedings of International Conference on Information Technology:

Coding and Computing. New York: IEEE, 2001, 223 - 227.

[80] XUAN G, SHI Y, NI Z, et al. Reversible data hiding for JPEG images based on histogram pairs [C]. Proceeedings of International Conference Image Analysis and Recognition, Berlin: Springer-Verlag, 2007, 715 - 727.

[81] SAKAI H, KURIBAYASHI M, MORII M. Adaptive reversible data hiding for JPEG images [C]. Proceedings of International Symposium on Information Theory & Its Applications. New York, IEEE, 2008. 1 - 6.

[82] LI Q, WU Y, BAO F. A reversible data hiding scheme for JPEG images [C]. Proceedings of the 11th Pacific Rim conference on Advances in multimedia information processing, Berlin: Springer-Verlag, 2010, 653 - 664.

[83] EFIMUSHKINA T, EGIAZARIAN K, GABBOUJ M. Rate-distortion based reversible watermarking for JPEG images with quality factors selection [C]. Proceedings of European Workshop on Visual Information Processing, New York: IEEE, 2013, 94 - 99.

[84] NIKOLAIDIS A. Reversible data hiding in JPEG images utilising zero quantised coefficients [J]. IET Image Processing, 2015, 9(7): 560 - 568.

[85] HUANG F, QU X, KIM H, et al. Reversible data hiding in JPEG images [J]. IEEE Transactions on Circuits & Systems for Video Technology, 2016, 26(9): 1610 - 1621.

[86] LV J, SHENG L, ZHANG X. A novel auxiliary data construction scheme for reversible data hiding in JPEG images [J]. Multimedia Tools & Applications, 2018, 77(14): 18029 - 18041.

[87] CHANG C, LI C. Reversible data hiding in JPEG images based on adjustable padding [C]. Proceedings of 5th International Workshop on Biometrics and Forensics. New York: IEEE, 2017, 1 - 6.

[88] SONG G, LI Z, ZHAO J, et al. A reversible video steganography algorithm for MVC based on motion vector [J]. Multimedia Tools and Applications, 2015, 74(11): 3759 - 3782.

[89] ZHAO J, LI Z T, FENG B. A novel two-dimensional histogram modification for reversible data embedding into stereo H. 264 video [J]. Multimedia Tools & Applications, 2016, 75(10): 5959 - 5980.

[90] NIU K, YANG X, ZHANG Y. A novel video reversible data hiding algorithm using motion vector for H. 264/AVC [J]. Tsinghua Science and Technology, 2017, 22(5): 489 - 498.

[91] VURAL C, BARAKLI B. Reversible video watermarking using motioncompensated frame interpolation error expansion [J]. Signal Image and Video Processing, 2015, 9(7): 1613 - 1623.

[92] XU D, WANG R, SHI Y Q. An improved reversible data hidingbased approach for intra-frame error concealment in H. 264/AVC [J]. Journal of Visual

Communication and Image Representation，2014，25(2)：410 - 422.

[93] YAN D，WANG R. Reversible data hiding for audio based on prediction error expansion [C]. Proc. International Conference on Intelligent Information Hiding and Multimedia Signal Processing，2008，249 - 252.

[94] NISHIMURA A. Reversible audio data hiding using linear prediction and error expansion [C]. Proc. International Conference on Intelligent Information Hiding and Multimedia Signal Processing，2011，318 - 321.

[95] LI S，ZHANG X. Toward construction based data hiding：from secrets to fingerprint images [J]. IEEE Trans. on Image Processing，2019，28(3)：1482 - 1497.

[96] 门朝光，王娜娜，田泽宇，等. 一种基于 LSD 平面的矢量地图可逆信息隐藏方法 [P]. CN201310236656.9.

[97] 柯彦，张敏情，刘佳，等. 密文域可逆信息隐藏综述 [J]. 计算机应用，2016，36(11)：1179 - 1189.

[98] KE Y，ZHANG M，LIU J，et al. Fully homomorphic encryption encapsulated difference expansion for reversible data hiding in encrypted domain [J]. IEEE Transactions on Circuits and Systems for Video Technology，2020，30(8)：2353 - 2365.

[99] KE Y，ZHANG M，LIU J，et al. A multilevel reversible data hiding scheme in encrypted domain based on LWE [J]. Journal of Visual Communication & Image Representation，2018，54，(7)：133 - 144.

[100] SUN Y，ZHANG X. A kind of covert channel analysis method based on trusted pipeline [C]. 2011 International Conference on Electrical and Control Engineering (ICECE)，Yichang，China，2011：5660 - 5663.

[101] 殷赵霞. 面向隐私保护的数字图像隐写方法研究[D]. 合肥：安徽大学，2014.

[102] 陈嘉勇，王超，张卫明，等. 安全的密文域图像隐写术[J]. 电子与信息学报，2012，34(7)：1721 - 1726.

[103] 张敏情，柯彦，苏婷婷. 基于 LWE 的密文域可逆信息隐藏[J]. 电子与信息学报，2016，38(2)：354 - 360.

[104] MA K，ZHANG W，ZHAO X，et al. Reversible data hiding in encrypted images by reserving room before encryption [J]. IEEE Trans. Inf. Forensics Security，2013，8(3)：553 - 562.

[105] KE Y，ZHANG M，LIU J. Separable multiple bits reversible data hiding in encrypted domain [C]. Digital Forensics and Watermarking-15th International Workshop，IWDW 2016，Beijing，China，LNCS，10082，2016，470 - 484.

[106] PUECH W，CHAUMONT M，STRAUSS O. A reversible data hiding method for encrypted images [C]. Proc. SPIE 6819，Security，Forensics，Steganography，and Watermarking of Multimedia Contents X，2008，68 191E-68 191E-9.

[107] ZHANG X. Reversible data hiding in encrypted image [J]. IEEE Signal Processing Letters，2011，18(4)：255 - 258.

[108] ZHOU J，SUN W，DONG L，et al. Secure reversible image data hiding over

encrypted domain via key modulation [J]. IEEE Trans. Circuits Syst. Video Technol, 2016, 26(3): 441-452.

[109] WU X, SUN W. High-capacity reversible data hiding in encrypted images by prediction error [J]. Signal Processing, 2014, 104(11): 387-400.

[110] ZHANG X. Separable reversible data hiding in encrypted image [J]. IEEE Transactions on Information Forensics and Security, 2012, 7(2): 826-832.

[111] HUANG F J, HUANG J W, SHI Y Q. New framework for reversible data hiding in encrypted domain [J]. IEEE Transactions on Information Forensics and Security, 2016, 11(12): 2777-2789.

[112] WU H Z, SHI Y Q, WANG H X. Separable reversible data hiding for encrypted palette images with color partitioning and flipping verification [J]. IEEE Transactions on Circuits and Systems for Video Technology, to be published, 2016, 27(8): 1620-1631.

[113] CAO X, DU L, WEI X, et al. High capacity reversible data hiding in encrypted images by patch-level sparse representation [J]. IEEE Transactions on Cybernetics, 2016, 46(5): 1132-1143.

[114] LI M, XIAO D, ZHANG Y, et al. Reversible data hiding in encrypted images using cross division and additive homomorphism [J]. Signal Processing: Image Communication, 2015, 39(11): 234-248.

[115] ALFARDAN A J, BERNSTEIN D J, PATERSON K G, et al. On the security of RC4 in TLS and WPA [EB]. http: //cr. yp. to/streamciphers/rc4biases-20130708. pdf.

[116] PAILLIER P, POINTCHEVAL D. Efficient public-key cryptosystems provably secure against active adversaries [C]//Advances in Cryptology-ASIACRYPT'99: International Conference on the Theory and Application of Cryptology and Information Security, Singapore, November 14-18, 1999. Proceedings. Springer Berlin Heidelberg, 1999: 165-179.

[117] CHEN Y C, SHIU C W, HORNG G. Encrypted signal-based reversible data hiding with public key cryptosystem [J]. Journal of Visual Communication and Image Representation, 2014, 25(5): 1164-1170.

[118] LI M, LI Y. Histogram shifting in encrypted images with public key cryptosystem for reversible data hiding [J]. Signal Process, 2017, 130(1): 190-196.

[119] ZHANG X P, LOONG J, WANG Z, et al. Lossless and reversible data hiding in encrypted images with public key cryptography [J]. IEEE Transactions on Circuits and Systems for Video Technology, 2016, 26(9): 1622-1631.

[120] WU H T, CHEUNG Y M, HUANG J W. Reversible data hiding in paillier cryptosystem [J]. Journal of Visual Communication and Image Representation, 2016, 40(10): 765-771.

[121] LI Z X, DONG D P, XIA Z H. High-capacity reversible data hiding for encrypted

multimedia data with somewhat homomorphic encryption [J]. IEEE Access, 2018, 6(10): 60635-60644.
[122] WU X T, WENG J, YAN W Q. Adopting secret sharing for reversible data hiding in encrypted images [J]. Signal Processing, 2018, 143: 269-281.
[123] CHEN Y C, HUNG T H, HSIEH S H, et al. A new reversible data hiding in encrypted image based on multi-secret sharing and lightweight cryptographic algorithms [J]. IEEE Transactions on Information Forensics and Security, 2019, 14(12): 3332-3343.
[124] KARIM M S A, WONG K S. Universal data embedding in encrypted domain[J]. Signal Processing, 2014, 94: 174-182.
[125] ZHANG X, QIAN Z, FENG G, et al. Efficient reversible data hiding in encrypted images [J]. Journal of Visual Communication and Image Representation, 2014, 25(2): 322-328.
[126] QIAN Z, ZHANG X. Reversible data hiding in encrypted image with distributed source encoding [J]. IEEE Transactions on Circuits and Systems for Video Technology, 2016, 26(4): 636-646.
[127] ZHENG S, LI D, HU D, et al. Lossless data hiding algorithm for encrypted images with high capacity [J]. Multimedia Tools and Applications, 2016, 75(21): 13765-13778.
[128] ZHANG X, WANG Z, YU J, et al. Reversible visible watermark embedded in encrypted domain [C]. Proceedings of IEEE China Summit & International Conference on Signal & Information Processing, New York: IEEE, 2015, 826-830.
[129] 张敏情, 李天雪, 马双棚. 基于码分多址复用的双重加密可逆信息隐藏[J]. 计算机应用, 2018, 38(4): 1023-1028.
[130] ZHANG W, MA K, YU N. Reversibility improved data hiding in encrypted images [J]. Signal Processing, 2014, 94(1): 118-127.
[131] QIAN Z, ZHANG X, WANG S. Reversible data hiding in encrypted JPEG bitstream [J]. IEEE Transaction on Multimedia, 2014, 16(5): 1486-1491.
[132] PUTEAUX P, PUECH W. An efficient msb prediction-based method for high-capacity reversible data hiding in encrypted images [J]. IEEE Transactions on information forensics and security, 2018, 13(7): 1670-1681.
[133] SHIU C W, CHEN Y C, HONG W. Encrypted image-based reversible data hiding with public key cryptography from difference expansion [J]. Signal Processing: Image Communication, 2015, 39(11): 226-233.
[134] WU X, CHEN B, WENG J. Reversible data hiding for encrypted signals by homomorphic encryption and signal energy transfer [J]. Journal of Visual Communication and Image Representation, 2016, 41(11): 58-64.
[135] XIANG S J, LUO X. Reversible data hiding in homomorphic encrypted domain by

mirroring ciphertext group [J]. IEEE Trans. Circuits Syst. Video Technol, 2018, 28(11): 3099 - 3110.

[136] 柯彦，张敏情，苏婷婷. 基于 R-LWE 的密文域多比特可逆信息隐藏算法[J]. 计算机研究与发展，2016，53(10)：2307 - 2322.

[137] 柯彦，张敏情，刘佳. 可分离的加密域十六进制可逆信息隐藏[J]. 计算机应用，2016，36(11)：3082 - 3087.

[138] 柯彦，张敏情. 可分离的密文域可逆信息隐藏[J]. 计算机应用研究，2016，32(11)：3476 - 3479.

[139] 柯彦，张敏情. 加密域的可分离四进制可逆信息隐藏算法[J]. 科学技术与工程，2016，16(27)：58 - 64.

[140] 柯彦. 基于 LWE 的密文域可逆信息隐藏技术研究[D]. 西安：武警工程大学，2016.

第 2 章

信息隐藏中的可逆技术框架

2.1 空间域可逆技术

2.1.1 无损压缩

无损压缩在明文域或密文域可以对载体内容进行压缩，然后将待嵌入的数据填充到压缩后的空余空间中。文献[1]是较为典型的无损压缩应用示例，该方法利用二值图像压缩编码算法(Joint Bit-level Image Experts Group，JBIG)[2]对特定位平面进行图像压缩。

文献[3]同样基于位平面无损压缩原理，在嵌入方式上选择最低有效位(Least Significant Bit，LSB)方法。文献[4]提出的无损认证水印，基于广义最低有效位方法和图像分层认证技术，允许在恢复载体图像之前验证水印图像。文献[5]、[6]等早期的空域可逆隐藏算法大多数是基于无损压缩的，其共同点在于算法性能主要取决于无损压缩算法的压缩性能。

无损压缩类算法的优点是设计原理简单、计算复杂度较低等，缺点是嵌入容量受压缩效率的制约较大，且引入现有的压缩技术来实现可逆嵌入的方法在可逆原理与技术框架构造上没有明显的创新，因此此处不做过多介绍。

2.1.2 差值扩展

1. 差值扩展的提出

差值扩展(Difference Expansion，DE)最早由 Tian 在文献[7]中提出。DE 技术是空域 RDH 技术的重要分支，其特点在于通过对像素对的差值进行扩展，可使差值的容错能力提高，在进行嵌入修改后能够可逆恢复原差值。下面简述 DE 算法过程。

选择图像中相邻的两个像素，分别记为 X 和 Y ($0\leqslant X, Y\leqslant 255$)，经过差值扩展，$X$ 和 Y 可以携密 1 比特额外信息，记为 $b_s\in\{0, 1\}$，计算 X 和 Y 的差值和平均值，记为 h 和 l：

$$h = X - Y \tag{2-1-1}$$

$$l=\left\lfloor \frac{X+Y}{2} \right\rfloor \tag{2-1-2}$$

$$X=l+\left\lfloor \frac{h+1}{2} \right\rfloor \tag{2-1-3}$$

$$Y=l-\left\lfloor \frac{h}{2} \right\rfloor \tag{2-1-4}$$

假设 $X>Y$；$\lfloor \cdot \rfloor$是下限函数，表示输出求小于或等于输入值的最大整数。下面分别进行数据嵌入、信息提取和数据恢复。

(1) 数据嵌入。计算携密扩展差 h'：

$$h'=2\times h+b_{\mathrm{s}} \tag{2-1-5}$$

将 h'代入式(2-1-3)～式(2-1-4)得到嵌入后的携密像素 X'和 Y'。

(2) 信息提取。计算如下：

$$b_{\mathrm{s}}=\mathrm{LSB}(h') \tag{2-1-6}$$

LSB(·)用于获得输入整数的最低有效位。

(3) 数据恢复。计算原始差值 h：

$$h=\left\lfloor \frac{h'}{2} \right\rfloor \tag{2-1-7}$$

将 h 代入式(2-1-3)～式(2-1-4)得到像素 X 和 Y。

2. 差值扩展算法可逆性分析

差值扩展通常会给像素带来失真，失真程度与像素间的距离有关。如图 2-1 所示，DE 的原理是通过放大像素间的差值来提高像素差的容错能力，从而可以可逆地负载额外信息，即嵌入比特引起的差值改变不会达到 2 以上，因此，取下整函数可以消除嵌入比特引起的失真。

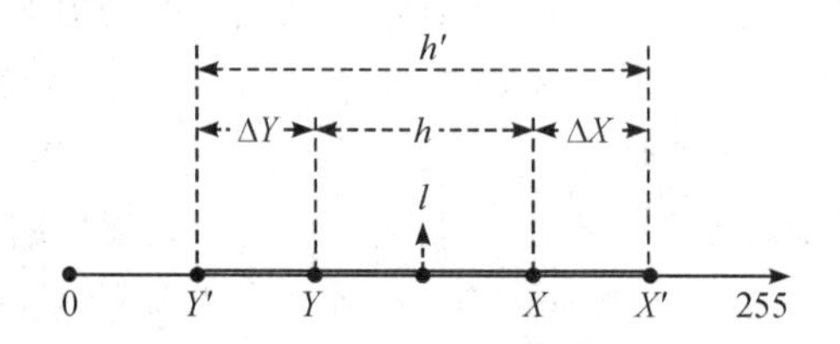

图 2-1 嵌入过程像素变化示意图

原像素对之间的差值越大，放大后的携密像素的失真就越大。基于此，在使用 DE 算法前对可用的像素进行筛选时，除了传统的防溢出约束外，可优先选择差值较小的相邻像素进行可逆嵌入来控制携密明文的失真。嵌入过程像素变化示意图如图 2-1 所示。

3. 差值扩展算法框架及发展

基于差值扩展的算法改进思路主要分为三类：

(1) 改变差值扩展适用的整数域，如文献[8]中的算法本质上是基于整数 Haar 小波变换后进行的 DE 嵌入；文献[9]～[13]等提出的算法均属于通过设计新的整数变换角度改进算法性能。

(2) 改进嵌入位置选择的角度，从按顺序嵌入转换成自适应选择位置嵌入。文献[14]提出的算法是第一个自适应可逆隐藏算法，根据数据嵌入前的局部方差对像素对进行排序操作，并根据新的位置顺序进行数据嵌入。类似的自适应算法还有基于改进排序的算法与改进像素选择方法的算法[15-17]等。

(3) 改进差值类型，从像素差值转换成预测差值或彩色图像多通道间的像素差值。由于预测差值在挖掘图像空间域冗余方面与像素差值相比优势较为明显，该类算法也是三类算法中效果最好、成果最多的一种，如文献[18]～[24]。

Thodi 等人[24]最早提出了基于预测差值的差值扩展(Prediction Error Expansion, PEE)算法。在 PEE 算法中，数据嵌入分为像素值预测和预测误差值扩展两个步骤，接收方需要共享同样的预测算法，用以信息提取及载体恢复。基于差值扩展的算法是当前研究较成熟、成果较丰富、影响较大的一类算法，该类算法与无损压缩类算法(章节 2.1.1)相比具有较高的嵌入容量，具有设计巧妙、嵌入容量较大的特点。然而，由于差值扩展类算法难以控制每个像素值的修改幅度，因此容易出现嵌入失真较大的问题。此外，现有图像预测算法的预测精度有限，还无法充分利用图像空域像素值之间的冗余。

4. 多通道差值排序的彩图可逆信息隐藏

现有 PVO 类 RDH 研究局限于单通道灰度图像，若要对日常生活中常见的彩色图像进行可逆信息嵌入，一般是将多通道信息降维成单通道表示，然后将现有灰度算法简单移植到降维后的单通道中，这种方法无法最大程度地利用图像信息的内部冗余。为充分利用彩色通道的冗余空间，本节结合排序思想提出了一个基于多通道差值排序(Multichannel Difference Value Ordering, MDVO)的彩图可逆信息隐藏方案。

彩色图像一般由 R、G、B 三个通道数字信息组合表示获得。图 2-2 为 Lena 标准彩色图像多通道数字信息。在彩色图像的指定像素位置中，通道间像素信息一般不同，但变化趋势却具有一定的相关性。

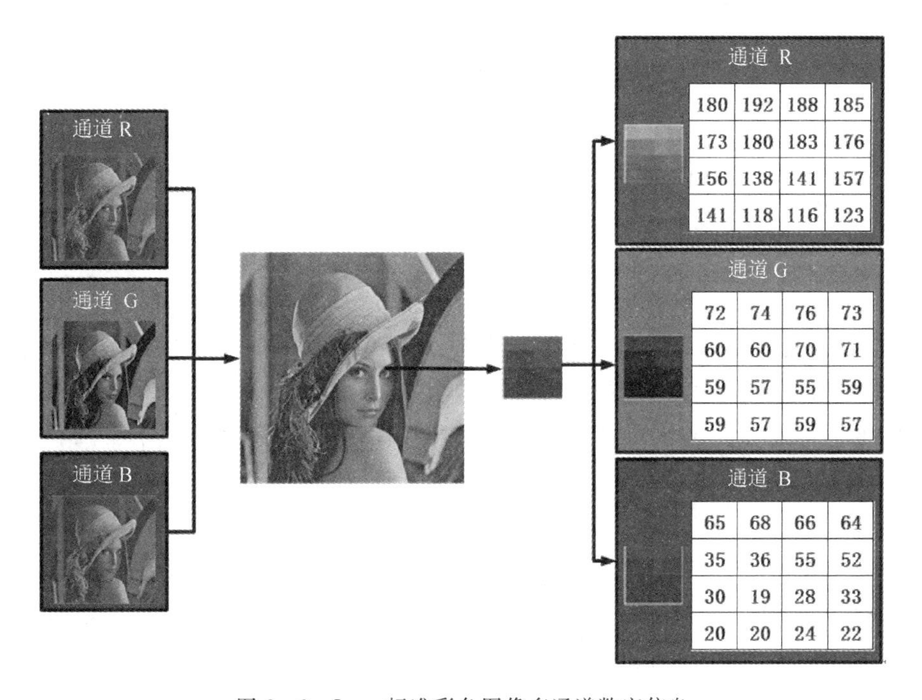

图 2-2　Lena 标准彩色图像多通道数字信息

为充分利用通道间变化趋势的相关性，本节利用相邻像素位置的多通道差值进行排序操作，获取指定彩色像素位置的复杂度判断是否嵌入，最后通过对定义的排序差值预测误差对进行映射扩展操作，实现信息的可逆嵌入。

1）多通道差值排序

彩色图像指定像素位置 $\text{Location}_{i,j}$ 的复杂度 $\text{NL}_{i,j}$ 由 $\text{Location}_{i,j}$，$\text{Location}_{i+1,j}$，$\text{Location}_{i+2,j}$ 像素信息计算而得。

定义 2-1 为充分利用通道自身所携信息，可引入通道函数 Channel(x)：当操作像素信息 x 位于通道 R，则 Channel(x)=1；若位于通道 G，则 Channel(x)=2；当操作像素信息 x 位于通道 B，则 Channel(x)=3。对于指定像素位置 $\text{Location}_{i,j}$，该函数为单射函数。

首先，对相邻像素相应的通道像素进行差分操作得到趋势差值序列 $D_{i,j}$，$D_{i+1,j}$，计算方式如下所示：

$$D_{i,j}=\{\text{R}_{i,j}-\text{R}_{i+1,j},\ \text{G}_{i,j}-\text{G}_{i+1,j},\ \text{B}_{i,j}-\text{B}_{i+1,j}\} \tag{2-1-8}$$

$$D_{i+1,j}=\{\text{R}_{i+1,j}-\text{R}_{i+2,j},\ \text{G}_{i+1,j}-\text{G}_{i+2,j},\ \text{B}_{i+1,j}-\text{B}_{i+2,j}\} \tag{2-1-9}$$

式中：$\text{R}_{i,j}$、$\text{G}_{i,j}$、$\text{B}_{i,j}$ 分别表示 $\text{Location}_{i,j}$ 中相应通道的像素信息。

定义 2-2 对于由 R、G、B 通道数字信息构成的序列 $x=\{x_1, x_2, x_3\}$ 进行排序操作得到升序序列 $\text{sort}(x)=\{x_{\sigma(1)}, x_{\sigma(2)}, x_{\sigma(3)}\}$。该升序序列定义约束为：若 $i<j$，则 $x_{\sigma(i)}\leqslant x_{\sigma(j)}$，当 $x_{\sigma(i)}=x_{\sigma(j)}$ 时，则根据通道函数 Channel(x)按序排列。

对趋势差值序列进行排序操作，然后再对排序的最小值进行差分操作得到复杂度 $\text{NL}_{i,j}$：

$$\text{NL}_{i,j}=|(D_{i,j})_{\sigma(2)}-(D_{i+1,j})_{\sigma(2)}| \tag{2-1-10}$$

为了能在达到指定嵌入容量的情况下保证一定的图像质量，可引入复杂度阈值 T，对于 $\text{NL}_{i,j}\leqslant T$ 的 $\text{Location}_{i,j}$ 进行遍历信息嵌入。

整个嵌入过程在不改变复杂度 $\text{NL}_{i,j}$ 的基础上，以 $\text{Location}_{i+1,j}$ 像素信息作为预测参照对象，仅对 $\text{Location}_{i,j}$ 的某个通道像素排序最值进行幅度最大为 1 的自适应扩展，实现多通道差值排序序列 $\text{sort}(D_{i,j})$中最值的对偶式误差扩展。由于每比特信息嵌入仅对 $\text{Location}_{i,j}$ 像素信息进行扩展，而 $\text{Location}_{i+1,j}$，$\text{Location}_{i+2,j}$ 用于复杂度计算。因此，遍历约束为：$1\leqslant i\leqslant \text{width}-2$，$1\leqslant j\leqslant \text{height}$。width、height 分别表示原始图像尺寸。在遍历过程中，若通道内像素信息等于 0 或者 255，则在下一步嵌入扩展过程中可能发生溢出，因此利用位置辅助图 L_M，将该像素位置标记为 $L_M(i, j)=1$ 表示另行处置；其他情况下，则标记为 $L_M(i, j)=0$。本方案可逆嵌入遍历流程如图 2-3 所示，其中左侧长箭头为遍历方向。

（1）信息嵌入。

对于具有嵌入条件的像素位置 $\text{Location}_{i,j}$，自适应修改多通道差值排序序列 $\text{sort}(D_{i,j})$中最值对应通道的相应像素信息，采取对基于多通道差值排序序列的最值预测误差对进行对偶式扩展实现信息可逆嵌入。

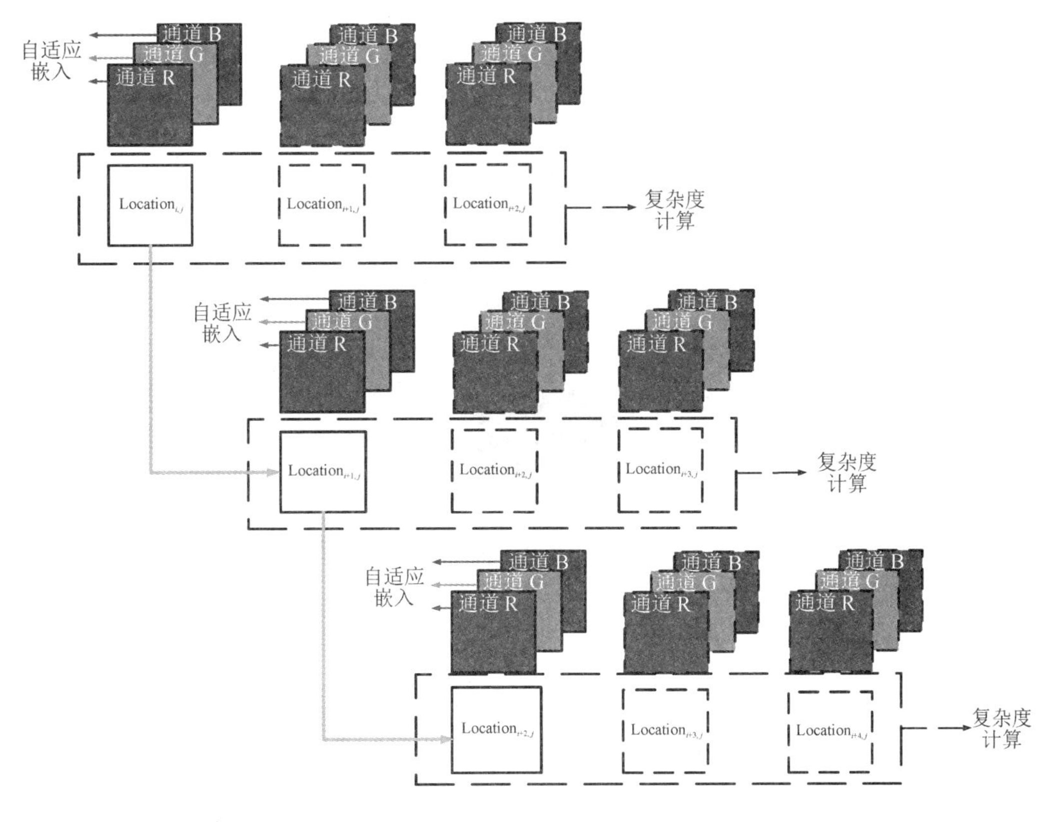

图 2－3　可逆嵌入遍历流程

定义 2－3　基于多通道排序差值的最值预测误差对定义如下：

$$e_{\max}=\begin{cases}(D_{i,j})_{\sigma(3)}-(D_{i,j})_{\sigma(2)}, & \text{Channel}((D_{i,j})_{\sigma(3)})\geqslant \text{Channel}((D_{i,j})_{\sigma(2)})\\(D_{i,j})_{\sigma(2)}-(D_{i,j})_{\sigma(3)}, & \text{其他}\end{cases}\tag{2-1-11}$$

$$e_{\min}=\begin{cases}(D_{i,j})_{\sigma(2)}-(D_{i,j})_{\sigma(1)}, & \text{Channel}((D_{i,j})_{\sigma(2)})\geqslant \text{Channel}((D_{i,j})_{\sigma(1)})\\(D_{i,j})_{\sigma(1)}-(D_{i,j})_{\sigma(2)}, & \text{其他}\end{cases}\tag{2-1-12}$$

当复杂度阈值 T 设定为 2 时，彩色 Lena 图最值预测误差对分布如图 2－4 所示。由图可得，定义 2－3 下的($e_{\max}$，$e_{\min}$)取值将出现非正的情况，且最值预测误差对集中分布在(0，0)、(0，1)、(1，0)、(1，1)处。为充分利用最值对的相关性，结合最值对分布特性，可将 PPE-PVO 方案仅局限于第一象限的二维映射扩展到整个二维空间。图 2－5 表示基于多通道差值排序下的最值预测误差对可逆映射关系。该映射关系下，根据所嵌信息不同，有 $e_{\max}\rightarrow e'_{\max}$、$e_{\min}\rightarrow e'_{\min}$。

本方案将整个二维空间的误差对划分成四种类型，A 类、B 类、C 类可用于信息的可逆嵌入，D 类则仅仅进行扩展保证信息提取后原始图像的无损恢复。基于 0 的映射关系，本方案利用通道函数自适应选择中 Location$_{i,j}$ 多通道差值的排序最值所在通道 R、G、B，进行幅度最大为 1 的修改实现信息可逆扩展。

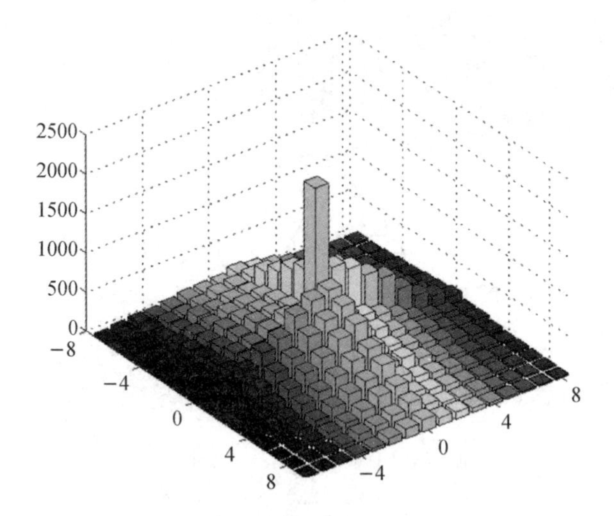

图 2-4 基于多通道排序差值的最值预测误差对分布直方图

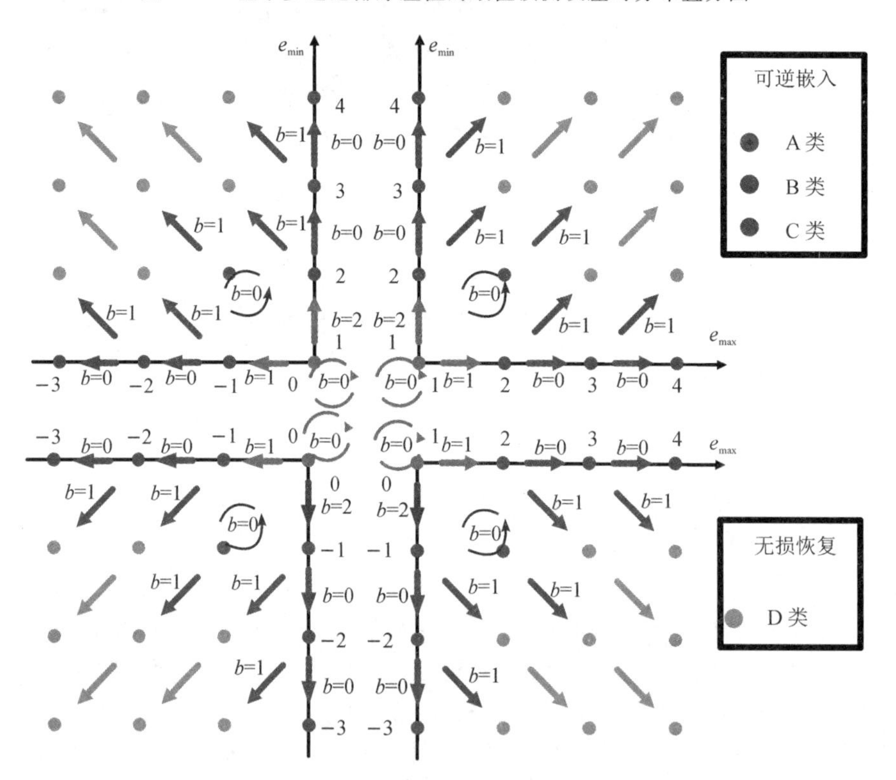

图 2-5 最值预测误差对二维可逆嵌入映射

实现信息嵌入的过程如下：

① 最值预测误差对发生 $e_{max}=0 \to e'_{max}=-1$ 扩展：

$$\begin{cases}(D_{i,j})'_{\sigma(1)}=(D_{i,j})_{\sigma(2)}-|e'_{min}| \\ (D_{i,j})'_{\sigma(2)}=(D_{i,j})_{\sigma(2)}+1 \\ (D_{i,j})'_{\sigma(3)}=(D_{i,j})_{\sigma(3)}=(D_{i,j})_{\sigma(2)}\end{cases} \tag{2-1-13}$$

② 最值预测误差对发生 $e_{\min}=0 \rightarrow e'_{\min}=-1$ 扩展：

$$\begin{cases}(D_{i,j})'_{\sigma(1)}=(D_{i,j})_{\sigma(1)}=(D_{i,j})_{\sigma(2)} \\ (D_{i,j})'_{\sigma(2)}=(D_{i,j})_{\sigma(2)}-1 \\ (D_{i,j})'_{\sigma(3)}=(D_{i,j})_{\sigma(2)}+|e'_{\max}|\end{cases} \tag{2-1-14}$$

③ 其他映射条件下的最值预测误差对扩展：

$$\begin{cases}(D_{i,j})'_{\sigma(1)}=(D_{i,j})_{\sigma(2)}-|e_{\min}| \\ (D_{i,j})'_{(2)}=(D_{i,j})_{\sigma(2)} \\ (D_{i,j})'_{\sigma(1)}=(D_{i,j})_{\sigma(2)}+|e_{\max}|\end{cases} \tag{2-1-15}$$

④ 利用相邻参考位置的通道信息实现秘密信息的可逆嵌入：

$$\begin{cases}\mathrm{R}'_{i,j}=(D_{i,j})'_{\sigma(a)}+\mathrm{R}_{i+1,j}(\mathrm{Channel}((D_{i,j})'_{\sigma(a)})=1) \\ \mathrm{G}'_{i,j}=(D_{i,j})'_{\sigma(b)}+\mathrm{G}_{i+1,j}(\mathrm{Channel}((D_{i,j})'_{\sigma(b)})=2) \\ \mathrm{B}'_{i,j}=(D_{i,j})'_{\sigma(c)}+\mathrm{B}_{i+1,j}(\mathrm{Channel}((D_{i,j})'_{\sigma(c)})=3)\end{cases} \tag{2-1-16}$$

(2) 信息还原提取。

在嵌入过程中，用于计算多通道差值排序序列中值始终不变。因此，本方案可直接对整体彩色图像从后至前进行逆遍历实现秘密信息的提取以及图像的无损恢复，如图 2-6 所示。

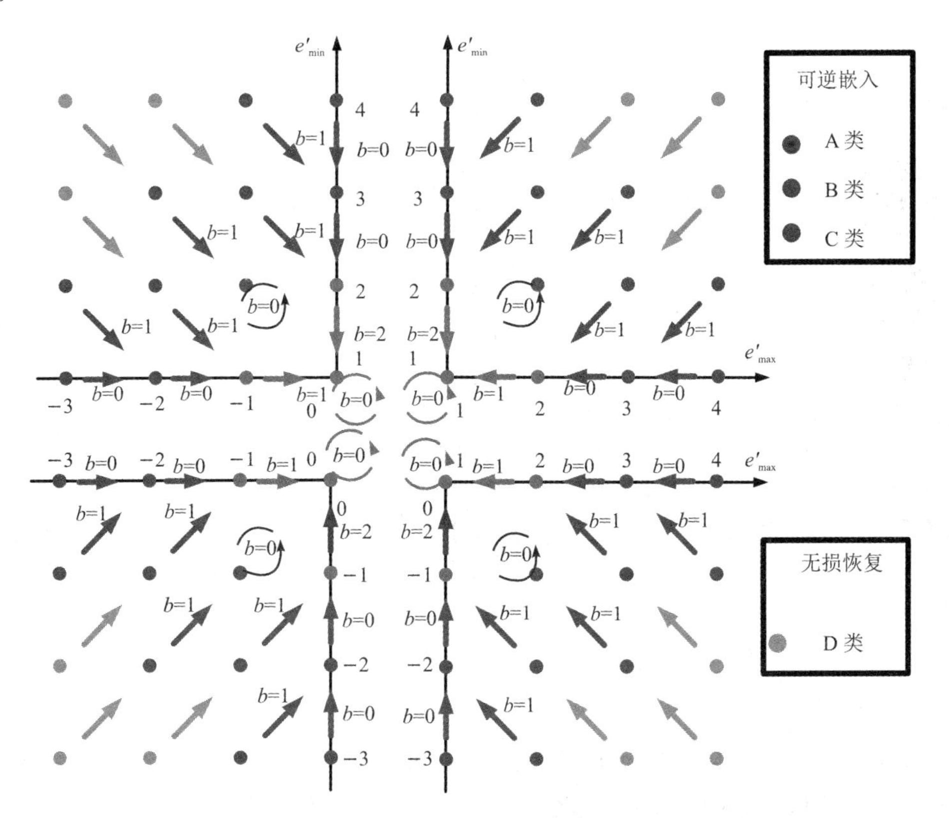

图 2-6　最值预测误差对二维可逆提取映射

溢出标记、嵌入阈值等辅助信息利用边信息处理策略提前传递，对于满足复杂度阈值且 $L_M(i, j)=0$ 的像素位置，利用式(2-1-11)、式(2-1-12)计算最值预测误差对 $e'_{\max}$、$e'_{\min}$。然后，根据图 2-6 中 MDVO 提取端逆映射关系的单射特性确定秘密信息的提取以及预测误差对可逆映射恢复：$e'_{\max} \to e_{\max}$、$e'_{\min} \to e_{\min}$。

图像恢复过程中，由于不存在 0→−1 的映射关系，因此规避了多通道差值排序序列中值通道跳转的问题。利用嵌入始终不变的多通道差值排序序列中值以及最值预测误差对逆映射关系，可实现多通道差值排序序列最值还原，还原规则如下：

$$\begin{cases}(D_{i,j})_{\sigma(1)} = (D_{i,j})'_{\sigma(2)} - |e_{\min}| \\ (D_{i,j})_{\sigma(2)} = (D_{i,j})'_{\sigma(2)} \\ (D_{i,j})_{\sigma(3)} = (D_{i,j})'_{\sigma(2)} + |e_{\max}|\end{cases} \tag{2-1-17}$$

利用相邻参考位置的通道信息实现原始信息的可逆恢复：

$$\begin{cases}\mathrm{R}_{i,j} = (D_{i,j})_{\sigma(a)} + \mathrm{R}_{i+1,j}(\mathrm{Channel}((D_{i,j})'_{\sigma(a)}) = 1) \\ \mathrm{G}_{i,j} = (D_{i,j})_{\sigma(b)} + \mathrm{G}_{i+1,j}(\mathrm{Channel}((D_{i,j})'_{\sigma(b)}) = 2) \\ \mathrm{B}_{i,j} = (D_{i,j})_{\sigma(c)} + \mathrm{B}_{i+1,j}(\mathrm{Channel}((D_{i,j})'_{\sigma(c)}) = 3)\end{cases} \tag{2-1-18}$$

图 2-7 为 MDVO 嵌入、提取过程具体示例(图中三连方块从下至上依次为红色、绿色、蓝色)。其中，红色、绿色、蓝色方块中的数值分别表示指定像素位置 RGB 通道对应的差值，经排序操作后对各个通道差值的最值对进行 PPE 映射修改，可实现秘密信息可逆嵌入。

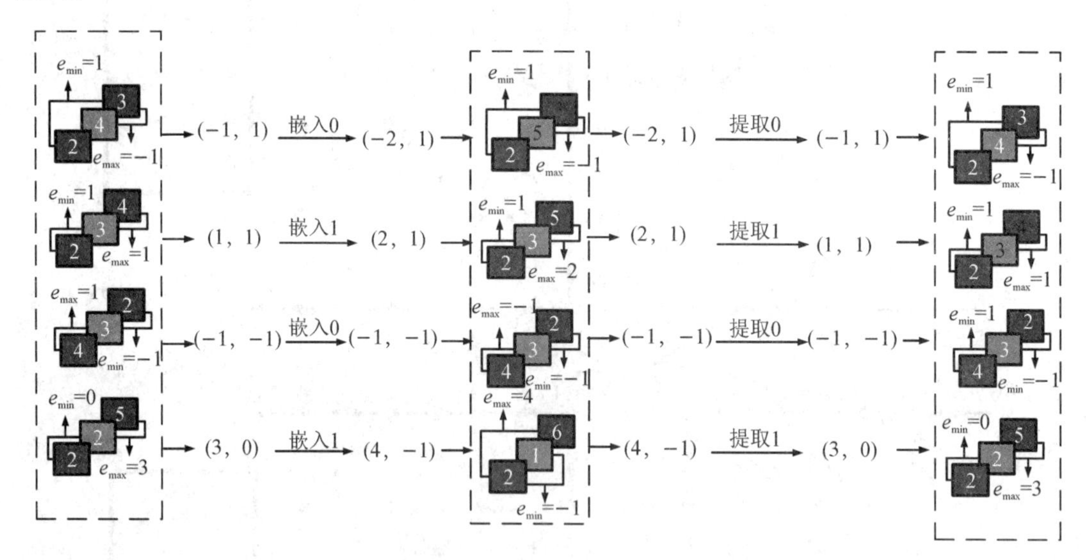

图 2-7 MDVO 嵌入、提取过程

2）实验分析

为验证本方案的可逆嵌入性能，下面从 USC-SIPI 标准图像库中选用如图 2-8 所示的四幅标准彩色图像，并选用 MATLAB2018a 实验平台进行仿真实验。

图 2-8　MDVO-RDH 仿真实验测试标准彩色图像

（1）通道失真分析。

仿真实验过程中阈值 T 设定为 3，图 2-9 表示测试图像满足一定嵌入容量(Embedding Capactiy，EC)下图像的整体失真以及各通道失真。其中，黑色表示彩色图像随 EC 变化的 PSNR 趋势曲线，红色、绿色、蓝色分别表示 RGB 各个通道随 EC 变化的 PSNR 趋势曲线（图中彩色图像、通道 R、通道 G、通道 B 依次为黑色、红色、绿色、蓝色）。

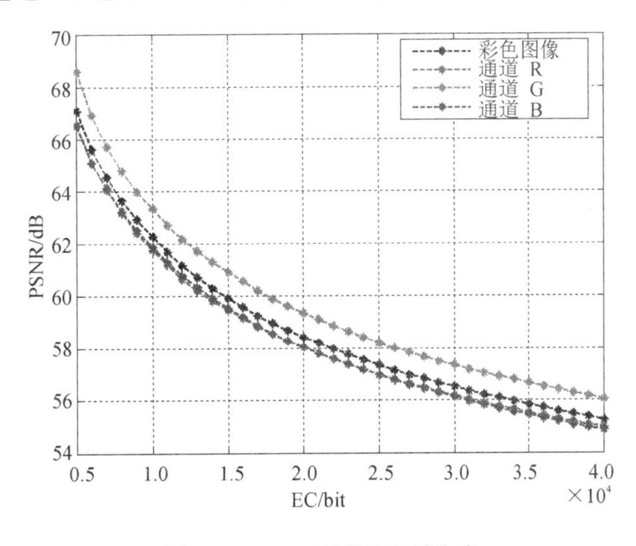

图 2-9　Lena 图像及通道失真

本方案多通道差值排序序列中值出现在通道 G 的情况多于通道 R、通道 B，更多情况下作为参考通道不做任何变化。由表 2-1 可知，当嵌入容量从 5000 bit 起，并以 1000 bit 为幅度间隔步长增长到 20 000 bit 时，通道 G 平均峰值信噪比与通道 R、通道 B 相比分别高 1.03 dB、0.80 dB，因此通道 G 的图像质量更好。

表 2-1 EC=10 000、20 000 bit 时，彩色图像各通道信息 PSNR dB

测试图像	PSNR(EC=5000 bit)				平均 PSNR (EC=5000～20 000 bit)			
	本方案（彩色）	本方案（红）	本方案（绿）	本方案（蓝）	本方案（彩色）	本方案（红）	本方案（绿）	本方案（蓝）
Lena	67.31	66.88	68.85	66.54	61.57	61.28	62.67	60.95
Airplane	65.66	65.16	66.73	65.27	62.61	62.15	63.71	62.16
Lake	63.82	62.78	64.35	64.55	61.16	60.18	61.81	61.67
Pepper	62.85	62.27	63.59	62.81	59.34	58.73	60.03	59.35
均值	64.91	64.27	65.88	64.79	61.17	60.59	62.06	61.03

在实际应用中，嵌密彩色图像有可能以灰度图像方式在公开信道传输。而彩色图像信息一般进行 RGB 到 YUV 的空间转化，然后将亮度信息 Y 作为彩色图像的单通道表示。其转化公式为：

$$Y = 0.299 \times R + 0.587 \times G + 0.114 \times B \tag{2-1-19}$$

由式(2-1-19)可得，当彩色图像以亮度信息方式在公开信道传递时，通道 G 信息对于转化成单通道的图像贡献占比最大。而基于本方案的 RDH 方法通过排序自适应选择相应通道实现嵌入，较其他两个通道更好地减少了通道 G 的信息失真，从而更好地保证了嵌密后彩色图像以灰度方式在公开信道传输的图像质量。

(2) 嵌入容量-峰值信噪比。

由图 2-10 可得，在实现指定嵌入容量基础上，本方案在 PSNR 衡量指标上较文献[87]、文献[90]、文献[91]提出的现有 PVO 解决方案效果更好。现有 PVO 解决方案的嵌入算法研究对象都是灰度图像，信息的嵌入扩展都在灰度单一通道内进行。本方案的嵌入算法研究对象是彩色图像，与将彩图多通道扩展成单一通道直接进行灰度 RDH 算法不同，本方案利用了通道间像素的相关性，对通道间的趋势差值进行排序，自适应选择通道进行可逆嵌入。当进行信息嵌入时，多通道排序中值通道作为参考通道不发生任何变化，其他两个通道则根据可逆嵌入映射关系自适应选择扩展。本方案信息嵌入导致的像素失真扩散到三个通道，因此本方案下的通道 R、G、B 的峰值信噪比与单通道 PVO-RDH 相比提升效果显著。

在公开信道传输过程中，对嵌密图像的指定通道进行分析，极有可能被发现有嵌密操作的存在。在满足指定嵌入容量的前提下，应尽可能减少单一通道下的图像失真。由表 2-2 可得，当嵌入容量为 20 000 bit 时，本方案彩色图像峰值信噪比达到了 58.60 dB。而多通道像素信息中失真程度最大的通道 R，较文献[87]、文献[90]、文献[91]现有 PVO 方案平均峰值信噪比仍提升了 1.37 dB、1.46 dB、2.06 dB。

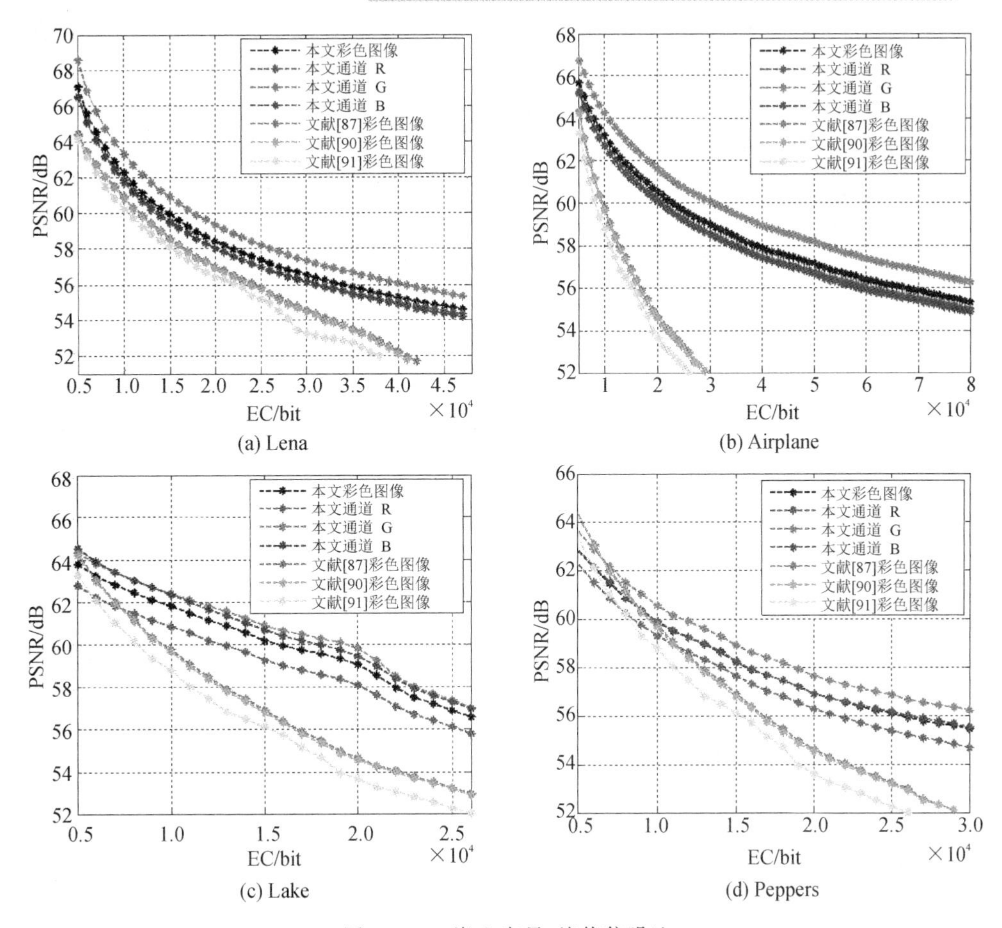

图 2-10　嵌入容量-峰值信噪比

表 2-2　EC=10 000、20 000 bit 时，图像质量 PSNR　dB

测试图像	PSNR(EC=10 000 bit)							PSNR(EC=20 000 bit)						
	文献[87]	文献[90]	文献[91]	本方案(彩色)	本方案(红)	本方案(绿)	本方案(蓝)	文献[87]	文献[90]	文献[91]	本方案(彩色)	本方案(红)	本方案(绿)	本方案(蓝)
Lena	60.24	60.87	60.96	62.19	61.92	63.26	61.57	56.96	56.87	56.44	58.39	58.24	59.23	57.81
Airplane	63.06	63.76	63.85	63.38	62.93	64.44	62.92	59.86	59.79	59.14	60.72	60.29	61.76	60.27
Lake	58.80	59.66	59.78	62.28	61.31	62.99	62.75	54.65	54.56	53.64	57.93	57.15	58.42	58.34
Peppers	58.90	59.32	59.41	60.33	59.66	61.04	60.41	55.32	55.23	54.82	57.37	56.58	58.18	57.51
均值	60.25	60.90	61.00	62.04	61.45	62.93	61.91	56.70	56.61	56.01	58.60	58.07	59.40	58.48

3）嵌入容量分析

本方案的嵌入容量与图像的通道间复杂度有关，图像的通道间平均复杂度所有像素位置根据式(2-1-8)、式(2-1-9)、式(2-1-10)计算后取均值获得，具体计算公式如下：

$$\mathrm{NL}_{\mathrm{Image}}=\sum_{i=1}^{M-2}\sum_{j=1}^{N}\mathrm{NL}_{i,j}\qquad(2-1-20)$$

由表 2-3 可得，图像的通道间复杂度与最大嵌入容量基本成反比关系，在相同阈值限制条件下，图像的通道间复杂度越高，最大嵌入容量越少。当阈值设定为 1 时，复杂度较高的 Lake 图像的嵌入容量仅为 13 000 bit，明显少于其他图像。

表 2-3 不同图像的最大嵌入容量 bit

测试图像	复杂度	文献[87]	文献[90]	文献[91]	本方案($T=1$)	本方案($T=2$)	本方案($T=3$)	本方案($T=4$)	本方案($T=5$)
Lena	6.40	38 000	41 000	42 000	25 000	38 000	50 000	59 000	67 000
Airplane	6.46	48 000	50 000	52 000	68 000	98 000	118 000	132 000	142 000
Lake	12.87	26 000	29 000	29 000	13 000	20 000	26 000	31 000	35 000
Peppers	8.34	30 000	35 000	36 000	18 000	24 000	30 000	35 000	41 000

PVO-RDH 信息嵌入前利用复杂度阈值对嵌入空间进行滤选，仅对具有高冗余空间的像素位置进行扩展操作，从而提升该类算法的高保真性。当设定复杂度阈值大于 3 时，本方案所能获得的最大嵌入容量可满足现有 PVO 方法的嵌入容量，随着阈值越大，滤选约束条件越宽松，最大嵌入容量也越大。

由图 2-11 可得，在满足同样嵌入容量条件下，阈值设定越大，其图像失真越严重。若 Airplane 图像的嵌入需求为 20 000 bit，当阈值设定为 0 时，PSNR 为 61.99 dB；当阈值设

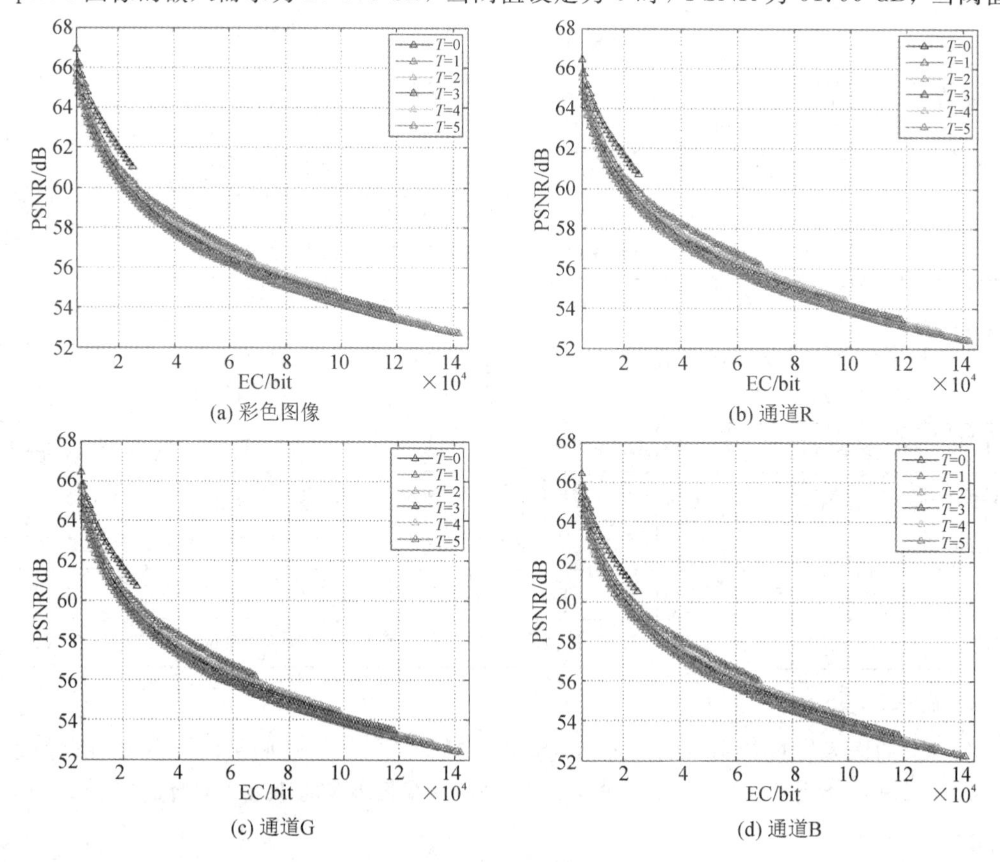

图 2-11 Airplane 图像不同阈值下嵌入容量-峰值信噪比

定为 5 时，PSNR 则低至 58.32 dB。因此，阈值设定应结合所需嵌入容量合理设定，从而在满足嵌入容量的需求基础上提高图像质量。

本节设计了一个基于多通道差值排序的彩图 RDH 方案，通过仿真实验得到了以下结论：

(1) 针对彩色图像通道间变化趋势的相关性，本方案结合数值排序思想进行通道内差值排序操作自适应选择彩色图像通道实现信息嵌入。彩色图像经自适应选择操作后对通道 G 像素的修改操作比其他两个像素通道的修改操作更少，保证了其以亮度信息方式在公开信道传输时的图像质量，提高了嵌密彩色图像在公开单信道中的视觉隐蔽性。

(2) 信息嵌入过程中多通道排序中值通道作为参考通道不发生任何变化，其他两个通道根据可逆嵌入映射关系自适应选择扩展，信息嵌入导致的图像失真扩散到三个通道。在相同嵌入容量下，本方案比传统灰度单通道可逆信息隐藏方案的图像质量更好。

(3) 本方案利用复杂度阈值对嵌入空间进行滤选，仅对满足嵌入条件的像素位置进行扩展操作，可根据嵌入需求对阈值进行事先设定以保证嵌入性能。阈值与嵌入容量成正比关系，阈值设定越大，滤选约束条件越宽松，最大嵌入容量也就越大。

2.1.3　直方图平移

1. 直方图平移的提出

基于直方图平移(Histogram Shifting，HS)的可逆信息隐藏算法利用图像自身的统计特性来进行数据嵌入。最简单的直方图是图像的灰度直方图，相当于统计出各个灰度值在图像像素中出现的频率。最早的基于直方图平移的可逆信息隐藏算法是由 Ni 等人[25]在 2006 年提出的，现在已经成为可逆信息隐藏技术的主要研究方向。该算法利用图像的灰色直方图作为可逆嵌入的特征，统计每个灰度值的频率，利用灰度直方图分布中的“峰值点”和“最小值点”进行数据嵌入。“峰值点”和“最小值点”分别代表图像像素中出现频率最高和最低的灰度值。例如，图 2-12(a)为标准测试图像“Lena”，图 2-12(b)为该图对应的灰度直方图，其“峰值点”和“最小值点”如图所示。由于自然图像灰度直方图分布的特殊性，因此大多数图像灰度直方图的“最小值点”对应的图像像素出现频率为 0，也被称为“零值点”。

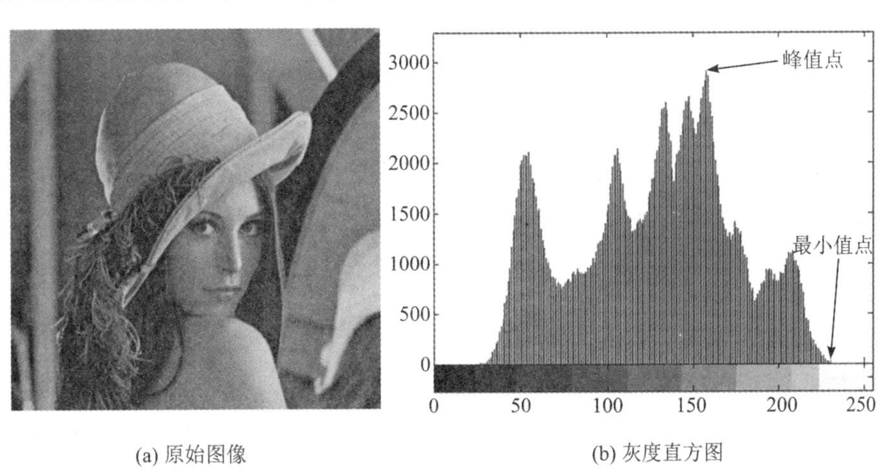

(a) 原始图像　　(b) 灰度直方图

图 2-12　测试图像“Lena”及对应的灰度直方图

假设载体图像为8位灰度图像，图像大小为$M\times N$，像素灰度值$x\in[0, 255]$，文献[25]中算法的数据嵌入步骤如下：

(1) 生成该图的灰度直方图$H(x)$。其中，像素值为x的像素在图像中出现的频率记为$h(x)$。

(2) 找出灰度直方图$H(x)$中的峰值点和最小值点：$h(a)$和$h(b)$。其中，$a, b\in[0, 255]$。

(3) 若最小值点$h(b)>0$，则将最小值点对应的像素点的位置(i, j)以及其灰度值b记录为边信息。然后，设置$h(b)=0$。

(4) 不失一般性，假设$a<b$，将直方图$H(x)$中满足$x\in(a, b)$的部分向右移动一个单位。具体而言，将满足$x\in(a, b)$的像素进行像素值加1的操作。

(5) 扫描整幅图像，当像素的灰度值为a时，进行数据嵌入：若待嵌入比特为1，则将当前像素的灰度值改为$a+1$；若待嵌入比特为0，则保持当前像素的灰度值a不变。

该算法在嵌入过程中的主要步骤为：首先确定图像灰度直方图的峰值点和最小值点，然后对介于峰值点和最小值点的直方图进行整体搬移，从而为直方图峰值点处的数据嵌入预留出空间，最后结合待嵌入消息比特进行数据嵌入。该算法数据嵌入阶段的基本原理如图2-13所示。接收者在进行数据提取时，根据每个像素的值进行相应的逆操作就可以恢复出原始像素值，并从峰值像素中提取出秘密信息。若含密图像某像素的灰度值为a，则提取出数据“0”；若含密图像某像素的灰度值为$a+1$，则提取出数据“1”。

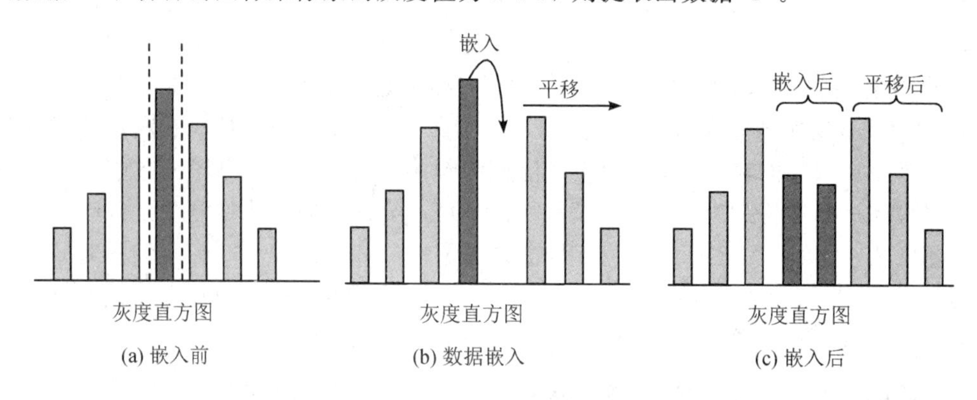

(a) 嵌入前 (b) 数据嵌入 (c) 嵌入后

图2-13 文献[25]的算法原理图

根据算法的嵌入原理，灰度值处于峰值点和最小值点之间的载体图像像素在数据嵌入时最大灰度值改变量为1。因此，最坏情况下，所有像素的灰度值改变1，此时的均方误差MSE接近1，这使得峰值信噪比为

$$\mathrm{PSNR}=10\times\lg\left(\frac{255\times 255}{\mathrm{MSE}}\right)=48.13\ \mathrm{dB} \tag{2-1-21}$$

式(2-1-21)给出了该算法得到的含密图像峰值信噪比的下限。

2. 直方图平移可逆性分析

图2-13为基于灰度直方图平移算法的原理图。直方图平移算法的优势在于实现简单，计算复杂度较低，含密图像的图像质量相对较高。但是，由于该方法对载体图像灰度直方图分布特性有较高的依赖性，因此仅适用于直方图分布较为“陡峭”的载体图像，而对于灰

度直方图分布较为“平缓”的载体图像则难以找到冗余空间。

该算法嵌入容量最大值等于灰度直方图中峰值点对应的像素个数，因此存在嵌入容量较低的缺陷。与基于无损压缩以及基于整数变换方法的算法相比，基于直方图平移的可逆信息隐藏算法可以更好地利用图像冗余，有效控制嵌入失真，因此成为了近年来的主要研究热点。

3. 直方图平移技术的发展

针对基于直方图平移的可逆信息隐藏算法嵌入容量较低的缺陷，近年来研究者提出的改进思路如下：

（1）直方图的生成方式。除了灰度直方图外，统计相邻像素之间的差值得到的差值直方图[26]、利用预测算法得到的预测误差直方图[27]]等方案均取得了较好的效果。图 2 - 14 是预测误差直方图平移的算法原理图。当前典型的直方图平移还包括：二维或高维预测差值直方图平移、基于排序后的差值直方图平移、自适应直方图平移等。

（2）直方图的修改方式。在早期使用直方图峰值进行数据嵌入的基础上，优化直方图峰值点的选择方式以及自适应选择频数[28]均可以有效提高算法的嵌入性能。由于预测算法具有较高的预测精度，因此图 2 - 14(a)所示的预测误差值集中在零值附近。选择频数最高的两个峰值点“0”和“1”，分别向两侧平移，而后在两个峰值点同时进行数据嵌入，可以有效提高算法的嵌入性能。

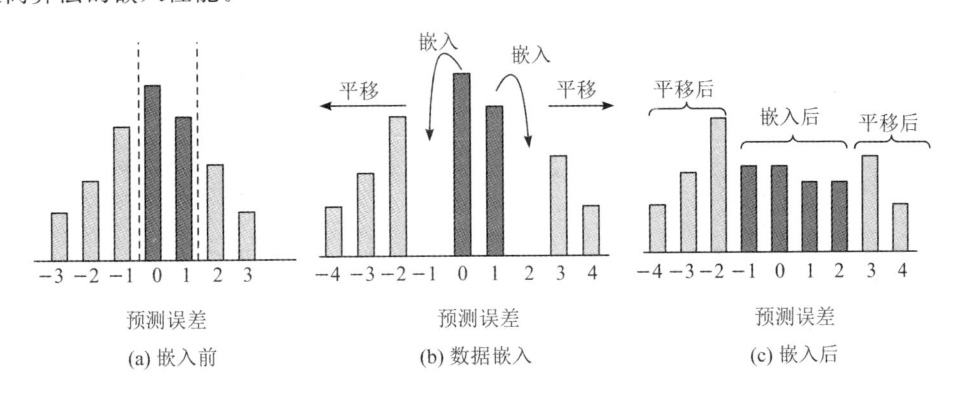

图 2 - 14　预测误差直方图平移的算法原理图

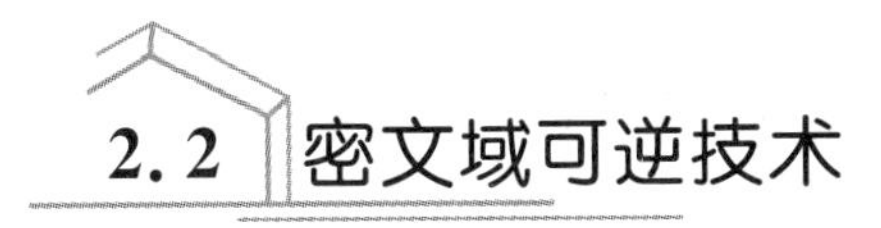

2.2 密文域可逆技术

2.2.1　基于加密后腾出可逆嵌入冗余

1. 加密后腾冗余的框架

在 VRAE 方法中，原始载体由内容所有者直接加密，信息隐藏者通过修改加密数据的某些位来嵌入附加位。VRAE 框架示意图如图 2 - 15 所示。

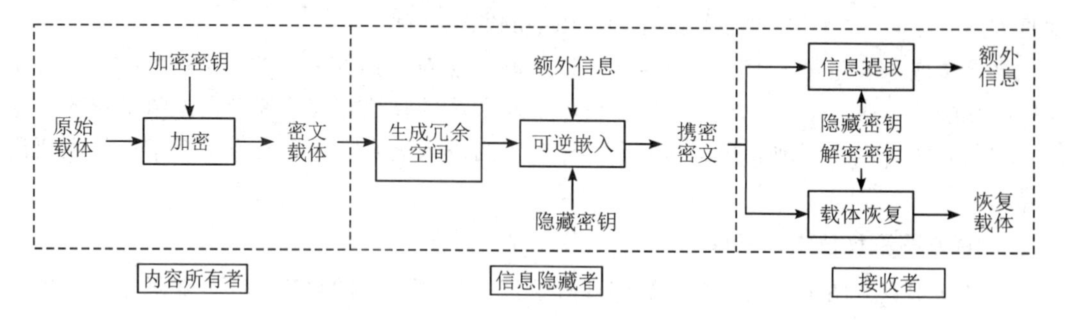

图 2-15 加密后生成冗余的 RDH-ED 算法框架

2. 加密后腾冗余可逆性分析

VRAE 框架下的算法不要求内容所有者对原始载体进行任何的预处理操作，只需加密原始载体即可，信息隐藏者利用密文无损压缩或同态加密等技术在密文域生成冗余，通过修改密文比特嵌入额外信息。大部分加密后腾出空间的算法是利用图像局部特性定义的波动函数提取额外信息与恢复原始图像的，算法的性能主要受图像分块大小的影响，图像分块越小，嵌入的额外信息越多，图像分块越大，嵌入的额外信息越少，信息提取准确率越低。这类算法提取额外信息错误率高的原因主要是没有利用子块间的平滑度和像素间的相关性。一些基于邻域像素平均差值的算法，也存在着当嵌入容量提高后，载体图像的恢复效果存在下降的问题。

VRAE 类算法直接操作的对象是加密载体，由于密文载体信息熵接近极限值，数据相关性极小难以腾出较大的冗余空间，同时嵌入操作对密文载体的修改可能导致信息提取与载体恢复出现错误，因此此类算法存在嵌入率不高、载体恢复效果较差、可逆性差等问题。

3. 加密后腾冗余算法发展

1）AES 类加密后腾冗余

AES 类加密后腾冗余算法最早由 Puech[29] 等人提出，所有者通过高级加密标准（AES）对原始图像进行加密，在图像加密后腾出冗余空间，然后将 1 比特额外信息嵌入含 n 个像素的子图像块中，接收者只能在携密密文解密前根据图像局部标准差提取额外信息与恢复原始图像，因此该类算法属于联合型算法。

该类编码算法分为加密和数据隐藏两个步骤，采用了块的 AES 加密算法对由 n 个像素组成的图像块 X_i 进行加密的过程如下：

$$Y_i = E_k(X_i) \tag{2-2-1}$$

式中：$E_k()$是加密密钥 k 的函数；Y_i 是对应 X_i 的密码文本。可以看出，X_i 和 Y_i 的大小是相同的。在数据隐藏步骤中，在每个密码文本中，我们只修改 Y_i 的一个加密像素的一位：

$$Y_{wi} = \mathrm{DH}_k(Y_i) \tag{2-2-2}$$

式中：$\mathrm{DH}_k()$是密钥 k 的数据隐藏函数；Y_{wi} 是标记的密文。为了嵌入隐藏信息的比特，该算法采用了基于比特替换的数据隐藏方法。对于每个块 Y_i，密钥 k 被用作伪随机数生成器的种子，以将像素的位替换为要隐藏的位。在编码过程的最后，我们得到了一个标记的加密图像。由于我们在 n 个像素的每个块中嵌入一位，这意味着嵌入率为 $1/n$ b/p。在接收端，通过分析标记加密图像解密后的局部标准差，实现数据提取和图像恢复。

虽然这种方法提供了很好的嵌入率，但在接收端有两个致命的缺点：① 由于图像中的冗余可能会导致使用不同的密钥重复加密相同块，因此攻击者可能通过统计分析从加密的比特中分离出一些明文或密钥信息。② 如果用接收器直接解密标记的加密图像，则解密图像的质量相当差，这与人类视觉要求相去甚远。

2）序列加密后腾冗余

序列加密后腾冗余算法由 Zhang[30] 提出，用于加密图像。作者先用流密码对图像进行加密，然后对密文图像的 LSB 进行分块，每个块再通过矩阵运算来进行压缩，腾出的空间则用作信息隐藏。在本算法中，通过控制参数可以改变压缩力度，通过增加 LSB 平面数量可以增加嵌入率。由于信息的嵌入直接采用位替换的方式，因此提取时直接读取相应位置的信息即可。这种方法的嵌入率取决于块的大小，如果选择了不合适的块大小，则在数据提取和图像恢复期间可能会发生错误。由于图像的恢复依靠失真函数来实现，因此在压缩力度较小或平滑度高的图像中，图像恢复可能存在有损情况。

该方案由图像加密、数据嵌入和数据提取/图像恢复三个阶段组成。内容所有者使用加密密钥对原始未压缩图像进行加密，以生成加密图像。假设原始图像 $\boldsymbol{I}$ 大小为 $N_1 \times N_2$，其像素值的取值为[0, 255]，将像素的位表示为 $b_{i,j,0}$，$b_{i,j,1}$，…，$b_{i,j,7}$，这里 $1 \leqslant i \leqslant N_1$，$1 \leqslant j \leqslant N_2$，$p_{i,j}$ 用来表示像素值，像素的数量用 $N(N=N_1 \times N_2)$来表示，其中：

$$b_{i,j,u}=\left\lfloor \frac{p_{i,j}}{2^u} \right\rfloor \bmod 2, \quad u=0, 1, \cdots, 7 \tag{2-2-3}$$

$$p_{i,j}=\sum_{u=0}^{7} b_{i,j,u} \times 2^u \tag{2-2-4}$$

计算原始比特和伪随机比特的异或结果的公式如下：

$$B_{i,j,u}=b_{i,j,u} \oplus r_{i,j,u} \tag{2-2-5}$$

这里的 $r_{i,j,u}$ 是使用标准流密码的加密密钥确定的。

在数据嵌入阶段，将一些参数嵌入到少量的加密像素中，并压缩其他加密像素的 LSB 以在参数占据的位置处创建容纳附加数据和原始数据的空间。

根据数据隐藏密钥，数据隐藏器（即信息隐藏者）伪随机选择 N_p 个加密像素用于携带数据隐藏参数，其他$(N-N_p)$加密的像素被伪随机排列并分成若干组，每组包含 L 个像素，排列方式也由数据隐藏密钥决定。对于每个像素组收集最低 M 个有效位，并将其表示为 $B(k, 1)$，$B(k, 2)$，…，$B(k, M \cdot L)$，其中 k 是取值为$[1, (N-N_p)/L]$的组索引，M 是一个小于 5 的正整数。数据隐藏器还生成了一个大小为$(ML-S) \times ML$ 的矩阵，它由两部分组成：

$$\boldsymbol{G}=[\boldsymbol{I}_{ML-S}\ \boldsymbol{Q}]$$

左边部分是一个大小为$(ML-S) \times (ML-S)$的单位矩阵，右边部分的 $\boldsymbol{Q}$ 是从数据隐藏密钥生成的，大小为$(ML-S) \times S$ 的伪随机二进制矩阵，这里的 S 是一个小的正整数。然后将参数 M、L、S 的值嵌入到所选加密像素 N_p 的 LSB 中。

在接收端，根据数据隐藏密钥，可以容易地从包含额外数据的加密图像中检索嵌入在所创建空间中的数据。由于数据嵌入只影响LSB，使用加密密钥进行解密可能会产生与原始版本类似的图像。当同时使用加密密钥和数据隐藏密钥时，利用自然图像中的空间相关性，可以成功地提取嵌入的附加数据，并完美地恢复原始图像。

Zhang等人[31]的另一篇文献同样采用流密码技术对原始图像进行加密，然后用LDPC码(Low-Density Parity-Check Code)对密文图像进行压缩，基于对图像恢复质量的考虑，此算法仅对第4位平面的一半比特数据进行压缩。

3) RC4加密后腾冗余

文献[32]中提出了一种基于块划分、RC4加密和块直方图修改的完全可分离的RDH-ED方法，将原始图像划分为不重叠的块，每个块中的所有像素都可以用相同的密钥由RC4加密。文献[33]中提出了一个类似的想法，其中图像通过交叉分割被分成多个组，每个组中的所有像素都用相同的密钥由RC4加密。因此，在图像加密后，差分直方图保持不变，通过差分直方图移位，可以可逆地嵌入额外的位。

RC4加密后腾冗算法使用RC4图像加密方法对图像I进行加密以生成加密版本I_e。这是一种对称密码技术，解密密钥与加密密钥相同。

假设$I=\{p_i\}_{i=1}^n$为含有n个像素，不含饱和像素的灰度图像，p_i是第i个像素的值，其像素值的取值为[1，254]，使用来自密钥种子S_k的RC4，随机生成一个大小为l的密钥流$K=\{k_j\}_{j=1}^l$。然后根据式(2-2-6)和式(2-2-7)逐像素执行图像加密得到加密图像：

$$I_e=e(I, K) \tag{2-2-6}$$

$$e(I, K)=(I+K)\bmod 254+1=\{(p_i+k_j)\bmod 254+1\}_{i=1}^n=\{q_i\}_{i=1}^n \tag{2-2-7}$$

解密过程如下：

$$I=d(I_e, K) \tag{2-2-8}$$

$$d(I_e, K)=(I_e-1-K)\bmod 254 \tag{2-2-9}$$

由于每个灰度像素p_i的取值范围为1到254，因此式(2-2-9)具有唯一的解决方案。如果解等于0，则可以将其修改为254。这里将原始图像划分为大小为$u\cdot v$的不重叠块$I=\{B_i\}_{j=1}^l$，其中$l=n/(u\cdot v)$，每个块中的所有像素都可以用相同的k_j进行加密。因此，每个加密块B_j^e保持结构冗余，以承载额外的数据(携带额外的比特)，并且通过块直方图移位实现RDH。在接收器端，数据提取完全独立于图像解密。嵌入的数据可以从标记的加密图像和直接解密图像中无错误地提取。由于同时拥有加密密钥和信息隐藏密钥，因此可以无错误地重建原始图像。然而，这种方法不适用于包含饱和像素的图像。

4) 序列加密后腾冗余新框架

Huang[6, 34]等人提出的算法是以像素块为单位进行块加密。在该算法中，首先将普通图像中的像素划分为大小为$m\times n$的子块，然后使用加密密钥生成密钥流(与明文消息组合以生成加密消息的随机或伪随机比特/字节流)，并使用相同的密钥流字节对同一子块中的像素进行加密。在流加密之后，加密的$m\times n$子块用置换密钥随机置换。

该算法使用的加密算法包括两个步骤：特定流加密和置换。在加密之前，普通图像 I 被分成 N 个不重叠的子块 $\{B_1, B_2, \cdots, B_N\}$，大小为 $m\times n$，按先从左到右，然后从上到下的顺序扫描。设 $P_{i,j}(1\leqslant i\leqslant N, 1\leqslant j\leqslant m\times n)$ 表示子块 B_i 中的一个像素，其中 i 表示子块的索引，j 表示子块 B_i 中的像素的索引。在每个子块中，像素也先从左到右，然后从上到下扫描。在不丧失一般性的情况下，我们假设在普通图像中，每个像素用八位表示。$P_{i,j}$ 中的任何位都可以用 $P_{i,j,k}(1\leqslant i\leqslant N, 1\leqslant j\leqslant m\times n, 1\leqslant k\leqslant 8)$ 表示，其中 i 表示子块 B_i 的索引，j 表示子块中像素的索引，k 表示 $P_{i,j,k}$ 是 $P_{i,j}$ 的第 k 位。像素值可以表示为

$$p_{i,j}=\sum_{k=1}^{8} p_{i,j,k}\times 2^{k-1} \tag{2-2-10}$$

根据加密密钥 K_1，运行流密码生成长度为 N 字节(即 $N\times 8$ 位)的密钥流。为简单起见，生成的密钥流的每个字节称为密钥流字节。我们用 $R_i(1\leqslant i\leqslant N)$ 表示密钥流字节，其中 i 是生成的密钥流字节的索引。由于每个密钥流字节有八位，因此一个密钥流字节中的任何位都可以用 $r_{i,k}(1\leqslant i\leqslant N, 1\leqslant k\leqslant 8)$ 表示，其中 i 表示密钥流字节的索引，k 表示 $r_{i,k}$ 是 r_i 的第 k 位。生成的密钥流字节可以表示为

$$R_i=\sum_{k=1}^{8} r_{i,k}\times 2^{k-1} \tag{2-2-11}$$

在加密阶段，在 $P_{i,j}$ 和 R_i 之间执行按位异或(XOR)操作：

$$E_{i,j}=P_{i,j}\oplus R_i,\ 1\leqslant j\leqslant m\times n \tag{2-2-12}$$

用密钥 K_2 置换所有流加密子块，可以得到置换后的图像。请注意，在这一步中，只改变子块的顺序，每个子块中像素的顺序仍然保持不变。由于每个子块中相邻像素之间的相关性可以在加密域中得到很好的保留，因此之前提出的大多数 RDH 方案都可以直接应用于加密图像。在信息隐藏阶段，采用了像素值预测误差直方图平移技术。实验表明，该算法在增强了安全性的同时也提高了嵌入率。

2.2.2 基于加密前腾出可逆嵌入冗余

1. 加密前腾冗余的框架

VRBE 方法是在明文域中创建嵌入空间的，即在加密之前释放嵌入空间，因此期望内容所有者能够在加密之前执行额外的预处理。VRBE 框架示意图如图 2-16 所示。

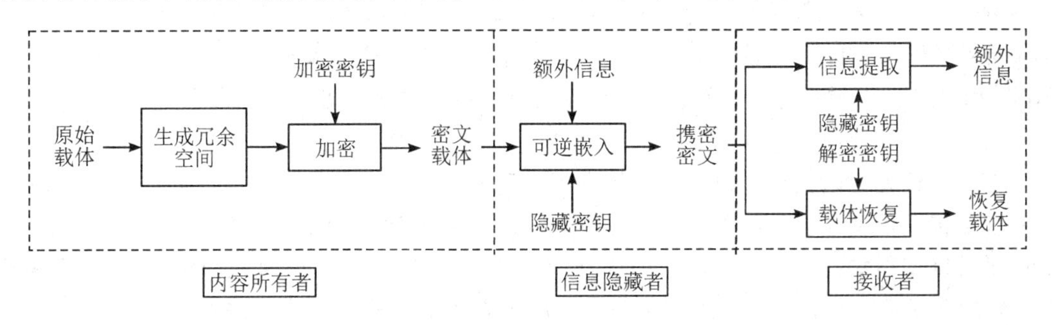

图 2-16 加密前生成冗余的 RDH-ED 算法框架

2. 加密前腾冗余可逆性分析

VRBE 框架下的算法要求内容所有者在原始载体加密前根据多媒体载体明文域或变换域冗余度较高的特点对图像进行压缩，以腾出空间供信息隐藏。在图像加密之后，这部分腾出来的空间仍然保留，所以额外信息直接写入保留的空间中就不会对原图像造成损害。也就是说，加密后的额外信息和压缩并加密后的原图像信息只是放在了一起，二者不会互相影响。这时的图像信息实际上相当于原图像信息加上所隐藏的信息，因为所隐藏的信息和原图像信息互不干涉，所以信息提取和图像解密都可以独立进行，实现了可逆性。

3. 加密前腾冗余算法发展

1）加密前可逆嵌入腾冗余

Ma[35]等人先将载体图像分割成两部分：平滑度高的区域 A 和平滑度低的区域 B；其次，用传统可逆信息隐藏中的直方图平移法[36]将平滑度低的区域的低位比特值嵌入到平滑度高的区域；再次，对图像进行流加密，并在密文图像中标出哪些位置可供信息隐藏；最后，信息隐藏者根据标识将秘密信息采用位替换的方式进行嵌入。由于信息提取过程不需要利用载体图像的内容信息，因此，其是可分离且无损的。

该方法主要包括四个阶段：加密图像的生成、加密图像中的数据隐藏、数据提取和图像恢复。实际上，构建加密图像的第一阶段可以分为三个步骤：图像分割、自可逆嵌入和图像加密。首先，图像分割步骤将原始图像分为 A、B 两区域，并进行分割；然后，使用标准的 RDH 算法将区域 B 的 LSB 可逆地嵌入 A 中；最后，对重新排列的图像进行加密，生成最终版本。

这里用于在加密前预留空间的操作使用的是现有的空域 RDH 算法，因此图像分割的目标是构建一个更平滑的区域 B，在这个区域中，使用标准的 RDH 算法可以获得更好的性能。假设原始图像 C 大小为 $M\times N$，其像素值的取值为[0，255]，将像素表示为 $C_{i,j}$，这里 $1\leqslant i\leqslant M$，$1\leqslant j\leqslant N$。内容所有者从原始图像中沿行提取几个区块，其数量由要嵌入的消息的大小决定，每一个区块都有与沿行的前后区块重叠的像素。对于每个区块，定义一个函数来测量其一阶平滑度：

$$f=\sum_{u=2}^{m}\sum_{v=2}^{N-1}\left|C_{u,v}-\frac{C_{u-1,v}+C_{u+1,v}+C_{u,v-1}+C_{u,v+1}}{4}\right| \tag{2-2-13}$$

具有相对更复杂的纹理的块具有较高的 f 值。因此，内容所有者选择具有最高 f 值的特定块，并将其放在图像的前面由具有较少纹理区域的其余部分连接。文献[35]简化了文献[36]中的方法，通过使用传统的 RDH 算法将区域 A 中的 LSB 嵌入区域 B 中。在生成重新排列的自嵌入图像 X 后，我们可以加密以构造加密图像 E。

信息隐藏者可以很容易地将额外信息可逆地嵌入加密图像中，即信息提取和图像恢复没有任何错误，因为数据隐藏器只需要将数据放入之前清空的空闲空间。与 VRAE 相比，VRBE 可以获得更好的性能，这是因为在 VRBE 中，首先对冗余的图像内容进行无损压缩，然后在保护隐私方面对其进行加密，实现了真正的可逆性。该方法在保持较高图像质量的情况下(PSNR=40 dB)，嵌入容量提升了 10 倍以上，接收者可以直接从携密密文中提取额外信息。也可以解密后再提取额外信息，该方法的缺点是无法选择最佳的嵌入位置。

2）加密前无损压缩腾冗余

为了在载体图像中腾出空间，可利用压缩编码技术。Cao[37]等人借鉴 Ma 等人的基本思想，先对图像块进行稀疏表示，将残差较小的图像块即平滑的图像块编码后用作空间预留，其对应的残差则用传统可逆信息隐藏的方式隐藏到非平滑图像块中，以便恢复时达到完全无损。Chen[38]等人结合扩展的游程长度编码和基于图像块的 MSB 平面重排机制，将 MSB 平面进行压缩来腾出空间。Yin[39]等人采用中位数边缘检测器对图像进行预测，然后对原像素值和预测像素值相同的高比特位进行可变长度的霍夫曼编码，得到较高的压缩效率。

2.2.3 基于加密过程中的冗余

1. 基于加密过程中冗余存在性的提出

加密技术与信息隐藏技术的有机融合是密文域可逆信息隐藏技术研究的出发点，也是该领域创新的最大着力点。信息隐藏的基本原理在于发掘并利用载体中存在的冗余信息，因此研究如何基于某一类载体进行信息隐藏时，需要探讨的先决问题之一是该类载体是否存在冗余，以及如何发现并利用冗余。在密文域可逆信息隐藏的研究发展过程中，VRAE 和 VRBE 两类嵌入技术主要是通过引入与密码算法加解密过程无关的外来冗余来实现密文域嵌入，通过章节 2.2.1 与章节 2.2.2 的分析可知，基于外来冗余的密文域嵌入方法的性能存在一定的应用局限性，如嵌入容量较低、可逆性与可分离性效果较差等。为了克服外来冗余造成的技术问题，VRIE 密文域嵌入技术被提出。发掘并利用加密过程自身产生的冗余来设计密文域可逆嵌入方法是 VRIE 密文域可逆嵌入技术的研究重点。

本节主要研究 VRIE 密文域可逆嵌入方法，研究思路如图 2-17 所示。文献[40]从信息熵的角度出发，通过理论推导与实验测试分析了常用密码算法加密得到的密文数据的平均信息熵与理论上最大信息熵存在的差距，指出加密过程中存在可以利用的冗余信息。所谓加密过程冗余，通常是指加解密算法实施过程中出现的具有冗余性质的变量，例如有效

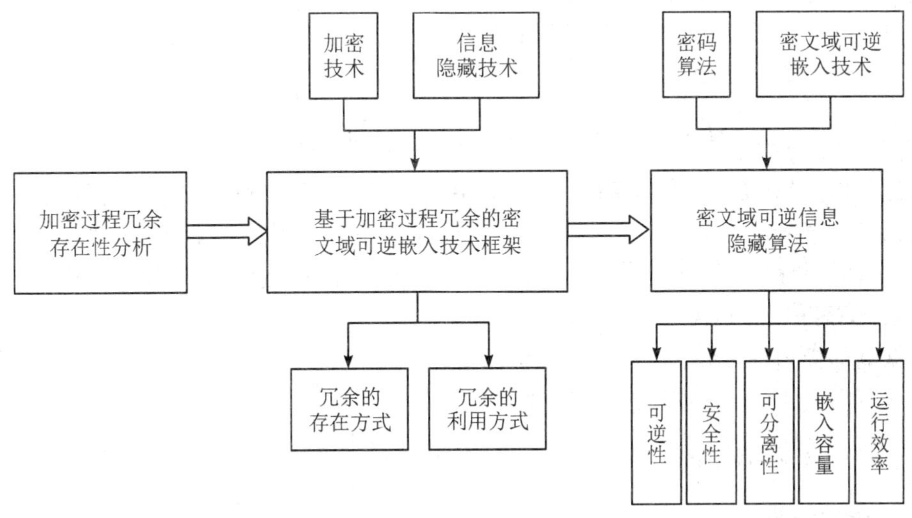

图 2-17　VRIE 密文域可逆嵌入技术的研究思路

取值不唯一，并且不同的取值不影响解密结果的变量，或者可以由其他变量经过推导与计算无损恢复的变量等。本节以文献[40]的工作为研究起点，主要研究加密过程冗余的存在方式与利用方法，通过研究大量密码算法的加解密过程，结合公钥密码、同态加密和加密过程中可重复刷新的随机量等密码技术的特点，提出了三种具有一定指导意义的 VRIE 密文域可逆嵌入技术框架。

2. 加密过程存在性分析

香农于 1948 年发表在《贝尔系统技术学报》上的论文"A Mathematical Theory of Communication"(通信的数学理论)被认为是现代信息论研究的开端。信息论根据概率论及数理统计的知识，系统推导并论证了通信系统中的一些基本问题，得到了信息的定量表示，其中最大信息熵理论从理论角度说明了信源所能包含信息量的极大值，为分析载体中是否存在冗余信息提供了定量分析的理论依据。

1) 信息熵理论

信息论反映的是事物的不确定性，而随机事件所包含的信息跟该事件发生的不确定性相关，不确定性在概率论中用随机概率来描述。将事件发生的所有状态(消息)的集合记作样本空间 X，其中每个消息的发生都有一个概率，概率值非负且所有概率的总和为 1。

对于消息 a_i 来说，发送之后对方是否选择接收这个消息具有不确定性，这个不确定性也决定了该消息所包含的信息量的多少，比如确定型信源发出某个消息的概率为 100%，那么该消息的出现就不能提供任何信息，消息包含的信息量为 0。a_i 的不确定性与 a_i 的先验概率成反比，即对 a_i 的不确定性可表示为先验概率 $P(a_i)$的某一函数。在信息论中，a_i 携带的信息量(香农信息)定义为

$$I(a_i)=\mathrm{lb}\,\frac{1}{P(a_i)} \tag{2-2-14}$$

这个信息量称为消息 a_i 的自信息。自信息 $I(a_i)$描述了信源中某一消息 a_i 的信息量，信源中不同的消息含有的信息量不同，所以 $I(a_i)$是一个随机变量，不能作为整个信源的信息测度。在实际情况中，人们通常更关心某一信源可提供多少有用信息，这就需要知道信源中所有符号的平均信息量，就要计算信源中所有符号的自信息平均值。信息熵的定义就是信源中自信息的数学期望：

$$H_r(X)=E\left(\mathrm{lb}\,\frac{1}{P(a_i)}\right)=-\sum P(a_i)\mathrm{lb}P(a_i) \tag{2-2-15}$$

信源的信息熵 $H_r(X)$表示的是信源 X 中符号的平均信息量。信息熵的单位为"r 进制单位/符号"，当 r 取 2 时，单位是"比特(bit)/符号"；当 r 取 e 时，单位是"奈特(nat)/符号"；当 r 取 10 时，单位是"哈特(hat)/符号"。多数情况下信息熵采用以 2 为底，此时通常略去底数 2，简记为 $H(X)$。

根据熵的极值性可证：离散无记忆信源输出 q 个不同的符号，当且仅当各个符号出现的概率相等时，信息熵才取得最大值，即

$$H_r(P_1, P_2, \cdots, P_q)\leqslant H\left(\frac{1}{q}, \frac{1}{q}, \cdots, \frac{1}{q}\right)=\mathrm{lb}q \tag{2-2-16}$$

2) 存在性分析

当前加密算法的设计目标是通过加密过程使密文呈现无意义的随机状态，这个过程可

以理解为信息熵增大的过程，而且理想的加密过程会使明文的信息熵最大化，此时在密文域中继续隐藏信息意味着相同的密文域会负载更多的信息，对应密文域中信息熵需要继续增大。因此根据信息论的观点，在密文域中进行信息隐藏，其可行性的关键在于加密过程是否已经使密文数据达到完全无意义状态，即密文数据的平均信息熵是否达到密文信号等概率分布时的最大信息熵。

然而，当前各类加密算法通常使密文数据趋于无意义的随机分布状态，没有完全实现加密后数据的绝对随机分布，只是具有理论上的安全性。文献[40]从信息论的角度对当前以置乱和替代为设计原则的图像加密算法进行分析，对加密后图像的信息熵进行理论推导，结论指出加密使图像的信息熵和原图像相比增大了很多，掩盖了图像原有的内容，呈现出极大的无规律性和不确定性，使图像中原本存在的像素相关性丧失。但是加密后图像的信息熵是趋近于而非达到最大值，如图2-18中的信息隐藏区域就是加密后图像的信息熵与理论上的信息熵最大值的差距。文献[58]通过编码理论分析，指出当前以混乱和扩散为原则进行加密的分组密码体制，如AES(Advanced Encryption Standard，高级加密标准)、DES(Data Encryption Standard，数据加密标准)以及blowfish算法(布鲁斯·施奈尔于1993年开发的区块加密算法，是对称加密算法的一种，主要包括关键的几个S盒和一个复杂的核心变换函数，意在摒弃DES的老化以及其他算法的强制捆绑，用途很广泛)等的密文编码的信息熵未达到最大值，并且基于熵编码理论，文献[58]利用密文中存在的冗余提出了通用密文信号上的可逆信息隐藏。

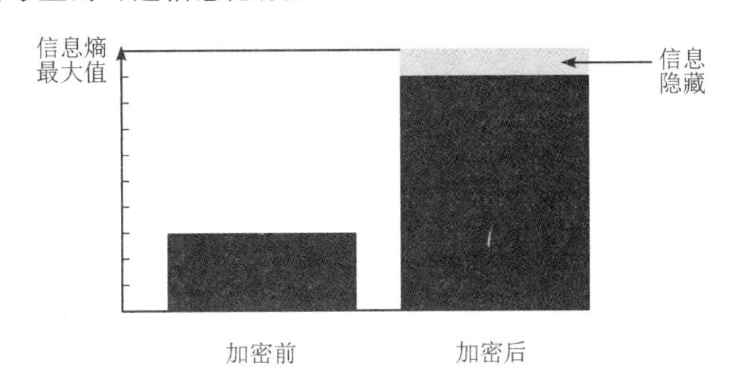

图2-18　数据加密前后信息熵比较

基于离散对数问题与大整数分解等数学困难问题的现行公钥密钥系统的安全性主要是依据可证明安全性的理论，加密过程使明文被映射在极大的密文域空间，穷举密钥进行密码分析的困难性可通过增大密钥长度进而扩展密文空间来实现。随着计算机计算能力的提高和穷举密钥算法的改进，加密系统的安全性越来越多地依靠增加密钥长度来实现，因此基于困难问题与可证明安全理论的公钥密码算法加密数据的信息熵也未达到所在密文域中数据等概率分布时的最大信息熵。如在图2-19中，以LWE算法为例加密数据并计算信息熵，可见其密文分布只是接近于用MATLAB软件仿真生成的均匀分布数据，密文域最大信息熵为12.9998，密文数据的平均信息熵为11.8799。

综上所述，结合信息论的分析以及相关理论、实验的论证，可知密文域中存在冗余信息。但由于加密使数据呈现无意义状态，冗余是以随机噪声的形式存在的，因此如何发现并有效控制冗余是实现信息隐藏的重点。

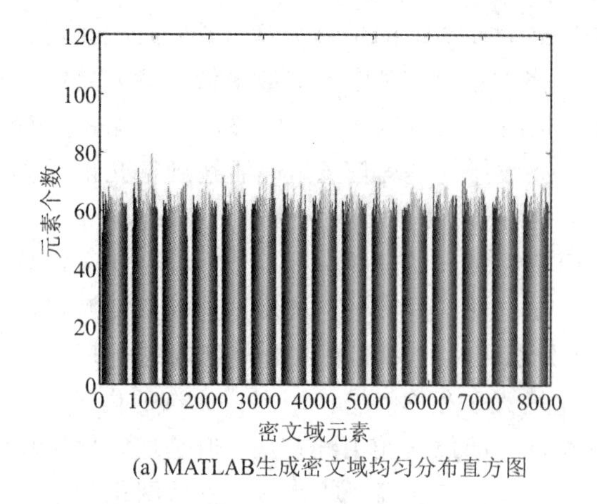

(a) MATLAB生成密文域均匀分布直方图

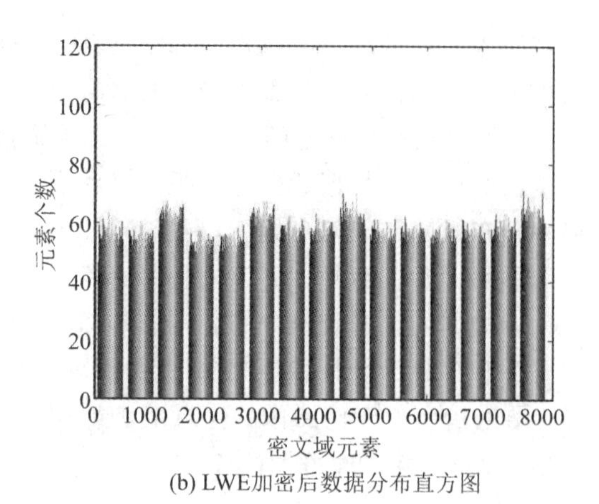

(b) LWE加密后数据分布直方图

图 2-19 LWE 算法加密数据与数据均匀分布的直方图比较

3. 基于公钥加密密文扩展的密文域可逆嵌入

1) 设计思想

在公钥密码中，密码分析的困难程度最终归约为密钥空间或密文空间的大小，因此密文域空间要求远远大于明文域空间。如图 2-20 所示，把加解密过程抽象为明文与密文的相互映射，1 bit 明文使用公钥加密后对应映射在 n 比特大小的密文域$\mathbb{Z}_q$ 中，其中 $q=2^n-1\gg1$。使用不同的公钥会把明文映射在密文域的不同位置，当拥有私钥时，通过解密算法可以重新将密文映射回明文比特。

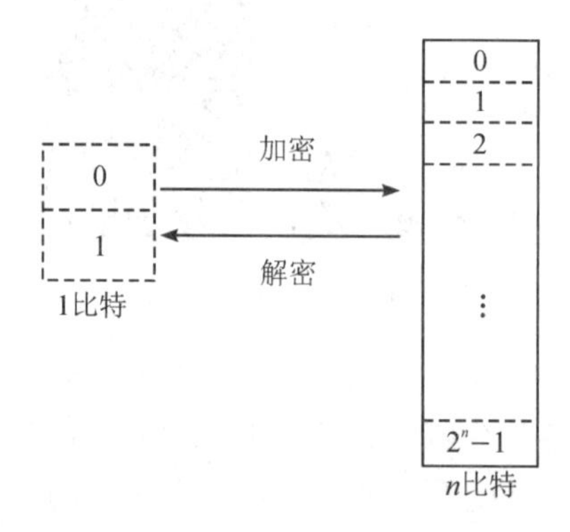

图 2-20 单位比特明文加密映射在密文域$\mathbb{Z}_q$

在已知私钥的情况下，解密过程可以视为密文数据映射到明文比特的过程，如图 2-21(a)所示。然后按照密文所对应的明文比特的不同，对密文进行分类：如在图 2-21(b)的解密映射中，密文集以虚线分隔，上半部分的密文全部对应明文比特 0，下半部分密文全部对应明文比特 1。在从密文到明文的映射中，多个密文对应同一个明文，即得到一个加解密关系中密文与明文间的“多对一”映射关系。在该“多对一”映射里，每个密文对应明文域中唯一的象，每个明文在密文域中的原象不唯一，因此作为原象的映射量密文即为冗余映射量。

通过对冗余映射量的再量化可以使其负载额外信息，再量化过程如图 2-22 所示。在

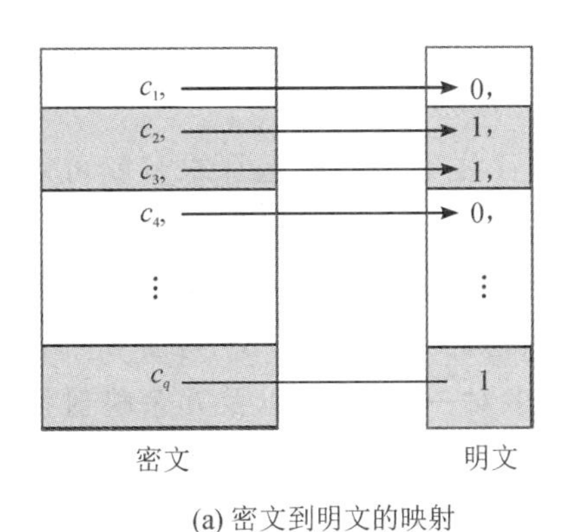

(a) 密文到明文的映射

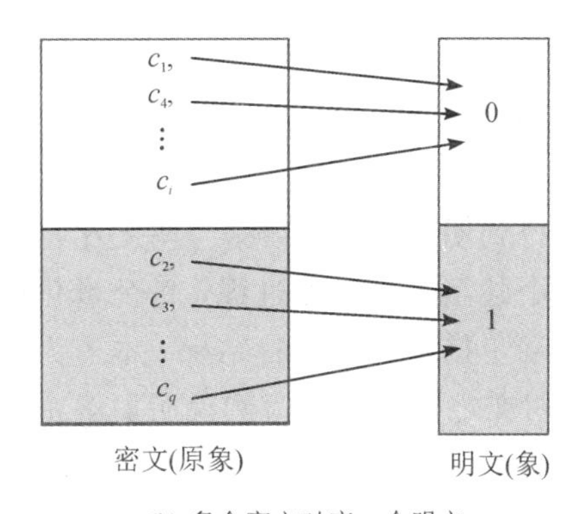

(b) 多个密文对应一个明文

图 2-21　“多对一”映射中的密文域冗余

图 2-22(a)中，密文集中的密文向右映射时指向解密的结果，指向相同明文的密文(即密文集虚线上方或下方的密文)分别被二次划分为两部分，新划分的两部分密文向左映射时分别指向不同的额外信息比特 0 或 1。再量化密文空间后可以得到 4 个密文区间：区间Ⅰ～Ⅳ，如图 2-22(b)所示。信息嵌入密文的过程即为通过修改密文数值来修改密文所在区间的过程。

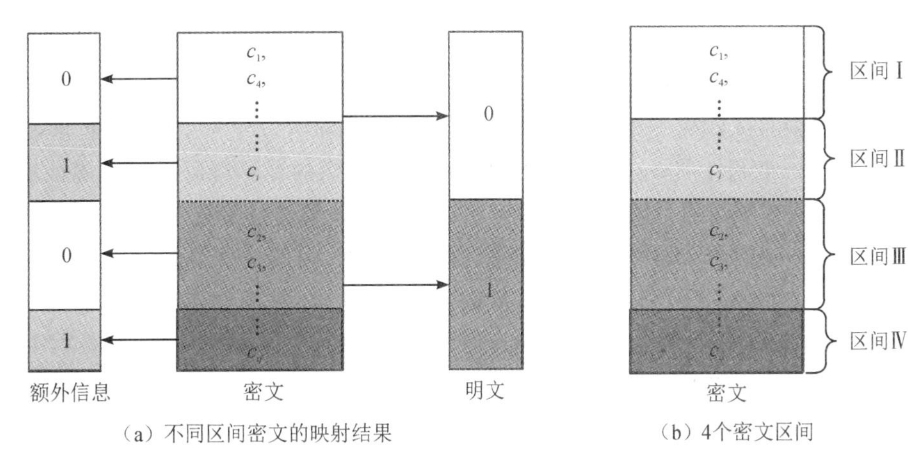

(a) 不同区间密文的映射结果　　(b) 4个密文区间

图 2-22　冗余映射量的再量化

信息嵌入时，密文数据的变动要求遵循“可逆性原则”与“可嵌入原则”。“可逆性原则”保证携密密文不会出现解密溢出，以图 2-22 为例，密文集以虚线为分隔，虚线上方区间Ⅰ和Ⅱ中的密文均解密为 0，下方区间Ⅲ和Ⅳ中的密文均解密为 1，因此当嵌入者需要嵌入信息时，密文只能在区间Ⅰ和Ⅱ或区间Ⅲ和Ⅳ之间变动，而不能跨越密文集的虚线分界造成解密出错；“可嵌入原则”保证携密密文中嵌入了正确的额外信息，即变化后的密文在向额外信息映射时可以正确地指向额外信息比特值，以图 2-22 为例，位于区间Ⅰ和Ⅲ中的密文负载额外信息 0，位于区间Ⅱ和Ⅳ中的密文负载额外信息 1。

下面举例说明嵌入过程：假设存在一个密文 $c=c_q$，待嵌入的额外信息比特为 0，根据“可逆性原则”，c_q 位于区间Ⅳ，因此携密密文所在区间只能为区间Ⅲ或Ⅳ；根据“可嵌入原则”，为了负载额外信息比特 0，需要修改 c 的取值使携密密文位于区间Ⅲ，因此可以修改 c

的取值使 $c=c_3$，赋值改为 c_3 的密文 c 即为携密密文。

2）冗余分析

这里需要强调，在实际密码算法的解密过程中，往往不是一次运算求解就可以直接从密文得到明文，密文数据与明文比特间的映射过程可能比较复杂，即在解密过程中会存在一个甚至多个量化过程，每个量化过程就是一次映射过程，不同量化步骤中的待量化数据逐步接近明文比特结果。本节为便于说明嵌入思路，在图 2-21 与图 2-22 中以密文、明文之间的映射为例说明加解密过程存在的“多对一”映射，以及冗余映射量的再量化过程。

在实际的“多对一”映射中，原象不唯一的通常不是密文，而是某次量化步骤里的待量化数据。映射关系中不唯一的量即为加密过程的冗余量，通过对其值域的再量化可以使之负载额外信息。信息嵌入的过程就是密文修改的过程，密文修改的“可逆性原则”是密文修改引起冗余映射量的波动不会造成解密过程中的量化结果溢出，从而保证不会引起解密结果出错；密文修改的“可嵌入原则”是新的冗余映射量向额外信息映射时，可以正确地指示额外信息的比特值。

综上所述，经过对密文域冗余量的再量化与密文的再编码，新得到的密文既携带额外信息，又不影响解密的正确性。

下面以属性基加密方案的身份验证环节为例说明加密过程冗余的存在方式与负载信息的方法。

在验证阶段会首先预置一个合法属性集合 $A=\{a_1, a_2, a_3, \cdots\}$，在进行解密前首先需要解密方提供一个属性项 a_i，通过属性特征值与主密钥的计算可以确定该属性项是否合法，只有合法的属性项可以计算得到用于解密的密钥。如果属性集合 A 中各属性项的性质与效力相同，则不同的合法属性项均可以得到解密密钥，因此这些属性项可以作为冗余量负载额外信息。例如将额外信息比特记为 $b\in\{0, 1\}$，则携密的属性项即为属性项 $a_i=a_{2n+b}(n=1, 2, \cdots)$。使用 a_{2n+b} 用于身份验证时，将属性项序号 $2n+b$ 模 2，即可提取得到信息比特 $b=(2n+b)\mathrm{mod}2$。

3）技术框架

基于上述利用加密过程冗余实现信息嵌入的思路，可以得到基于公钥加密密文扩展所引入的密文冗余进行可逆嵌入的技术框架，该嵌入框架的流程如图 2-23 所示。

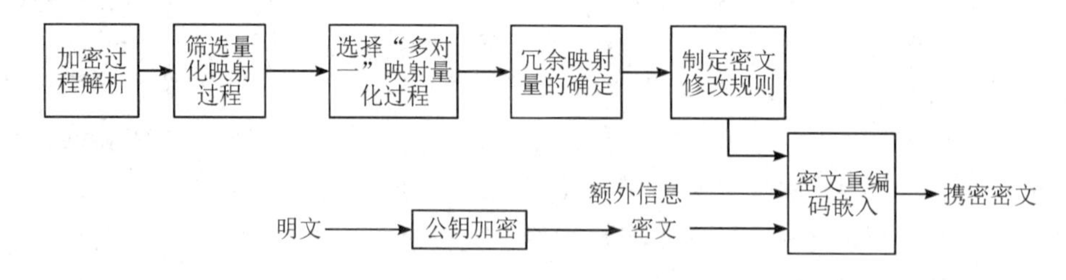

图 2-23　基于公钥加密密文扩展的 VRIE 嵌入框架

实现上述嵌入的关键主要有两点：第一是冗余映射量的确定。首先选择合适的公钥加密算法，通过对加解密过程的解析，筛选出加解密过程中的各个量化过程。量化过程即映射过程，要求选择其中的“多对一”映射量化过程，完成冗余映射量的确定。

第二是制定密文修改规则。首先对冗余映射量的值域进行重量化，重量化的目的是为了使该映射量能够负载额外信息。然后将量化后的冗余映射量的值域对应到密文数据所在的密文域中，根据冗余映射量的重量化过程对密文域进行量化分区，进而制定密文修改规则。密文修改的目的是保证密文修改会引起冗余映射量的变化，并且冗余映射量的改变满足“可逆性原则”与“可嵌入原则”，确保密文在嵌入修改后，既不会发生解密溢出，又可以使冗余映射量负载额外信息。

在对携密密文进行解密恢复时，根据“可逆性原则”，对携密密文的解密过程与原解密过程一致，且解密结果理论上没有失真。从携密密文中提取信息时，首先计算得到冗余映射量，然后将其代入指向额外信息的映射中得到额外信息。解密与信息提取的流程框架如图 2-24 所示。

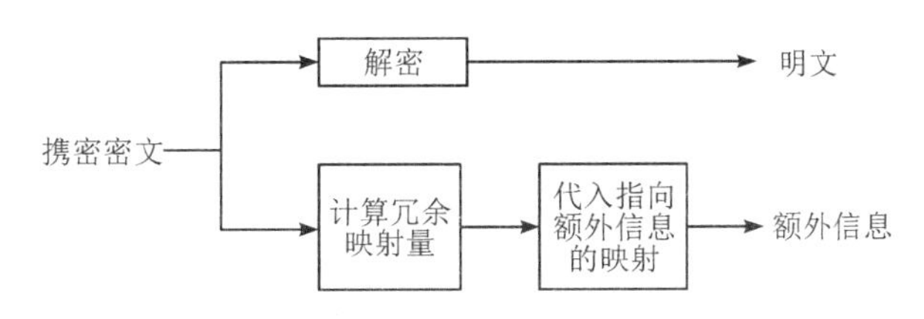

图 2-24 解密与信息提取流程框架

该密文域嵌入方法对公钥类加密算法具有一定的普适性，因为公钥加密算法普遍存在较大的密文扩展，在加解密过程中必然存在上文中提到的“多对一”映射关系以及冗余映射量，基于本节介绍的嵌入技术框架与具体的公钥密码算法，可以构造基于该密码算法的 RDH-ED 算法。当前适合该嵌入框架的加密算法较多，例如 LWE 公钥加密算法[40-41]、基于编码的加密算法[42-43]、属性基加密算法[44]等。

4. 基于全同态加密的新型密文域可逆嵌入

1）同态加密技术概述

同态加密技术对于密文域信号处理技术的发展意义重大，其特点在于允许在密文域直接对密文数据进行操作，这种操作主要是密文同态加和同态乘运算。同态运算后的密文被解密后所得到的明文等同于直接在明文域执行了同类型运算的结果。密文域同态操作不需要解密明文数据，不会泄露任何明文信息，能够有效保证密文处理过程中明文内容的保密性。

根据同态运算的类型与可执行次数的不同，同态加密分为全同态加密、半同态加密与单同态加密[45]，其中全同态加密支持在密文域执行任意次数密文之间的同态加、乘运算；半同态加密支持在密文域执行有限次数的密文之间的同态加、乘运算；单同态加密只支持密文之间的同态加或同态乘运算中的一种。

1978 年，在文献[46]中，Rivest 等人第一次提出了同态加密的概念。此后出现了多种同态密码体制，首先是单同态加密算法，如 Paillier 加密[47]、ElGamal 加密[48]、Damgrd-Juriks 加密[49]、椭圆曲线密码(Elliptic Curves Cryptography，ECC)[50]等，其中 Paillier 加密是典型的乘同态加密。对称加密中的流加密与 RC4 加密也满足加法同态性。2011 年，

Gentry 在文献[45]中提出了全同态密码体制，为在密文域中执行任意次数的加、乘运算提供了理论支持，但是 Gentry 的方案有较高的计算复杂性和较大的密文扩展。

利用密码的同态性进行密文域可逆嵌入是 RDH-ED 领域的研究热点，代表性的成果有基于 Paillier 加密乘同态性的算法[51-53]、基于对称加密加同态性的算法[54]、基于同态加密构造的安全密文域隐写算法[55]。其中，基于 Paillier 同态加密的 RDH-ED 算法较多，效果也较好。

2）典型的基于同态加密的密文域可逆嵌入方法

下面介绍两种经典的基于同态加密的密文域嵌入方法。

第一种方法是利用同态加密技术同时对两个或多个密文进行同态操作，通过密文操作引起明文数据间关系(如像素间的大小关系等)的定向改变，根据修改后明文之间不同的关系来负载信息。代表算法是文献[56]，使用的是 Paillier 同态加密，在 Paillier 算法中，密文数据的乘操作对明文的影响等同于明文数据之间的加操作。为便于说明，将明文 x 经过同态加密后的密文表示为$[x]$，Paillier 加密的乘同态效应可表示为

$$[x][y]=[x+y] \tag{2-2-17}$$

在文献[56]中，假设待嵌入的像素为 p_1 和 p_2，其密文为$[p_1]$和$[p_2]$，嵌入了额外信息的携密像素为 p'_1 和 p'_2，携密密文为$[p'_1]$和$[p'_2]$。通过密文同态操作可以使携密像素满足：当嵌入信息为 1 时，$p'_1>p'_2$；当嵌入信息为 0 时，$p'_1<p'_2$。

为了达到这个效果，对密文$[p_1]$和$[p_2]$的操作如下：

当额外信息为 1 时：

$$[p'_1]=[2][p_1][p_2][1]=[2+p_1+p_2+1]$$

$$[p'_2]=[2][p_1][p_2]^{-1}[1]=[2+p_1-(p_2+1)]$$

当额外信息为 0 时：

$$[p'_1]=[2][p_1][p_2]^{-1}[1]^{-1}=[2+p_1-(p_2+1)]$$

$$[p'_2]=[2][p_1][p_2][1]=[2+p_1+p_2+1]$$

该方法的优点是利用同态加密技术，通过密文操作定向修改明文间的大小关系，操作过程简单，且在已知携密明文与嵌入信息后，可以恢复出原始像素对。缺点在于携密明文中较大的数值会大于两个原始像素的和，容易出现溢出导致像素值不可恢复，后续改进算法的工作主要针对溢出问题和像素的优化选择等问题。

第二种方法是利用同态加密技术直接对像素的密文进行操作，使明文像素中直接携密额外信息。为了保证算法的可逆性，这类方法要求在加密前首先对明文进行压缩或数值预测等预处理，空余出的像素位置填充上特定取值(如 0)的像素。然后将所有像素加密，填充像素的密文用于在密文域负载额外信息。将特定像素值的密文与额外信息的密文进行同态加法运算，使携密密文成为特定像素值与额外信息的和的密文，对其解密之后直接将携密明文与特定像素值做差，即可得到额外信息，代表算法为文献[52]。这类算法相比于第一类算法具有较好的嵌入率，不存在溢出的问题，可逆性较好，但是加密前预处理操作具有一定的应用局限性，受制于明文域的压缩效率，未来较难实现对密文嵌入率的进一步提高。

上述两种方法主要是利用单同态加密技术对密文进行操作，引入 RDH-ED 的同态加密技术也较为单一，相关方法的拓展性不强，难以支撑在密文域构造更复杂有效的嵌入操作以提高 RDH-ED 的技术性能。实际上，同态加密技术提供了一种在密文中进行明文等效操作的可能，同态加密本质上反映了密文冗余的存在性与冗余的可操作性。因此理论上来说，同态加密技术是一种直接利用密文冗余的有效方法，能够为在 RDH-ED 领域中引入当前研究较为成熟的空间域 RDH 技术提供技术桥梁的作用。

3）基于全同态加密的新型密文域可逆信息隐藏框架

在现有非密文域可逆算法的基础上，通过全同态加密技术对非密文域可逆嵌入算法中各个过程进行密文域全同态封装，可以得到一种新型的密文域可逆嵌入方法。全同态封装后的算法主要分为三个模块：密文域同态嵌入模块、密文域同态恢复模块、密文域同态提取模块，如图 2－25(a)所示。

各模块的关系以及与加解密过程的关系如图 2－25(b)所示：明文经过加密得到密文，然后通过密文域同态嵌入得到携密密文。对携密密文可以进行三种操作：① 执行密文域同态恢复操作，得到新的密文，解密后可以得到无损的明文；② 执行密文域同态提取操作，得到额外信息的密文，解密后可以得到额外信息；③ 直接解密携密密文得到携密明文，携密明文等效于非密文域可逆嵌入的效果，可以从中提取信息或进行可逆恢复。

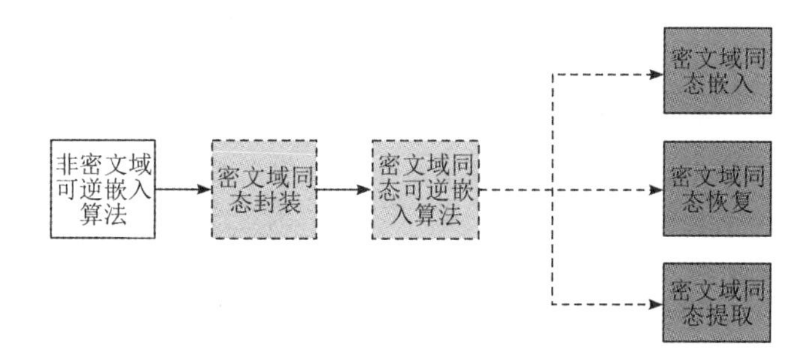

(a) 封装后的密文域同态可逆嵌入算法模块

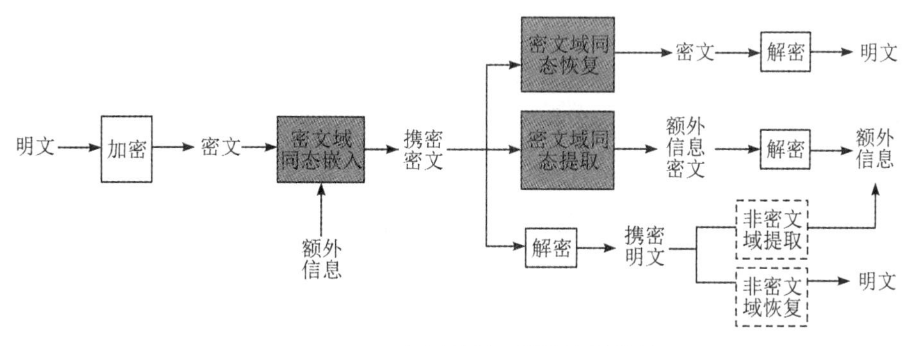

(b) 密文域同态可逆算法应用框架

图 2－25　基于(全)同态加密的新型密文域可逆信息隐藏框架

基于该框架，全同态加密技术可以为在 RDH-ED 领域引入较为复杂且嵌入效果更好的非密文域可逆算法(如 DE，HS 等算法)提供技术支撑。

5. 基于加密过程随机量刷新的密文域可逆嵌入

1）设计思想

在加密算法中，明文在变换为密文的过程中会引入各种随机量，随机量保证了明文变换过程的随机性与运算过程的非线性，可以将密文域进行扩展。其中的一类随机量在加密过程中只作为加密运算的临时参数，目的是保证加密算法每次执行的独立性与随机性，确保即使多次使用同一个密钥加密同一个明文，多个密文结果之间也是互不相同、相互独立的。

基于加密过程的随机量，本节提出基于随机量刷新的密文域嵌入方法。通过改变随机量的取值可以改变同一个明文加密得到的密文结果，如此可以通过不断刷新随机量得到不断刷新的密文，然后对密文数据中特定的比特位进行采样，并与额外信息比特进行匹配，直至密文的特定位负载额外信息时停止刷新。因为密文在不断刷新的过程中并没有进行加密过程以外的修改操作，因此理论上来说每次得到的都是合法密文。而且密文刷新过程中要求覆盖或舍弃不符合采样要求的旧密文，在加密及嵌入完成后只保留携密密文用于传输或保存，因此密文传输保存过程中不会积累同一明文加密得到的不同密文，保证了攻击者无法通过积累明密文对实现密码分析[57]，确保了嵌入过程的安全性。

2）冗余分析

根据加密过程中随机量来源的不同，可以大致将随机量分为两类：

第一类随机量主要来自加密密钥，该类随机量在加密过程中发挥的作用最大，也是数据量最多的一部分。这部分随机量通过预先分配给加密方与解密方，在加密系统中起到密钥保密与明文内容加密的核心作用。对于对称加密来说，主要是起到明文内容混淆的作用；对于公钥加密来说，主要是与公钥加密所基于的数学困难问题中单向陷门函数一起发挥作用，保证密码破译的困难性最终归约到一个极大的随机空间的穷举上。由于这部分随机量的消耗与分配需要加解密双方的密钥协商，而随机量刷新的过程对于密钥的消耗量不可控，可能影响加密过程的正常进行，或降低加密效率，因此这部分随机量一般不用于密文域嵌入信息。

第二类随机量主要是指加密过程中临时构成加密系统参数的随机量，或密文中允许引入的随机噪声。这部分随机量能够在密钥引入的随机波动外，额外在加密结果中引入更多的随机成分。这类随机量不用事先分配给加解密双方，刷新过程也不用额外进行密钥协商等操作，可以基于现有的加密条件随机赋值，生成随机变动的合法密文。这类随机量可以用于密文域嵌入。

下面以 Paillier 加密算法为例，说明基于加密过程随机量刷新的密文域嵌入框架中可刷新变量的选择方法。

Paillier 加密算法过程主要包括三个部分：密钥生成、加密、解密。

(1) 密钥生成。任选两个大素数 p 和 q，计算 p 和 q 的乘积 $N=p\times q$，计算 $p-1$、$q-1$ 的最小公倍数 $\lambda=\mathrm{lcm}(p-1, q-1)$。然后任选整数 $g\in Z_{N^2}^*$ 且满足：$\gcd(L(g^{\lambda}\bmod N^2), N)=1$，其中，定义 $L(x)=(x-1)/N$，$Z_{N^2}^*$ 为 Z_{N^2} 中与 N^2 互质的整数集合，Z_{N^2} 为小于 N^2 的整数集合。公钥为 $K_1(N, g)$，私钥为 $K_2(p, q, \lambda)$。

(2) 加密。任选整数 $r\in Z_N^*$，给定明文 $m\in Z_N$，对应的密文为

$$c=E(m,r)=g^m\cdot r^N \bmod N^2 \tag{2-2-18}$$

(3) 解密。对密文 c 解密可得到对应的明文为

$$m=D(c)=\frac{L(c^\lambda \bmod N^2)}{L(g^\lambda \bmod N^2)} \bmod N \tag{2-2-19}$$

在 Paillier 加密算法中涉及的随机量主要有 p、q、g、r，根据前面的分析可以对各随机量进行以下划分：

大素数 p 和 q 为构成私钥的主要随机量，通过预先的密钥分配得到，并且进一步用于生成公钥与其他加密参数，如 λ、N 等。因此 p 和 q 属于第一类随机量，不适合用于密文域嵌入。

随机量 g 为密钥生成阶段随机选取的量，但是其取值受到一定的约束，即要求满足：$\gcd(L(g^\lambda \bmod N^2), N)=1$。如果将 g 用于刷新密文，则在用于随机量刷新时需要考虑 g 的新赋值对公钥与加密过程的影响。因此 g 具有第二类随机量的特性，可以用于密文刷新，但是刷新过程中约束较多，不利于刷新操作大量存在的密文域嵌入。

随机量 $r\in Z_N^*$ 为加密过程中随机选取的整数，对其他加密系统参数没有影响，符合第二类随机量的特点，适合于密文域嵌入。

综上所述，Paillier 加密算法中的变量 r 可以作为加密过程冗余量，通过不断刷新变量 r 的取值来随机刷新密文，然后对密文的特定位置(如 LSB 等)进行采样与匹配，使其与额外信息的比特值一致，从而完成密文域嵌入。

3) 技术框架

根据上述思路，设计基于加密过程随机量刷新的密文域嵌入技术框架，首先要确定加密算法中可用的随机量。确定了用于刷新密文的随机量之后，可以构造该类密文嵌入方法，如图 2-26 所示。

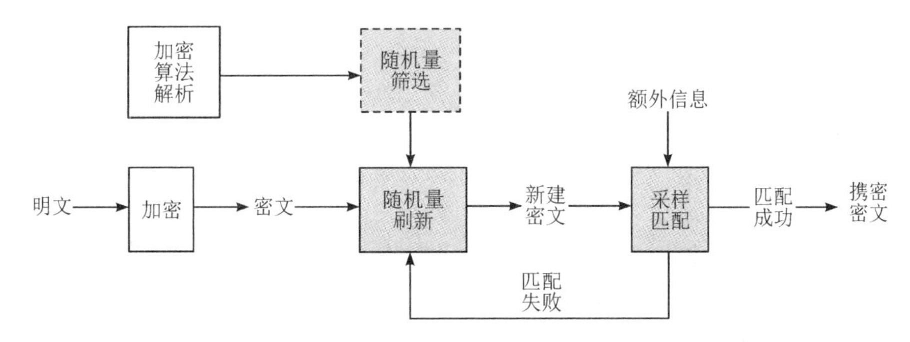

图 2-26　基于加密过程随机量刷新的密文域可逆嵌入框架

密文刷新的目的在于使密文不断产生随机变动，此时对于密文中负载额外信息的特定比特位(如密文数据的 LSB)需要嵌入方与提取方预先进行协商，这些位置上的比特或数据用于负载额外信息比特。每次刷新后，对新建密文的特定位置上的数据进行采样，并与额外信息进行匹配，如果匹配成功，则该刷新得到的新建密文即为携密密文。如果匹配失败，则重新刷新随机量来刷新密文，直至完成匹配为止。

在信息提取时，直接从携密密文的特定位进行采样即可得到额外信息。在解密恢复时，由于携密密文也是由明文加密得到的合法密文，且没有进行加密操作以外的额外修改，因

此直接对携密密文解密可以直接得到明文。解密与信息提取的流程如图 2-27 所示。

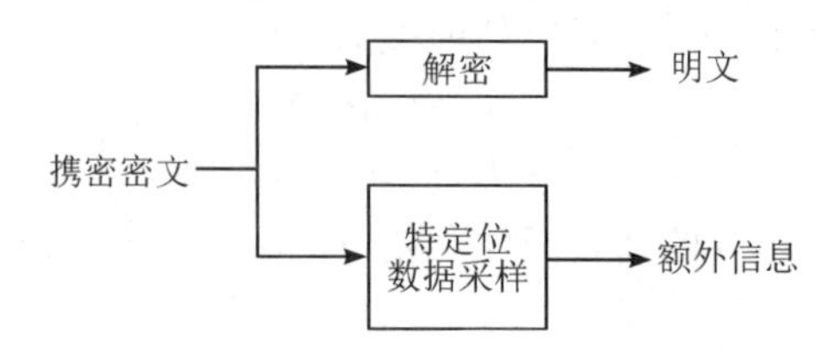

图 2-27 解密与信息提取流程框架

该密文域嵌入方法对于在加密过程中引入了多种随机量的加密算法具有较好的适用性，当前适合该嵌入框架的加密算法较多，例如格基密码算法[45]、Paillier 加密算法[47]、基于编码的加密算法[42-43]等。

2.2.4 密文域可逆技术总结

密文域可逆信息隐藏技术的难点首先在于如何在密文域嵌入后保证明文恢复的可逆性。其困难的原因可从加密技术的“混淆(Confusion)”与“扩散(Diffusion)”原则[59]入手分析：根据“混淆”原则，密文中难以保留明文数据原有的相关性，呈现随机噪声的状态，因此无法直接提供传统的可嵌入冗余，从而无法直接将空间域等可逆嵌入方法应用在密文域中；根据“扩散”原则，明文任意比特的修改都会扩散到整个密文空间，反之亦然，因此信息嵌入引起的密文修改会扩散到整个解密过程，容易造成解密失真，影响可逆性的实现。

为了实现可逆性，VRBE 与 VRAE 两种密文域嵌入框架被提出，其共同特点在于向密文中额外引入冗余空间或冗余数据。引入与加密过程相独立的外来冗余会造成嵌入过程与解密过程的相互制约，影响算法的嵌入量、可逆性等。在明文域或密文域中实施无损压缩时，其压缩率通常有限，造成依赖压缩性能的相关密文域可逆信息隐藏算法的容量有限，可分离性的实现效果也较差。

为了提高密文域可逆信息隐藏技术的性能，两种密文域可逆嵌入方法分别提供了新的解决方案：VRAE 类算法主要通过修正加密过程，使密文中保留一定的明文域特征，然后可以在密文中直接使用空域类可逆嵌入方法，代表算法如文献[60]、[61]中的算法，这类算法的嵌入容量较高，可逆性、可分离性等性能较好，但是对加密算法的修正可能会带来一定的安全隐患；VRBE 类算法通过引入更复杂的预处理过程，提升了明文域的压缩效果，进而提高了密文嵌入的效果，代表算法如文献[52]、[62]中的算法，但是复杂的预处理过程具有一定的应用局限性。

综上所述，VRAE、VRBE 两种嵌入技术当前存在一定的应用局限与技术问题，问题存在的深层次的原因在于其嵌入原理依赖于在密文中引入的外来冗余，造成嵌入提取操作与加解密过程相互独立、彼此制约。针对上述问题，Ke、Zhang 等人基于加密过程冗余提出了新的密文域可逆嵌入技术(VRIE)，旨在探索发掘加密算法在加密过程中自身产生且可用于嵌入的冗余。该方向的研究要求对密码算法的加密过程完全解析，能够有效地分析出可使用的密文冗余，难度较大，但是能够深度实现信息隐藏与密码技术的有机融合，在应用于更广泛的密文环境，适用更复杂的加密应用体制方面具有较大的潜力与独特的优势。

参考文献

[1] FRIDRICH J, GOLJAN M, DU R. Invertible authentication [J]. Proceedings of SPIE-The International Society for Optical Engineering, 2001, 4314: 197 - 208.

[2] 陈聪. 基于 FPGA 的二值图像 JBIG 压缩算法研究与实现 [D]. 西安: 西安电子科技大学, 2013.

[3] CELIK M, SHARMA G, TEKALP A, et al. Lossless generalized-LSB data embedding [J]. IEEE Transactions on Image Processing, 2005, 14(2): 253 - 266.

[4] CELIK M, SHARMA G, TEKALP A. Lossless watermarking for image authentication: a new framework and an implementation [J]. IEEE Transactions on Image Processing, 2006, 15(4): 1042 - 1049.

[5] FRIDRICH J, GOLJAN M, DU R. Lossless data embedding-new paradigm in digital watermarking [J]. EURASIP Journal on Applied Signal Processing, 2002(2): 185 - 196.

[6] CELIK M, SHARMA G, TEKALP A, et al. Reversible data hiding [C]. In: Proceedings of International Conference on Image Processing. NewYork: IEEE, 2002, 157 - 160.

[7] TIAN J. Reversible data embedding using a difference expansion [J]. IEEE Transactions on Circuits Systems. Video Technology, 2003, 13(8): 890 - 896.

[8] EMAD E, SAFEY A, REFAAT A, et al. A secure image steganography algorithm based on least significant bit and integer wavelet transform [J]. Journal of Systems Engineering & Electronics, 2018, 29(3): 199 - 209.

[9] WANG X, LI X, YANG B, et al. Efficient generalized integer transform for reversible watermarking [J]. IEEE Signal Processing Letters, 2010, 17(6): 567 - 570.

[10] QIU Y, QIAN Z, YU L. Adaptive Reversible data hiding by extending the generalized integer transformation[J]. IEEE Signal Processing Letters, 2016, 23(1): 130 - 134.

[11] PENG F, LI X, YANG B. Adaptive reversible data hiding scheme based on integer transform [J]. Signal Processing, 2012, 92(1): 54 - 62.

[12] 邱应强, 冯桂, 田晖. 利用整数变换的高效图像可逆信息隐藏方法[J]. 华侨大学学报(自然科学版), 2014, 35(2): 136 - 141.

[13] SUBBURAM S, SELVAKUMAR S, GEETHA S. High performance reversible data hiding scheme through multilevel histogram modification in lifting integer wavelet transform [J]. Multimedia Tools and Applications, 2018, 77(6): 7071 - 7095.

[14] HEIJMANS H. Reversible data embedding into images using wavelet techniques and sorting [J]. IEEE Transactions on Image Processing. 2005, 14(12): 2082 - 2090.

[15] 罗剑高，韩国强，沃焱. 新颖的差值扩展可逆数据隐藏算法[J]. 通信学报，2016，37(2)：53－62.

[16] WANG X, BIN M, JIAN L, et al. Adaptive image reversible data hiding error prediction algorithm based on multiple linear regression [J]. Journal of Applied Sciences, 2018, 36(2): 362－370.

[17] HONG W, CHEN T, CHEN J. Reversible data hiding using delaunay triangulation and selective embedment [J]. Information Sciences, 2015, 308: 140－154.

[18] THODI D, RODRIGUEZ J. Expansion embedding techniques for reversible watermarking [J]. IEEE Transactions on Image Processing, 2007, 16(3): 721－730.

[19] WANG L, PAN Z, ZHU R. A novel reversible data hiding scheme by introducing current state codebook and prediction strategy for joint neighboring coding [J]. Multimedia Tools & Applications, 2017, 76(4): 1－24.

[20] JUNG K. A high-capacity reversible data hiding scheme based on sorting and prediction in digital images [J]. Multimedia Tools & Applications, 2017, 76(11): 13127－13137.

[21] HIARY S, JAFAR I, HIARY H. An efficient multi-predictor reversible data hiding algorithm based on performance evaluation of different prediction schemes [J]. Multimedia Tools & Applications, 2017, 76(2): 2131－2157.

[22] CHEN H, NI J, HONG W, et al. High-fidelity reversible data hiding using directionally enclosed prediction [J]. IEEE Signal Processing Letters, 2017, 24(5): 574－578.

[23] HONG W, CHEN T S, SHIU C W. Reversible data hiding for high quality images using modification of prediction errors [J]. Journal of Systems and Software, 2009, 82(11): 1833－1842.

[24] THODI D, RODRÍGUEZ J. Prediction-error based reversible watermarking [C]. Proceedings of International Conference on Image Processing. NewYork: IEEE, 2004, 1549－1552.

[25] NI Z, SHI Y Q, ANSARI N, et al. Reversible data hiding[J]. IEEE Transactions on Circuits & Systems for Video Technology, 2006, 16(3): 354－362.

[26] LEE S, SUH Y, HO Y. Reversiblee image authentication based on watermarking [C]//IEEE International Conference on Multimedia and Expo. IEEE, 2006: 1321－1324.

[27] LI X, YANG B, ZENG T. Efficient reversible watermarking based on adaptive prediction-error expansion and pixel selection[J]. IEEE Transactions on Image Processing A Publication of the IEEE Signal Processing Society, 2011, 20(12): 3524.

[28] LI X, YANG B, ZENG T. Efficient reversible watermarking based on adaptive prediction-error expansion and pixel selection [J]. IEEE Transactions on Image Processing A Publication of the IEEE Signal Processing Society, 2011, 20(12): 3524.

[29] PUECH W, CHAUMONT M, STRAUSS O. A reversible data hiding method for encrypted images[J]. in Proc. SPIE 6819, Security, Forensics, Steganography, and Watermarking of Multimedia Contents X, 2008: 68.

[30] ZHANG X. Reversible data hiding in encrypted image[J]. IEEE Signal Process, 2011, 18(4): 255-258.

[31] ZHANG X, QIAN Z, FENG G, et al. Efficient reversible data hiding in encrypted images[J]. Journal of Visual Communication and Image Representation, 2014, 25(2): 322-328.

[32] YIN Z, WANG H, ZHAO H, et al. Complete separable reversible data hiding in encrypted image[J]. in Proc. First International Conference on Cloud Computing and Security, 2015: 101-110.

[33] LI M, XIAO D, ZHANG Y, et al. Reversible data hiding in encrypted images using cross division and additive homomorphism[J]. Signal Processing: Image Communication, 2015, 39: 234-248.

[34] HUANG F, HUANG J, SHI Y. New framework for reversible data hiding in encrypted domain[J]. IEEE Transactions on Information Forensics and Security, 2016, 11(12): 2777-2789.

[35] MA K, ZHANG W, ZHAO X, et al. Reversible data hiding in encrypted images by reserving room before encryption [J]. IEEE Trans. Inf. Forensics Security, 2013, 8(3): 553-562.

[36] NI Z, SHI Y Q, ANSARI N, et al. Reversible data hiding [J]. IEEE Transactions on Circuits and Systems for Video Technology, 2006, 16(3): 354-362.

[37] CAO X, DU L, WEI X, et al. High capacity reversible data hiding in encrypted images by patch-level sparse representation [J]. IEEE Transactions on Cybernetics, 2016, 46(5): 1132-1143.

[38] CHEN K, CHANG C. High-capacity reversible data hiding in encrypted images based on extended run-length coding and block-based MSB plane rearrangement[J]. Journal of Visual Communication and Image Representation, 2018, 58: 334-344.

[39] YIN Z X, XIANG Y Z, ZHANG X P. Reversible data hiding in encrypted images based on multi-MSB prediction and huffman coding[J]. IEEE Transactions on Multimedia, 2020, 22(4): 874-884.

[40] 柯彦. 基于LWE的密文域可逆信息隐藏技术研究[D]. 西安：武警工程大学，2016.

[41] 张敏情，柯彦，苏婷婷. 基于LWE的密文域可逆信息隐藏[J]. 电子与信息学报，2016，38(2)：354-360.

[42] 杜伟章，王新梅，陈克非. 基于最大秩距离码的两种Rao-Nam方案[J]. 通信学报，2002，23(10)：1-5.

[43] 李元兴，王新梅. 纠错码在现代密码学中的应用[J]. 通信学报，1991，9(4)：92-96.

[44] 高嘉昕，孙加萌，秦静. 支持属性撤销的可追踪外包属性加密方案 [J]. 计算机研究与发展，2019，56(10)：2160-2169.

[45] GENTRY C. Fully homomorphic encryption using ideal lattices [C]. The 41st ACM Symposium on Theory of Computing, STOC'09, Bethesda, Maryland, USA, 2009, 169-178.

[46] RIVEST R L, ADLEMAN L, DERTOUZOS M L. On data banks and privacy homomorphisms [J]. Foundations of secure computation, 1978, 32(4): 169-178.

[47] PAILLIER P. Public-key cryptosystems based on composite degree residuosity classes [C]. International Conference on the Theory and Applications of Cryptographic Techniques. Springer, 1999, 223-238.

[48] ELGAMAL T. A public key cryptosystem and a signature scheme based on discrete logarithms [J]. IEEE transactions on information theory, 1985, 31(4): 469-472.

[49] DAMGARD I, JURIK M. A generalisation, a simplication and some applications of paillier's probabilistic public-key system [C]. International Workshop on Public Key Cryptography. Springer, 2001, 119-136.

[50] KOBLITZ N. Ellipticcurve cryptosystems [J]. Mathematics of Computation, 1987, 48(177): 204-209.

[51] 项世军，罗欣荣. 同态公钥加密系统的图像可逆信息隐藏算法 [J]. 软件学报，2016，27(6)：1592-1601.

[52] XIANG S J, LUO X. Reversible data hiding in homomorphic encrypted domain by mirroring ciphertext group [J]. IEEE Trans, Circuits Syst, Video Technol, 2018, 28(11): 3099-3110.

[53] CHEN Y C, SHIU C W, HORNG G. Encrypted signal-based reversible data hiding with public key cryptosystem [J]. Journal of Visual Communication and Image Representation, 2014, 25(5): 1164-1170.

[54] LI M, XIAO D, ZHANG Y, et al. Reversible data hiding in encrypted images using cross division and additive homomorphism [J]. Signal Processing: Image Communication, 2015, 39: 234-248.

[55] 陈嘉勇，王超，张卫明，等. 安全的密文域图像隐写术[J]. 电子与信息学报，2012，34(7)：1721-1726.

[56] CHEN Y C, SHIU C W, HORNG G. Encrypted signal-based reversible data hiding with public key cryptosystem [J]. Journal of Visual Communication and Image Representation, 2014, 25(5): 1164-1170.

[57] PAILLIER P, POINTCHEVAL D. Efficient public-key cryptosystems provably secure against active adversaries [C]. Advances in Cryptology-ASIACRYPT'99. Lecture Notes in Computer Science, LNCS 1716. Springer, Berlin, Heidelberg, 1999, 165-179.

[58] KARIM M S A, WONG K. Universal data embedding in encrypted domain [J]. Signal Processing. 2014, 94(2): 174-182.

[59] KE Y, ZHANG M, LIU J, et al. Fully homomorphic encryption encapsulated difference expansion for reversible data hiding in encrypted domain [J]. IEEE

Transactions on Circuits and Systems for Video Technology (Early Access), 2019, DOI: 10.1109/TCSVT.2019.2963393.

[60] HUANG F J, HUANG J W, SHI Y Q. New framework for reversible data hiding in encrypted domain [J]. IEEE Transactions on information forensics and security, 2016, 11(12): 2777-2789.

[61] LI Z X, DONG D P, XIA Z H. High-capacity reversible data hiding for encrypted multimedia data with somewhat homomorphic encryption [J]. IEEE Access, 2018, 6(10): 60635-60644.

[62] PUTEAUX P, PUECH W. An efficient msb prediction-based method for high-capacity reversible data hiding in encrypted images [J]. IEEE Transactions on information forensics and security, 2018, 13(7): 1670-1681.

第3章

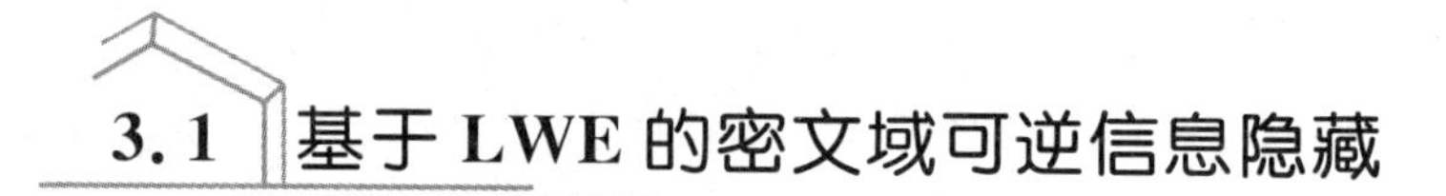

基于格密码的密文域可逆信息隐藏技术

3.1 基于 LWE 的密文域可逆信息隐藏

基于利用加密过程产生的可控冗余来实现信息隐藏的思路，本章提出了基于 LWE 的密文域可逆信息隐藏算法。LWE 算法加密过程会产生较大的密文扩展，利用其中的可控冗余可以有效实现信息的可逆嵌入。下面首先对 LWE 问题及 Regev 所提出的首个 LWE 算法进行概述，分析加密过程中产生的冗余，然后介绍所提算法的具体设计思想与算法过程。

3.1.1 LWE 问题

1. LWE 问题概述

2005 年，Regev 首次提出了 LWE 问题[1]。其复杂性可以归约到格上的判定性最短向量问题(Gap Version of Shortest Vectors Problem，GAP-SVP)和最短无关向量问题(Shortest Linearly Independent Vectors Problem，SIVP)[2]，上述两种格上的困难问题已经被证明是 NP 困难的问题(NP 的全称是 Non-determinstic Polynomialtime，NP 困难问题是指非确定型多项式时间困难问题，即不存在一种算法可以在多项式时间计算复杂度内进行求解的问题)，而 LWE 问题可以看作随机线性码的解码问题，或者格上的有限距离解码问题(Bounded Distance Decoding Problem，BDD)，其困难性可以归约到标准格中困难问题的最困难情况[3]。而且已知求解 LWE 问题的算法都运行在指数时间内，能够抵抗量子攻击，因此 LWE 问题具有可靠的理论安全性。此外，各类媒体的数据量极大，而格是一种线性结构，因此 LWE 算法中的运算基本都是线性运算，加密速度比目前广泛使用的基于大整数分解难题和离散对数难题的公钥密码加密速度高出很多，可以很好地适用于媒体数据量极大的云环境。

2. Regev 的 LWE 算法及冗余分析

Regev 的 LWE 加密算法[1]是基于 LWE 问题的经典算法，其过程如下：

设整数 $q\in(n^2, 2n^2)\geqslant 2$，对于任意常数 $\varepsilon>0$，$m=(1+\varepsilon)(n+1)\mathrm{lb}\,q$，定义在$\mathbb{Z}_q$ 上的错误(噪声)概率分布 $\bar{\Psi}_{\alpha q}=\{\lceil qx \rfloor \bmod q \mid x\sim N(0, \alpha^2)\}$，噪声分布记为 $\chi=\bar{\Psi}_{\alpha q}$，其中 $\alpha=o\left(\frac{1}{\sqrt{m}}\mathrm{lb}n\right)$，设单次加密明文长度为 $l\in\mathbb{Z}_q$，所有加法和乘法在$\mathbb{Z}_q$ 上操作。

私钥 s_k：随机选取均匀分布的矩阵 $\boldsymbol{S}\in\mathbb{Z}_q^{n\times l}$。

公钥 p_k：随机选取均匀分布的矩阵 $\boldsymbol{A}\in\mathbb{Z}_q^{n\times m}$，同时选择服从 χ 分布的噪声 $\boldsymbol{E}\in\mathbb{Z}_q^{m\times l}$，公钥为$(\boldsymbol{A}, \boldsymbol{P}=\boldsymbol{A}^{\mathrm{T}}\boldsymbol{S}+\boldsymbol{E})\in\mathbb{Z}_q^{n\times m}\times\mathbb{Z}_q^{m\times l}$。

加密：设待加密消息为 $\boldsymbol{m}\in\{0, 1\}^l$，随机选择 $\boldsymbol{a}\in\{0, 1\}^m$，密文为$(\boldsymbol{u}=\boldsymbol{A}\boldsymbol{a}, \boldsymbol{c}=\boldsymbol{P}^{\mathrm{T}}\boldsymbol{a}+\boldsymbol{m}\lfloor q/2\rfloor)\in\mathbb{Z}_q^n\times\mathbb{Z}_q^m$。

解密：得到密文对$(\boldsymbol{u}, \boldsymbol{c})$，计算 $\boldsymbol{ms}=\boldsymbol{c}-\boldsymbol{S}^{\mathrm{T}}\boldsymbol{u}$，如果该向量的分量到 0 的距离比到$\lfloor q/2\rfloor$的距离近，那么解密结果 $\boldsymbol{m}'$相应的分量设为 0，否则为 1。

结合图 3－1 对上述算法进行简要说明，解密时首先计算 $\boldsymbol{ms}$：

$$\begin{aligned}\boldsymbol{ms}&=\boldsymbol{c}-\boldsymbol{S}^{\mathrm{T}}\boldsymbol{u}=\boldsymbol{P}^{\mathrm{T}}\boldsymbol{a}+\boldsymbol{m}\lfloor q/2\rfloor-\boldsymbol{S}^{\mathrm{T}}\boldsymbol{A}\boldsymbol{a}=(\boldsymbol{A}^{\mathrm{T}}\boldsymbol{S}+\boldsymbol{E})^{\mathrm{T}}\boldsymbol{a}+\boldsymbol{m}\lfloor q/2\rfloor-\boldsymbol{S}^{\mathrm{T}}\boldsymbol{A}\boldsymbol{a}\\&=\boldsymbol{E}^{\mathrm{T}}\boldsymbol{a}+\boldsymbol{m}\lfloor q/2\rfloor\end{aligned}$$

如图 3－1 所示，用圆周表示$\mathbb{Z}_q$ 上所有取值，此时向量 $\boldsymbol{ms}$ 的每个分量可以看作是分布于圆周上的点。若 m_1 取值为 0，由于算法中引入了错误噪声，$\boldsymbol{ms}$ 对应分量 ms_1 在圆上的位置不能确定，通过控制噪声分布的标准差 α，使 $\boldsymbol{E}^{\mathrm{T}}a$ 中对应分量的波动不超过$\lfloor q/4\rfloor$，此时 ms_1 对应圆上的点位于图中Ⅰ、Ⅱ部分，即在点 $0(q)$附近，这就是解密步骤中所说若 $\boldsymbol{ms}$ 的分量到 $0(q)$的距离比到$\lfloor q/2\rfloor$的距离近，那么相应地 $\boldsymbol{m}'$的分量设为 0，否则为 1。

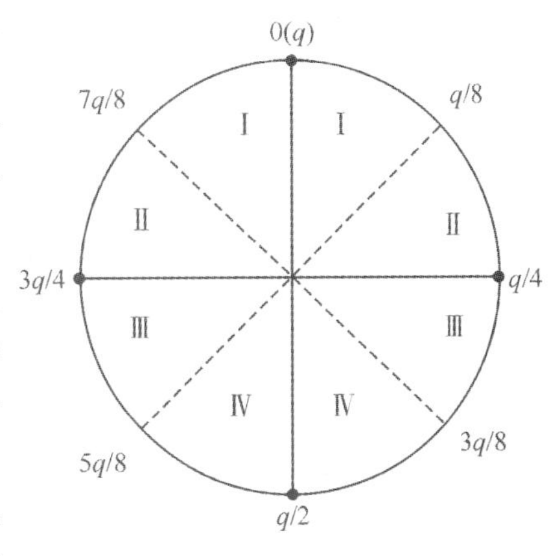

图 3－1　整数域$\mathbb{Z}_q$ 的取值分布

其中的可控冗余分析如下：在 LWE 算法中，如果没有附加错误噪声的干扰，则求解该问题不是 NP 困难的，已知公钥 $\boldsymbol{P}$ 中的 m 个等式使用高斯消元法可以在多项式时间内求出私钥 $\boldsymbol{S}$，但引入错误噪声后如果使用高斯消元，则 m 个等式的线性组合会将极小的错误放大到无法控制的级别，从而使得到的结果不含任何有用信息，对于攻击者来说，LWE 算法加密数据产生的冗余是没有意义的。但是私钥拥有者在得到 $\boldsymbol{ms}=\boldsymbol{E}^{\mathrm{T}}\boldsymbol{a}+\boldsymbol{m}\lfloor q/2\rfloor$后，用于判断明文信息是 0 还是 1 的 $\boldsymbol{ms}$ 的每个分量的取值范围占$\mathbb{Z}_q$ 长度的 1/2，即取值空间大小为$\lfloor q/2\rfloor$的 ms_i 对应 1 bit 明文信息 m_i，因此对于私钥拥有者来说，数据加密后携带可控冗余。

3.1.2　算法介绍

1. 设计思想

根据章节 3.1.1 中的分析可知，1 bit 明文对应的密文数据量占$\mathbb{Z}_q$ 的 1/2，利用该部分冗余嵌入信息，将整个噪声分布空间分为Ⅰ、Ⅱ、Ⅲ、Ⅳ区域，标准差 α 直接决定噪声波动幅度，通过控制 α 使 $\boldsymbol{E}^{\mathrm{T}}a$ 的波动范围在区域Ⅰ(明文为 0)或Ⅳ(明文为 1)。在嵌入信息过程中通过将密文加减$\lfloor q/8\rfloor$的整数 i ($i=0$ 或 1)倍，表示嵌入隐藏信息为 i。

2. 参数设置与预处理

(1) 选取一个安全参数 $n>1$，模数 $q\in(n^2, 2n^2)\geqslant 2$，所有运算在 $\mathbb{Z}_q$ 上进行。选取随机参数 $\varepsilon>0$，$m=(1+\varepsilon)(n+1)\mathrm{lb}q$(lb 表示以 2 为底取对数)，噪声的分布为 $\chi=\overline{\Psi}_{\alpha q}$，其中 $\overline{\Psi}_{\alpha q}=\{\lceil qx \rfloor \bmod q \mid x\sim N(0, \alpha^2)\}$($\lceil qx \rfloor$表示对 qx 取整)，标准差 $\alpha=o(1/(\sqrt{n}\,\mathrm{lb}n))$，加密使用的 LWE 算法为保证解密正确，密文允许波动范围为$\lfloor q/4 \rfloor$，为了在$\lfloor q/4 \rfloor$的波动空间里嵌入 1 bit 隐藏信息，将$\lfloor q/4 \rfloor$的波动空间分为长度为$\lfloor q/8 \rfloor$的两部分，并在加密过程中使密文的波动范围为$\lfloor q/8 \rfloor$，即通过合理选取 α，使附加噪声向量中各分量的取值范围为 $(7q/8, q)\cup(0, q/8)$。

(2) 设明文信息为 $\boldsymbol{pl}\in\{0, 1\}$，隐藏信息为 $\boldsymbol{me}\in\{0, 1\}$。

(3) 每次加密数据长度为 $l\in\mathbb{Z}_q$，为保证隐写后密文数据的安全性，用于加密和信息隐藏的序列要满足随机分布的特点，因此将 $\boldsymbol{pl}$ 与随机序列 $\boldsymbol{R}1\in\{0, 1\}^l$ 异或生成用于加密的序列 $\boldsymbol{m}\in\{0, 1\}^l$，$\boldsymbol{me}$ 与随机序列 $\boldsymbol{R}2\in\{0, 1\}^l$ 异或生成用于嵌入的序列 $\boldsymbol{sm}\in\{0, 1\}^l$，若 $\boldsymbol{me}$ 的数据长度小于 l，则对 $\boldsymbol{me}$ 填充 0 或 1。

3. 加密与信息嵌入

(1) 私钥 s_k：随机选取$\mathbb{Z}_q$ 上均匀分布的矩阵 $\boldsymbol{S}\in\mathbb{Z}_q^{n\times l}$，解密密钥为($\boldsymbol{S}$, $\boldsymbol{R}1$)，隐写密钥为($\boldsymbol{S}$, $\boldsymbol{R}2$)。

(2) 公钥 p_k：随机选取$\mathbb{Z}_q$ 上均匀分布的矩阵 $\boldsymbol{A}\in\mathbb{Z}_q^{n\times m}$，同时选择服从 χ 分布的噪声 $\boldsymbol{E}\in\mathbb{Z}_q^{m\times l}$，公钥为$(\boldsymbol{A}, \boldsymbol{P}=\boldsymbol{A}^{\mathrm{T}}\boldsymbol{S}+\boldsymbol{E})\in\mathbb{Z}_q^{n\times m}\times\mathbb{Z}_q^{m\times l}$。

(3) 加密：随机生成 $\boldsymbol{a}\in\{0, 1\}^m$，密文：$(\boldsymbol{u}=\boldsymbol{A}\boldsymbol{a}, \boldsymbol{c}=\boldsymbol{P}^{\mathrm{T}}\boldsymbol{a}+\boldsymbol{m}\lfloor q/2 \rfloor)\in\mathbb{Z}_q^n\times\mathbb{Z}_q^l$。

(4) 信息嵌入：为保证解密的正确性，密文允许波动范围为$\lfloor q/4 \rfloor$，在 3.2.2 小节中可知 $\boldsymbol{E}^{\mathrm{T}}\boldsymbol{a}$ 各分量的取值范围在$(7q/8, q)\cup(0, q/8)$，因此可以修改密文 $\boldsymbol{c}$，若修改后 $\boldsymbol{E}^{\mathrm{T}}\boldsymbol{a}$ 中某分量的波动范围扩大了$\lfloor q/8 \rfloor$倍，则表示对应位置的嵌入信息是 1，否则表示嵌入信息为 0。嵌入过程具体如下：

计算 $\boldsymbol{msm}=\boldsymbol{cs}-\boldsymbol{S}^{\mathrm{T}}\boldsymbol{u}$，设 $\boldsymbol{msm}=(msm_1 msm_2\cdots msm_l)^{\mathrm{T}}$，隐写后密文为：$(\boldsymbol{u}, \boldsymbol{cs})$，$\boldsymbol{cs}=(cs_1 cs_2\cdots cs_l)^{\mathrm{T}}$，其中，$cs_i=c_i+\beta_i\cdot sm_i\cdot\lfloor q/8 \rfloor(i=1, 2, \cdots, l)$。

当 $msm_i\in(0, \lfloor q/8 \rfloor)\cup(\lfloor q/2 \rfloor, \lfloor 5q/8 \rfloor)$ 时，$\beta_i=1$；当 $msm_i\in(\lfloor 3q/8 \rfloor, \lfloor q/2 \rfloor)\cup(\lfloor 7q/8 \rfloor, q)$时，$\beta_i=-1$。

4. 解密与信息提取

(1) **解密**：密钥为($\boldsymbol{S}$, $\boldsymbol{R}1$)，密文为$(\boldsymbol{u}, \boldsymbol{cs})$，计算 $\boldsymbol{msm}'=\boldsymbol{cs}-\boldsymbol{S}^{\mathrm{T}}\boldsymbol{u}$，当分量 $msm'_i\in(\lfloor q/4 \rfloor, \lfloor 3q/4 \rfloor)$时，则 m'_i 为 1；否则 m'_i 为 0。最后将 $\boldsymbol{m}'$与 $\boldsymbol{R}1$ 异或得到明文 $\boldsymbol{pl}$。

(2) **信息提取**：密钥为($\boldsymbol{S}$, $\boldsymbol{R}2$)，密文为$(\boldsymbol{u}, \boldsymbol{cs})$，计算 $\boldsymbol{msm}'=\boldsymbol{cs}-\boldsymbol{S}^{\mathrm{T}}\boldsymbol{u}$，当分量 $msm'_i\in(\lfloor q/8 \rfloor, \lfloor 3q/8 \rfloor)\cup(\lfloor 5q/8 \rfloor, \lfloor 7q/8 \rfloor)$时，$sm'_i$ 为 1；否则 sm'_i 为 0。最后将 $\boldsymbol{sm}'$与 $\boldsymbol{R}2$ 异或得到隐藏信息 $\boldsymbol{me}$。

3.1.3 理论分析与仿真实验

1. 正确性分析

算法的正确性主要包括嵌入后密文的正确解密与嵌入信息的正确提取两方面，其中正确解密是实现明文载体恢复可逆性的基础，而嵌入信息的正确提取则是信息隐藏技术的基本要求。下面首先分析影响算法正确性的相关参数。

在解密过程中：

$$\begin{aligned} \boldsymbol{msm}' &= \boldsymbol{cs} - \boldsymbol{S}^{\mathrm{T}}\boldsymbol{u} \\ &= \boldsymbol{P}^{\mathrm{T}}\boldsymbol{a} + \boldsymbol{m}\lfloor q/2 \rfloor + \beta_i \cdot \boldsymbol{sm} \cdot \lfloor q/8 \rfloor - \boldsymbol{S}^{\mathrm{T}}\boldsymbol{Aa} \\ &= (\boldsymbol{A}^{\mathrm{T}}\boldsymbol{S} + \boldsymbol{E})^{\mathrm{T}}\boldsymbol{a} + \boldsymbol{m}\lfloor q/2 \rfloor + \beta_i \cdot \boldsymbol{sm} \cdot \lfloor q/8 \rfloor - \boldsymbol{S}^{\mathrm{T}}\boldsymbol{Aa} \\ &= \boldsymbol{E}^{\mathrm{T}}\boldsymbol{a} + \boldsymbol{m}\lfloor q/2 \rfloor + \beta_i \cdot \boldsymbol{sm} \cdot \lfloor q/8 \rfloor \end{aligned}$$

如图3-1所示，圆周上的点表示整数域$\mathbb{Z}_q$的取值分布，通过控制噪声分布的标准差α，可以使$\boldsymbol{E}^{\mathrm{T}}\boldsymbol{a}$中对应分量的波动不超过$\lfloor q/8 \rfloor$。在加密的过程中：当$m_i$为0时，对应$msm_i$位于图中区域Ⅰ，当$m_i$为1时，对应$msm_i$位于图中区域Ⅳ；在信息嵌入的过程中：当携带隐藏信息sm_i为0时，密文不变，当sm_i为1时，密文通过改变$\lfloor q/8 \rfloor$，使解密或提取信息过程中的msm_i'位于图中区域Ⅱ(m_i为0)或区域Ⅲ(m_i为1)。因此要同时保证解密与信息提取的正确性，需要$\boldsymbol{E}^{\mathrm{T}}\boldsymbol{a}$的波动范围为$(7q/8, q)\cup(0, q/8)$，即$\boldsymbol{E}^{\mathrm{T}}\boldsymbol{a}$中各分量的波动不大于$\lfloor q/8 \rfloor$。

根据上述要求，分析$\boldsymbol{E}^{\mathrm{T}}\boldsymbol{a}$中各分量值大于$\lfloor q/8 \rfloor$，即算法出错的概率如下：

设$\boldsymbol{E}=(\boldsymbol{E}_1\boldsymbol{E}_2\cdots\boldsymbol{E}_l)$，$\boldsymbol{E}_i=(e_{1i}e_{2i}\cdots e_{mi})$，$i=1, 2, \cdots, l$，则$\boldsymbol{E}^{\mathrm{T}}\boldsymbol{a}$中第$i$个分量值为

$$\sum_{j=1}^{m} e_{ij}a_j,\ i=1, 2, \cdots, l \tag{3-1-1}$$

对于n个互不相关的正态分布样本$X_i \sim N(\mu, \sigma^2)$ $(1 \leqslant i \leqslant n)$，其样本之和$\sum_{i=1}^{n} X_i \sim N(n\mu, n\sigma^2)$，在算法中$\boldsymbol{a} \in \{0, 1\}^m$是随机选取的，则$\sum_{j=1}^{m} a_j \approx \frac{m}{2}$，又$e_{i,j}$互不相关且服从$\chi$分布，$\sum_{j=1}^{m} e_{ij}a_j$可以看作是从$m$个$e_{i,j}$中随机选择$\sum_{j=1}^{m} a_j$个构成样本的和，故$\sum_{j=1}^{m} e_{ij}a_j$服从均值为0、标准差为$\sqrt{\sum_{j=1}^{m} a_j}\,\alpha = \sqrt{\frac{m}{2}}\,\alpha$的正态分布。

根据正态分布的截尾不等式概率[14]：设$z \sim N(0, 1)$，则

$$P(|z| > x) = 2\int_x^{+\infty} \frac{1}{\sqrt{2\pi}} \mathrm{e}^{-\frac{1}{2}z^2} \mathrm{d}z \leqslant \frac{1}{x}\sqrt{\frac{2}{\pi}} \exp\left(-\frac{1}{2}x^2\right),\ x > 0 \tag{3-1-2}$$

同理：

$$\begin{aligned} P\left(\left|\sum_{j=1}^{m} e_{ji}a_j\right| \geqslant \frac{q}{8}\right) &= P\left(\left|\frac{\sum_{j=1}^{m} e_{1i}}{\alpha\sqrt{m/2}}\right| \geqslant \frac{q}{8\alpha\sqrt{m/2}}\right) \\ &\leqslant \frac{8\,\alpha\sqrt{m}}{q\sqrt{\pi}} \exp\left(-\frac{q^2}{64\alpha^2 m}\right) \end{aligned} \tag{3-1-3}$$

式中：$q \in (n^2, 2n^2)$。由式(3-1-3)可见，α直接决定着解密与提取信息出错的概率。一方面，α越小，算法出错的概率越小，取$\alpha = 1/(\sqrt{n}\,\mathrm{lb}n)$时，代入式(3-1-3)截尾概率的大小可忽略不计，算法正确的概率将趋近于1；另一方面，LWE问题求解的困难性依赖于噪声

干扰的存在，如果 α 太小，噪声分布在均值附近偏差很小，这将影响算法的安全性，在 R-LWE 问题中要求 $\alpha q > \sqrt{n}\,\mathrm{lb}n$[4]。因此合理选择 α 对于保证算法的正确性与可靠性至关重要。

仿真实验估计 α 的取值区间：n 在[10，90]之间取值，测试 n 取不同值时能够正确解密并提取隐藏信息的 α 上限值与满足噪声分布基本符合 χ 分布的 α 下限值。为直观表示实验效果，本节选择图像载体来介绍实验过程，如图 3－2 所示：图片 Lena 数据长度为 512×512 Byte，嵌入随机选取的二值序列。n 在[20，300]中取值，q 取 n^2+n+1，l 取 $8n$，向密文中嵌入信息，一次嵌入信息长度为 $l/64$ bit 到 l bit(一次加密或嵌入信息长度小于 l bit 时填充 0 或 1)。

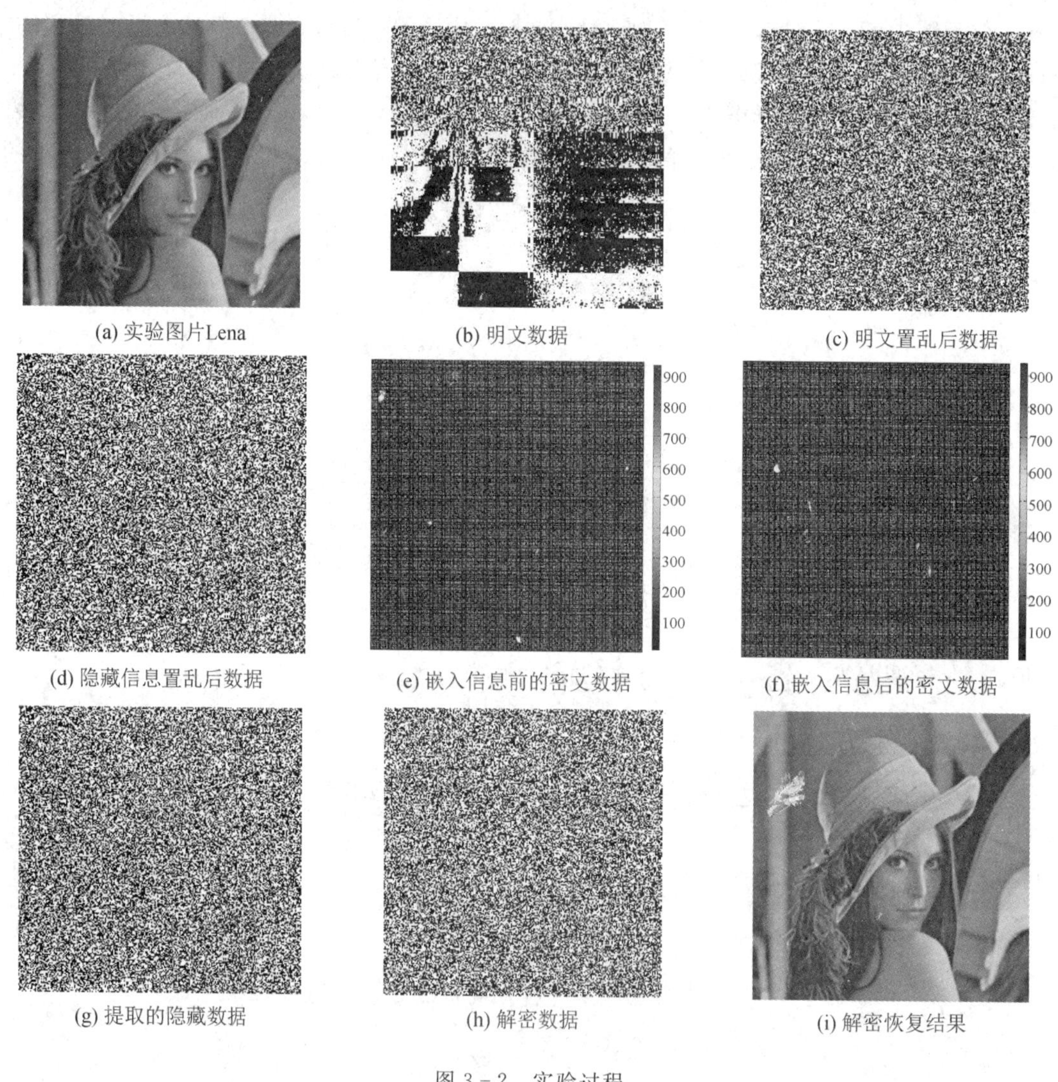

(a) 实验图片Lena　(b) 明文数据　(c) 明文置乱后数据

(d) 隐藏信息置乱后数据　(e) 嵌入信息前的密文数据　(f) 嵌入信息后的密文数据

(g) 提取的隐藏数据　(h) 解密数据　(i) 解密恢复结果

图 3－2　实验过程

图 3－2 为实验结果，其中 n 取 30，α 取 1.1107，加密 7200 Byte 数据，嵌入 7200 Byte 信息。实验图像 Lena 如图 3－2(a)所示；将 Lena 图像的前 7200 Byte 数据按位平面分离为二值序列作为明文，用大小 240×240 bit 的二值图像表示明文数据，如图3－2(b)所示；将

明文与7200Byte秘密信息进行随机置乱，如图3-2(c)、图3-2(d)所示；图3-2(e)、图3-2(f)分别是本次加密与隐写后的数据；提取隐藏信息如图3-2(g)所示，通过对比可知图3-2(g)与图3-2(d)完全一致；解密结果如图3-2(h)所示。对载体的剩余数据重复上述过程，将全部解密结果逆置乱得到所有明文的二值序列，按位填充于各像素，最终恢复得到载体图像如图3-2(i)所示。实验结果表明，α 取1.1107时能够保证解密与信息提取的正确性。n 取[20，300]中的其他值，分别测试1 bit明文在密文域负载0.016 bit到1 bit隐藏信息的实验过程同上，结果显示，解密与提取隐藏信息的准确率均接近100%。选择文本、音频等其他载体进行实验，结果均表明算法能够有效实现嵌入提取信息与无差错解密原始载体数据。记录得到能够保证算法正确性的 α 的不同取值，使用相关性分析得出 α 的取值规律如下：在区间 $n\in[10, 90]$ 中，αq 上限值与 n 基本符合正相关，其相关性系数 $r=0.9955$（$r\in[-1, 1]$，-1 表示负相关，1表示正相关），线性关系可用 $\alpha_{\max}q=0.1266n-0.8726$ 表示；αq 下限值基本保持稳定，约为 $\alpha_{\min}q\approx 0.1760$，根据 αq 上下限得到对应不同 n 值下 α 的合理取值区间 $[\lambda\alpha_{\min}, \nu\alpha_{\max}]$（$\lambda>1$，$\nu<1$）。取 $n\in[10, 300]$ 对其他大量数据样本进行实验，结果表明，算法解密与信息提取的准确率基本达到100%。其分布与线性回归分析结果如图3-3所示。

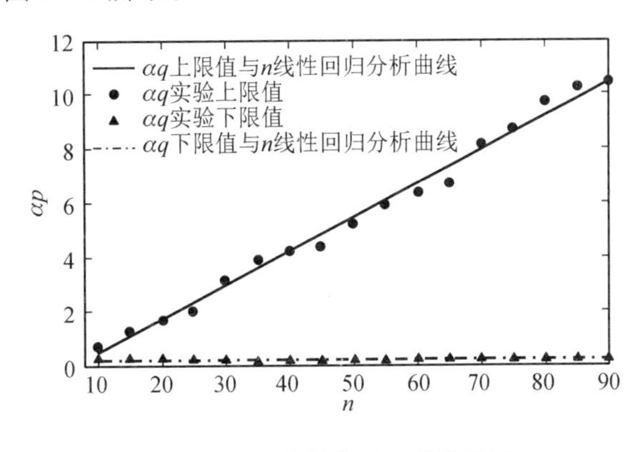

图3-3 αq 临界值随 n 变化情况

2. 安全性分析

密文域可逆信息隐藏的安全性主要是保持加密的安全性与嵌入信息的不可感知性两方面，其中不可感知性是可逆隐写算法的重要评价指标与实现密文域隐蔽通信的重要保证[6, 102]。

在保持加密安全性方面，图像加密及公钥密码算法安全性的关键指标之一是加密数据符合均匀分布[7]，因此为保证嵌入过程不造成加密信息泄露，嵌入后的密文数据也应服从均匀分布；在不可感知性方面，相关的研究还比较少，现有的可逆算法主要是分析载体嵌入信息前后的PSNR，即嵌入前后载体数据的改变量。但是对于密文来说，因为公钥加密算法要求明文的极小改变也将扩散到整个密文空间，所以嵌入前后的PSNR不能有效说明密文数据的变化是由于明文不同还是嵌入了额外的信息。而隐写分析技术在对密文进行隐写分析时通常不能获得原始密文，当前主要是对载体数据进行概率统计上的分析建模、提取特征，通过对特征分类来判断是否隐藏信息[8]，因此对于密文域隐写的安全性，不能简单通过嵌入前后密文数据的改变量来说明，而是要求保持嵌入前后密文数据统计特性不变。

另外，明文加密为嵌入前密文这一过程的安全性主要是基于LWE算法的加密安全性，因此本节着重分析密文在嵌入后的分布函数与统计特征。根据嵌入算法对密文所做的修改，推导嵌入后密文的分布函数如下：

由算法可知

$$\boldsymbol{h}=\boldsymbol{E}^{\mathrm{T}}\boldsymbol{a}=(h_1h_2h_3\cdots h_l)^{\mathrm{T}}$$

式中：$\boldsymbol{E}\in\mathbb{Z}_q^{m\times l}$ 服从 χ 分布；$\boldsymbol{a}\in\{0, 1\}^m$ 是随机选择的。

则可知

$$P\left[h_i\in\left(0, \frac{q}{8}\right)\right]=P\left[h_i\in\left(\frac{7q}{8}, q\right)\right]=\frac{1}{2} \tag{3-1-4}$$

又当 $h_i\in\left(0, \left\lfloor\frac{q}{8}\right\rfloor\right)$时，

$$\mathrm{msm}_i\in\left(0, \left\lfloor\frac{q}{8}\right\rfloor\right)\cup\left(\left\lfloor\frac{q}{2}\right\rfloor, \left\lfloor\frac{5q}{8}\right\rfloor\right), \beta_i=1$$

当 $h_i\in\left(\left\lfloor\frac{7q}{8}\right\rfloor, q\right)$时，

$$\mathrm{msm}_i\in\left(\left\lfloor\frac{3q}{8}\right\rfloor, \left\lfloor\frac{q}{2}\right\rfloor\right)\cup\left(\left\lfloor\frac{7q}{8}\right\rfloor, q\right), \beta_i=-1$$

故

$$P(\beta_i=1)=P(\beta_i=-1)=\frac{1}{2} \tag{3-1-5}$$

算法中 ***sm*** 经随机置乱，则

$$P(sm_i=1)=P(sm_i=0)=\frac{1}{2} \tag{3-1-6}$$

由于 $cs_i=c_i+\beta_i\cdot sm_i\cdot\lfloor q/8\rfloor(i=1, 2, \cdots, l)$，综上可得

$$P\left(cs_i=c_i+\left\lfloor\frac{q}{8}\right\rfloor\right)=P\left(cs_i=c_i-\left\lfloor\frac{q}{8}\right\rfloor\right)=\frac{1}{4} \tag{3-1-7}$$

$$P(cs_i=c_i)=\frac{1}{2} \tag{3-1-8}$$

设原始密文 $c_i\sim U(0, q)$，分布函数为 $F_c(x)=x/q$，$x\in(0, q)$，隐写后密文的分布函数为 $F_{cs}(x)$，则

$$\begin{aligned}F_{cs}(x)&=P(cs<x)\\&=P(cs_i=c_i)\cdot F_c(x)+P\left(cs_i=c_i+\left\lfloor\frac{q}{8}\right\rfloor\right)\cdot F_c\left(x-\left\lfloor\frac{q}{8}\right\rfloor\right)+\\&\quad P\left(cs_i=c_i-\left\lfloor\frac{q}{8}\right\rfloor\right)\cdot F_c\left(x+\left\lfloor\frac{q}{8}\right\rfloor\right)\\&=\frac{1}{2}F_c(x)+\frac{1}{4}\frac{x+\lfloor q/8\rfloor}{q}+\frac{1}{4}\frac{x-\lfloor q/8\rfloor}{q}\\&=\frac{1}{2}F_c(x)+\frac{1}{4}\cdot\frac{2x}{q}\\&=\frac{1}{2}F_c(x)+\frac{1}{2}F_c(x)=F_c(x)\end{aligned} \tag{3-1-9}$$

综上所述，嵌入信息后密文数据的分布函数与原始密文分布函数一致，符合$\mathbb{Z}_q$上的均匀分布。

实验测试密文在嵌入信息后的分布情况如下：n依次取值30、60、80、90，q取n^2+n+1，l取$8n$，α从3.2.3小节得到区间取值，对多组样本数据进行加密与隐写。图3-4所示为原始密文与隐写后密文分布直方图，可用于区分不同组的样本数据。由实验结果可以看出，嵌入信息后密文的直方图没有出现明显变化，表明嵌入信息后密文数据的分布与原始密文基本一致。

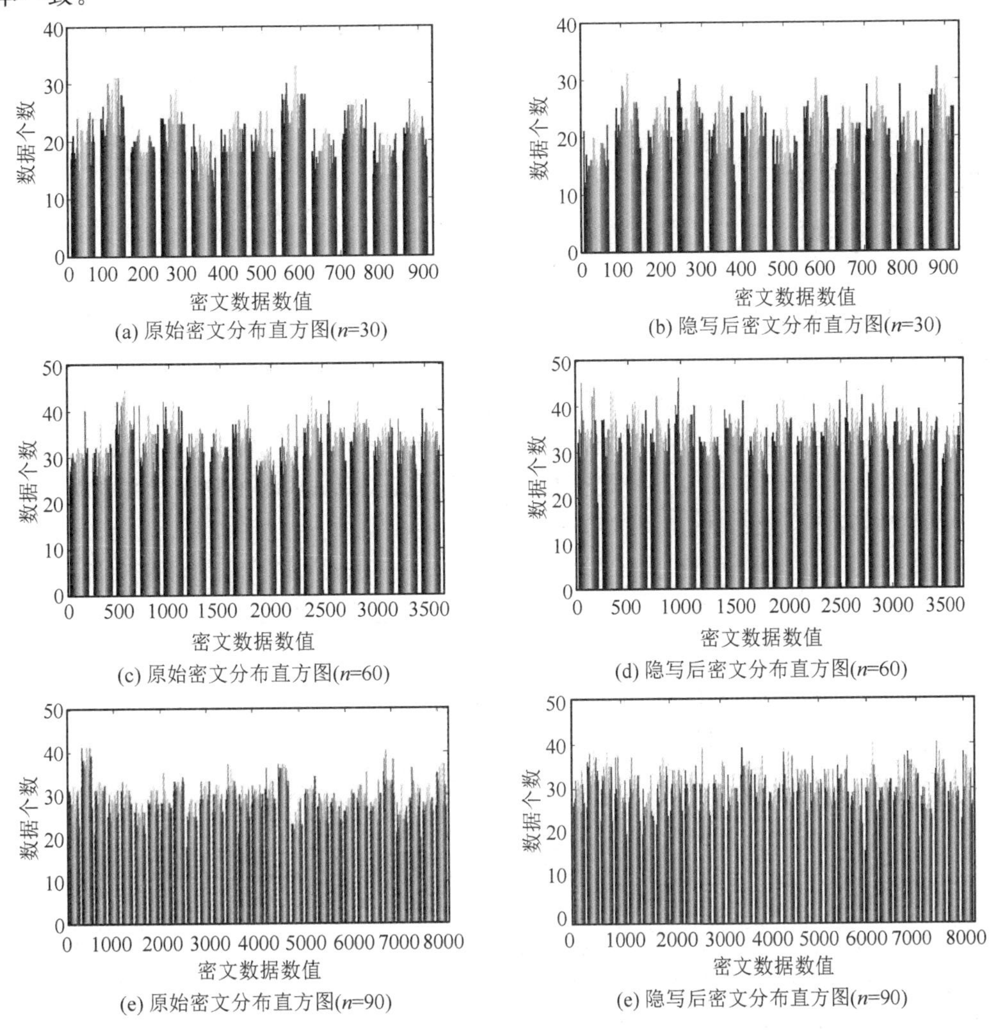

图3-4　信息嵌入前后密文数据直方图对比

在概率分布中，若$c \sim U(a, b)$，则其理论期望值为$(b-a)/2$，通过仿真实验得到密文数据的期望与所在$\mathbb{Z}_q$中均匀分布下理想期望值$\lfloor q/2 \rfloor$的关系如下：n在[10，150]中取值依次增加5，q取n^2+n+1，l取$64n$，每次加密l^2 bit数据并嵌入隐藏信息，得到如图3-5(a)、(b)所示的图像，图中星点表示嵌入前后密文数据的期望值，曲线表示$\lfloor q/2 \rfloor$随n的变化情况，两者在误差允许范围内基本一致，表明算法在嵌入信息后密文分布的期望未发生明显变化，安全性较强。

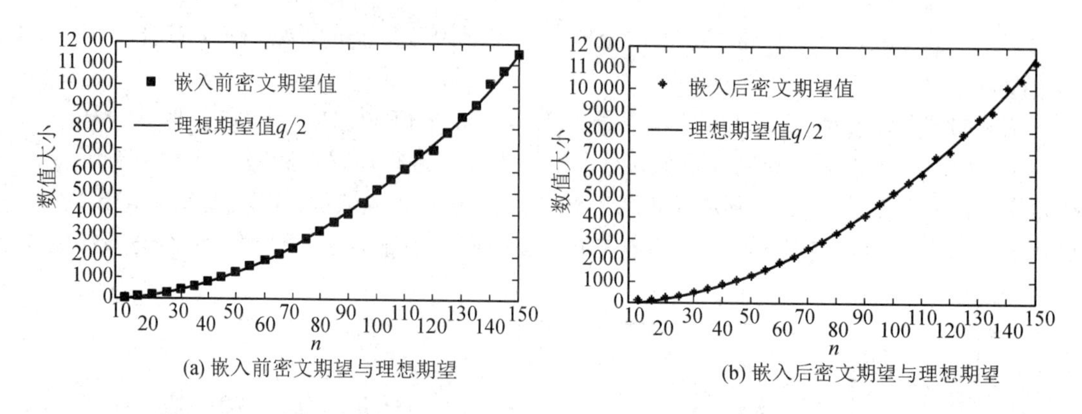

(a) 嵌入前密文期望与理想期望 (b) 嵌入后密文期望与理想期望

图 3-5 信息嵌入前后密文数据期望

3. 嵌入容量分析

在嵌入容量方面，文献[9]中载荷约为 0.0328 b/p，即 8 bit 大小的像素可嵌入 0.0328 bit 信息；文献[10]通过翻转第 6LSB 位的方式实现了载荷的有效提升，约为 0.06 b/p；文献[11]将 LDPC 编码引入密文域可逆隐写，将载荷提升到 0.1 b/p。已有针对图像载体的密文域可逆信息隐藏算法的嵌入率受到像素内容或加密方式的限制较大，有效载荷基本不超过 0.5 b/p，文献[58]使用熵编码实现通用密文域可逆信息隐藏，在完全可逆的情况下嵌入容量基本达到 0.169 b/b，即 1 bit 密文可携带 0.169 bit 秘密信息。而本算法是在 LWE 算法加密后数据的冗余部分嵌入信息，不受加密前载体类型与密文内容的限制，可适用于图像、音频等数字媒体加密过程，1 bit 明文在密文域最大可负载 1 bit 隐藏信息。

本节提出了基于 LWE 的密文域可逆信息隐藏算法，通过对 LWE 算法密文域的重量化与加密后数据的再编码，能够保持 LWE 算法加密与信息嵌入提取过程的安全可靠性。理论分析与仿真实验说明了算法的正确性、安全性与嵌入容量。但是当一次加密数据长度较大时，密钥长度要求增大，造成算法的计算复杂度与密文数据的信息冗余也随之增大。因此，如何有效利用增大的信息冗余来提高隐藏信息的嵌入容量是后续章节中的工作重点。

3.2 基于 LWE 的密文域多比特可逆信息隐藏

随着密钥长度的增加，LWE 算法单次可加密的明文长度在增长的同时，密文扩展量也随之增大，因此单位比特明文对应密文中的可控冗余也随之增多。本节基于 LWE 算法中的可控冗余，通过构造嵌入过程中的多比特映射关系，实现在一次加密与嵌入过程中嵌入多比特数据。

3.2.1 LWE 问题中多比特映射关系的构造

Regev 的 LWE 算法的解密过程可以抽象为一个密文与明文之间的映射过程，如图 3-6 所示：量化向量($\boldsymbol{ms}=\boldsymbol{E}^{\mathrm{T}}a+m\lfloor q/2 \rfloor$)中的元素构成集合 1，映射结果构成集合 2，二者是多对一的关系。由 3.1.2 小节中的分析可知，量化向量波动的原因来自引入噪声($\boldsymbol{E}^{\mathrm{T}}a$)产生的波动总和，而波动的分布由 3.3.1 小节中的分析可知符合高斯分布。

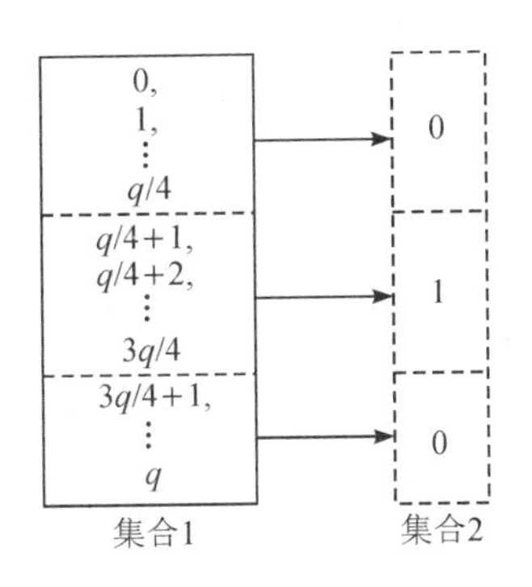

图 3-6　解密过程的映射抽象

当集合 2 的长度为 1 比特(0 或 1)时，密文域$\mathbb{Z}_q$ 要求能够容纳波动波峰数目为 2，如图 3-7(a)所示，此时解密过程中判定明文信息是 0 或 1 的标准就是量化向量对应元素距离 0 或$\lfloor q/2 \rfloor$的远近，即在 0 附近则解密为 0，在$\lfloor q/2 \rfloor$附近则解密为 1。因此，要实现映射关系中集合 2 的长度为多比特，则要求密文域$\mathbb{Z}_q$ 能够容纳波动的波峰数目大于 2。如图 3-7(b)所示，当可容纳波峰数为 $2B$ 时，映射结果可表示 lb$B$ 比特信息。综上所述，通过控制引入噪声的波动可以实现映射关系中的多比特映射结果。文献[13]将这种多比特的映射关系应用在解密过程中，提出格上的多比特加密算法，有效扩展了一次可加密明文比特数。本节将该映射关系应用在嵌入信息的编码过程中，提出了基于 LWE 的多比特密文域可逆信息隐藏算法。

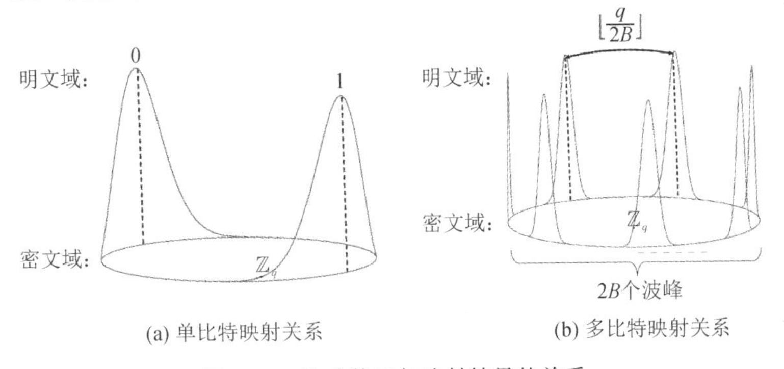

图 3-7　波动数目与映射结果的关系

3.2.2　算法介绍

1. 设计思想

如图 3-8 所示，将整个噪声分布空间$\mathbb{Z}_q$ 平均分为Ⅰ、Ⅱ、Ⅲ、Ⅳ区域，各区域平均量化为子区域 0，1，2，…，$B-1$。

在图 3-8(a)中，B 取 4，对应可嵌入的信息为四进制数；在图 3-8(b)中，B 取 16，对应可嵌入的信息为十六进制数。通过控制标准差 α，使 $\boldsymbol{E}^{\mathrm{T}}a$ 的波动范围为$\left(0, \frac{q}{4B}\right) \cup \left(\frac{4B-1}{4B}q, q\right)$。在嵌入信息过程中通过修改密文，使 ms_i 位于同一区域内的子区域 i，$i \in \{0, 1, 2, \cdots, B-1\}$，表示嵌入隐藏信息为 i。在介绍算法过程前，首先定义函数 L，用于返回密文域中任意数据所在子区域的编号。

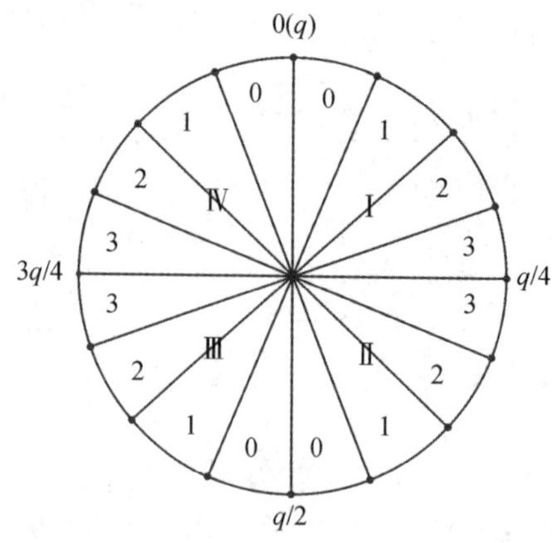

(a) B为4时整数域$\mathbb{Z}_q$的量化结果

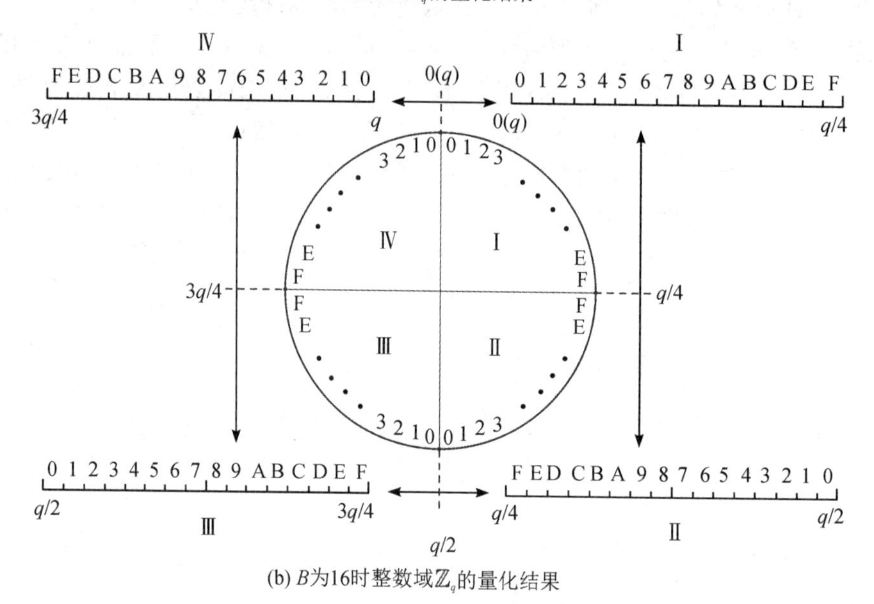

(b) B为16时整数域$\mathbb{Z}_q$的量化结果

图 3-8 整数域$\mathbb{Z}_q$ 的重量化

定义 3-1 函数 L：$i=L(x)$，$i\in\{0, 1, \cdots, B-1\}$，$x\in\mathbb{Z}_q$，表示$\mathbb{Z}_q$ 中元素 x 位于子区域 i，则

$$L(x)=\begin{cases}\left\lfloor\dfrac{4Bx}{q}\right\rfloor, & x\in\left[0, \dfrac{q}{4}\right)\\ 2B-\left\lfloor\dfrac{4Bx}{q}\right\rfloor-1, & x\in\left[\dfrac{q}{4}, \dfrac{q}{2}\right)\\ \left\lfloor\dfrac{4Bx}{q}\right\rfloor-2B, & x\in\left[\dfrac{q}{4}, \dfrac{3q}{4}\right)\\ 4B-\left\lfloor\dfrac{4Bx}{q}\right\rfloor-1, & x\in\left[\dfrac{3q}{4}, q\right)\end{cases} \tag{3-2-1}$$

2. 参数设置与预处理

(1) 选取安全参数 $n>1$，其取值影响格空间的大小与其他参数的取值与分布。设整数

$q \in (n^2, 2n^2) \geqslant 2$，对于任意常数 $\varepsilon > 0$，格空间向量维数 $m = (1+\varepsilon)(n+1)\mathrm{lb}q$，噪声分布 $\chi = \overline{\Psi}_{\alpha q}$，标准差 $\alpha = o(1/\sqrt{m}\,\mathrm{lb}n)$，$\alpha$ 直接决定噪声分布规模，在 3.2.3 小节的正确性分析中将详细分析其取值范围。算法中的所有加法和乘法在 $\mathbb{Z}_q$ 上操作。

(2) 设每次加密明文长度为 $l \in \mathbb{Z}_q$，明文信息为 $\boldsymbol{pl} \in \{0,1\}^l$，隐藏信息为 $\boldsymbol{me} \in \{0, 1\}$。

(3) 设用于嵌入的信息为 B 进制数，B 通常取 2 的整数幂。为保证信息隐藏后密文数据的安全性，用于加密和信息嵌入的序列要满足随机分布的特点，因此将 $\boldsymbol{pl}$ 与随机序列 $\boldsymbol{ra}1 \in \{0, 1\}^l$ 逐位异或生成用于加密的序列 $\boldsymbol{m} \in \{0, 1\}^l$，将 $\boldsymbol{me}$ 与随机序列 $\boldsymbol{ra}2 \in \{0, 1\}$ 逐位异或，并编码成 B 进制的嵌入序列：

$$\boldsymbol{sm} = (sm_1, sm_2, \cdots, sm_l)^{\mathrm{T}},\ sm_i \in \{0, 1, \cdots, B-1\}$$

3. 加密与信息嵌入

(1) 私钥 s_k：随机选取均匀分布的矩阵 $\boldsymbol{S} \in \mathbb{Z}_q^{n\times l}$、解密密钥$(\boldsymbol{S}, \boldsymbol{ra}1)$、隐写密钥$(\boldsymbol{S}, \boldsymbol{ra}2)$。

(2) 公钥 p_k：随机选取均匀分布的矩阵 $\boldsymbol{A} \in \mathbb{Z}_q^{n\times m}$，同时选择服从 χ 分布的噪声 $\boldsymbol{E} \in \mathbb{Z}_q^{m\times l}$，公钥为$(\boldsymbol{A}, \boldsymbol{P} = \boldsymbol{A}^{\mathrm{T}}\boldsymbol{S} + \boldsymbol{E}) \in \mathbb{Z}_q^{n\times m} \times \mathbb{Z}_q^{m\times l}$。

(3) 加密：随机生成 $\boldsymbol{a} \in \{0, 1\}^m$，密文为$(\boldsymbol{u} = \boldsymbol{A}\boldsymbol{a},\ \boldsymbol{c} = \boldsymbol{P}^{\mathrm{T}}\boldsymbol{a} + \boldsymbol{m}\lfloor q/2 \rfloor) \in \mathbb{Z}_q^n \times \mathbb{Z}_q^l$。

(4) 信息嵌入：计算 $\boldsymbol{ms} = \boldsymbol{c} - \boldsymbol{S}^{\mathrm{T}}\boldsymbol{u}$，设 $\boldsymbol{ms} = (ms_1, ms_2, \cdots, ms_l)^{\mathrm{T}}$，嵌入后密文为$(\boldsymbol{u}, \boldsymbol{cs})$，$\boldsymbol{cs} = (cs_1, cs_2, \cdots, cs_l)^{\mathrm{T}}$，$cs_i = c_i + \beta_i \cdot sm_i \cdot \left|\dfrac{q}{4B}\right|$。其中，$\beta_i \in (1, -1)$决定密文修改的正负：

$$\beta_i = \begin{cases} 1, & ms_i \in \left(0, \dfrac{q}{4B}\right) \cup \left(\dfrac{q}{2}, \dfrac{2B+1}{4B}q\right) \\ -1, & ms_i \in \left(\dfrac{2B-1}{4B}q, \dfrac{q}{2}\right) \cup \left(\dfrac{4B-1}{4B}q, q\right) \end{cases} \tag{3-2-2}$$

4. 解密与信息提取

(1) **解密**：使用解密密钥$(\boldsymbol{S}, \boldsymbol{ra}_1)$，对于密文$(\boldsymbol{u}, \boldsymbol{cs})$，计算 $\boldsymbol{ms}' = \boldsymbol{cs} - \boldsymbol{S}^{\mathrm{T}}\boldsymbol{u}$，设 $\boldsymbol{ms}' = (ms_1', ms_2', \cdots, ms_l')^{\mathrm{T}}$，解密结果记为 $\boldsymbol{m}' = (m_1', m_2', \cdots, m_l')^{\mathrm{T}}$，则

$$m_i' = \begin{cases} 0, & ms_i' \in \left(0, \dfrac{q}{4}\right) \cup \left(\dfrac{3q}{4}, q\right) \\ 1, & ms_i' \in \left(\dfrac{q}{4}, \dfrac{3q}{4}\right) \end{cases} \tag{3-2-3}$$

最后将 $\boldsymbol{m}'$ 与 $\boldsymbol{ra}_1$ 异或得到明文 $\boldsymbol{pl}$。

(2) 信息提取：使用隐写密钥$(\boldsymbol{S}, \boldsymbol{ra}_2)$，对于密文$(\boldsymbol{u}, \boldsymbol{cs})$，计算 $\boldsymbol{ms}' = \boldsymbol{cs} - \boldsymbol{S}^{\mathrm{T}}\boldsymbol{u}$，提取的秘密信息记为 $\boldsymbol{sm}' = (sm_1', sm_2', \cdots, sm_l')^{\mathrm{T}}$，则 $sm_i' = L(ms_i')$。将 $\boldsymbol{sm}'$ 编码为二进制序列并与 $\boldsymbol{ra}_2$ 异或得到隐藏信息 $\boldsymbol{me}$。

3.2.3 理论分析与仿真实验

1. 正确性分析

分析该算法的正确性的过程如下：如图 3-9 所示，圆周上的点表示整数域 $\mathbb{Z}_q$ 的取值分布(图 3-9 中 B 取 4)，在加密的过程中：当 m_i 为 0 时，对应 ms_i 位于图中区域Ⅰ或Ⅳ的

子区域 0，当 m_i 为 1 时，对应 ms_i 位于图中区域Ⅱ或Ⅲ的子区域 0；在信息嵌入的过程中：当携带隐藏信息 sm_i 为 i(图 3-9 中 sm_i 取 2)时，密文根据嵌入算法偏移$\left\lfloor \frac{q}{4B} \right\rfloor$的 i 倍，使解密或提取信息过程中的 ms_i' 位于$\mathbb{Z}_q$ 中同一区域的子区域 i。同一区域内的偏移保证了解密结果的正确性，正确偏移至编号为 sm_i 的子区域保证了数据嵌入的正确性。

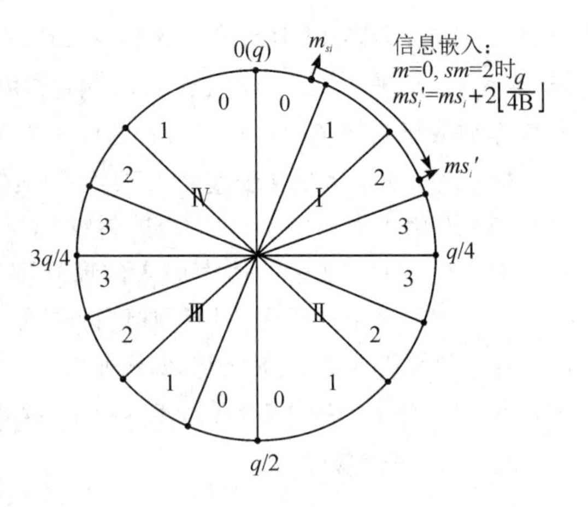

图 3-9 嵌入过程示意

在同一区域内移动保证了解密的正确性，即区域Ⅰ、Ⅳ对应明文为 0，区域Ⅱ、Ⅲ对应明文为 1；正确偏移至编号为 sm_i 的子区域保证了数据嵌入的正确性，这里引入函数$L(x)$，$L(x)\in\{0, 1, \cdots, B-1\}$，输出 x 所在子区域的编号，对应嵌入信息数值。综上所述，要同时保证解密与信息提取的正确性，其必要条件是加密过程中 $\boldsymbol{E}^{\mathrm{T}}a$ 的波动范围在$\left(0, \frac{q}{4B}\right)\cup\left(\frac{4B-1}{4B}q, q\right)$，即 $\boldsymbol{E}^{\mathrm{T}}a$ 中各分量值不大于$\left\lfloor \frac{q}{4B} \right\rfloor$。

下面分析 $\boldsymbol{E}^{\mathrm{T}}a$ 中各分量值大于$\left\lfloor \frac{q}{4B} \right\rfloor$，即算法出错的概率如下：

设 $\boldsymbol{E}=(\boldsymbol{E}_1, \boldsymbol{E}_2, \cdots, \boldsymbol{E}_l)$，$\boldsymbol{E}_i=(e_{i1}, e_{i2}, \cdots, e_{im})$，$i=1, 2, \cdots, l$，则 $\boldsymbol{E}^{\mathrm{T}}a$ 中第 i 个分量值为$\sum_{j=1}^{m} e_{ij}a_j$，$i=1, 2, \cdots, l$。

对于 n 个互不相关的正态分布样本 $X_i \sim N(\mu, \sigma^2)$ $(1\leqslant i\leqslant n)$，其样本之和$\sum_{i=1}^{n} X_i \sim N(n\mu, n\sigma^2)$，同 3.1.3 小节中的分析，$\sum_{j=1}^{m} e_{ij}a_j$ 服从均值为 0、标准差为$\sqrt{\sum_{j=1}^{m} a_j}\cdot\alpha = \sqrt{\frac{m}{2}}\alpha$ 的正态分布。根据正态分布的截尾不等式，得：

$$P\left(\left|\sum_{j=1}^{m} e_{ij}a_j\right| \geqslant \frac{q}{4B}\right)=P\left(\left|\frac{\sum_{j=1}^{m} e_{ij}}{\alpha\sqrt{m/2}}\right| \geqslant \frac{q}{4B\alpha\sqrt{m/2}}\right) \leqslant \frac{4B\alpha\sqrt{m}}{q\sqrt{\pi}}\exp\left(-\frac{q^2}{16mB^2\alpha^2}\right) \tag{3-2-4}$$

由式(3-2-4)可见噪声分布标准差 α 直接决定着解密与提取信息出错的概率。因此合理选择 α 对于保证算法的正确性与数据加密的安全性至关重要。为此，本节通过仿真实验获得 α 的取值区间，具体过程如下：

α 取 $o(1/\sqrt{m}\,\mathrm{lb}n)$，$n$ 在[10, 90]中取值，嵌入信息为 B 进制数，取 $B=2, 4, 8, 16$。通过对大量数据样本进行加密与嵌入，测试 n 取不同值时，1 bit 明文在密文域负载 lb$B$ bit 信息时，能够保证正确解密并提取隐藏信息的标准差上限值 $\alpha_{\max}$，同时满足噪声需要的下

限值 $\alpha_{\min}$ 取为 $\sqrt{n}\,\mathrm{lb}(n)/q$。

下面我们结合图 3-10 说明实验过程：

为直观反映实验结果，本节以对 Lena 图像的前 7200 Byte 数据加密并嵌入四进制信息，最终恢复得到原始图像为例。实验参数设置为 $n=30$，$l=8n$，$B=4$，$q=n^2+n+1$，测试 $\alpha=1.1109\times10^{-3}$ 时算法的正确性。其中实验图像为 Lena，将其前 7200 Byte 数据按位平面分离为二值序列作为明文，并用 240×240 的二值图像表示，如图 3-10(a)所示；将明文随机置乱，如图 3-10(b)所示；随机选取四进制数据作为隐藏信息，如图 3-10(c)所示；对明文进行加密，如图 3-10(d)所示；对加密后数据嵌入 B 进制隐藏信息，如图 3-10(e)所示；使用隐写密钥对嵌入后的密文提取隐藏信息，如图 3-10(f)所示；使用解密密钥对嵌入后的密文直接解密，结果如图 3-10(g)所示；将解密数据与明文数据逐位做差，秘密信息与提取信息逐位做差，如图 3-10(h)所示，差值均为 0；最后对图像 Lena 的剩余数据重复上述过程(当明文数据长度小于 l 时，填充 0 或 1)，将全部解密结果逆置乱得到所有明文的二值序列，按位填充于各像素，最终恢复得到载体图像，如图 3-10(i)所示。

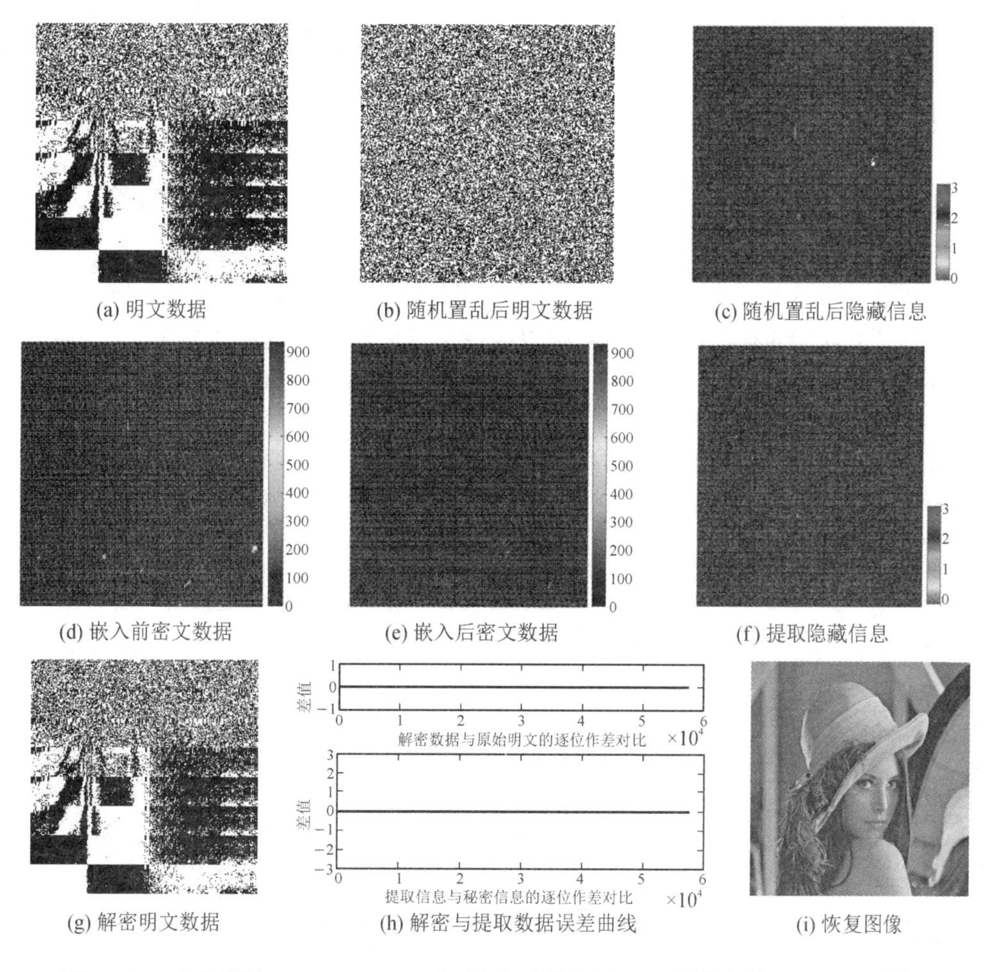

图 3-10　实验测试 $\alpha=1.1109\times10^{-3}$ 时加解密并隐写 Lena 图像的前 7200 Byte 数据

实验中解密与信息提取的准确率基本达到 100%，表明实验中所选的 $\alpha=1.1109\times10^{-3}$ 能够实现密文的正确解密恢复与秘密信息的有效提取。重复进行上述加密与嵌入实验，记

录参数 n、B 不同取值情况下标准差 α 可取值的集合，将其上限值记为 α_{max}。表 3 - 1 为实验得到对应不同 n、B 取值时的标准差上限值 α_{max} 及满足噪声分布需要的下限值 α_{min}。

表 3 - 1　$n \in [10, 90]$时 α 的取值区间

lbB	α_{max}				
	$n=10$	$n=30$	$n=50$	$n=70$	$n=90$
1	8.3776×10^{-3}	2.9618×10^{-3}	2.3743×10^{-3}	1.9467×10^{-3}	1.4189×10^{-3}
2	3.2579×10^{-3}	1.4809×10^{-3}	9.9972×10^{-4}	9.2469×10^{-4}	8.1085×10^{-4}
3	$<\alpha_{min}$	5.5535×10^{-4}	5.3735×10^{-4}	4.3801×10^{-4}	4.1353×10^{-4}
4	$<\alpha_{min}$	$<\alpha_{min}$	2.4993×10^{-4}	2.1414×10^{-4}	1.7838×10^{-4}
5	$<\alpha_{min}$	$<\alpha_{min}$	$<\alpha_{min}$	$<\alpha_{min}$	$<\alpha_{min}$
α_{min}	3.1152×10^{-3}	5.0204×10^{-4}	2.3754×10^{-4}	2.1394×10^{-4}	1.7782×10^{-4}

由表中各列可见：相同 n 值时，α_{max} 随着 B 的增大而递减，当其小于 α_{min} 时说明不满足噪声分布的需要，表明嵌入该 B 进制信息不能同时保证算法的正确性与加密的安全性（如 $n=10$，$B=8$）。相同 α 值时，n 增大，算法的鲁棒性随之增大，一次加密的明文长度增加，单位明文在密文域可负载的隐藏信息量也增大，但同时密文扩展量与计算复杂度也随之增大。综合考虑加密强度与算法执行效率，表 3 - 1 中主要列举了 $n \in [10, 90]$时的 α_{max} 与 α_{min}，则 α 的合理区间可记为$[\lambda\alpha_{min}, \nu\alpha_{max}]$$(\lambda>1, \nu<1)$。

根据该区间继续对文本、音频等数字载体进行实验测试，结果表明 α 在所得区间内取值可有效保证算法的正确性，其解密与提取隐藏信息的准确率基本达到 100%。在算法应用中，可结合加密规模、强度与信息嵌入量的需要，根据本节分析来合理选择系统安全参数 n 进行加密与信息隐藏，当 n 取 50～90 时，单位比特明文的密文中的嵌入比特数基本可以达到 4 比特。

本算法在嵌入过程中保持了 LWE 算法的鲁棒性，解密恢复的准确率基本保持在 100%，直接解密恢复图像的 PSNR 值均为“∞”，如表 3 - 2 所示，说明可完全保证嵌入后的携密密文解密的可逆性。

表 3 - 2　恢复图像与原始图像 PSNR

n	30			50				70				90			
lb B	1	2	3	1	2	3	4	1	2	3	4	1	2	3	4
Lena	∞	∞	∞	∞	∞	∞	∞	∞	∞	∞	∞	∞	∞	∞	∞
Man	∞	∞	∞	∞	∞	∞	∞	∞	∞	∞	∞	∞	∞	∞	∞
Lake	∞	∞	∞	∞	∞	∞	∞	∞	∞	∞	∞	∞	∞	∞	∞
Baboon	∞	∞	∞	∞	∞	∞	∞	∞	∞	∞	∞	∞	∞	∞	∞

2. 安全性分析

关于安全性分析，重点要分析密文在嵌入后的分布函数与统计特征。首先，推导嵌入后密文的分布函数的过程如下：

在对密文进行信息嵌入时，$cs_i = c_i + \beta_i \cdot sm_i \cdot \left|\frac{q}{4B}\right|$（$i=1, 2, \cdots, l$），设 $\boldsymbol{h} = \boldsymbol{E}^{\mathrm{T}}\boldsymbol{a} = (h_1, h_2, h_3, \cdots, h_l)^{\mathrm{T}}$，其中 h_i 表示噪声波动的各分量，由4.3.1小节可知，噪声 $\boldsymbol{E}^{\mathrm{T}}a$ 的各分量 $\sum_{j=1}^{m} e_{ij}a_j$ 服从均值为0、标准差为 $\sigma = \sqrt{\frac{m}{2}}\alpha$ 的正态分布，即 $h_i \sim N(0, \sigma)$，并且为保证算法正确解密，h_i 的波动范围为 $\left(0, \frac{q}{4B}\right) \cup \left(\frac{4B-1}{4B}q, q\right)$。

由高斯分布的对称性可知：

$$P\left[h_i \in \left(0, \frac{q}{4B}\right)\right] = P\left[h_i \in \left(\frac{4B-1}{4B}q, q\right)\right] = \frac{1}{2} \tag{3-2-5}$$

当 $h_i \in \left[0, \frac{q}{4B}\right]$ 时，$ms_i \in \left[0, \frac{q}{4B}\right] \cup \left(\frac{q}{2}, \frac{2B+1}{4B}q\right)$，$\beta_i = 1$；

又当 $h_i \in \left(\frac{4B-1}{4B}q, q\right)$ 时，$ms_i \in \left(\frac{2B-1}{4B}q, \frac{q}{2}\right) \cup \left(\frac{4B-1}{4B}q, q\right)$，$\beta_i = -1$。

故

$$P(\beta_i = 1) = P(\beta_i = -1) = \frac{1}{2} \tag{3-2-6}$$

算法中秘密信息 $\boldsymbol{sm} = (sm_1, sm_2, \cdots, sm_l)^{\mathrm{T}}$，$sm_i \in \{0, 1, \cdots, B-1\}$ 经随机置乱，则

$$P(sm_i = 0) = P(sm_i = 1) = \cdots = P(sm_i = B-1) = \frac{1}{B} \tag{3-2-7}$$

由上可得信息隐藏后密文产生不同改变量时的概率：

$$P\left(cs_i = c_i + \lambda \cdot \left\lfloor \frac{q}{4B} \right\rfloor\right) = P\left(\beta_i = \frac{\lambda}{|\lambda|}\right) \cdot P(sm_i = |\lambda|) = \frac{1}{2B} \tag{3-2-8}$$

其中，$\lambda \in \{-B+1, -B+2, \cdots, -1, 1, \cdots, B-1\}$。

$$P(cs_i = c_i) = P(sm_i = 0) = \frac{1}{B} \tag{3-2-9}$$

综上可推得信息隐藏后密文数据的分布函数：设原始密文 $c_i \sim U(0, q)$，其分布函数为 $F_c(x) = x/q$，$x \in (0, q)$，隐写后密文的分布函数为 $F_{cs}(x)$。

$$\begin{aligned}
F_{cs}(x) &= P(cs < x) \\
&= P(cs_i = c_i) \cdot F_c(x) + \sum_{\lambda=-B+1,\ \lambda \neq 0}^{B-1} P\left(cs_i = c_i + \lambda \cdot \left\lfloor \frac{q}{4B} \right\rfloor\right) \cdot F_c\left(x + \lambda \left\lfloor \frac{q}{4B} \right\rfloor\right) \\
&= \frac{1}{B} \cdot \frac{x}{q} + \frac{1}{2B}\left(\frac{x + \left\lfloor \frac{q}{4B} \right\rfloor}{q} + \frac{x - \left\lfloor \frac{q}{4B} \right\rfloor}{q} + \cdots + \right. \\
&\quad \left. \frac{x + \left\lfloor \frac{q(B-1)}{4B} \right\rfloor}{q} + \frac{x - \left\lfloor \frac{q(B-1)}{4B} \right\rfloor}{q}\right) \\
&= \frac{x}{Bq} + \frac{1}{2B} \cdot \frac{2x}{q}(B-1) = \frac{x}{Bq} + \frac{x(B-1)}{Bq} = \frac{x}{q} = F_c(x)
\end{aligned} \tag{3-2-10}$$

由式(3-2-10)可知，嵌入信息后密文数据的分布函数与原始密文分布函数一致，服

从$\mathbb{Z}_q$上的均匀分布。

下面通过实验分析密文在嵌入信息后的统计特征：n 取值 30、60、90，$B=8$，α 从表 3-1 中得到区间取值。对多组大量样本数据进行加密，将 1 bit 二进制明文在密文域嵌入 1 个八进制数据，图 3-11 所示为嵌入前后密文分布直方图，可用于区分不同组的样本数据。

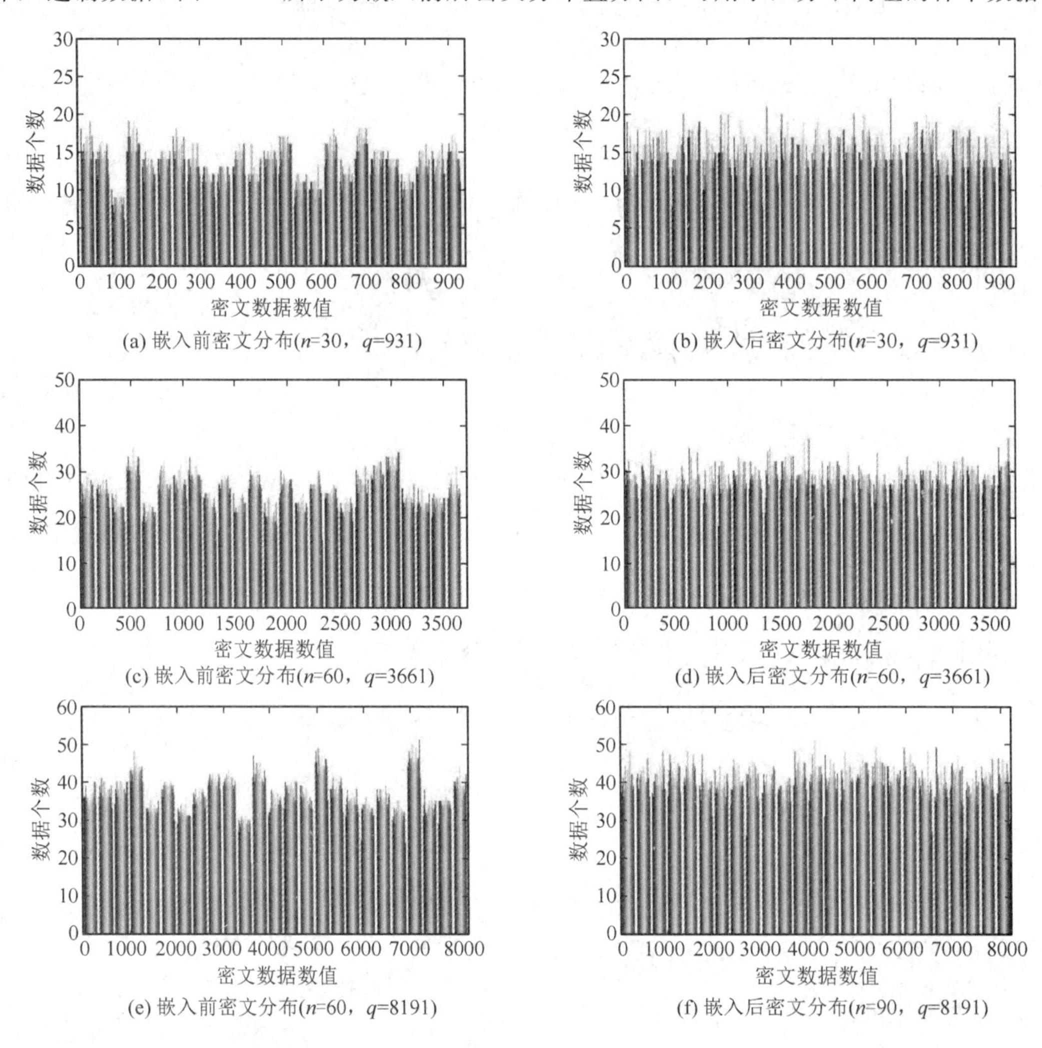

图 3-11 信息隐藏前后密文数据分布直方图($n=30$、60、90，$q=n^2+n+1$，$\mathrm{lb}B=3$)

由实验结果可以看出，信息嵌入后密文直方图没有出现明显变化，而且嵌入过程的再编码相当于对密文进行粗粒度的随机置乱，因此对密文数据直方图的分布特性基本不会发生破坏。当 B 取其他值进行实验时，结论与上述内容一致。对直方图中的数据计算平均信息熵，结果表明嵌入后数据的信息熵不低于原始密文，基本接近于密文域中元素等概率分布时的最大信息熵，表明算法在嵌入信息后密文分布基本符合均匀分布。

实验检测不同嵌入量及不同加密长度时样本数据的期望如下：在保证正确性的前提下，n 依次取值 30、60、90，嵌入 B 进制信息，($\mathrm{lb}B$ 依次取值 0、1、2、3、4($\mathrm{lb}B=0$ 即为嵌入前密文)。得到密文数据期望值与理想期望值$\lfloor q/2 \rfloor$的关系，如图 3-12 所示，图中星点表示实验中密文数据的期望值，曲线表示$\lfloor q/2 \rfloor$的取值。

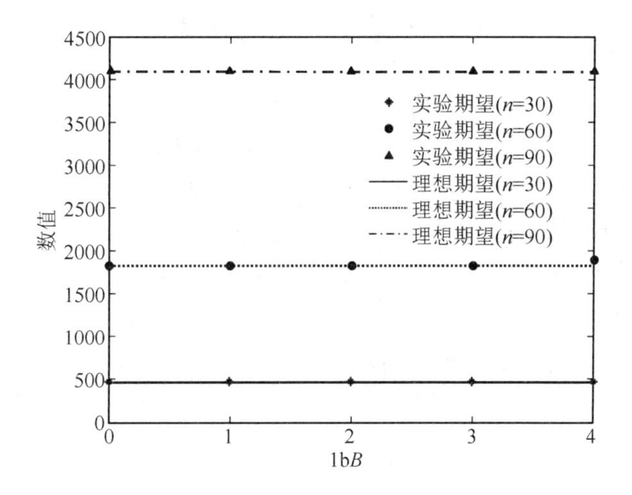

图 3-12　不同嵌入量下密文期望值与理想期望值的关系

由实验结果可见，随着嵌入容量的提高，密文数据的期望值与所在密文域的理想期望值在误差允许范围内基本一致，表明在嵌入信息后，密文的分布期望值未发生明显变化。

3. 嵌入容量分析

算法中当选择 B 进制数作为秘密信息时，1 bit 明文在密文域最大可负载 $\mathrm{lb}B$ bit 隐藏信息，但是 B 的取值不能无限制地增大，其原因分析如下：算法中噪声的标准差 α 确定后，其产生的波动 $\boldsymbol{E}^{\mathrm{T}}a$ 可看作是在有限区间中，波动值超过该区间可认为是小概率事件。但是随着 B 值的增大，$\mathbb{Z}_q$ 中子区域的量化步长$\lfloor q/4B \rfloor$不断缩小，当其小于噪声的最小波动区间时，由 4.3.1 小节中的分析可知，会影响算法的正确性与安全性。另外，由式(3-2-4)也可知，为保证算法正确性，B 越大，α 相应越小，由表 3-1 知 α 有下限值 $\alpha_{\min}$，因此 B 的取值不能无限制地增大。

关于算法的嵌入容量，分析表 3-1 中第二列的数据可知：当 $n=10$ 时，$q=111\in(2^6, 2^7)$，B 可取值为 2、4，可推知 1 bit 明文加密得到 7 bit 密文数据中最大可嵌入 lb4 bit 隐藏信息，单位密文嵌入率为 0.1429 b/b。根据实验结果，当 n 取不同值时，单位密文数据的嵌入率如表 3-3 所示，其中 $\mathrm{lb}B=1$ 所在行的嵌入率对应第 3 章算法的性能。结果表明，当 $n>50$ 且 1 bit 明文在密文域负载 1 bit 到 4 bit 隐藏信息时，都能够有效保证隐写后密文的可逆解密与嵌入信息的有效提取，而密文域的信息嵌入率最高可达到 0.3333 b/b($n=50$，$\mathrm{lb}B=4$)。与现有算法相比，本算法在实现信息提取与可逆解密的正确率基本为 100%的前提下，其嵌入容量更有保证。

表 3-3　单位密文嵌入率(bit / bit)

n	10	30	50	70	90
$\mathrm{lb}B=1$	0.1429	0.1	0.0833	0.0769	0.0769
$\mathrm{lb}B=2$	0.2857	0.2	0.1667	0.1538	0.1538
$\mathrm{lb}B=3$	—	0.3	0.2500	0.2308	0.2308
$\mathrm{lb}B=4$	—	—	0.3333	0.3077	0.3077

本节提出了基于LWE的多比特密文域可逆信息隐藏算法，首先对LWE算法加密过程中引入噪声的标准差进行约束来扩展可控冗余，然后对密文进行再编码实现在密文的可控冗余中嵌入B进制数据，1 bit明文在密文域可最大负载lb B bit秘密信息，解密恢复与信息提取的准确率基本达到了100%，并且在信息提取与解密过程中使用不同的量化标准实现了解密与信息提取的可分离。但是LWE算法的加密安全性与解密鲁棒性都与引入噪声的标准差有关，其中噪声的波动总和越大，加密越安全。而标准差不变时，根据算法的正确性分析可知噪声的允许波动区间越大，解密出错的概率越小。因此对标准差进行约束后，同样的系统参数设置会造成原LWE算法的加密强度与加解密鲁棒性降低。如何有效利用信息冗余，在提高嵌入量的同时完全保证算法的加密强度与解密鲁棒性是后续章节讨论的工作重点。

3.3 基于R-LWE的密文域多比特可逆信息隐藏算法

通过约束LWE算法加密过程中引入噪声的标准差，可以扩展可控冗余，实现在密文的可控冗余中嵌入多比特数据，但是约束噪声标准差直接造成了原LWE算法的加密强度与加解密鲁棒性的降低。由此，本节进行以下两方面的改进：第一，对加密与嵌入的执行效率进行改进，引入更高效的R-LWE[61]加密算法；第二，改进嵌入编码方式，充分利用噪声的原始分布进行嵌入编码而不需要对噪声分布标准差进行额外的约束，有效保证了原始加密的鲁棒性与算法的正确性。

3.3.1 R-LWE问题

1. R-LWE问题概述

随着格空间向量长度m的增大，为保证加密安全性，LWE算法需要相当大的密钥长度，通常是m^2阶，并且算法的密文数据的扩展与计算复杂度也随之增大，造成实用性降低。2010年，Lyubashevsky等人提出了LWE问题在环上的代数变种R-LWE[13]问题，设计了第一个具有实用意义的R-LWE算法，并证明其困难性也可以归约到标准格中困难问题的最困难情况。与Regev等人的LWE算法相比，R-LWE算法通过运算结构的改进，在保持加密强度与加解密鲁棒性不变的情况下加密效率更高，密钥长度更小。本节引入R-LWE算法改进嵌入过程的执行效率，设格空间向量长度为m，3.2节的算法一次可加密与嵌入的数据长度为$O(m)$，安全密钥长度为$O(m^2)$，1 bit明文对应的密文域空间为$O(m^2)$，设环上多项式向量维数为m，多项式长度为n，在相同时间复杂度与加密强度的情况下，本节算法一次可加密与嵌入的数据长度为$O(mn)$。另外，由于R-LWE算法[13]中没有详细给出R-LWE加密系统的参数取值，本节将结合理论分析与实验仿真对算法中加密与嵌入过程的参数取值进行详细讨论。

2. Lyubashevsky的R-LWE加密算法[13]

Lyubashevsky的R-LWE算法是格上基于R-LWE问题的经典公钥密码算法，下面介绍R-LWE算法过程，并对算法正确性进行说明。

设多项式向量维数 $m=o(\mathrm{lb}q)$，$f(x)=x^n+1$，$q>2n^2$，多项式环 $\boldsymbol{R}_q=\mathbb{Z}_q[x]/\langle f(x)\rangle$，$r\in\mathbb{Z}_q$。

(1) **私钥**：随机选取环多项式向量 $\boldsymbol{S}\in\boldsymbol{R}_q^m$，其系数均匀取自 $\{-r, -r+1, \cdots, r\}$。

(2) **公钥**：随机选取均匀分布的 $\boldsymbol{A}\in\boldsymbol{R}_q^m$，选择噪声多项式 $\boldsymbol{e}$，$\boldsymbol{e}$ 的系数服从 χ 分布，公钥为 $(\boldsymbol{A}, \boldsymbol{P}=\boldsymbol{A}\otimes\boldsymbol{S}+\boldsymbol{e})$，$\left(\boldsymbol{X}\otimes\boldsymbol{Y}=\sum_{i=1}^{m}x_iy_i\in\boldsymbol{R}, \boldsymbol{X}, \boldsymbol{Y}\in\boldsymbol{R}^m\right)$。

(3) **加密**：将加密消息编码为环多项式 $\boldsymbol{m}\in\boldsymbol{R}_q$，$\boldsymbol{m}=a_0+a_1x+\cdots+a_{n-1}x^{n-1}$，选取系数服从 χ 分布的噪声多项式 $\boldsymbol{e}_1\in\boldsymbol{R}_q$ 和噪声多项式向量 $\boldsymbol{e}_2\in\boldsymbol{R}_q^m$，以及系数符合均匀分布的多项式 $\boldsymbol{x}\in\boldsymbol{R}_q$。

密文为 $(\boldsymbol{u}=\boldsymbol{A}\boldsymbol{x}+\boldsymbol{e}_2, \boldsymbol{c}=\boldsymbol{P}\boldsymbol{x}+\boldsymbol{e}_1+\boldsymbol{m}\lfloor q/2\rfloor)\in\boldsymbol{R}_q^m\times\boldsymbol{R}_q$（$\lfloor x\rfloor$ 表示对 x 取下整）。

(4) **解密**：得到密文对 $(\boldsymbol{u}, \boldsymbol{c})\in\boldsymbol{R}_q^m\times\boldsymbol{R}_q$，计算判定多项式 $\boldsymbol{m}_s=\boldsymbol{c}-\boldsymbol{u}\otimes\boldsymbol{S}\in\boldsymbol{R}_q$。如果多项式 $\boldsymbol{m}_s$ 的系数 a_i' 到 0 的距离比到 $\lfloor q/2\rfloor$ 的距离近，那么 m_i' 相应为 0，否则 m_i' 为 1。

下面结合图 3-13 对上述算法的正确性进行简要说明：

$$\begin{aligned}\boldsymbol{m}_s=\boldsymbol{c}-\boldsymbol{u}\otimes\boldsymbol{S}&=\boldsymbol{P}\boldsymbol{x}+\boldsymbol{e}_1+\boldsymbol{m}\left\lfloor\frac{q}{2}\right\rfloor-(\boldsymbol{A}\boldsymbol{x}+\boldsymbol{e}_2)\otimes\boldsymbol{S}\\&=(\boldsymbol{A}\otimes\boldsymbol{S}+\boldsymbol{e})\boldsymbol{x}+\boldsymbol{e}_1+\boldsymbol{m}\cdot\left\lfloor\frac{q}{2}\right\rfloor-(\boldsymbol{A}\boldsymbol{x}+\boldsymbol{e}_2)\otimes\boldsymbol{S}\\&=\boldsymbol{e}\boldsymbol{x}+\boldsymbol{e}_1-\boldsymbol{e}_2\otimes\boldsymbol{S}+\boldsymbol{m}\left\lfloor\frac{q}{2}\right\rfloor\end{aligned}\tag{3-3-1}$$

如图 3-13 所示，用圆周表示 $\mathbb{Z}_q$ 上所有取值，此时 $\boldsymbol{m}_s=a_0'+a_1'x+\cdots+a_{n-1}'x^{n-1}$ 的每个系数 $a_i'\in\mathbb{Z}_q$ 可以看作分布于圆周上的点。由于引入了噪声 $\boldsymbol{e}\boldsymbol{x}+\boldsymbol{e}_1-\boldsymbol{e}_2\otimes\boldsymbol{S}$，因此系数 a_i' 在圆上的位置不确定，通过控制噪声分布的标准差 α，可以使 $\boldsymbol{e}\boldsymbol{x}+\boldsymbol{e}_1-\boldsymbol{e}_2\otimes\boldsymbol{S}$ 中对应系数的波动不超过 $\lfloor q/4\rfloor$，此时若 a_1 取值为 0，则 a_1' 对应圆上的点位于图 3-13 中的区域Ⅰ、Ⅳ部分，即在点 $0(q)$ 附近，解密步骤中若多项式 $\boldsymbol{m}_s$ 的每个系数到 0 的距离比到 $\lfloor q/2\rfloor$ 的距离近，那么对应的解密比特值为 0；否则，区域Ⅱ、Ⅲ上的点 a_i' 对应的解密比特值为 1。

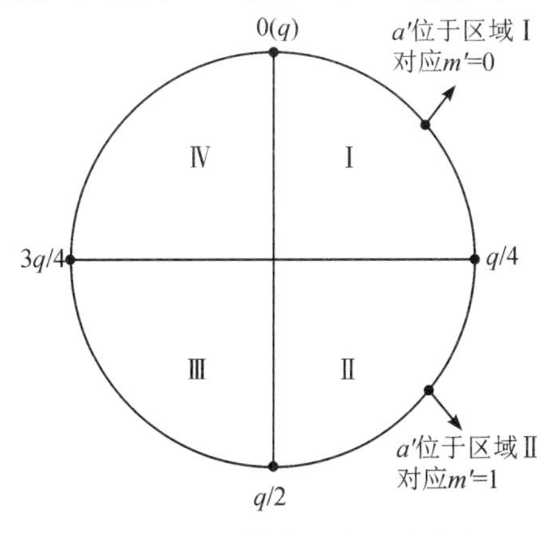

图 3-13　整数域 $\mathbb{Z}_q$ 的取值分布

分析其中的可控冗余：在 R-LWE 算法中，私钥拥有者在得到多项式

$$\boldsymbol{m}_s=\boldsymbol{e}\boldsymbol{x}+\boldsymbol{e}_1-\boldsymbol{e}_2\otimes\boldsymbol{S}+\boldsymbol{m}\lfloor q/2\rfloor=a'_0+a'_1x+\cdots+a'_{n-1}x^{n-1}$$

后，用于判断明文信息是 0 还是 1 的 $\boldsymbol{m}_s$ 的每个系数 a'_i 的取值范围占 $\mathbb{Z}_q$ 长度的 1/2，即取值空间为$\lfloor q/2\rfloor$的 a'_i 只对应 1 bit 明文，因此对于私钥拥有者来说，数据加密后携带冗余，本节主要利用该部分冗余嵌入信息。

3.3.2 算法介绍

1. 设计思想

如图 3-14 所示，将整个噪声分布空间平均分为Ⅰ、Ⅱ、Ⅲ、Ⅳ四个区域，各区域平均量化为 B 个子区域，编号为子区域 0，1，2，3，…，$B-1$，则量化步长为$\left\lfloor\frac{q}{4B}\right\rfloor$(图 3-14 中 B 取 4)。嵌入信息时，将原始密文加或减$\left\lfloor\frac{q}{4B}\right\rfloor$的整数倍，使 a'_i 在同一个区域内从原始位置偏移至子区域 s，移动距离为量化步长的整数倍，其中 $s\in\{0, 1, 2, 3, \cdots, B-1\}$，对应表示嵌入信息为 s。下面具体介绍算法过程，其中使用定义 3-1 的函数 $L(x)$来返回输入值 x 所在子区域的编号。

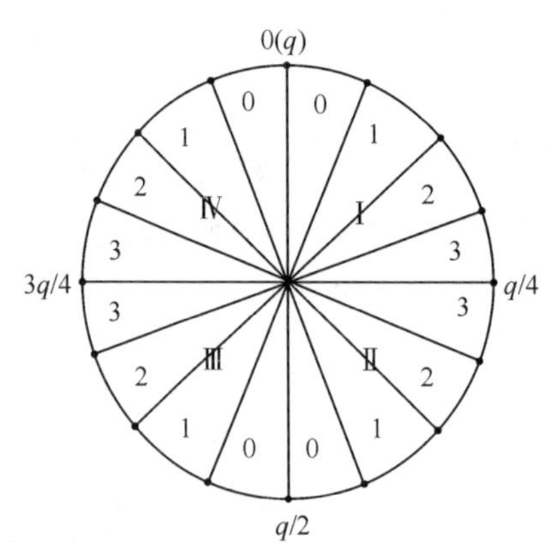

图 3-14 整数域$\mathbb{Z}_q$ 的区域划分

2. 参数设置与预处理

(1) 选取安全参数 $k>1$，模数 q，构造多项式环 $\boldsymbol{R}_q=\mathbb{Z}_q[x]/\langle f(x)\rangle$，生成多项式 $f(x)=x^n+1$，$n=2^k$，所有运算在多项式环 $\boldsymbol{R}_q$ 上进行。多项式向量维数 $m=o(\mathrm{lb}q)$，噪声的分布为 $\chi=\overline{\Psi}_{\alpha q}$，其中 $\alpha=1/\mathrm{poly}(n)$；

(2) 设明文信息为 $\boldsymbol{p}\in\{0, 1\}^n$，隐藏信息为二进制序列 $\boldsymbol{m}_h$。将 $\boldsymbol{p}$ 与随机二进制序列 $\boldsymbol{r}_1$ 异或生成用于加密的序列 $\boldsymbol{s}_1=[m_0, m_1, m_2, \cdots, m_{n-1}]$，$m_i\in\{0, 1\}$；$\boldsymbol{m}_h$ 与随机二进制序列 $\boldsymbol{r}_2$ 异或得到序列 $\boldsymbol{s}_2$：

$$\boldsymbol{s}_1=\boldsymbol{r}_1\oplus\boldsymbol{p} \tag{3-3-2}$$

$$\boldsymbol{s}_2=\boldsymbol{r}_2\oplus\boldsymbol{m}_h \tag{3-3-3}$$

将 $\boldsymbol{s}_1$ 编码为系数是二进制数的环多项式 $\boldsymbol{m}$ 用于加密，其中

$$\boldsymbol{m}=m_0+m_1x+\cdots+m_{n-1}x^{n-1}, \ m_i\in\{0, 1\}$$

将 $\boldsymbol{s}_2$ 编码为系数是 B 进制数的环多项式 $\boldsymbol{w}$ 用于嵌入，即

$$\boldsymbol{w}=w_0+w_1x+\cdots+w_{n-1}x^{n-1},\ w_i\in\{0,1,2,\cdots,B-1\}$$

3. 加密与信息嵌入

(1) **私钥**：随机选取环多项式向量 $\boldsymbol{S}\in\boldsymbol{R}_q^m$，其系数均匀取自$\{-r,-r+1,\cdots,r\}$，解密密钥$(\boldsymbol{S},\boldsymbol{r}_1)$，隐写密钥为$(\boldsymbol{S},\boldsymbol{r}_2)$。

(2) **公钥**：随机选取环多项式向量 $\boldsymbol{A}\in\boldsymbol{R}_q^m$，同时选择噪声多项式 $\boldsymbol{e}\in\boldsymbol{R}_q$，$\boldsymbol{e}$ 中各系数服从 χ 分布，公钥为$(\boldsymbol{A},\boldsymbol{P}=\boldsymbol{A}\otimes\boldsymbol{S}+\boldsymbol{e})$。

(3) **加密**：选取随机分布的多项式 $\boldsymbol{x}\in\boldsymbol{R}_2$，并选择噪声多项式 $\boldsymbol{e}_1\in\boldsymbol{R}_q$ 和噪声多项式向量 $\boldsymbol{e}_2\in\boldsymbol{R}_q^m$，$\boldsymbol{e}_1$ 和 $\boldsymbol{e}_2$ 的系数服从 χ 分布，对经过预处理得到的明文多项式 $\boldsymbol{m}$ 进行加密，得到密文：

$$\boldsymbol{u}=\boldsymbol{Ax}+\boldsymbol{e}_2,\ \boldsymbol{c}=\boldsymbol{Px}+\boldsymbol{e}_1+\boldsymbol{m}\lfloor q/2\rfloor$$

(4) **信息嵌入**：嵌入预处理得到的嵌入数据多项式 $\boldsymbol{w}$，首先计算量化多项式 $\boldsymbol{h}=\boldsymbol{c}-\boldsymbol{u}\otimes\boldsymbol{S}$，设 $\boldsymbol{h}=h_0+h_1x+\cdots+h_{n-1}x^{n-1}$，嵌入后密文为$(\boldsymbol{u},\boldsymbol{c}_s)$，$\boldsymbol{c}_s=c_{s_0}+c_{s_1}x+\cdots+c_{s_{n-1}}x^{n-1}$，则

$$c_{s_i}=c_i+\beta_i\cdot b_i\cdot\left\lfloor\frac{q}{4B}\right\rfloor\quad(i=0,1,2,\cdots,n-1)\tag{3-3-4}$$

其中

$$\beta_i=\begin{cases}1, & h_i\in\left(0,\dfrac{q}{4}\right)\cup\left(\dfrac{q}{2},\dfrac{3q}{4}\right)\\ -1, & h_i\in\left(\dfrac{q}{4},\dfrac{q}{2}\right)\cup\left(\dfrac{3q}{4},q\right)\end{cases}\tag{3-3-5}$$

$$b_i=w_i-L(h_i)\tag{3-3-6}$$

式中：$\beta_i\cdot b_i\in\{-1,1\}$，其符号决定嵌入过程中密文 c_i 改变的正负；$b_i\in\{-B+1,-B+2,\cdots,-1,0,1,\cdots,B-1\}$，$b_i$ 的绝对值表示嵌入过程中原始密文 c_i 偏移$|b_i|$个量化步长。

4. 解密与信息提取

(1) **解密**：私钥为$(\boldsymbol{S},\boldsymbol{r}_1)$，密文为$(\boldsymbol{u},\boldsymbol{c}_s)$，计算

$$\boldsymbol{h}'=\boldsymbol{c}_s-\boldsymbol{u}\otimes\boldsymbol{S}=h'_0+h'_1x+\cdots+h'_{n-1}x^{n-1}$$

解密得到环多项式

$$\boldsymbol{m}'=m'_0+m'_1x+\cdots+m'_{n-1}x^{n-1}$$

其中

$$m'_i=\begin{cases}0, & h'_i\in\left(0,\dfrac{q}{4}\right)\cup\left(\dfrac{3q}{4},q\right)\\ 1, & h'_i\in\left(\dfrac{q}{4},\dfrac{3q}{4}\right)\end{cases}\tag{3-3-7}$$

解密后得到二值序列 $\boldsymbol{s}'_1=[m'_0,m'_1,m'_2,\cdots,m'_{n-1}]$，最后得到明文 $\boldsymbol{p}'$：

$$\boldsymbol{p}'=\boldsymbol{r}_1\oplus\boldsymbol{s}'_1\tag{3-3-8}$$

(2) **信息提取**：密钥为$(\boldsymbol{S},\boldsymbol{r}_2)$，密文为$(\boldsymbol{u},\boldsymbol{c}_s)$，计算

$$\boldsymbol{h}'=\boldsymbol{c}_s-\boldsymbol{u}\otimes\boldsymbol{S}=h'_0+h'_1x+\cdots+h'_{n-1}x^{n-1}$$

则得到提取信息 $\boldsymbol{w}'$，其各项系数为

$$w'_i=L(h'_i)\tag{3-3-9}$$

最后将 w'编码为二值序列 s_2'，则可得到隐藏信息 m_h' 为

$$m_h' = r_2 \oplus s_2' \tag{3-3-10}$$

3.3.3 理论分析与仿真实验

1. 正确性分析

算法的正确性主要包括嵌入后密文的正确解密与嵌入信息的正确提取两个方面。本小节首先分析影响算法正确性的相关参数。

如图 3-15 所示，圆周上的点表示整数域$\mathbb{Z}_q$ 的取值分布，根据算法设计，在加密的过程中：通过控制 α 使 $\boldsymbol{ex}+\boldsymbol{e}_1-\boldsymbol{e}_2\otimes\boldsymbol{S}$ 的波动范围在$\left(0, \frac{q}{4}\right)\cup\left(\frac{3q}{4}, q\right)$，即当 m_i 为 0 时，对应 h_i 只能位于图 3-15 中的区域Ⅰ、Ⅳ，当 m_i 为 1 时，对应 h_i 只能位于图 3-15 中的区域Ⅱ、Ⅲ；在信息嵌入的过程中：当要嵌入的信息 w_i' 为 y 时($y\in\{0, 1, 2, \cdots, B-1\}$)，密文数据根据嵌入算法向正(负)方向偏移$\left\lfloor\frac{q}{4B}\right\rfloor$的整数倍，使解密或提取信息过程中的 h_i' 位于同一区域内的子区域 y 中，密文嵌入完成。

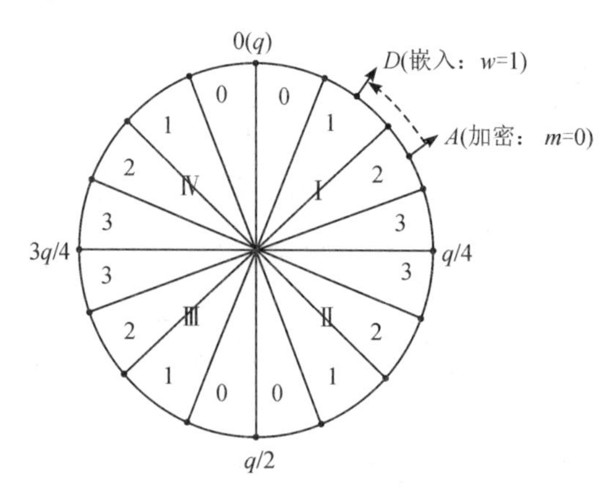

图 3-15　整数域$\mathbb{Z}_q$ 的取值分布

完成上述加密与嵌入过程后，用户即可实现可分离地解密得到原始明文或提取隐藏信息：

当拥有解密密钥($\boldsymbol{S}$, $\boldsymbol{r}_1$)时，使用解密算法解密携密密文，先计算得到 h_i'，判断其所在区域：

$h_i'\in(0, q/4)\cup(3q/4, q)$时，即所在区域为Ⅰ、Ⅳ，对应解密 $m_i'=0$；

$h_i'\in(q/4, 3q/4)$时，即所在区域为Ⅱ、Ⅲ，对应解密 $m_i'=1$。

当拥有隐藏密钥($\boldsymbol{S}$, $\boldsymbol{r}_2$)时，根据提取算法计算 h_i'，判断所在子区域，根据式(3-3-9)，函数 $L(h_i')$可对应输出此时 h_i' 的子区域编号 y($y=0, 1, 2, \cdots, B-1$)，即为提取信息 w_i'。

下面结合图 3-15 对加密 $m_i=0$ 后的嵌入 $w_i=1$ 及解密与提取过程进行说明：

设加密 $m_i=0$ 得到此时量化多项式的对应系数为 h_i，位于区域Ⅰ的点 A 处，由式(3-3-5)得到 $\beta_i=+1$，由式(3-3-6)得到 $b_i=w_i-L(h_i)=1-2=-1$，代入式(3-3-4)得到 $c_{s_i}=c-\left\lfloor\frac{q}{4B}\right\rfloor$，此时 h_i' 位于区域Ⅰ的点 D 处。解密时，得到 h_i'，根据点 D 位于区域

Ⅰ，可得 $m'_i=0$；提取信息时，根据点 D 位于子区域 1，可得 $w'_i=1$。

综上所述，正确解密与信息提取的必要条件是保证加密后 $\boldsymbol{ex}+\boldsymbol{e}_1-\boldsymbol{e}_2\otimes\boldsymbol{S}$ 的波动范围在 $\left(0,\ \frac{q}{4}\right)\cup\left(\frac{3q}{4},\ q\right)$，而嵌入过程密文在同一区域内正确偏移至子区域即可携带秘密信息，不会引起解密出错。设环多项式 $\boldsymbol{E}=\boldsymbol{ex}+\boldsymbol{e}_1-\boldsymbol{e}_2\otimes\boldsymbol{S}$，$\boldsymbol{E}$ 的系数记为 E_i，下面分析引入噪声产生的波动范围超出 $\left(0,\ \frac{q}{4}\right)\cup\left(\frac{3q}{4},\ q\right)$ 时，造成算法出错的概率，即 E_i 的绝对值大于 $\lfloor q/4 \rfloor$ 的概率如下：

$$\boldsymbol{E}=\boldsymbol{ex}+\boldsymbol{e}_1-\boldsymbol{e}_2\otimes\boldsymbol{S}$$

其中各噪声采样自 χ 分布，由文献[14]可知 E_i 可认为符合期望为 0 的高斯分布，因此可设 $E_i\sim N(0,\ \sigma)$，且 α 越小，σ 越小。根据正态分布的截尾不等式可得算法出错的概率为

$$P\left(|E_i|>\frac{q}{4}\right)=P\left(\frac{|E_i|}{\sigma}>\frac{q}{4\sigma}\right)\leqslant\frac{4\sigma}{q}\sqrt{\frac{2}{\pi}}\exp\left(-\frac{q^2}{32\sigma^2}\right) \tag{3-3-11}$$

由式(3-3-11)可知，当标准差 α 足够小时(LWE 算法中 α 通常取 $o\left(\frac{1}{\sqrt{m}}\mathrm{lb}\,n\right)$)，$\sigma$ 越小，噪声产生的波动 E_i 越小，算法出错的概率接近于 0。另一方面，R-LWE 问题求解的困难性依赖于噪声的存在，如果 α 太小，噪声分布在均值 0 附近偏差很小，造成噪声波动区间过小，会影响算法的安全性。为了保证加密强度，引入噪声的波动范围要足够大，R-LWE 算法中通常要求 $aq>\sqrt{n}\,\mathrm{lb}\,n$[13]。因此在系统参数确定的情况下，噪声分布的标准差对算法的正确性与安全性起着关键作用。文献[13]中的算法通过理论证明了 R-LWE 算法的安全性与正确性，但是关于相关参数对算法性能的影响只是进行了理论上的分析，在使用过程中对各关键参数的取值范围并未具体说明。本节在参考理论分析的基础上通过对大量数据进行加密与信息隐藏测试，进一步确定了不同加密情况下噪声分布标准差 α 的合理取值。

实验采用 MATLAB 2010b 软件进行仿真，检测标准差 α 取值的合理性。算法中 k 是安全参数，会影响整个系统的各主要参数，k 值越大，加密强度越大，密文扩展与计算复杂度越大，因为算法加密 1 比特明文过程中执行乘运算的次数为 $\tilde{O}((m+1)n)$，为保证加密效率与计算运行速度，实验中参数 k 在 5～14 之间取值。为保证环多项式不可逆，取 $n=2^k$[15]，即一次可加密明文数据长度为 $2^5\sim2^{14}$ bit；为避免 n 和 q 出现循环依赖问题[4]，须满足 $q>2n^2$，通常取 $q\equiv1(\mathrm{mod}2n)$。

综上所述，结合实验效果与运行效率，取 $q=64n^3+1$ 对大量数据样本进行加密与信息隐藏，测试 k 取不同值时，能够正确解密并提取隐藏信息的 α 的取值区间。实验中 α 在 $o(1/\mathrm{poly}(n))$ 中进行取值，通过实验得到能够保证算法正确性的 α 的上限值记为 $\alpha_{\max}$，下限值记为 $\alpha_{\min}$，要求能够保证噪声可以产生安全波动，根据文献[16]、[4]，取 $\alpha_{\min}=\sqrt{n}\,\mathrm{lb}(n)/q$。

为直观反映实验结果，我们以 $k=11$，$B=4$，$n=2^{11}$ 加密 Lena 图像的前 2^{14} bit 数据并嵌入 2^{16} bit 信息，检验标准差 $\alpha=8.2042\times10^{-6}$ 时算法的正确性为例，来介绍实验过程。下面结合图 3-16 对实验过程进行说明。

图 3-16(a)为 Lena 图像的位分离图；图 3-16(b)为 Lena 灰度图；将位分离图分为 128×128 的互不重叠的二值数据块，选取其中第一个块作为明文数据进行加密，明文用二值图像表

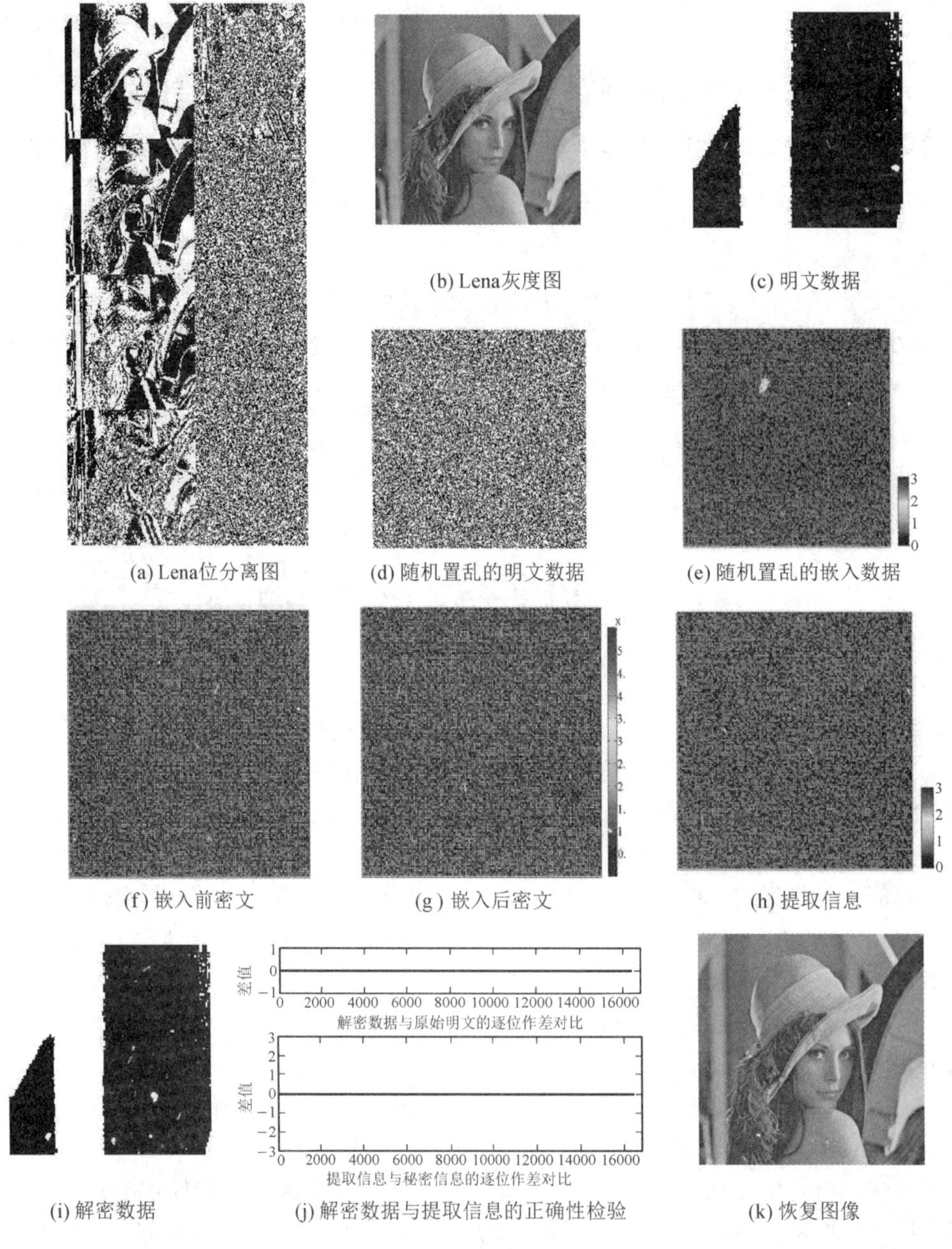

图 3-16　实验测试该算法加解密 Lena 图像的 2^{14} bit 数据并嵌入 2^{16} bit 信息($k=11$，$B=4$，$n=2^{11}$)

示，如图 3-16(c)所示；将明文随机置乱，如图 3-16(d)所示；随机选取四进制数据作为隐藏信息，如图 3-16(e)所示；加密后的原始密文如图 3-16(f)所示；对原始密文进行嵌入得到携密密文，如图 3-16(g)所示；直接从携密密文中提取到的隐藏信息，如图 3-16(h)所示；直接将携密密文进行解密并逆置乱得到解密结果，如图 3-16(i)所示；通过逐比特位作差分别对比解密数据与明文数据、秘密信息与提取信息，结果如图 3-16(j)所示，表明解密与提取信息无差错；将图像 Lena 的位分离图中剩余数据块重复上述过程(当明文数据长度小于 n 时，填充 0 或 1)，得到完整的位分离图，按位填充于各像素，最终恢复得到实验图像，如图 3-16(k)

所示。表明实验中所选的 $\alpha=8.2042\times10^{-6}$ 满足系统参数 $k=11$ 时密文的正确解密与秘密信息的正确提取，准确率基本达到100%。重复进行加密与信息隐藏测试，记录标准差可取值的上限 α_{max}。表3-4为实验得到的保证算法正确性的标准差上限值 α_{max} 及满足加密安全需要的下限值 α_{min}。根据 α_{max} 与 α_{min} 得到 α 取值区间 $[\lambda\alpha_{min}, \nu\alpha_{max}]$ $(\lambda>1, \nu<1)$。

表3-4　实验得到 α 的取值区间 $(\alpha_{min}, \alpha_{max})$ $(k\in[5, 14])$

k	α_{max}	α_{min}
5	2.2927×10^{-4}	1.3486×10^{-5}
6	1.0013×10^{-4}	2.8610×10^{-6}
7	8.8508×10^{-5}	5.9005×10^{-7}
8	3.3378×10^{-5}	1.1920×10^{-7}
9	2.3707×10^{-5}	2.3707×10^{-8}
10	1.3969×10^{-5}	4.6566×10^{-5}
11	1.0865×10^{-5}	9.0549×10^{-10}
12	7.3341×10^{-5}	1.7462×10^{-10}
13	3.6785×10^{-5}	3.3441×10^{-11}
14	2.8649×10^{-5}	6.3664×10^{-12}

根据该区间继续对标准测试图片、文本、音频等数字载体进行实验，结果表明 α 在该区间取值可有效保证算法的正确性，其解密与提取隐藏信息的准确率基本达到100%。计算峰值信噪比(PSNR)量化恢复后载体的质量或失真情况，对标准图像库中图像Lena、Man、Lake、Baboon进行实验得到直接解密恢复图像PSNR，结果如表3-5所示，说明可完全保证直接解密的可逆性。

表3-5　恢复图像与原始图像PSNR

k	$\mathrm{lb}B$	PSNR / dB			
		Lena	Man	Lake	Baboon
5	1	∞	∞	∞	∞
	2	∞	∞	∞	∞
	3	∞	∞	∞	∞
	4	∞	∞	∞	∞
6	1	∞	∞	∞	∞
	2	∞	∞	∞	∞
	3	∞	∞	∞	∞
	4	∞	∞	∞	∞

续表

k	$\mathrm{lb}\,B$	PSNR / dB			
		Lena	Man	Lake	Baboon
7	3	∞	∞	∞	∞
	4	∞	∞	∞	∞
	5	∞	∞	∞	∞
	6	∞	∞	∞	∞
8	3	∞	∞	∞	∞
	4	∞	∞	∞	∞
	5	∞	∞	∞	∞
	6	∞	∞	∞	∞
9	5	∞	∞	∞	∞
	6	∞	∞	∞	∞
	7	∞	∞	∞	∞
	8	∞	∞	∞	∞
10	5	∞	∞	∞	∞
	6	∞	∞	∞	∞
	7	∞	∞	∞	∞
	8	∞	∞	∞	∞
11	5	∞	∞	∞	∞
	6	∞	∞	∞	∞
	7	∞	∞	∞	∞
	8	∞	∞	∞	∞
12	5	∞	∞	∞	∞
	6	∞	∞	∞	∞
	7	∞	∞	∞	∞
	8	∞	∞	∞	∞
13	5	∞	∞	∞	∞
	6	∞	∞	∞	∞
	7	∞	∞	∞	∞
	8	∞	∞	∞	∞
14	5	∞	∞	∞	∞
	6	∞	∞	∞	∞
	7	∞	∞	∞	∞
	8	∞	∞	∞	∞

2. 安全性分析

本节针对安全性主要分析密文在嵌入后的分布函数与统计特征。首先，推导嵌入后密文的分布函数。

由式(3-3-4)可知：

$$c_{si}=c_i+\beta_i\cdot b_i\cdot\left|\frac{q}{4B}\right|\quad(i=1,\ 2,\ \cdots,\ n)$$

$$b_i=w_i-L(h_i),\ b_i\in\{-B+1,\ -B+2,\ \cdots,\ 0,\ \cdots,\ B-1\}$$

从表 3-4 得到标准差的区间，表示噪声波动总量的多项式为 $\boldsymbol{E}=\boldsymbol{ex}+\boldsymbol{e}_1-\boldsymbol{e}_2\otimes\boldsymbol{S}$。系数 E_i 符合期望为 0 的高斯分布($E_i\sim N(0,\ \sigma)$)，并且为保证算法正确解密，E_i 的波动范围为$(3q/4,\ q)\cup(0,\ q/4)$。记 E_i 的概率分布函数为 $F_\sigma(x)$，根据正态分布的对称性，可知：

$$P\left[E_i\in\left(0,\ \frac{q}{4}\right)\right]=F_\sigma(0)=P\left[E_i\in\left(\frac{3q}{4},\ q\right)\right]=1-F_\sigma(0)=\frac{1}{2}\tag{3-3-12}$$

当 $E_i\in\left(0,\ \dfrac{q}{4}\right)$时，

$$h_i\in\left(0,\ \left\lfloor\frac{q}{4}\right\rfloor\right)\cup\left(\left\lfloor\frac{q}{2}\right\rfloor,\ \left\lfloor\frac{3q}{4}\right\rfloor\right),\ \beta_i=1$$

又当 $E_i\in\left(\dfrac{3q}{4},\ q\right)$时，

$$h_i\in\left(\left\lfloor\frac{q}{4}\right\rfloor,\ \left\lfloor\frac{q}{2}\right\rfloor\right)\cup\left(\left\lfloor\frac{3q}{4}\right\rfloor,\ q\right),\ \beta_i=-1$$

故

$$P(\beta_i=1)=P(\beta_i=-1)=\frac{1}{2}\tag{3-3-13}$$

函数 $L(e)\in\{0,\ 1,\ \cdots,\ B-1\}$，$e\in\mathbb{Z}_q$，表示$\mathbb{Z}_q$ 中元素 e 所在的子区域。将正态分布下函数 L 值为 y 时的概率记为 $P_L(y)$，则可得

$$P_L(y)=2\cdot\left\{F_\sigma\left[\frac{q}{4B}(y+1)\right]-F_\sigma\left[\frac{q}{4B}\cdot y\right]\right\},\ y\in\{0,\ 1,\ \cdots,\ B-1\}\tag{3-3-14}$$

算法中秘密信息多项式 $\boldsymbol{w}$ 的系数 w_i 经随机置乱，则

$$P(w_i=0)=P(w_i=1)=\cdots=P(w_i=B-1)=\frac{1}{B}\tag{3-3-15}$$

又有 $b_i=w_i-L(h_i)$，$b_i\in\{-B+1,\ -B+2,\ \cdots,\ 0,\ \cdots,\ B-1\}$，$w_i$，$L(h_i)\in\{0,\ \cdots,\ B-1\}$，记 b_i 取值为 x 时的概率为 $P_b(x)$，根据离散卷积公式得到 b_i 的分布律，如表 3-6 所示。

表 3-6　b_i 的分布律

b_i	$(w_i, L(h_i))$	$P_b(b_i)$
$-(B-1)$	$(0, B-1)$	$\frac{2}{B}\cdot\left\{F_\sigma\left[\frac{q}{4B}B\right]-F_\sigma\left[\frac{q}{4B}(B-1)\right]\right\}=\frac{2}{B}\cdot\left\{1-F_\sigma\left[\frac{q}{4B}(B-1)\right]\right\}$
$-(B-2)$	$(0, B-2)$, $(1, B-1)$	$\frac{2}{B}\cdot\left\{F_\sigma\left[\frac{q}{4B}B\right]-F_\sigma\left[\frac{q}{4B}(B-1)\right]\right\}+$ $\frac{2}{B}\cdot\left\{F_\sigma\left[\frac{q}{4B}(B-1)\right]-F_\sigma\left[\frac{q}{4B}(B-2)\right]\right\}$ $=\frac{2}{B}\cdot\left\{1-F_\sigma\left[\frac{q}{4B}(B-2)\right]\right\}$
⋮	⋮	⋮
-2	$(0, 2)$, $(1, 3)$, $\cdots$, $(B-3, B-1)$	$\frac{2}{B}\cdot\left\{F_\sigma\left[\frac{q}{4B}B\right]-F_\sigma\left[\frac{q}{4B}(B-1)\right]\right\}+$ $\frac{2}{B}\cdot\left\{F_\sigma\left[\frac{q}{4B}(B-1)\right]-F_\sigma\left[\frac{q}{4B}(B-2)\right]\right\}+\cdots+$ $\frac{2}{B}\cdot\left\{F_\sigma\left[\frac{3q}{4B}\right]-F_\sigma\left[\frac{2q}{4B}\right]\right\}$ $=\frac{2}{B}\cdot\left\{F_\sigma\left[\frac{q}{4B}B\right]-F_\sigma\left[\frac{2q}{4B}\right]\right\}=\frac{2}{B}\cdot\left\{1-F_\sigma\left(\frac{2q}{4B}\right)\right\}$
-1	$(0, 1)$, $(1, 2)$, $\cdots$, $(B-2, B-1)$	$\frac{2}{B}\cdot\left\{F_\sigma\left[\frac{q}{4B}B\right]-F_\sigma\left[\frac{q}{4B}\right]\right\}=\frac{2}{B}\cdot\left\{1-F_\sigma\left(\frac{q}{4B}\right)\right\}$
0	$(0, 0)$, $(1, 1)$, $\cdots$, $(B-1, B-1)$	$\frac{2}{B}\cdot\left\{F_\sigma\left[\frac{q}{4B}B\right]-F_\sigma[0]\right\}=\frac{2}{B}\cdot\left\{1-\frac{1}{2}\right\}=\frac{1}{B}$
1	$(1, 0)$, $(2, 1)$, $\cdots$, $(B-1, B-2)$	$\frac{2}{B}\cdot\left\{F_\sigma\left[\frac{q}{4B}(B-1)\right]-F_\sigma[0]\right\}=\frac{2}{B}\cdot\left\{F_\sigma\left[\frac{q}{4B}(B-1)\right]-\frac{1}{2}\right\}$
⋮	⋮	⋮
$B-1$	$(B-1, 0)$	$\frac{2}{B}\cdot\left\{F_\sigma\left(\frac{q}{4B}\right)-F_\sigma(0)\right\}=\frac{2}{B}\cdot\left\{F_\sigma\left(\frac{q}{4B}\right)-\frac{1}{2}\right\}$

根据以上内容可推得嵌入前后密文产生不同改变量时的概率：

$$P\left(c_{s_i}=c_i+\lambda\cdot\left\lfloor\frac{q}{4B}\right\rfloor\right)=P(\beta_i=1)\cdot P_b(\lambda)+P(\beta_i=-1)\cdot P_b(-\lambda) \tag{3-3-16}$$

$$P\left(c_{s_i}=c_i-\lambda\cdot\left\lfloor\frac{q}{4B}\right\rfloor\right)=P(\beta_i=-1)\cdot P_b(\lambda)+P(\beta_i=1)\cdot P_b(-\lambda) \tag{3-3-17}$$

式中：$\lambda\in\{0, 1, \cdots, B-1\}$。将表 3-6 得到的各概率值代入式(3-3-16)、式(3-3-17)可得

$$P\left(c_{s_i}=c_i+\lambda\left\lfloor\frac{q}{4B}\right\rfloor\right)=P\left(c_{s_i}=c_i-\lambda\left\lfloor\frac{q}{4B}\right\rfloor\right)$$

计算 λ 取不同值的概率 P_λ，结果如表 3－7 所示。

表 3－7　λ 分布率

λ	$P_\lambda(\lambda)$
0	$\frac{1}{B}$
1	$\frac{1}{B}\cdot\left\{\frac{1}{2}+F_\sigma\left[\frac{q}{4B}(B-1)\right]-F_\sigma\left[\frac{q}{4B}\right]\right\}$
2	$\frac{1}{B}\cdot\left\{\frac{1}{2}+F_\sigma\left[\frac{q}{4B}(B-2)\right]-F_\sigma\left(\frac{2q}{4B}\right)\right\}$
⋮	⋮
$B-2$	$\frac{1}{B}\cdot\left\{\frac{1}{2}+F_\sigma\left(\frac{2q}{4B}\right)-F_\sigma\left[\frac{q}{4B}(B-2)\right]\right\}$
$B-1$	$\frac{1}{B}\cdot\left\{\frac{1}{2}+F_\sigma\left[\frac{q}{4B}\right]-F_\sigma\left[\frac{q}{4B}(B-1)\right]\right\}$

设原始密文 $c_i \sim U(0, q)$，其分布函数符合均匀分布，记为 $F_c(x)=x/q$，$x\in(0, q)$，嵌入后密文的分布函数记为 $F_{cs}(x)$：

$$
\begin{aligned}
F_{cs}(x)&=P(c_{s_i}<x)\\
&=P_\lambda(0)\cdot F_c(x)+P_\lambda(1)\left[F_c\left(x-\left\lfloor\frac{q}{4B}\right\rfloor\right)+F_c\left(x+\left\lfloor\frac{q}{4B}\right\rfloor\right)\right]+\cdots+\\
&\quad P_\lambda(B-1)\left[F_c\left(x-\left\lfloor\frac{q(B-1)}{4B}\right\rfloor\right)+F_c\left(x+\left\lfloor\frac{q(B-1)}{4B}\right\rfloor\right)\right]\\
&=\frac{1}{B}\cdot\frac{x}{q}+P_\lambda(1)\left(\frac{x+\left\lfloor\frac{q}{4B}\right\rfloor}{q}+\frac{x-\left\lfloor\frac{q}{4B}\right\rfloor}{q}\right)+\cdots\\
&\quad +P_\lambda(B-1)\left(\frac{x+\left\lfloor\frac{q(B-1)}{4B}\right\rfloor}{q}+\frac{x-\left\lfloor\frac{q(B-1)}{4B}\right\rfloor}{q}\right)\\
&=\frac{x}{Bq}+\frac{2x}{q}(P_\lambda(1)+P_\lambda(2)+\cdots+P_\lambda(B-1))\\
&=\frac{x}{Bq}+\frac{2x}{q}\cdot\frac{1}{B}\cdot\frac{B-1}{2}=\frac{x}{q}=F_c(x)
\end{aligned}
\tag{3-3-18}
$$

由式(3－3－18)可知，嵌入信息后的密文分布函数与原始密文分布函数一致，服从 $\mathbb{Z}_q$ 上的均匀分布。

下面通过实验分析说明嵌入信息后密文的统计特征。实验参数设置如下：k 取值 6、9、12，$q=64n^3+1$，$n=2^k$，$B=8$；参数 m、r 影响算法的密钥安全，根据剩余哈希引理[4]，保证公钥接近均匀分布的一个充分条件就是私钥的取值空间要远远大于公钥的取值空间，即 $(r+1)^{mn}\gg q^n$，又因为 m 越大密文扩展率越大，公钥长度也成倍增加，因此在满足安全性的前提下，为节省公钥存储空间，取 $m=\mathrm{lb}q$，$r=64$。α 从 3.2.3 小节得到的区间取值为 $\alpha\in[\lambda\alpha_{\min},\nu\alpha_{\max}](\lambda>1,\nu<1)$。对多组大量样本数据进行加密，1 bit 明文在密文域携带 3 bit 数据。图 3-17 所示为嵌入信息前后密文分布直方图，可用于区分不同组的样本数据。计算各组样本实验结果的信息熵，记为 H，对应密文域中元素等概率分布时的最大信息熵记为 H_{ideal}，结果如图 3-17 所示。

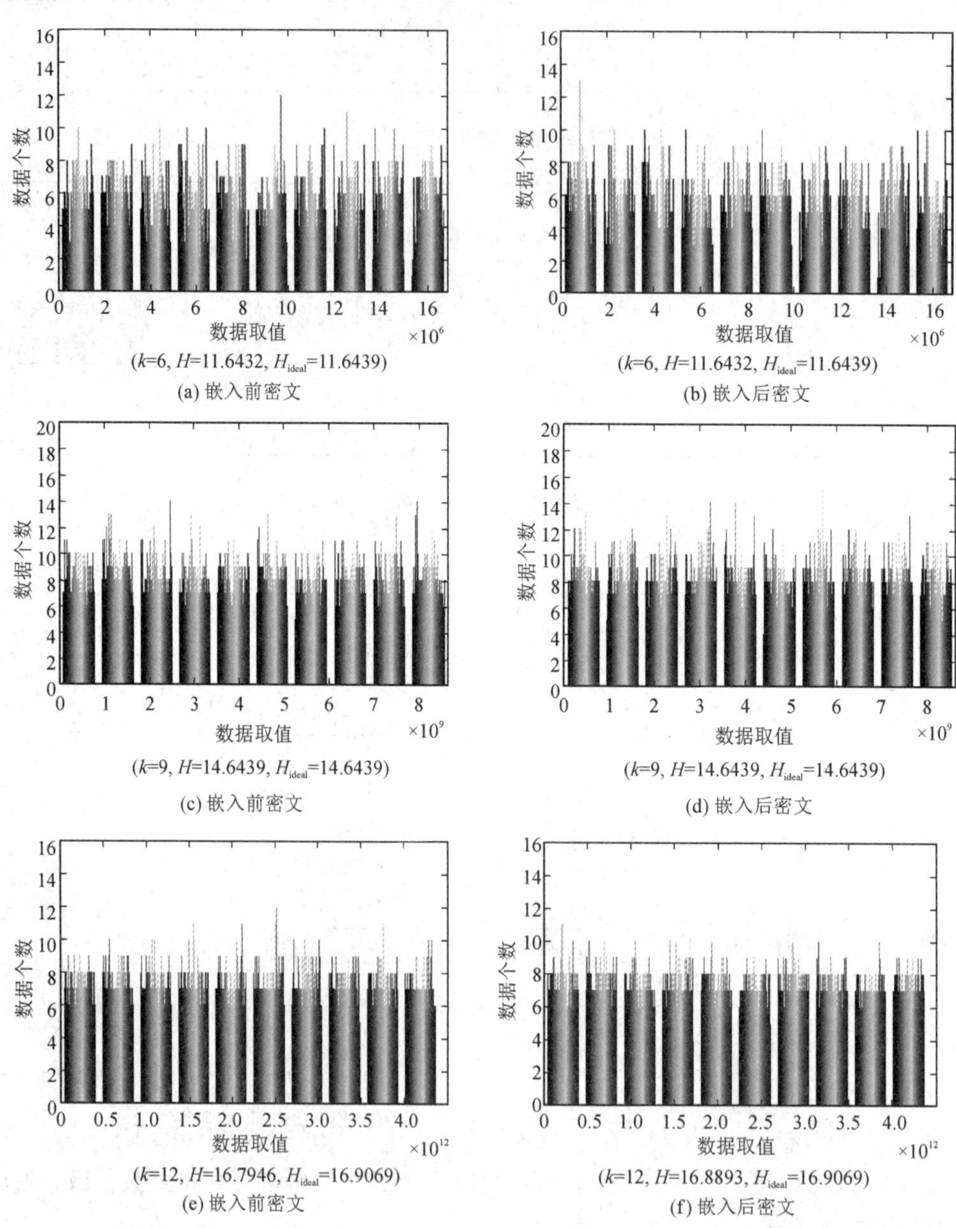

图 3-17 信息隐藏前后密文数据分布直方图与平均信息熵值

由实验结果可以看出信息嵌入后密文直方图没有出现明显变化，而且嵌入过程的再编码相当于对密文进行粗粒度的随机置乱，因此对密文数据直方图的分布特性基本不会发生破坏。当 B 取其他值进行实验时，结论与上述一致。对上述直方图中的数据计算平均信息熵，结果表明嵌入信息后密文数据的信息熵不低于原始密文，基本接近于密文域中元素等概率分布时的最大信息熵。

实验检测不同信息嵌入量及不同加密长度时样本数据的期望如下：在保证正确性的前提下，k 取值 9、10、11，嵌入 B 进制信息，$\text{lb}B$ 依次取值 0，1，…，8（$\text{lb}B=0$ 的点对应原始密文数据的统计特征）。密文数据期望与理想期望$\lfloor q/2 \rfloor$的关系如图 3-18 所示。图中星点表示实验中密文数据的期望值，曲线表示$\lfloor q/2 \rfloor$的取值。

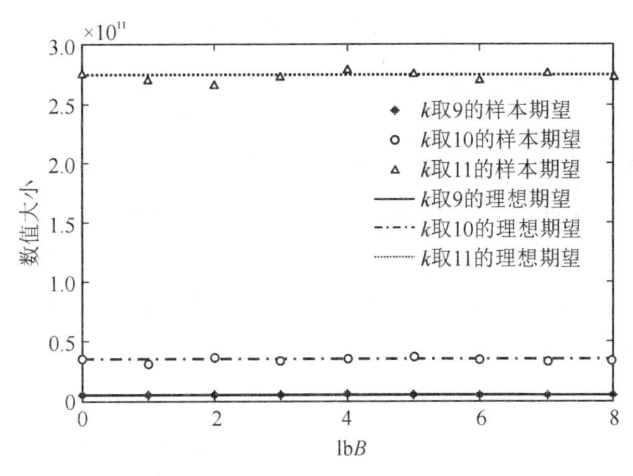

图 3-18 不同信息嵌入量下密文期望与理想期望的关系

由实验结果可见：在误差允许范围内，不同嵌入量下的密文数据期望与所在密文域的理想期望一致，表明嵌入信息后密文的统计期望未发生明显变化。

3. 嵌入量分析

在本节介绍的算法中，当选择 B 进制数作为秘密信息时，1 bit 明文在密文域最大可负载 $\text{lb}B$ bit 隐藏信息。下面对算法的密文嵌入率进行具体分析：

图 3-19 所示为根据表 3-6 中实验结果得出的在不同的安全参数 k 的取值下，单位比特密文的嵌入率随 $\text{lb}B$ 取值变化的情况。结合前文分析与图 3-19 可知，当系统安全参数 k 不变时，嵌入率随 $\text{lb}B$ 的增大而提高；$\text{lb}B$ 不变时，k 越大加密强度越大，一次可加密的

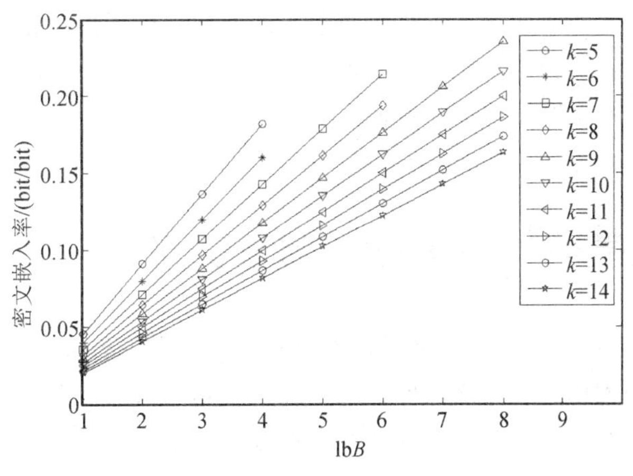

图 3-19 不同系统设置下的密文嵌入率

明文与嵌入信息量增多，但密文扩展较大，嵌入率降低。因此在实际应用中可根据加密与信息嵌入的现实需要选择合适的安全参数 k 与嵌入信息进制数 B。但是 B 不能无限增大，因为 B 越大，算法中$\mathbb{Z}_q$ 划分子区域的量化步长$\lfloor q/4B \rfloor$越小，会造成嵌入过程对加密数据的修改粒度过细。由前文分析可知，算法安全性与预处理过程中嵌入数据的随机性有关，因此预处理过程中随机数生成器的随机性对加密数据的影响随着量化步长的缩小而加强，如果随机数生成器生成数据的随机性低于 R-LWE 算法加密结果的随机性，则随着 B 的增大，当量化步长小于安全性需要的噪声波动的最小值时，嵌入后密文数据的安全性会降低。而高强度的随机数生成器会影响算法的执行效率，综合考虑当前随机数生成算法的安全性与运行效率，B 的取值不能无限大。

本节实验中相关参数的选择充分保证了量化步长大于噪声波动的安全性需要的下限。表 3-8 为不同系统设置时的密文最大嵌入率，表中第一列(k，lb$B$)列举了嵌入率最大时的系统安全参数 k 与秘密信息的进制数 B。

根据实验结果，算法的密文嵌入率可达到 0.1600 b/b 以上，其中 k 取 6，lb$B$ 取 4 时密文嵌入率最小，为 0.1600 b/b；当 k 大于 9 时，1 bit 明文在密文域可最大负载 8 bit 秘密信息，其中 k 取 9，lb$B$ 取 8 时单位密文的最大嵌入率达到 0.2353 b/b，此时算法的加密执行效率与嵌入率达到了最理想的状态。

表 3-8 不同系统设置下单位密文最大嵌入率

(k，lb B)	嵌入率/(b/b)	(k，lb B)	嵌入率/(b/b)
(5，4)	0.1818	(10，8)	0.2162
(6，4)	0.1600	(11，8)	0.2000
(7，6)	0.2143	(12，8)	0.1860
(8，6)	0.1935	(13，8)	0.1739
(9，8)	0.2353	(14，8)	0.1633

本节首先提出了基于 R-LWE 的密文域多比特可逆信息隐藏算法，通过对密文域的分区量化以及加密数据的重编码来嵌入多比特额外信息，在提高信息嵌入率的同时保证了携密密文的可逆解密与嵌入信息的无失真提取。然后，通过理论分析与仿真实验说明了算法的正确性、安全性以及在嵌入容量上的有效保证。

3.4 基于 LWE 的密文域多层可逆信息隐藏算法

支持多层嵌入的 RDH-ED 具有更好的实用性，可以满足更加灵活的应用场景。例如，密文拥有者可以在不同的时间将不同的备注信息嵌入到密文或已实施过若干次嵌入的携密密文中，再次嵌入的备注信息不会影响解密结果或之前嵌入的信息；将水印信息或纠错信息多层嵌入载体中，可以增强水印的鲁棒性，或用于纠正更多数据存储或传输中的错误等。多层嵌入的实施者可以是同一个嵌入者，也可以是不同嵌入者。对密文进行嵌入时，需要嵌入者预先明确自己的嵌入层级，即属于第几层嵌入者，并分配该层的隐藏密钥。对于多层嵌入后的携密密文，使用解密密钥可以直接解密得到无失真的明文；使用某一层的隐藏密钥，只能提取该层的嵌入信息，而明文和其他层的嵌入信息则处于保密状态。多层嵌入的实现有效提高了密文域可逆嵌入的嵌入量。

本节算法主要是通过对 LWE 加密过程的冗余空间进行多层量化，以及对密文数据的重新编码实现了密文域的多层信息嵌入。本节算法具有以下特点：① 实现了密文域多层信息嵌入，能够满足更多的应用场景，提供了较高的数据嵌入量；② 私钥持有者实施信息提取与明文解密的可分离性，且不同层的信息提取过程也是可分离的；③ 数据解密的完全可逆性，直接解密携密密文即可得到原始明文，而不需要可逆恢复的过程。

3.4.1　Regev 的 LWE 公钥加密算法及冗余分析

Regev 的 LWE 加密算法是基于 LWE 问题的经典算法，其系统参数设置如下：

安全参数记为整数 n；密文域的模数记为 q，$q\in(n^2, 2n^2)\geqslant 2$；一次加密的明文长度记为 l；公钥矩阵维数记为 d，为保证安全性，对于任意常数 $\varepsilon>0$，$d\geqslant(1+\varepsilon)(1+n)\mathrm{lb}q$；错误(噪声)概率分布记为 χ，χ 代指高斯分布 $\Psi_{\alpha q}$，$\Psi_{\alpha q}=\{\lceil qx \rfloor \bmod q \mid x\sim N(0, \alpha^2)\}$，$\lceil\cdot\rfloor$表示取整。所有加法和乘法在整数域$\mathbb{Z}_q$ 上操作。

私钥：随机选取均匀分布的矩阵 $\boldsymbol{S}\in\mathbb{Z}_q^{n\times l}$。

公钥：随机选取均匀分布的矩阵 $\boldsymbol{A}\in\mathbb{Z}_q^{n\times d}$ 与服从 χ 分布的噪声 $\boldsymbol{E}\in\mathbb{Z}_q^{d\times l}$，公钥为 $(\boldsymbol{A}, \boldsymbol{P}=\boldsymbol{A}^{\mathrm{T}}\boldsymbol{S}+\boldsymbol{E})\in\mathbb{Z}_q^{n\times d}\times\mathbb{Z}_q^{d\times l}$。

加密：设待加密明文系列为 $\boldsymbol{m}=(m_1, m_2, \cdots, m_l)\in\{0, 1\}^l$，生成随机向量 $\boldsymbol{a}\in\{0, 1\}^d$，密文为$(\boldsymbol{u}=\boldsymbol{A}\boldsymbol{a}, \boldsymbol{c}=\boldsymbol{P}^{\mathrm{T}}\boldsymbol{a}+\boldsymbol{m}\lfloor q/2 \rfloor)\in\mathbb{Z}_q^n\times\mathbb{Z}_q^l$。

解密：得到密文对$(\boldsymbol{u}, \boldsymbol{c})$，解密结果记为 $\boldsymbol{m}'=(m_1', m_2', \cdots, m_l')$，计算量化向量 $\boldsymbol{h}=\boldsymbol{c}-\boldsymbol{S}^{\mathrm{T}}\boldsymbol{u}$，$\boldsymbol{h}=(h_1, h_2, \cdots, h_l)^{\mathrm{T}}$，如果分量 h_i 到 0 的距离比到$\lfloor q/2 \rfloor$的距离近，那么 $m_i'(i=1, 2, \cdots, l)$为 0，否则为 1。

下面结合图 3-20 对上述算法的正确性进行简要说明。解密过程如下。

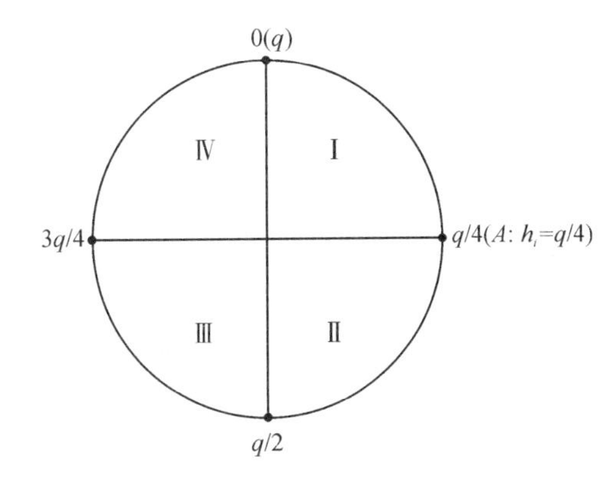

图 3-20　密文域$\mathbb{Z}_q$ 的取值分布

计算量化向量 $\boldsymbol{h}$：

$$\boldsymbol{h}=\boldsymbol{c}-\boldsymbol{S}^{\mathrm{T}}\boldsymbol{u}=\boldsymbol{P}^{\mathrm{T}}\boldsymbol{a}+\boldsymbol{m}\left\lfloor\frac{q}{2}\right\rfloor-\boldsymbol{S}^{\mathrm{T}}\boldsymbol{A}\boldsymbol{a}=\boldsymbol{E}^{\mathrm{T}}\boldsymbol{a}+\boldsymbol{m}\left\lfloor\frac{q}{2}\right\rfloor$$

图 3-20 显示了$\mathbb{Z}_q$ 的整数分布，该密文域分为 4 个区域（Ⅰ、Ⅱ、Ⅲ和Ⅳ）。不同的 h_i 可以在图 3-20 中的圆上表示一个点，如点 A 代表 $h_i=\lfloor q/4\rfloor$。由于引入了噪声 $\boldsymbol{E}^{\mathrm{T}}\boldsymbol{a}$，因此 h_i 在圆上的位置不确定。但是，通过控制 χ 分布的标准差 α，可以使 $\boldsymbol{E}^{\mathrm{T}}\boldsymbol{a}$ 的波动幅度小于$\lfloor q/4\rfloor$，因此可以根据 h_i 的位置恢复 m_i'：如果 h_i 位于区域Ⅰ或Ⅳ，则 $m_i'=0$；如果 h_i 位于区域Ⅱ或Ⅲ，则 $m_i'=1$。

分析其中的可控冗余：在 LWE 算法中，如果没有附加噪声的干扰，则求解该问题不是 NP 困难的，已知公钥与密文构成的 d 个等式，使用高斯消元法可以在多项式时间内求解出私钥。引入噪声后，使用高斯消元，d 个等式的线性组合会将极小的噪声放大，从而使消元的结果中不含任何有用信息。对于攻击者来说，LWE 算法加密过程产生的冗余是没有意义的。但是私钥拥有者在得到 h_i 后，用于判断明文比特是 0 还是 1 的每个量化分量的取值范围占$\mathbb{Z}_q$ 长度的 1/2，即$\lfloor q/2\rfloor$个不同取值的 h_i 对应 1 bit 明文，因此对于私钥拥有者来说，数据加密后携带可控冗余。

3.4.2 LWE 密文域多层嵌入的设计思路

1. 第 1 层嵌入

$\mathbb{Z}_q$ 拥有 4 个等长的区域，即区域Ⅰ、Ⅱ、Ⅲ和Ⅳ，如图 3-21 所示，将每个区域再划分为两个等长的 1 级子区域，分别表示为 1 级子区域Ⅰ.0、Ⅰ.1、Ⅱ.0、Ⅱ.1、Ⅲ.0、Ⅲ.1、Ⅳ.0、Ⅳ.1。1 级子区域中的区域编号Ⅰ、Ⅱ、Ⅲ和Ⅳ用于解密，方法与章节 3.2 中的解密过程相同；1 级子区域号 0 和 1 用于指示第 1 层嵌入比特。图 3-21 中的点 B 位于 1 级子区域Ⅱ.1，当量化分量 h_i 位于点 B 时，解密结果为 1，嵌入比特为 1。

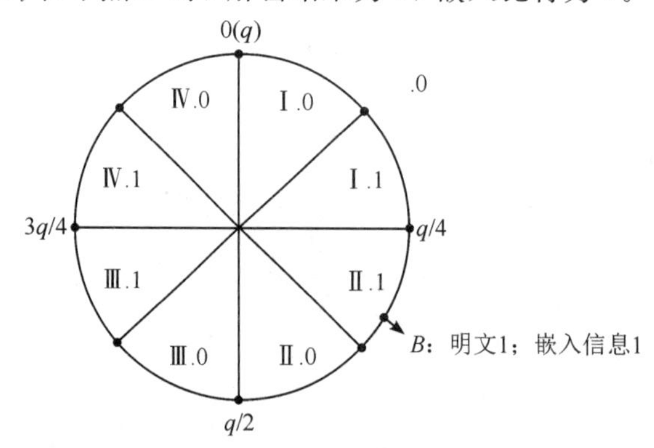

图 3-21 密文域$\mathbb{Z}_q$ 的第 1 级区域划分

对于一个 LWE 加密得到的密文，可以通过密文加上或减去第 1 级量化步长$\lfloor q/8\rfloor$，将量化分量的位置更改为同一个区域内的某 1 级子区域，使修改后的密文额外负载 1 bit 嵌入数据，此时可以得到 1 层嵌入后的携密密文。

2. 多层嵌入

第 2 层嵌入实施在第 1 层嵌入后的携密密文上，$\mathbb{Z}_q$ 被 2 级划分，如图 3-22 所示，分别为 2 级子区域Ⅰ.0.0、Ⅰ.0.1、Ⅰ.1.0、Ⅰ.1.1、Ⅱ.0.0、Ⅱ.0.1、Ⅱ.1.0、Ⅱ.1.1、

Ⅲ.0.0、Ⅲ.0.1、Ⅲ.1.0、Ⅲ.1.1、Ⅳ.0.0、Ⅳ.0.1、Ⅳ.1.0 和Ⅳ.1.1。第 2 级量化步长为 $\lfloor q/16 \rfloor$。通过携密密文加上或减去第 2 级量化步长，将量化分量的位置更改为同一个 1 级子区域内的某 2 级子区域，使修改后的携密密文额外负载 1 bit 嵌入数据，此时可以得到 2 层嵌入后的携密密文。如图 3－22 所示，第 2 层嵌入比特为 1，则图 3－21 中的点 B 通过减 $\lfloor q/16 \rfloor$移动到点 C，2 级子区域从Ⅱ.1.0 改变为Ⅱ.1.1。

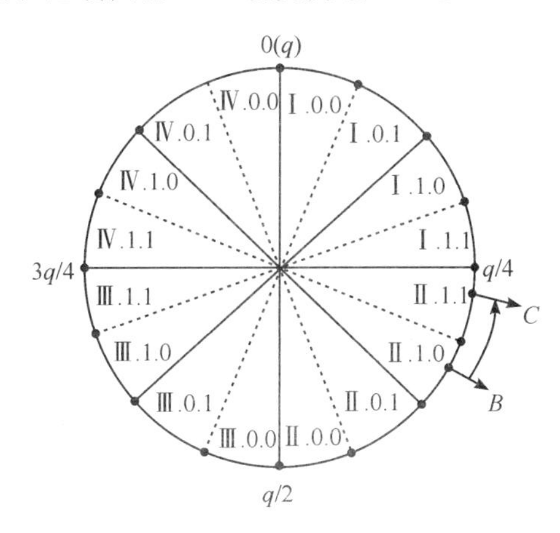

图 3－22　密文域 $\mathbb{Z}_q$ 的第 2 级区域划分

基于上述思路可以实施 LWE 密文域的多层嵌入，下面介绍多层嵌入的具体算法过程。

3.4.3　基于 LWE 的密文域多层可逆信息隐藏算法

前文所述的嵌入过程是将上一级子区域二等分，嵌入信息因此是 1 bit 数据。为了进一步充分利用 LWE 加密过程的冗余，可以将上一级子区域一次划分为更多区域，每一层的嵌入信息可以是多比特数据。图 3－23 为 2 bit 2 层嵌入时的子区域划分。当每层被平均划分成 b 个子区域时，一次允许嵌入的数据为 lb$b$ 比特，则第 i 层嵌入时的 i 级量化步长为$\lfloor q/4b^i \rfloor$。

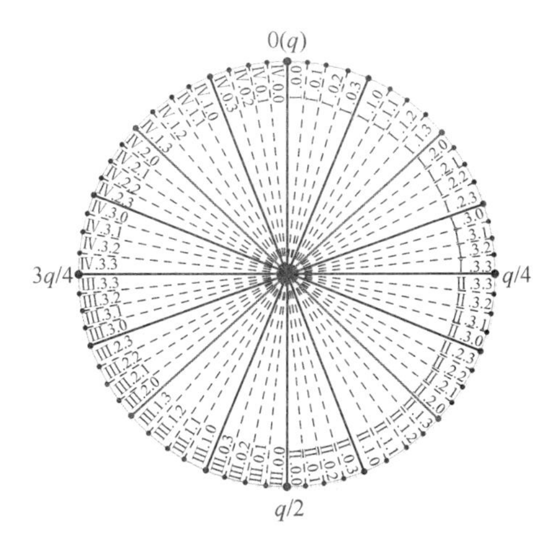

图 3－23　密文域 $\mathbb{Z}_q$ 的 2 比特 2 级区域划分

1. 算法框架

整个算法过程按照实施顺序可以分为三个阶段：系统设置、加密与多层嵌入、解密与信息提取。算法各阶段的流程示意图如图 3-24 所示。

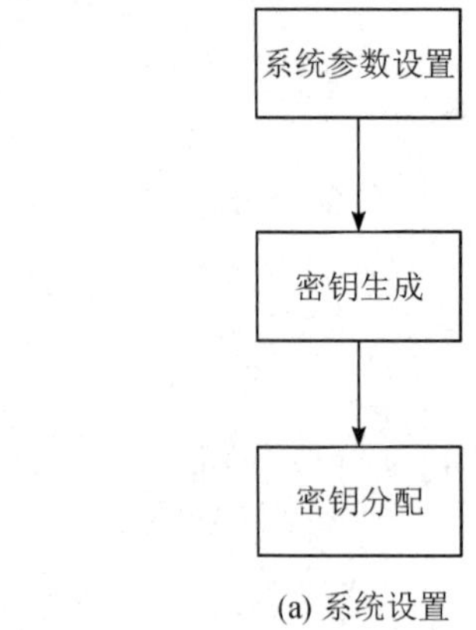

(a) 系统设置

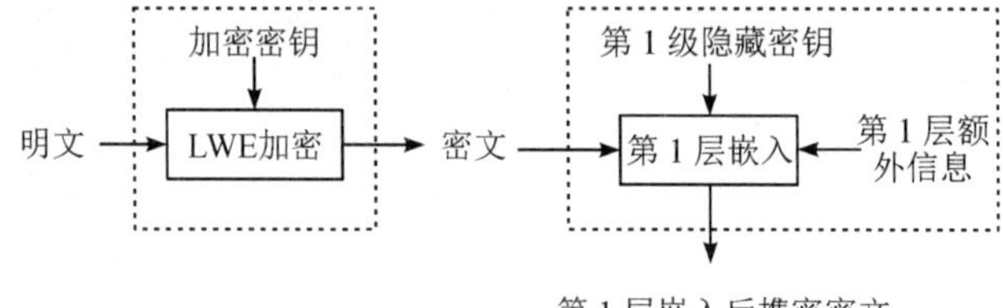

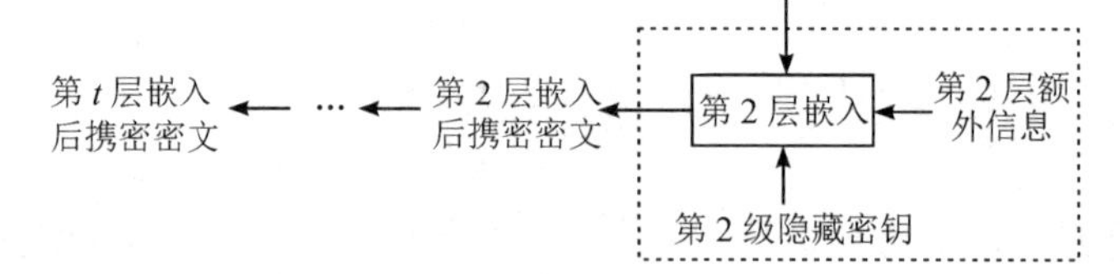

(b) 加密与多层嵌入

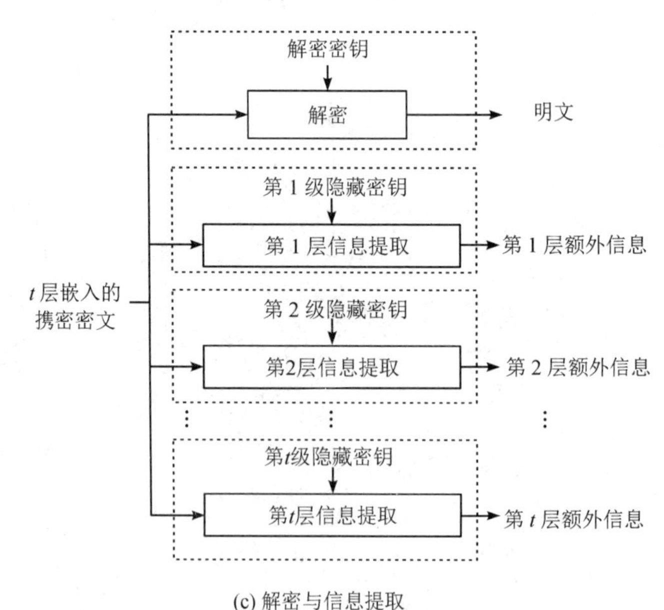

(c) 解密与信息提取

图 3-24 算法流程示意图

2. 系统设置与密钥分配

1）系统参数设置

安全参数 n 取值为底数为 2 的幂，模数是素数 q，$q\in(n^2, 2n^2)\geqslant 2$。公钥向量的维数为 d，对于任意常数 $\varepsilon>0$，$d\geqslant(1+\varepsilon)(1+n)\mathrm{lb}q$。错误（噪声）概率分布为 χ，标准偏差 $\alpha=o(1/\sqrt{n}\,\mathrm{lb}n)$，参数 α 的合理取值范围在章节 3.5.1 中将会详细分析。将多层嵌入的总层数记为 t，在各层嵌入前对上级区域进行等长划分的子区域数量记为 b，b 是 2 的幂，该层允许一次嵌入的信息是 lb b bit。一次加密中明文的长度为 l bit，记第 i（$i=1, 2, \cdots, t$）层允许嵌入信息的长度为 l'比特，则 $l'=l\cdot \mathrm{lb}b$。

2）密钥生成

随机选择两个均匀分布的矩阵 $\boldsymbol{S}\in\mathbb{Z}_q^{n\times l}$，$\boldsymbol{A}\in\mathbb{Z}_q^{n\times d}$。随机生成一个噪声矩阵 $\boldsymbol{E}\in\mathbb{Z}_q^{d\times l}$，$\boldsymbol{E}$ 中元素遵循独立同分布 χ。输出公钥$(\boldsymbol{A}, \boldsymbol{P}=\boldsymbol{A}^{\mathrm{T}}\boldsymbol{S}+\boldsymbol{E})\in\mathbb{Z}_q^{n\times d}\times\mathbb{Z}_q^{d\times l}$。然后，生成 $t+1$ 个伪随机序列：$\boldsymbol{R}_{\mathrm{p}}\in\{0, 1\}^l$ 和 $\boldsymbol{R}_{\mathrm{L1}}\in\{0, 1\}^{l'}$，$\boldsymbol{R}_{\mathrm{L2}}\in\{0, 1\}^{l'}$，$\cdots$，$\boldsymbol{R}_{\mathrm{L}t}\in\{0, 1\}^{l'}$。伪随机序列 $\boldsymbol{R}_{\mathrm{p}}$ 用于在 LWE 加密之前对明文序列进行随机异或加密，$\boldsymbol{R}_{\mathrm{L1}}$ 用于额外信息随机异或加密，然后得到用于嵌入的序列。

3）密钥分配

根据密钥的功能，对生成的随机序列以及原私钥与公钥重新进行密钥分配，得到不同功能的密钥，如表 3-9 所示。

表 3-9　密钥功能与组成

密 钥 名 称	密 钥 构 成
加密密钥	$(\boldsymbol{P}, \boldsymbol{A}, \boldsymbol{R}_{\mathrm{p}})$
解密密钥	$(\boldsymbol{S}, \boldsymbol{R}_{\mathrm{p}})$
第 1 级隐藏密钥	$(\boldsymbol{S}, \boldsymbol{R}_{\mathrm{L1}})$
第 2 级隐藏密钥	$(\boldsymbol{S}, \boldsymbol{R}_{\mathrm{L2}})$
⋮	⋮
第 t 级隐藏密钥	$(\boldsymbol{S}, \boldsymbol{R}_{\mathrm{L}t})$

为了便于算法介绍，首先定义一个函数用于确定密文域中各数值对应的子区域编号信息。

定义 3-2　函数 $LC(h, i, t)$，$h\in\mathbb{Z}_q$，$i, t\in\mathbb{Z}^*$，$i\leqslant t$，$LC\in\{0, 1, \cdots, b-1\}$，在一个能够支持 t 层嵌入的密文域$\mathbb{Z}_q$ 中，当输入量化分量 h 时，函数 LC 返回该分量所在的第 i 级子区域的 i 级子区域号。

$$LC(h_i, i, t)=\left\lfloor\frac{L(h_i, t)\bmod b^i}{b^{i-1}}\right\rfloor,\ h_i\in Z_q,\ i\in\{1, 2, \cdots, t\} \tag{3-4-1}$$

其中：

$$L(h_i, t)=\begin{cases}\left\lfloor\dfrac{4b^t h_i}{q}\right\rfloor, & h_i\in\left[0, \dfrac{q}{4}\right)\\ 2b^t-\left\lfloor\dfrac{4b^t h_i}{q}\right\rfloor-1, & h_i\in\left[\dfrac{q}{4}, \dfrac{q}{2}\right)\\ \left\lfloor\dfrac{4b^t h_i}{q}\right\rfloor-2b^t, & h_i\in\left[\dfrac{q}{2}, 3\dfrac{q}{4}\right)\\ 4b^t-\left\lfloor\dfrac{4b^t h_i}{q}\right\rfloor-1, & h_i\in\left[\dfrac{3q}{4}, q\right)\end{cases} \tag{3-4-2}$$

3. 数据加密与多层嵌入

1）数据加密

明文序列记为 $\boldsymbol{p}\in\{0, 1\}^l$，加密密钥为$(\boldsymbol{P}, \boldsymbol{A}, \boldsymbol{R}_p)$。

(1) 为了实现解密和数据提取的可分离性并保持加密的安全性，首先对明文序列与随机数进行异或得到待加密序列 $\boldsymbol{m}=(m_1, m_2, \cdots, m_l)$，$m_i\in\{0, 1\}$：

$$\boldsymbol{m}=\boldsymbol{p}\oplus\boldsymbol{R}_p \tag{3-4-3}$$

(2) 生成随机向量 $\boldsymbol{a}\in\{0, 1\}^d$，对 $\boldsymbol{m}$ 进行 LWE 加密得到密文$(\boldsymbol{u}=\boldsymbol{A}\boldsymbol{a}, \boldsymbol{c}=\boldsymbol{P}^{\mathrm{T}}\boldsymbol{a}+\boldsymbol{m}\lfloor q/2\rfloor)\in\mathbb{Z}_q^n\times\mathbb{Z}_q^l$。

2）多层嵌入

第 i $(i=1, \cdots, t)$层嵌入的额外信息记为 $\boldsymbol{v}_i\in\{0, 1\}^{l'}$；第 i $(i=1, \cdots, t)$级隐藏密钥为$(\boldsymbol{S}, \boldsymbol{R}_{Li})$。

(1) 对额外信息与随机数进行异或得到异或序列 $\boldsymbol{o}_i\in\{0, 1\}^{l'}$：

$$\boldsymbol{o}_i=\boldsymbol{c}_i\oplus\boldsymbol{R}_{Li} \tag{3-4-4}$$

然后将异或序列编码为 b 进制数向量 $\boldsymbol{w}_i=(w_{i,1}, w_{i,2}, \cdots, w_{i,l})$，$w_{i,j}\in\{0, 1, \cdots, b-1\}$，$j\in\{1, 2, \cdots, l\}$，$\boldsymbol{w}_i$ 即为第 i 层嵌入中的待嵌入向量。

(2) 第 1 层嵌入。密文为$(\boldsymbol{u}, \boldsymbol{c})$，待嵌入数据为 $\boldsymbol{w}_1$，计算量化向量 $\boldsymbol{h}_1=\boldsymbol{c}-\boldsymbol{S}^{\mathrm{T}}\boldsymbol{u}$，$\boldsymbol{h}_1=(h_{1,1}, h_{1,2}, \cdots, h_{1,l})^{\mathrm{T}}$。引入矩阵 $\boldsymbol{\beta}$，$\boldsymbol{\beta}$ 影响密文在嵌入修改时变化的方向，$\boldsymbol{\beta}=(\beta_1, \beta_2, \cdots, \beta_l)^{\mathrm{T}}$，$\beta_j\in\{1, -1\}$。密文的各分量在第 1 层嵌入修改时，修改的幅度是 1 级量化步长的整数倍，将该倍数值记为 $\boldsymbol{g}_1=(g_{1,1}, g_{1,2}, \cdots, g_{1,l})^{\mathrm{T}}$，$g_{1,j}\in\{-(b-1), -(b-1), -(b-1), \cdots, -1, 0, 1, \cdots, b-1\}$，$j\in\{1, 2, \cdots, l\}$。

计算向量 $\boldsymbol{\beta}$ 和 $\boldsymbol{g}_1$：

$$\beta_j=\begin{cases}+1, & h_{1,j}\in\left[0, \left\lfloor\dfrac{q}{4}\right\rfloor\right)\cup\left[\left\lfloor\dfrac{q}{2}\right\rfloor, \left\lfloor\dfrac{3q}{4}\right\rfloor\right)\\ -1, & h_{1,j}\in\left[\left\lfloor\dfrac{q}{4}\right\rfloor, \left\lfloor\dfrac{q}{2}\right\rfloor\right)\cup\left[\left\lfloor\dfrac{3q}{4}\right\rfloor, q\right)\end{cases} \tag{3-4-5}$$

$$g_{1,j}=w_{1,j}-LC(h_{1,j}, 1, 1) \tag{3-4-6}$$

第 1 层嵌入后的携密密文记为$(\boldsymbol{u}, \boldsymbol{c}'_1)$，其中 $\boldsymbol{c}'_1=(c'_{1,1}, c'_{1,2}, \cdots, c'_{1,l})^{\mathrm{T}}$：

$$\boldsymbol{c}'_{1,j}=c_j+\beta_j\cdot g_{1,j}\cdot\left\lfloor\frac{q}{4b}\right\rfloor, (j=1, 2, \cdots, l) \tag{3-4-7}$$

(3) 第 $i(i=2, 3, \cdots, t)$层嵌入。第 $i-1$ 层嵌入后的携密密文为$(\boldsymbol{u}, \boldsymbol{c}'_{i-1})$，第 i 层待

嵌入数据为 $\boldsymbol{w}_i$。计算量化矩阵 $\boldsymbol{h}_i = \boldsymbol{c}_1' - \boldsymbol{S}^{\mathrm{T}}\boldsymbol{u}$，$\boldsymbol{h}_i = (h_{i,1}, h_{i,2}, \cdots, h_{i,l})^{\mathrm{T}}$。然后可得到向量 $\boldsymbol{g}_i = (g_{i,1}, g_{i,2}, \cdots, g_{i,l})^{\mathrm{T}}$：

$$g_{i,j} = w_{i,j} - LC(h_{i,j}, i, i) \tag{3-4-8}$$

式中：$g_{i,j} \in \{-b+1, -b+2, \cdots, -1, 0, 1, \cdots, b-1\}$，$j \in \{1, 2, \cdots, l\}$。

第 i 层嵌入后的携密密文记为$(\boldsymbol{u}, \boldsymbol{c}_i')$，其中，$\boldsymbol{c}_i' = (c_{i,1}', c_{i,2}', \cdots, c_{i,l}')^{\mathrm{T}}$：

$$\boldsymbol{c}_{i,j}' = c_{i-1,j}' + \beta_j \cdot g_{i,j} \cdot \left\lfloor \frac{q}{4b^i} \right\rfloor, (j = 1, 2, \cdots, l) \tag{3-4-9}$$

4. 数据解密与分层提取

1）数据解密

（1）对于 t 层嵌入后的携密密文$(\boldsymbol{u}, \boldsymbol{c}_t')$，解密密钥为$(\boldsymbol{S}, \boldsymbol{R}_{\mathrm{p}})$。首先计算量化向量 $\boldsymbol{h}' = \boldsymbol{c}_t' - \boldsymbol{S}^{\mathrm{T}}\boldsymbol{u}$，其中 $\boldsymbol{h}' = (h_1', h_2', \cdots, h_l')^{\mathrm{T}}$。解密结果记为向量 $\boldsymbol{m}' = (m_1', m_2', \cdots, m_l')^{\mathrm{T}}$：

$$m_j' = \begin{cases} 0, & h_j' \in \left[0, \left\lfloor \frac{q}{4} \right\rfloor\right) \cup \left[\left\lfloor \frac{3q}{4} \right\rfloor, q\right) \\ 1, & h_j' \in \left[\left\lfloor \frac{q}{4} \right\rfloor, \left\lfloor \frac{3q}{4} \right\rfloor\right] \end{cases}, j = 1, 2, \cdots, l \tag{3-4-10}$$

（2）通过与密钥中的随机序列异或得到明文数据：

$$\boldsymbol{p}' = \boldsymbol{m}' \oplus \boldsymbol{R}_{\mathrm{p}} \tag{3-4-11}$$

2）第 $i(i=2, 3, \cdots, t)$层嵌入信息提取

（1）对于 t 层嵌入后的携密密文$(\boldsymbol{u}, \boldsymbol{c}_t')$，第 i 级隐藏密钥为$(\boldsymbol{S}, \boldsymbol{R}_{\mathrm{L}i})$。首先计算量化向量 $\boldsymbol{h}' = \boldsymbol{c}_t' - \boldsymbol{S}^{\mathrm{T}}\boldsymbol{u}$，其中 $\boldsymbol{h}' = (h_1', h_2', \cdots, h_l')^{\mathrm{T}}$。提取数据记为向量 $\boldsymbol{w}_{\mathrm{Temp}}$，$\boldsymbol{w}_{\mathrm{Temp}} = (w_1', w_2', \cdots, w_l')$，$w_j' \in \{0, 1, \cdots, b-1\}$，$j \in \{1, 2, \cdots, l\}$。

$$w_j' = LC(h_j', i, t), j = 1, 2, \cdots, l \tag{3-4-12}$$

（2）首先将 b 进制的数据 $\boldsymbol{w}_{\mathrm{Temp}}$ 编码为二进制序列 $\boldsymbol{o}_{\mathrm{Temp}}$，通过与密钥中的随机序列异或，得到第 i 层嵌入的额外信息 $\boldsymbol{v}_i'$：

$$\boldsymbol{v}_i' = \boldsymbol{o}_{\mathrm{Temp}}' \oplus \boldsymbol{R}_{\mathrm{L}i} \tag{3-4-13}$$

3.4.4　仿真实验与分析

1. 正确性分析

1）溢出概率推导

基于 LWE 加密过程的冗余嵌入后，对携密密文进行解密或信息提取的正确性取决于嵌入修改后携密密文的量化分量能否位于恰当的子区域。为保证解密准确性，嵌入操作不能使量化分量产生跨区域的变化，如出现从区域Ⅰ到区域Ⅱ时，解密结果就会出现溢出。根据算法设计，密文的变化不会跨出所在区域，信息提取依赖于量化分量所位于的子区域号，由于每个区域中都存在符合嵌入要求的子区域，可以通过算法设计保证每个量化向量位于恰当的子区域。因此，解密与信息提取的准确性最终取决于密文解密不发生溢出，即引入噪声总和 $\boldsymbol{E}^{\mathrm{T}}\boldsymbol{a}$ 中的任何一个分量值不超过$\left\lfloor \frac{q}{4} \right\rfloor$。下面推导影响 $\boldsymbol{E}^{\mathrm{T}}\boldsymbol{a}$ 取值的系统参数。

设矩阵 $\boldsymbol{E}$ 中的元素为 $e_{i,j}(i=1, \cdots, l; j=1, \cdots, d)$，向量 $\boldsymbol{a}$ 中第 j 个元素为 a_j $(j=1, \cdots, d)$。则向量 $\boldsymbol{E}^{\mathrm{T}}\boldsymbol{a}$ 中的第 i 个元素为 $\sum_{j=1}^{d} e_{i,j}$。

由于 $e_{i,j}$ 服从分布 χ，由此 $\sum_{j=1}^{d} e_{i,j}a_j$ 服从期望为 0，标准差为 $\sqrt{\sum_{j=1}^{d} a_j} \cdot \alpha$ 的高斯分布。由于向量 $\boldsymbol{a}$ 中的 a_j 来自随机均匀分布，因此 $\sum_{j=1}^{d} a_j \approx d/2$，近似可得 $\sum_{j=1}^{d} e_{i,j}$ 服从期望为 0，标准差为 $\sqrt{d/2} \cdot \alpha$ 的高斯分布，即 $N(0, \sqrt{d/2} \cdot \alpha)$。

根据正态分布的截尾不等式概率[14]：设 $z \sim N(0, 1)$，则

$$
\begin{aligned}
P(|z| > x) &= 2\int_{x}^{+\infty} \frac{1}{\sqrt{2\pi}} \mathrm{e}^{-\frac{1}{2}z^2} \mathrm{d}z \\
&\leqslant \frac{1}{x}\sqrt{\frac{2}{\pi}} \exp\left(-\frac{1}{2}x^2\right), \quad x > 0
\end{aligned} \tag{3-4-14}
$$

同理可以得到噪声积累超过 $\left\lfloor \frac{q}{4} \right\rfloor$，引起解密失败的概率：

$$
\begin{aligned}
P\left(\left|\sum_{j=1}^{d} e_{i,j}a_j\right| \geqslant \frac{q}{4}\right) &= P\left(\left|\frac{\sum_{j=1}^{d} e_{i,j}}{\alpha\sqrt{\frac{d}{2}}}\right| \geqslant \frac{q}{4\alpha\sqrt{\frac{d}{2}}}\right) \\
&\leqslant \frac{4\alpha}{q} \cdot \sqrt{\frac{d}{\pi}} \exp\left(-\frac{q^2}{d\alpha^2}\right)
\end{aligned} \tag{3-4-15}
$$

由公式(3-4-15)可见，α 直接决定着解密与提取信息出错的概率，α 越小，算法出错的概率越小。另一方面，LWE 问题求解的困难性依赖于噪声干扰的存在，如果 α 太小，噪声引起的波动很小，影响算法的安全性，在 R-LWE 问题中要求 $\alpha q > \sqrt{n}\,\mathrm{lb}\,n$[1]。因此合理选择 α 对于保证算法的正确性与加密安全至关重要。下面介绍通过实验所获得的 α 的取值区间。

2）参数分析及实验

本章仿真实验均在 MATLAB-r2015a 上运行实现，硬件为 3.40GHz@64 位单核 CPU (i7-6800K)，8G 内存。为了确定 α 值的有效范围，首先选定其他系统参数。根据章节 3.4.2 中系统参数设置的要求可知，密文域模数 q 取的是 $(n^2, 2n^2)$ 之间的最小素数；公钥向量的维数 $d = \lfloor 1.25(1+n)\mathrm{lb}q \rfloor$；一次加密中明文序列的比特长度 $l = 8n$。因此安全参数 n 的取值可以决定其他参数的取值。

LWE 问题可以视为格上的有界距离解码(Bounded Distance Decoding，BDD)问题，因此可以引入的格基约化理论来估计 LWE 参数的安全级别[15]。求解 LWE 问题的困难性等效于求解具有 $\sqrt{n\mathrm{lb}(q)/\mathrm{lb}(\delta)}$ 维的格空间中的最短向量问题(Shortest Vector Problem，SVP)。根据当前最有效的格分析算法，当 $\delta = 1.01$ 时，格的安全尺寸必须达到 500 维以上[4, 16]。因此从保证加密安全性的角度考虑，n 的取值须保证格基约化后格空间的尺寸不低于 500 维，且 n 取值越大，加密安全性越高；另一方面，n 取值增大会引起密钥长度以及密文数据量的增大，导致加密效率降低。为了平衡安全性和运行效率，本章及后续实验中将 n 的取值设置为 $\{240, 260, 280, \cdots, 420\}$，当 n 取 240 时，格基约化后的格空间尺寸为

$\sqrt{240\times \mathrm{lb}(q(n))/\mathrm{lb}(1.01)}>500$。其他参数设置如下：嵌入层数分别设置为$t=1$，2，3，一次嵌入信息的比特数$b=2$，4，8。

分别使用$n=240$，260，280，…，420；在不同t、b的取值条件下，测试大量样本数据，可以获得α的取值上限$\alpha_{\max}$，通过对10^6比特随机数构成的明文进行解密测试，结果表明α的取值小于$\alpha_{\max}$，时，解密正确性为100%。设置α的取值下限为$\alpha_{\min}=2\sqrt{n}/q$，以确保引入的噪声产生必要的随机波动，保证加密安全性。表3-10中记录了$\alpha_{\max}$与$\alpha_{\min}$的取值。

表3-10　$\alpha_{\max}$和$\alpha_{\min}$

n	$\alpha_{\max}$	$\alpha_{\min}$
240	6.4085×10^{-4}	5.3791×10^{-4}
260	6.0607×10^{-4}	4.7705×10^{-4}
280	6.5059×10^{-4}	4.2686×10^{-4}
300	6.3564×10^{-4}	4.4184×10^{-4}
320	5.8777×10^{-4}	3.4936×10^{-4}
340	5.6370×10^{-4}	3.6011×10^{-4}
360	5.3065×10^{-4}	2.9279×10^{-4}
380	5.1778×10^{-4}	2.6999×10^{-4}
400	4.9746×10^{-4}	2.5000×10^{-4}
420	4.8155×10^{-4}	2.3236×10^{-4}

下面以测试图像Lena为例展示实验效果，对数据加密后在密文中实施2层信息嵌入，嵌入信息为四进制数据，即一次嵌入2 bit额外数据。

为直观地显示实验过程，参数设置为$n=240$，$q=57\ 601$，$l=8n$，$b=4$，$t=2$和$\alpha=6.1250\times10^{-4}$，加密长度为7200字节的二进制图像，每层嵌入14 400字节额外数据。

图像Lena如图3-25(a)所示，为8位灰度图；将图像按位平面分离得到二值图，如图3-25(b)所示。将位平面图像分割为几个不重叠的块，然后在第一个块上进行实验。图3-25(c)是大小为240×240的7200字节明文。接下来计算明文和伪随机序列的异或结果，如图3-25(d)所示。生成两个240×240的四进制随机数据作为额外数据用于二层嵌入，如图3-25(e)、(f)所示。最后，使用LWE算法对异或结果进行加密，得到密文，如图3-25(g)所示。

第1层嵌入测试：将图3-25(e)所示的额外信息1嵌入密文中；获得1层嵌入后的携密密文，如图3-25(h)所示；从该携密密文中提取第1层嵌入的信息，如图3-25(i)所示；解密恢复得到明文，如图3-25(j)所示。

第2层嵌入测试：将图3-25(f)所示的额外消息2嵌入第1层嵌入后的携密密文中，获得2层嵌入后的携密密文，如图3-25(k)所示；从该携密密文中提取第1、2层嵌入的信息分别如图3-25(l)、(m)所示；解密的明文如图3-25(n)所示。为了测试整个图像Lena，继续对位平面图像的其他块重复上述过程，恢复的Lena图像如图3-25(o)所示。

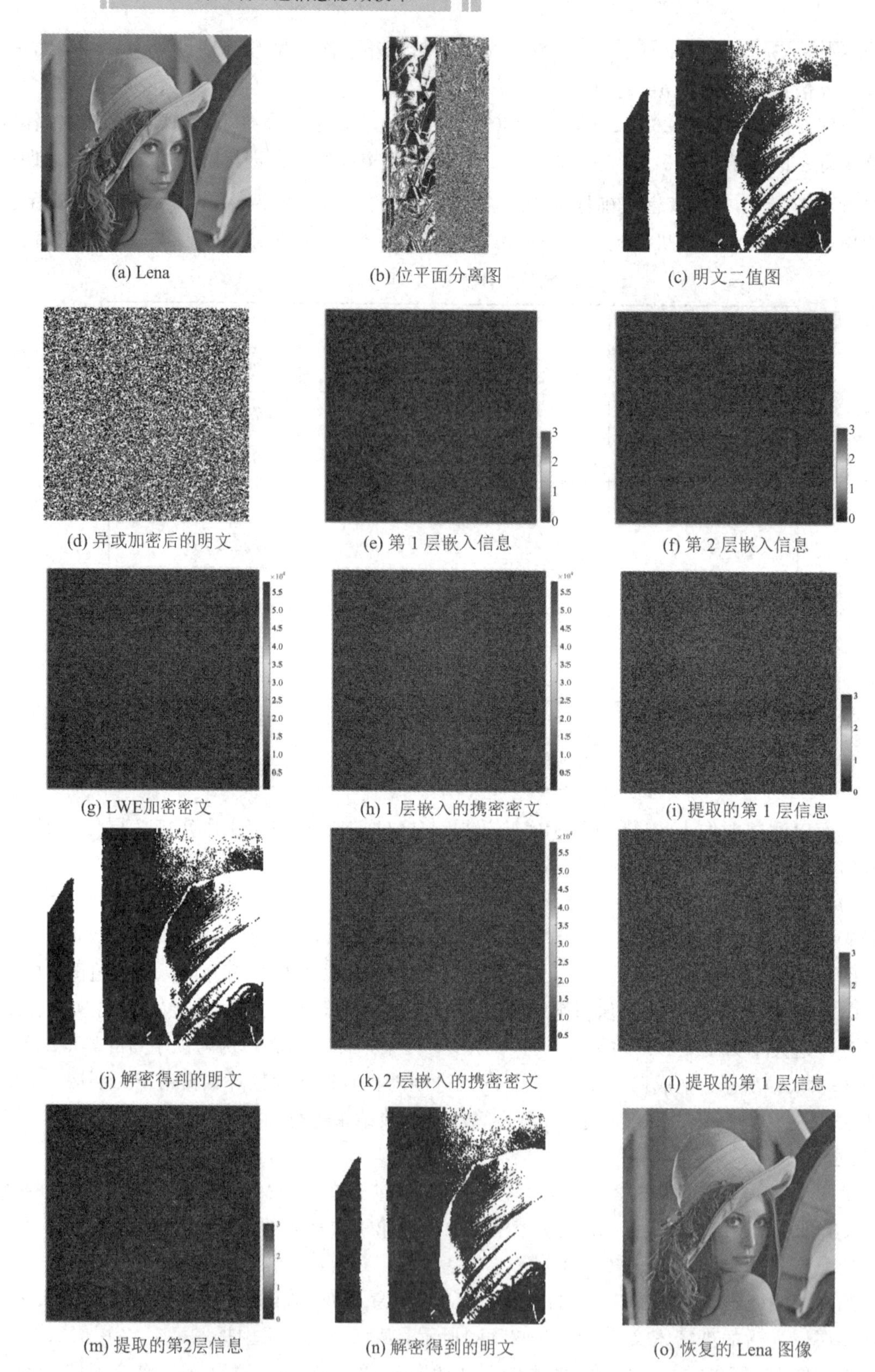

(a) Lena　(b) 位平面分离图　(c) 明文二值图

(d) 异或加密后的明文　(e) 第 1 层嵌入信息　(f) 第 2 层嵌入信息

(g) LWE加密密文　(h) 1 层嵌入的携密密文　(i) 提取的第 1 层信息

(j) 解密得到的明文　(k) 2 层嵌入的携密密文　(l) 提取的第 1 层信息

(m) 提取的第2层信息　(n) 解密得到的明文　(o) 恢复的 Lena 图像

图 3－25　实验过程各步骤结果

每层嵌入完成后，对明文和解密的数据，以及嵌入数据和提取数据进行逐位比较，如图 3-26(a)、(b)所示。结果表明，解密和提取都是准确的。

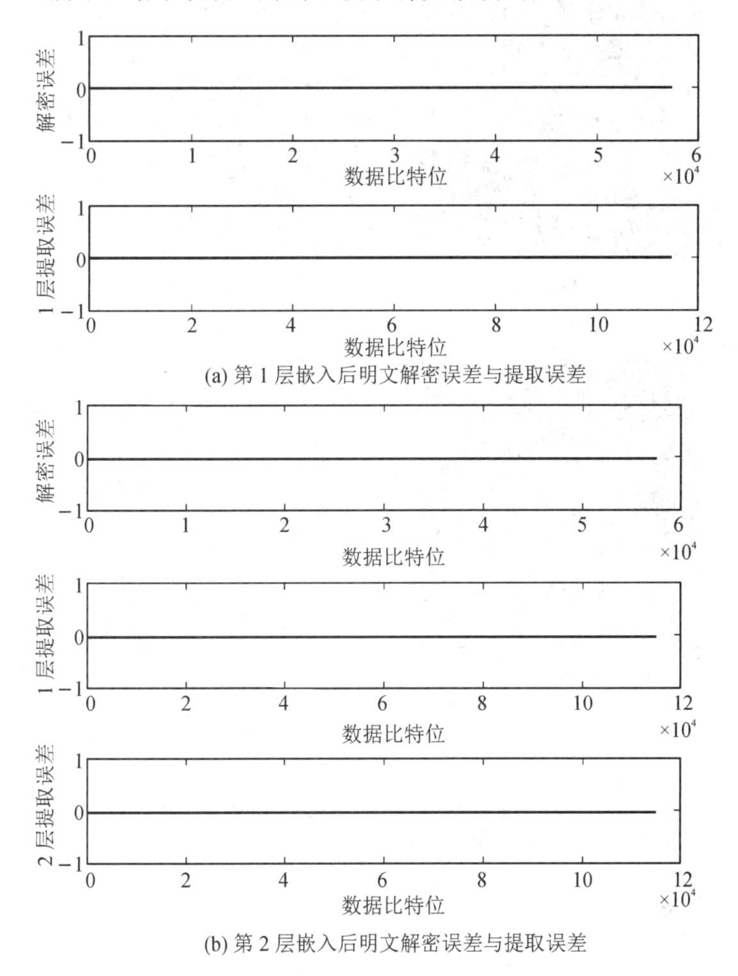

(a) 第 1 层嵌入后明文解密误差与提取误差

(b) 第 2 层嵌入后明文解密误差与提取误差

图 3-26　逐比特对比明文解密结果与信息提取结果

使用同样的方法对更多的图像进行多层嵌入实验，测试图像如图 3-27 所示。表 3-11 列举了 5 个具有代表性的 RDH-ED 算法(文献[111]、[117]、[135]、[119]、[120])中携密明文的 PSNR 值。

(a) Lena

(b) Baboon

(c) Crowd (d) Tank

(e) Peppers (f) Plane

图 3-27 实验测试图像

表 3-11 5 个现有算法中携密明文的 PSNR

图像	文献[111]	文献[117]	文献[135]	文献[119]		文献[120]	
				无损算法	可逆算法	算法 1	算法 2
Lena	51.48	42.85	53.07	∞	42.32	∞	∞
Baboon	51.26	42.85	42.90	∞	43.65	∞	∞
Crowd	51.77	42.85	52.45	∞	44.11	∞	∞
Tank	51.48	42.82	48.24	∞	42.57	∞	∞
Peppers	51.40	42.85	52.52	∞	43.25	∞	∞
Plane	51.65	42.84	52.52	∞	43.94	∞	∞

表 3-11 中算法的共同点在于直接解密得到的是携密明文而不是无损的原始明文，因此需要一个可逆恢复的过程对携密明文进行恢复，最终恢复出无损的原始明文。本节算法直接解密多层嵌入后的携密密文的 PSNR 结果如表 3-12 所示。

表 3-12　直接解密结果的 PSNR

t	层次	lb b	N									
			240	260	280	300	320	340	360	380	400	420
1	1	1	∞	∞	∞	∞	∞	∞	∞	∞	∞	∞
		2	∞	∞	∞	∞	∞	∞	∞	∞	∞	∞
		3	∞	∞	∞	∞	∞	∞	∞	∞	∞	∞
2	1	1	∞	∞	∞	∞	∞	∞	∞	∞	∞	∞
		2	∞	∞	∞	∞	∞	∞	∞	∞	∞	∞
		3	∞	∞	∞	∞	∞	∞	∞	∞	∞	∞
	2	1	∞	∞	∞	∞	∞	∞	∞	∞	∞	∞
		2	∞	∞	∞	∞	∞	∞	∞	∞	∞	∞
		3	∞	∞	∞	∞	∞	∞	∞	∞	∞	∞
3	1	1	∞	∞	∞	∞	∞	∞	∞	∞	∞	∞
		2	∞	∞	∞	∞	∞	∞	∞	∞	∞	∞
		3	∞	∞	∞	∞	∞	∞	∞	∞	∞	∞
	2	1	∞	∞	∞	∞	∞	∞	∞	∞	∞	∞
		2	∞	∞	∞	∞	∞	∞	∞	∞	∞	∞
		3	∞	∞	∞	∞	∞	∞	∞	∞	∞	∞
	3	1	∞	∞	∞	∞	∞	∞	∞	∞	∞	∞
		2	∞	∞	∞	∞	∞	∞	∞	∞	∞	∞

本节算法的特点在于直接解密携密密文就可以无损恢复出原始明文。实验中对测试图像进行加密与 t 层嵌入，表 3-12 展示了每层嵌入完成后解密携密密文的明文 PSNR 值，结果表明 PSNR 值均为“∞”，说明算法具有完全的可逆性。

2. 安全性分析

安全性分析主要包括两方面：① 嵌入数据的保密性；② 嵌入过程可以保持 LWE 加密算法的安全性。对于嵌入数据的保密性，由于在明文加密前以及额外信息嵌入前，明文序列与额外信息经过随机序列异或加密，因此能够保证两者之间信息内容的彼此独立。下面主要分析的是 LWE 加密的密文在嵌入修改前后的安全性。加密算法对于明文内容的混淆可以视作熵增大的过程，理想情况下，密文的数据之间彼此独立，并且分布应该符合随机均匀分布。在文献[6]、[22]、[23]中，通过推导嵌入后携密密文的概率分布函数，从理论推导的角度证明了该密文域嵌入方式能够保持密文分布的前后一致，即符合随机均匀分布。本节对嵌入前后的密文统计特征进行实验对比分析。

1）直方图与信息熵

通过对几组随机样本数据进行加密与嵌入的实验，得到了嵌入前后密文的直方图，如图 3-28 所示，为 $n=240$、320 和 420，$b=4$ 和 $t=3$ 时嵌入前后密文数据的直方图结果。

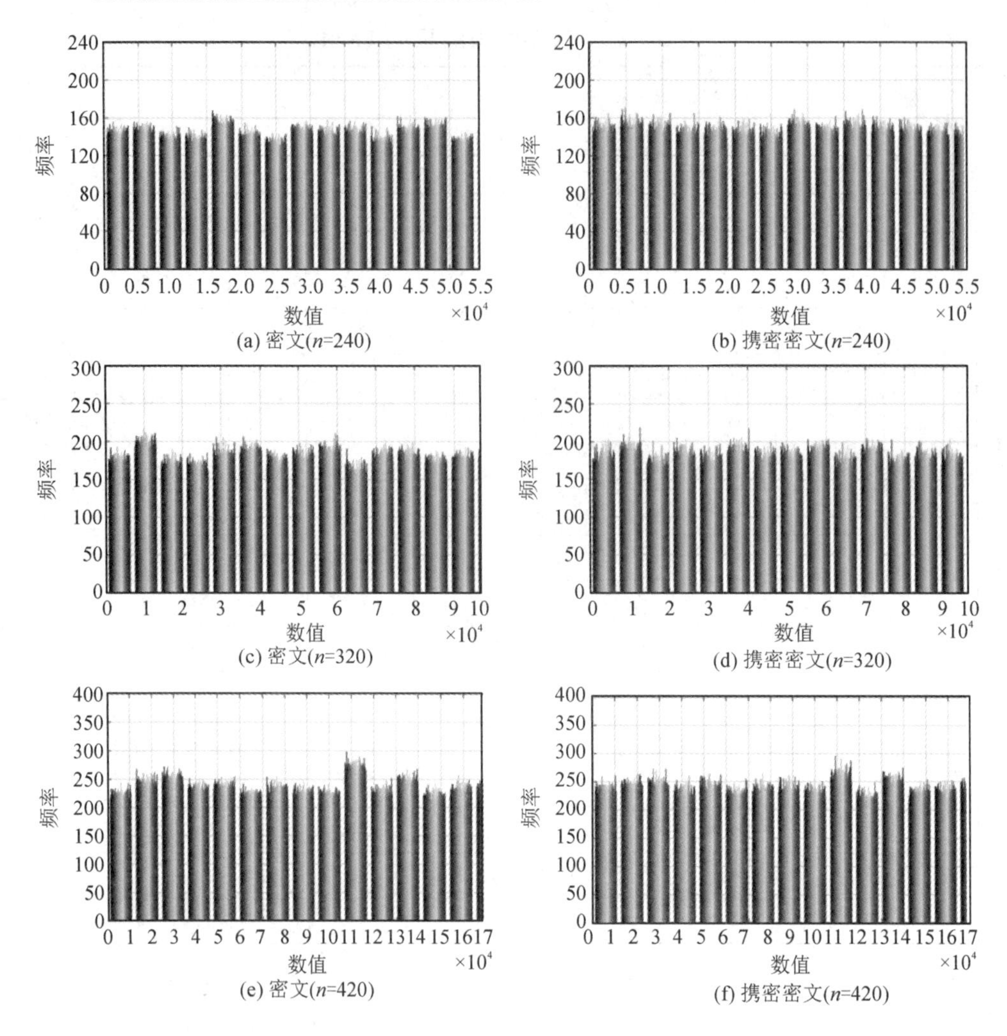

图 3-28 嵌入前后密文数据的直方图

理想情况下，加密过程会使密文数据的平均信息熵趋于达到熵最大化的状态。对不同测试图像密文的数据计算原密文和携密密文的平均信息熵，在密文值域为$[0, q-1]$的数据集中，将不同取值的密文记为信号 $a_i(i=0, 1, \cdots, q-1)$，不同信号出现的概率由信号的统计频率表示，记为 $h(a_i)$，则该数据集中信号的平均信息熵为

$$H=-\sum_{i=0}^{q-1} h(a_i) \mathrm{lb} h(a_i) \tag{3-4-16}$$

表 3-13 记录了原始密文和携密密文的平均信息熵。由图 3-28 与表 3-13 中的结果可见，嵌入前后的密文分布没有明显变化，嵌入过程保持了密文均匀分布的统计特点。

表 3-13 嵌入前后密文数据平均信息熵

n	理想最大信息熵	原始密文	携密密文
240	15.8138	15.6784	15.7142
320	16.6440	16.5732	16.6175
420	17.4285	17.3375	17.3965

2）期望值

根据前面的分析可知，密文服从$\mathbb{Z}_q$上的均匀分布，即$c_i \sim U(a, b)$。均匀分布的模型较为简单，统计特征也较少，除直方图与熵以外，期望是另一个主要的统计特征。对于均匀分布$c_i \sim U(a, b)$来说，期望理想值为$(b-a)/2$。为了测试密文嵌入前后的均值，所提出的算法应对不同嵌入量下的密文期望进行统计，结果如图3-29所示。

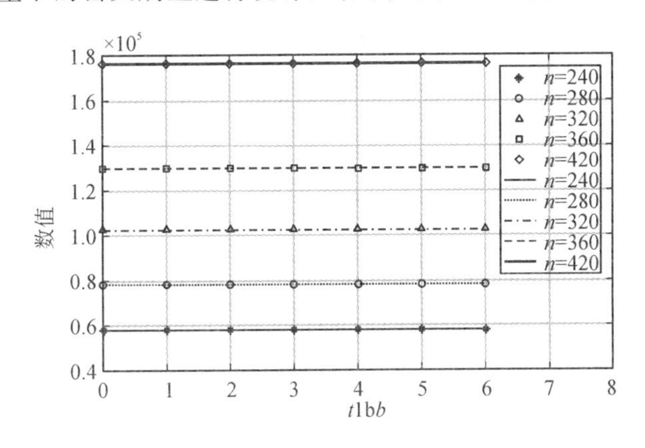

图3-29 不同嵌入量下的密文期望

在图3-29中，不同的星点表示分别对应n为240、280、320、360和420时携密密文的期望值；对于不同n值下的理想期望值$q/2$，分别用图中不同线型的水平线表示；横轴数值表示$t\text{lb}b$的取值，其中$t\text{lb}b=0$表示$t=0$或$b=1$，此时的密文为嵌入前的原始密文。从图中结果可见，密文在嵌入前后以及不同嵌入量时期望没有发生明显变化，且与理想期望趋于相等。

3. 嵌入率分析

1）密文扩展

基于公钥加密体制的RDH-ED算法，如文献[117]、[135]中的算法，存在加密引起的密文扩展，这种密文数据扩展是由加密原理造成的，本节的密文域可逆嵌入方法主要是基于该数据扩展中的冗余设计实现的。可逆嵌入的过程原则上不能引起二次数据扩展，否则会影响密文的传播使用。本节算法的嵌入过程没有造成数据的二次扩展，下面针对LWE算法加密的密文扩展进行分析。

在本节算法中，1 bit明文被加密为整数域$\mathbb{Z}_q$中的密文数据。以章节3.4.4中的实验为例，尺寸为512×512的测试图像Lena的大小为256 kB，经过LWE加密后，得到的未压缩密文的大小为4 MB，密文扩展因子(Blowup Factor，BF)是16，表示密文数据长度相比明文数据长度的倍数为16。具体计算方法为，1 bit明文加密后的密文为整数域$\mathbb{Z}_q$中的数据，因为$q=56\ 701 \in (2^{15}, 2^{16}]$，所以密文比特数为16。

在不考虑量子计算的情况下，RSA算法如果具有与$n=240$时的LWE加密相同的加密强度，则需要RSA算法的密文扩展因子达到384；ECC加密的密文扩展因子达到32；Paillier同态加密的密文扩展因子为128～256。在考虑量子计算的情况下，基于RSA、ECC或Paillier加密的方案不再能够保证加密安全，而LWE算法的安全强度是抗量子计算分析的。

2）嵌入率

根据上述分析可知，本节算法中加密过程存在密文扩展，因此在分析嵌入率时需要对比考虑明文嵌入率(ERP)与密文嵌入率(ERC)，两种比率的含义与区别在章节 1.5.4 中进行了说明。明文嵌入率如表 3－14 所示，表中罗列了当前代表性的 RDH-ED 算法以及本节算法的明文嵌入率。明文嵌入率反映了 1 bit 明文加密得到的密文中可以负载的额外信息数量，对于本节算法来说，嵌入信息数取决于嵌入层数 t 以及每层嵌入信息的比特数 $\mathrm{lb}b$，因此明文嵌入率为 $t\mathrm{lb}b$ b/b，$t\mathrm{lb}b\in[1, 6]$。表 3－15 罗列了当前具有代表性的 RDH-ED 算法以及本节算法的 BF 与 ERC。

表 3－14　明文嵌入率　　b/b

图像	文献[104]	文献[111]	文献[119]	文献[120]	文献[135]	文献[117]	文献[133]	本节算法
Lena	0.0625	0.0074	0.1210	1.5000	0.0175	0.0625	0.0625	1～6
Baboon	0.0625	0.0020	0.1210	1.5000	0.0078	0.0625	0.0623	1～6
Crowd	0.0625	0.0150	0.1210	1.5000	0.0175	0.0625	0.0625	1～6
Tank	0.0625	0.0075	0.1210	1.5000	0.0311	0.0625	0.0623	1～6
Peppers	0.0625	0.0056	0.1210	1.5000	0.0155	0.0625	0.0623	1～6
Plane	0.0625	0.0120	0.1210	1.5000	0.0233	0.0625	0.0623	1～6
Average	0.0625	0.0825	0.1210	1.5000	0.0201	0.0625	0.0623	1～6

密文嵌入率(ERC)取决于明文嵌入率(ERP)与密文扩展因子(BF)的比值：

$$\mathrm{ERC}=\frac{\mathrm{ERP}}{\mathrm{BF}} \tag{3-4-17}$$

对于公钥类 RDH-ED 算法来说，密文嵌入率更为客观地反映了嵌入数据在密文环境中的信息占有率，同时体现了嵌入过程对于加密冗余的利用程度。

表 3－15　密文嵌入率

算　法	密文扩展因子	密文嵌入率 b/b
文献[104]	1	0.0625
文献[111]	1	0.0825
文献[119]	128	0.0009
文献[120]	256	0.0059
文献[135]	128	0.0002
文献[117]	128	0.0005
文献[133]	128	0.0005
本节算法	16～18	0.0625～0.3333

本章基于 LWE 公钥算法的密文扩展冗余，设计实现了密文域多层可逆信息隐藏算法，并详细描述了算法的设计思想、算法框架、算法流程以及实验分析。与现有的公钥类 RDH-ED 算法相比，本章算法具有可逆性好、嵌入率高的优点。但是该算法中解密密钥与隐藏密钥存在部分重叠，因此在实际应用过程中信息嵌入及提取方应该是 LWE 加密过程的私钥持有方，对于加解密双方以外的第三方，如云服务方，本章算法不能较好地支持第三方信息提取与用户数据解密操作的可分离。

3.5 本章小结

下面主要对本章基于格上 LWE 与 R-LWE 加密的 RDH-ED 算法进行总结与对比分析。算法的流程框架基本一致，主要包括：参数设置、数据预处理、加密并嵌入数据、数据解密与信息提取。

图 3－30 为算法框架与流程示意图，由框架图可见，当算法主要应用于公钥加密系统下的保密通信双方时，私钥的持有者才能进行密文域的嵌入提取及密文管理。如果通信双方以外的可信第三方(如云服务器端)要进行数据嵌入与提取，则可以通过事先协商系统参

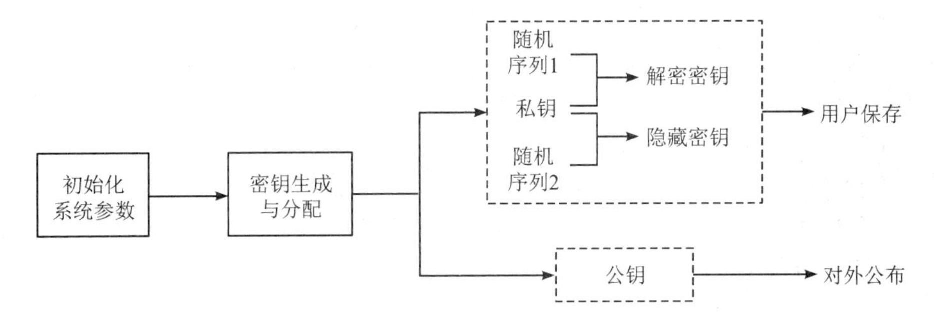

(a) 系统初始化过程

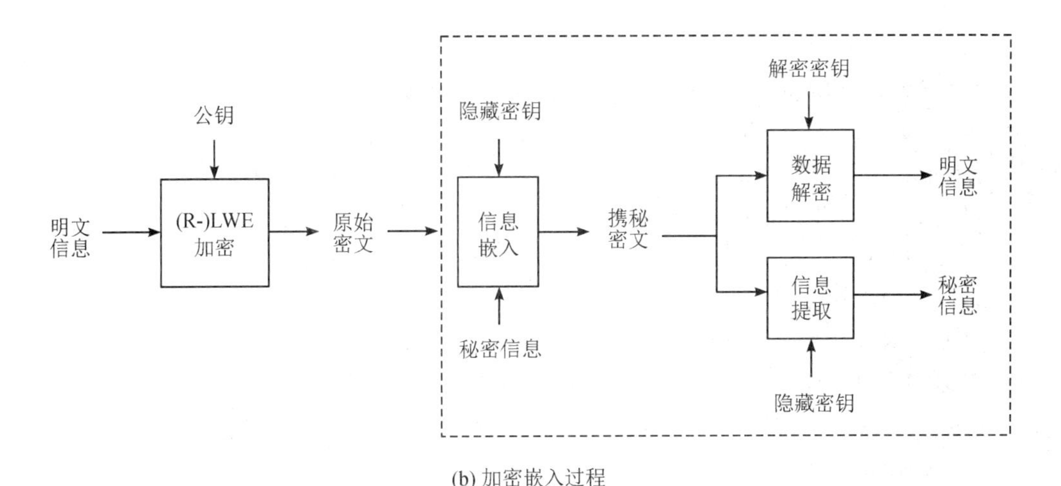

(b) 加密嵌入过程

图 3－30　算法框架示意图

数并相应调整密钥(隐藏密钥与解密密钥)的分配策略来实现。在图 3-30(a)中,随机序列作为用户私钥的一部分,用于预处理及解密或数据提取后的信息恢复,通常要求与系统参数及加密公私钥一同更新。由图 3-30(b)可见,算法通过区分解密密钥与隐藏密钥实现了解密过程与信息提取过程的可分离。

章节 3.1 的算法实现了 1 bit 明文在密文域最大可负载 1 bit 隐藏信息,章节 3.2 在章节 3.1 算法的基础上对加密过程中的相关参数进行了可靠修正,有效扩展了加密冗余的可控部分,通过对密文域进行重量化,并划分子区域,实现了嵌入多进制数据构成的秘密信息。设秘密信息为 B 进制数据,1 bit 明文在密文域的负载为 lb B bit,实验结果表明章节 3.2 算法的信息嵌入量提升到 1 bit 明文在密文域最大可负载 4 bit 秘密信息,密文域的信息嵌入率最高可达到 0.3333 b/b。但是,章节 3.2 算法嵌入比特数越多对噪声分布的标准差约束越大,相同参数设置时其加密安全性与解密鲁棒性低于章节 3.1 的算法。

章节 3.3 在上述工作的基础上提出了基于 R-LWE 的密文域多比特可逆信息隐藏算法,主要进行了以下两方面的改进:第一,引入 R-LWE 加密算法对加密与嵌入的执行效率进行改进;第二,改进嵌入编码方式,充分利用噪声的原始分布进行重新编码来嵌入额外信息而不需要对噪声分布的标准差进行额外约束,有效保证了原始加密的安全性与解密的鲁棒性。实验结果表明在运行效率提高、计算复杂度不变的前提下,信息嵌入量提升到 1 bit 明文在密文域可负载 4~8 bit 秘密信息,但是与章节 3.1、章节 3.2 的算法相比,章节 3.3 算法的密文扩展量最大,导致密文域的最大嵌入率略低于第 4 章算法的密文域最大嵌入率。对于普通用户进行保密通信或密文管理来说,本章算法的存储成本较大,较适用于云服务等大数据场合。

章节 3.4 通过对 LWE 加密过程的冗余空间进行多层量化,以及对密文数据的重新编码实现了密文域的多层信息嵌入,进一步提高了嵌入容量,多层嵌入的特点可以支持更加复杂、灵活的应用场景。

参考文献

[1] REGEV O. On lattices, learning with errors, random linear codes and cryptography [J]. Journal of the ACM, 2009, 56(6): 34.

[2] 余位驰. 格基规约理论及其在密码设计中的应用[D]. 成都: 西南交通大学, 2005.

[3] REGEV O. The learning with errors problem[C]// 25th Annual IEEE Conference on Computational Complexity, CCC 2010, United States, NJ: IEEE Computer Society, 2010: 191-204.

[4] RÜCKERT M, SCHNEIDER M. Estimating the security of lattice-based cryptosystems [EB/OL]. http://eprint.icur.org/2010/137. Pdf.

[5] 陈嘉勇, 王超, 张卫明, 等. 安全的密文域图像隐写术[J]. 电子与信息学报, 2012, 34(7): 1721-1726.

[6] 张敏情, 柯彦, 苏婷婷. 基于 LWE 的密文域可逆信息隐藏[J]. 电子与信息学报, 2016, 38(2): 354-360.

[7] 彭再平，王春华，林愿．一种新型的四维多翼超混沌吸引子及其在图像加密中的研究[J]．物理学报，2014，63(24)：97－106.

[8] 汪然，许漫坤，平西建，等．基于分割的空域图像隐写分析[J]．自动化学报，2014，40(12)：2936－2943.

[9] ZHANG X. Separable reversible data hiding in encrypted image [J]. IEEE Transactions on information forensics and security, 2012, 7(2): 826－832.

[10] WU X, SUN W. High-capacity reversible data hiding in encrypted images by prediction error [J]. Signal Processing. 2014, 104(11): 387－400.

[11] ZHANG X, QIAN Z, FENG G, et al. Efficient reversible data hiding in encrypted image [J]. Journal of Visual Communication and Image Representation. 2014(25) 2: 322－328

[12] KARIM M S A, WONG K. Universal data embedding in encrypted domain [J]. Signal Processing. 2014, 94(2): 174－182.

[13] LYUBASHEVSKY V, PEIKERT C, REGEV O. On ideal lattices and learning with errors over rings [J]. Journal of the Acm, 2013, 60(6): 1－23.

[14] GORDON R D. Values of Mills' ratio of area to bounding ordinate and of the normal probability integral for large values of the argument [J]. The Annals of Mathematical Statistics, 1941(12): 364－366.

[15] MICCIANCIO D, REGEV O. Lattice-based cryptography [C]. Post-quantum Cryptography, D. J. Bernstein and J. Buchmann (eds.), Berlin, Heidelberg, Germany: Springer, 2008, 147－191.

[16] GAMA N, NGUYEN P Q. Predicting lattice reduction [C]. Advances in cryptolby-Eurocrypt2010: 27th Annual International Conference on the Theory and Applications of Cryptographic Techniques. Istanbul, Turkey, Apr., 2008, 31－51.

[17] HUANG F J, HUANG J W, SHI Y Q. New framework for reversible data hiding in encrypted domain [J]. IEEE Transactions on Information Forensics and Security, 2016, 11(12): 2777－2789.

[18] CHEN Y C, SHIU C W, HORNG G. Encrypted signal-based reversible data hiding with public key cryptosystem [J]. Journal of Visual Communication and Image Representation, 2014, 25(5): 1164－1170.

[19] ZHANG X P, LOONG J, WANG Z, et al. Lossless and reversible data hiding in encrypted images with public key cryptography [J]. IEEE Transactions on Circuits and Systems for Video Technolby, 2016, 26(9): 1622－1631.

[20] WU H T, CHEUNG Y M, HUANG J W. Reversible data hiding in paillier cryptosystem [J]. Journal of Visual Communication and Image Representation, 2016, 40(10): 765－771.

[21] XIANG S J, LUO X. Reversible data hiding in homomorphic encrypted domain by mirroring ciphertext group [J]. IEEE Trans. Circuits Syst. Video Technol., 2018, 28(11): 3099－3110.

[22] KE Y, ZHANG M, LIU J. Separable multiple bits reversible data hiding in encrypted domain [C]. Digital Forensics and Watermarking-15th International Workshop, IWDW 2016, Beijing, China, LNCS, 10082, 2016, 470-484.

[23] KE Y, ZHANG M, LIU J, et al. A multilevel reversible data hiding scheme in encrypted domain based on LWE [J]. Journal of Visual Communication & Image Representation, 2018, 54(7): 133-144.

[24] MA K, ZHANG W, ZHAO X, et al. Reversible data hiding in encrypted images by reserving room before encryption [J]. IEEE Trans. Inf. Forensics Security, 2013, 8(3): 553-562.

[25] SHIU C W, CHEN Y C, HONG W. Encrypted image-based reversible data hiding with public key cryptography from difference expansion [J]. Signal Processing: Image Communication, 2015, 39(11): 226-233.

第4章

基于同态加密的密文域可逆信息隐藏技术

4.1 同态加密的密文域可逆信息隐藏技术概述

同态加密技术对于密文域信号处理技术的发展意义重大，其特点在于允许在密文域直接对密文数据进行操作，主要是密文进行同态加和乘运算。同态运算后的密文被解密后所得到的明文等同于直接在明文域执行了同类型运算的结果。密文域同态操作不需要解密明文数据，不会泄露任何明文信息，能够有效保证密文处理过程中明文内容的保密性。

根据同态运算的类型与可执行次数的不同，同态加密分为全同态、半同态与单同态加密[45]，其中全同态加密支持在密文域执行任意次数密文之间的同态加、乘运算；半同态加密支持在密文域执行有限次数的密文同态加、乘运算；单同态加密只支持密文之间的同态加或同态乘运算中的一种。

1978年，Rivest等人[1]第一次提出了同态加密的概念，即可以直接使用密文来执行特定的计算操作，解密其产生的计算结果之后，与直接使用相应明文来进行计算操作后产生的数据结果是相同的，从而保证了数据的安全性。此后出现了多种同态密码体制，如Paillier密码体制[2]、ElGamal密码体制[3]等，这些密码体制都是半同态密码体制，只能进行密文同态加法运算或密文同态乘法运算。2009年，Gentry[4]构造了首个全同态加密(Fully Homomorphic Encryption，FHE)体制，这就为在加密域中进行任意次的加、乘运算提供了理论支持，全同态密码体制有DGHV(Dijk，Gentry，Halevi and Vaikuntanathan)[5]、NTRU(Number Theory Research Unit)[6]等。在设计RDH-ED算法时，由于对称密码存在密钥需求量大、管理与分配困难等缺点，因此研究者将公钥密码(Public Key Cryptography，PKC)应用到RDH-ED算法中。公钥密码的密钥量大大减小，并且无须事先传递密钥。更为重要的是通过公钥密码加密图像，能够在加密域中利用公钥密码的同态加法进行信息嵌入，这样使得秘密信息的嵌入过程更加安全。此外，经过数据操作之后，将图像解密得到的结果等同于直接在明文图像上进行相关操作后的结果，也能够利用公钥密码加密后产生的冗余进行重量化与再编码进行秘密信息嵌入与提取。同态加密技术的引入为信息隐藏技术与加密技术的深度融合提供了重要的技术支持与理论保证。在后续的RDH-ED算法中，将信息嵌入与提取等过程中利用密码技术同态特性的一类算法称为同态加密域可逆信息隐藏(Reversible Data Hiding in Homomorphic Encrypted Domain，RDH-HED)，目前已成为加密域可逆信息隐藏的重要研究方向。同态加密域可逆信息隐藏技术与信息隐藏技术的分类关系如图4-1所示。现有的综述文献[7]对RDH技术的现状进行了总结；综述文献[8]总结了RDH-ED技术的研究现状；本节主要总结近年来RDH-HED技术的研究成果并对各类算法进行系统的对比分析。

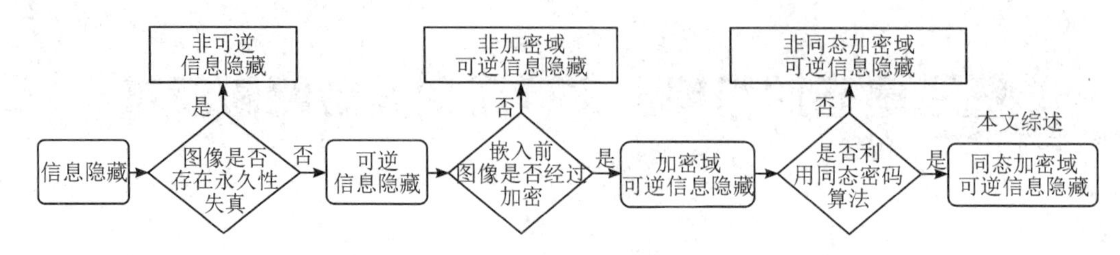

图4-1 RDH-HED与DH技术的分类关系

4.1.1 RDH-HED结构框架与技术难点

根据冗余的不同来源，可以对当前的RDH-HED算法中实现加密域嵌入的框架进行分类，主要可分为以下三种类型：基于加密前预留空间(Vacating Room Before Encryption，VRBE)[9-20]，基于加密后生成空间(Vacating Room After Encryption，VRAE)[21-35]，基于加密过程冗余(Vacating Redundancy In Encryption，VRIE)[36-42]。其中VRBE和VRAE两类算法占据当前RDH-HED算法的主体；VRIE加密域嵌入类算法是最新的研究方向。RDH-HED算法的分类框架如图4-2所示。根据算法冗余的不同来源，有(a)VRBE、(b)VRAE和(c)VRIE三类嵌入框架；根据图像解密与信息提取的顺序是否固定，有(d)不可分离、(e)不可分离和(f)可分离三种操作。

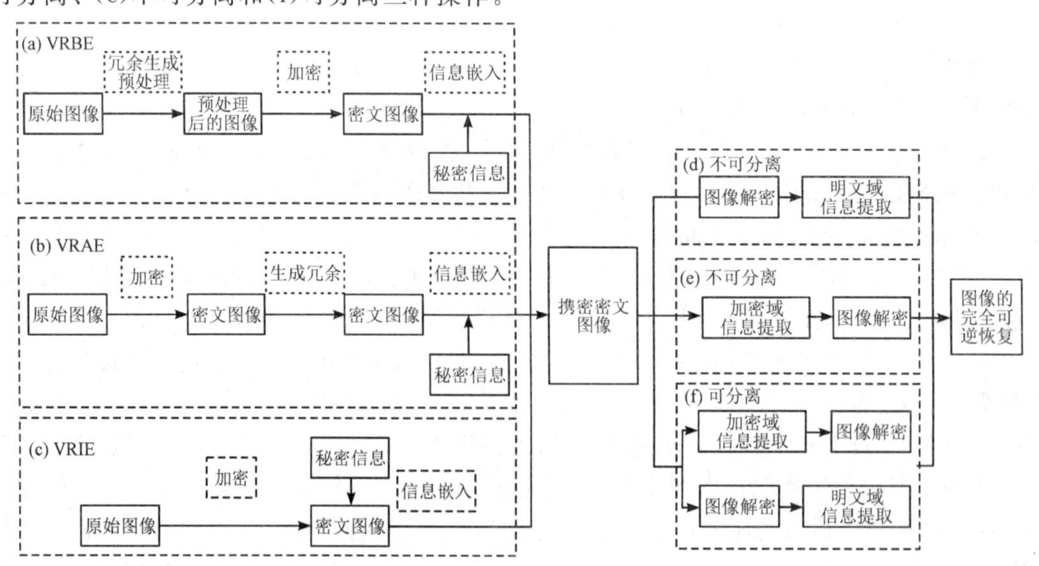

图4-2 RDH-HED技术的分类框架

框架(a)需要在加密图像前对图像进行预处理，目的是生成可用于嵌入秘密信息的冗余空间，然后利用密码算法加密预处理后的图像，最后进行信息嵌入操作，得到携密密文图像；框架(b)首先将图像加密，然后直接在密文图像进行信息嵌入，得到携密密文图像；框架(c)首先加密图像，然后对加密过程产生的可控冗余进行重量化和再编码来进行信息嵌入。操作(d)和操作(e)是图像解密与信息提取相互制约，属于不可分离的算法。操作(d)只能先将图像解密，后在明文域提取信息；操作(e)只能先在加密域提取信息，后解密图像；操作(f)既能在加密域中提取信息，又能在明文域中提取信息，属于可分离的算法。后文基于不同的嵌入、提取特点及可逆实现技术对当前算法进行分类，并详细对各类算法的实现框架进行说明与分析。

由上述分析可知，RDH-HED算法中嵌入信息的操作是在密文图像上进行的，解密和信息提取的操作是在携密密文图像上进行的，加解密操作和信息嵌入提取操作交叉存在且相互制约，造成了RDH-HED算法的诸多技术难点，具体如下：

(1) 嵌入率的提升。信息能够嵌入图像载体中的根本原因在于图像本身就存在较大的冗余。从Shannon信息论[43]的视角看，没有经过压缩或加密的图像的编码效率很低，即存在可嵌入的空间冗余，然而加密后图像的信息熵已经趋近于最大值。在RDH-HED算法中，在加密后的图像中嵌入信息就有了更大的困难和挑战，因此提升RDH-HED算法的嵌入率是难点。

(2) 保证携密密文图像的安全性或嵌入信息的不可感知性。加密的目的在于保护隐私，加密算法使密文图像呈现均匀分布。在密文图像上嵌入信息是为了实现密文管理、完整性认证等目的，因为在密文图像上嵌入信息会修改数据特征，所以说嵌入操作本身会影响密文图像的安全性。目前较好的方法是文献[70]、[71]中的方法：通过分析嵌入秘密信息后密文统计特征的变化，推导出携密密文图像的分布函数等于嵌入信息前密文图像的分布函数，论证了在密文中嵌入秘密信息的安全性。

(3) 解密与信息提取过程的可分离性。对于携密密文图像，算法实现可分离性目标表现在：直接在加密域执行提取算法的同态操作可在不解密图像的情况下得到秘密信息；对携密密文图像进行解密得到携密明文图像，此时在明文域分别进行信息提取和可逆恢复，即可得到秘密信息和原始明文图像。有的算法虽然使用了同态密码技术来保护图像数据，但是解密与信息提取过程的可分离性差，制约了算法的实用性。

4.1.2 RDH-HED关键技术

针对RDH-HED算法的结构框架和技术难点，本节根据冗余的不同来源，结合各自所利用的同态加密算法，对VRBE类、VRAE类和VRIE类加密域嵌入算法的关键技术、优点及局限性进行分析。

1. VRBE类RDH-HED算法

在加密和嵌入操作完成后，根据图像解密与信息提取两者的顺序是否固定，可将VRBE类RDH-HED算法分为不可分离算法与可分离算法，下面分别对这两类算法进行说明。

1）不可分离的 VRBE 类 RDH-HED 算法

Paillier 加密系统由法国数学家 Pascal Paillier 于 1999 年提出，是一种加性同态的公钥加密系统。利用同一个公钥，相同明文能够被加密成不同的密文，称为概率加密（Probabilistic Encryption），这就保证了密文的语义安全（Semantic Security）[44]。2014 年，Chen 等人[9]首次提出了基于 Paillier 公钥密码的 RDH-HED 算法，利用公钥密码的特点克服对称加密需要安全通道事先传递密钥的缺点，该算法将 1 bit 信息嵌入到一对相邻加密像素中，根据 Paillier 密码体制加密的同态特性，接收端通过比较所有的解密像素对获得秘密信息。该方法的缺点是存在固有的溢出问题。随后，Shiu 等人[10]和 Wu 等人[11]通过解决溢出问题改进了 Chen 的方法。Shiu 将不可嵌入位置记为边信息，图像拥有者把边信息加密之后发送给数据嵌入者，这样数据嵌入者在嵌入秘密信息时就能够避免溢出；Wu 采取信号能量转移的概念，将一个像素值整数用三个整数来表示，从而避免溢出。文献[10]的方案过程如图 4-3 所示，下面具体说明并进行分析。

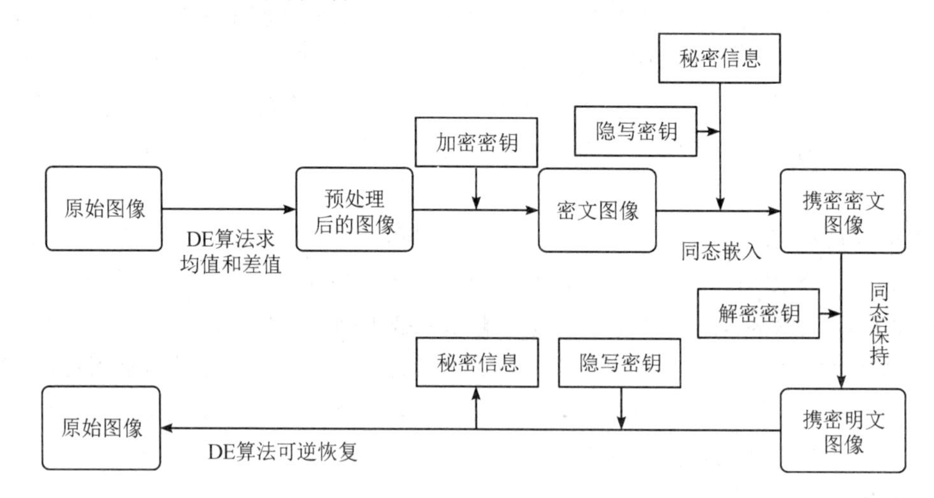

图 4-3 文献[10]的方案过程

设图像像素对为(x, y)，Paillier 密钥对为(p_k, s_k)，秘密信息 $b\in\{0, 1\}$，符号〚〛表示加密、$\lfloor\ \rfloor$表示向下取整。

图像加密：计算像素对(x, y)的均值 $l=\lfloor x+y/2\rfloor$ 和差值 $d=x-y$，然后计算 $x'=l+d$ 和 $y'=l-d$，再用公钥 p_k 加密(x', y')得到密文$(〚x'〛, 〚y'〛)$。

信息嵌入：用公钥 p_k 加密秘密信息 b 得到密文$〚b〛$，计算$〚x''〛=〚x'〛〚b〛$和$〚y''〛=〚y'〛$得到携密密文$(〚x''〛, 〚y''〛)$。

图像解密：用私钥 s_k 解密$(〚x''〛, 〚y''〛)$得到携密明文(x'', y'')。

信息提取：若 x''和 y''都是偶数或奇数，则 $b=0$ 且 $x'=x''$，$y'=y''$；若 x''和 y''一奇一偶，则 $b=1$ 且 $x'=x''-1$，$y'=y''$。

图像恢复：先计算 $l=\lfloor x'+y'/2\rfloor$ 和 $d=x'-y'/2$，再计算 $x=l+\lfloor d+1/2\rfloor$和 $y=l-\lfloor d/2\rfloor$ 得到原始像素对(x, y)，可完成图像的完全可逆恢复。

该算法的同态性体现在：一是同态嵌入，将秘密信息的密文与像素值的密文进行同态加法运算；二是同态保持，在加密域进行某种操作得到的结果等同于直接对明文进行相应的操作，这一特性是该算法实现信息提取与原始图像可逆恢复的可靠依据。

从一定意义上讲，加密技术具有一定的脆弱性，如果密文遭到破坏则无法进行有效恢复。秘密共享是密码学基本原语之一[45]，其核心思想是以可靠的方式分割秘密信息，并将分割后的每一个份额交由不同的参与者保管。单个参与者均无法复合秘密信息，只有一定数量的参与者进行合作才能对秘密进行复合。为了提高加密技术的容灾能力，秘密共享技术作为另一种十分重要的密码体制在现实生活中得到大量应用。考虑到图像载体的数据量大且秘密共享技术具有加法同态性，文献[12]利用 Shamir 秘密共享体制的加法同态特性并结合了 DE 算法嵌入信息。与文献[12]不同，文献[13]利用的是多秘密共享加法同态的特点结合 DE 算法进行信息嵌入，该算法将多个像素值作为多项式的系数而不是多项式的常数项，因而提高了算法的加密效率，但是没有利用到秘密共享容错的性质。文献[12]、[13]的方案过程与图 4-4 相同，只是利用的同态密码技术不同。综上所述，文献[9]～[13]中信息提取是基于自然图像的像素相关性，因此提取信息前需要先进行图像解密，造成了算法的不可分离，因此属于操作(d)类型。

2）可分离的 VRBE 类 RDH-HED 算法

2016 年，Zhang 等人[14]首次提出了可分离的 RDH-HED 算法，该算法首先在明文域预留空间，加密后，可通过直方图平移嵌入秘密信息，使得嵌入的信息能够在明文域中提取出来；结合同态加密特性，利用湿纸编码(Wet Paper Code，WPC)[46]将秘密信息无损地嵌入加密图像，能够在加密域中提取嵌入的信息。该算法能在加密域和明文域中分别提取信息，实现了数据提取和图像解密的可分离，且利用多个比特位进行嵌入，嵌入率上限为 1 b/p(Bit Per Pixel)。但是，由于使用 WPC 技术，需要利用高斯消元法求解含 k 个未知数的一次方程组，计算复杂度为 $O(k^3)$，因此运算成本较大，且该算法实际上进行了两次信息嵌入操作。Xiang 等人[15-16]利用 Paillier 密码体制的同态加法进行秘密信息的嵌入。文献[15]的算法首先根据嵌入密钥选取目标像素，然后利用差分扩展的方法将目标像素自嵌入明文图像，再利用 Paillier 加密系统进行加密，得到密文图像。文献[16]采用加密前预留空间的方法，利用 Paillier 密码体制的同态和概率特性，提出了一种基于镜像密文组(Mirroring Ciphertext Groups，MCGs)的 RDH-HED 算法，图像所有者将目标像素自嵌入原始图像载体，预留嵌入空间；信息隐藏者利用待嵌入信息组成伪像素，替换目标像素完成嵌入；拥有相应密钥的接收者，可分别在明文域或加密域中提取出已嵌入的信息，并在解密后百分百地恢复出原始图像。该算法能够在加密域和明文域中分别提取出信息，且与图像解密可分离，但是当直接从携密密文图像中提取信息时，只能得到嵌入信息的密文。为了在不用私钥解密的情况下得到原始秘密信息，该算法引入一个从密文到明文的一对一映射表，用于同态嵌入的密文来自映射表，信息提取时首先得到嵌入信息的密文，通过映射表查询得到密文对应的明文，查表过程不会泄露用于解密的私钥信息。但是，大量映射表的暴露和积累，可能会增加第三方实现密码分析的风险，而 Paillier 密码体制理论上无法抵抗适应性选择的密文攻击[47]。下面具体说明并分析代表性文献[16]的方案过程。

设图像像素值为 $P_{i,j}$，图像大小为 $L \times R$，$i \in [1, L]$，$j \in [1, R]$，Paillier 密钥对为 (p_k, s_k)。

预留空间：图像所有者将整个原始图像分为 I_A、I_B 和 I_C 三个不重叠部分，具体如图

4-4 所示。将 I_A 像素组中 P_h 的所有比特、P_r 的 nLSBs 和 I_B 的 LSBs 通过文献[48]中的 RDH 算法自嵌入到 I_C 中。通过自可逆嵌入操作，I_C 中保存了 P_h 的所有比特和 P_r 的 nLSBs，图像所有者将 P_r 的 nLSBs 置 0，那么将秘密信息通过 Paillier 同态加法嵌入已置 0 的 P_r 的 nLSBs 可避免在加密域中嵌入信息时产生的溢出问题。辅助信息可通过自嵌入密钥 K 置乱后填充到 I_B 的 LSBs 中。

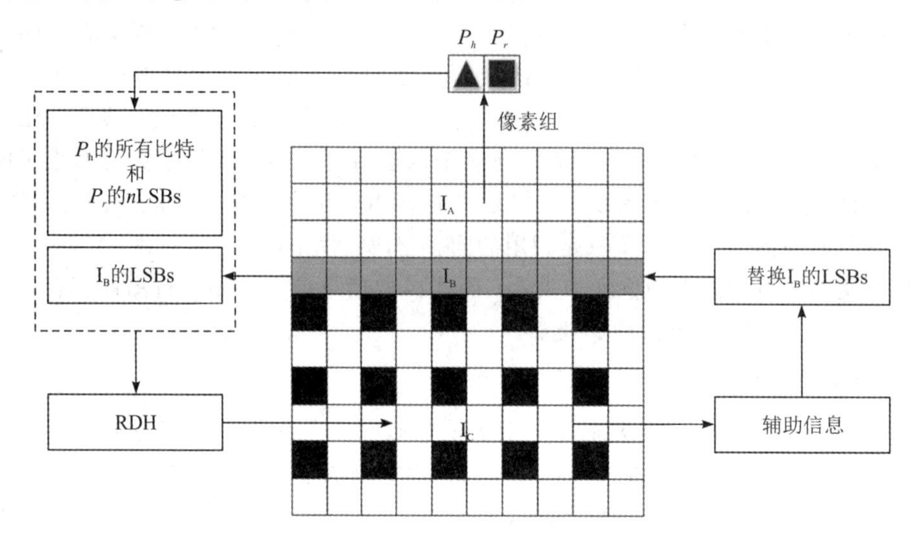

图 4-4　文献[16]中预留空间的过程

图像加密：预留空间后，图像所有者对每一个像素点 $P_{i,j}$ 随机选择 $r_{i,j}$，利用公钥 p_k 加密图像，得到密文 $C_{i,j}=E(P_{i,j}, r_{i,j})=g^{P_{i,j}}r_{i,j}^N \bmod N^2$。图像所有者用 P_r 的密文替换 P_h 的密文，即 $C_h=C_r$，就构造了 MCGs。在 MCGs 中，所有的 P_h 成了 P_r 的镜像，拥有与 P_r 相同的密文和已置 0 的 nLSBs。

信息嵌入：记秘密信息 w 为 $\{w_0, w_1, \cdots, w_{n-1}\}$，可将 w 表示为 $S_w=\sum\limits_{0}^{n-1} w_i \cdot 2^i$，此时 $S_w \in [0, 2^n-1]$。利用公钥 p_k 将 S_w 加密，密文 $C_{S_w}=E(S_w, r_{S_w})=g^{S_w}r_{S_w}^N \bmod N^2$，隐写密钥是 r_{S_w}。信息隐藏者通过公式 $C_h'=C_hC_{S_w}=g^{P_h+S_w}(r_h \cdot r_{S_w})^N \bmod N^2$ 在 P_h 中嵌入秘密信息。

加密域中信息提取：拥有参数 n 和隐写密钥 r_{S_w}，接收者可从加密域中直接提取出秘密信息。先利用扩展的欧几里得算法由 $\Theta_{C_r} \cdot C_r=1 \bmod N^2$ 求出 P_r 密文 C_r 的模乘法逆 Θ_{C_r}，再根据 Θ_{C_r} 由 $C_h' \cdot \Theta_{C_r}=C_h \cdot C_{S_w} \cdot \Theta_{C_r}=C_r \cdot C_{S_w} \cdot \Theta_{C_r}=C_{S_w} \bmod N^2$ 从 C_h' 得到 C_{S_w}。拥有隐写密钥 r_{S_w} 的接收者能够事先通过 $E(S_w, r_{S_w})=g^{S_w} \cdot r_{S_w}^N \bmod N^2$ 得到明文 S_w 与密文 $E(S_w, r_{S_w})$ 之间的映射表。对给定的密文 C_{S_w}，接收者就可在没有私钥 s_k 的情况下通过查找映射表得到明文 S_w。最终，秘密信息 w 通过 $w_i=\left\lfloor \dfrac{S_w}{2^i} \right\rfloor \bmod 2$，$i=0, 1, \cdots, n-1$ 恢复。

明文域中信息提取：当接收者拥有私钥 s_k 时，通过计算公式 $P''_{i,j}=D(C''_{i,j})=\dfrac{L(C''^{\lambda}_{i,j} \bmod N^2)}{L(g^{\lambda} \bmod N^2)} \bmod N$ 得到携密明文图像，其中，$C''_{i,j}$ 为携密密文，$P''_{i,j}$ 为携密明文。在

一组MCGs中，通过目标像素 P''_h 和参考像素 P''_r 的明文减法运算得到 $S_w = P''_h - P''_r$。最后，与直接从加密域中提取信息的方法一样，同样可得到秘密信息 w。

图像恢复：接收者同时拥有私钥 s_k 和自嵌入密钥 K，可完成图像的完全可逆恢复。首先，利用私钥 s_k 解密得到携密明文图像，按照预留空间的方法将携密明文图像分成 I''_A、I''_B、I''_C 三个不重叠部分；然后，利用自嵌入密钥 K 从 I_C 中将 I_A 像素组中 P_h 的所有比特、P_r 的 nLSBs和 I_B 的LSBs恢复，即可得到原始图像。

该算法的同态性体现在：① 同态嵌入。将秘密信息的密文与像素值的密文进行同态加法运算；② 同态提取。由于镜像密文组中的两个像素 P_h 和 P_r 的密文相同，信息是同态嵌入 P_r 的，所以可通过对嵌入后两个像素 P_h 和 P_r 的密文进行模乘法逆元的方法提取出额外信息的密文；③ 同态保持。在加密域进行某种操作得到的结果等同于直接对明文进行相应的操作，这一特性不仅是实现提取与解密过程相互分离的关键，而且是实现原始图像无损还原的可靠依据。

为了提升文献[16]中算法的嵌入容量，文献[17]的算法首先将原始图像分块，图像所有者随机选择的正方形网格像素组中有一个参考像素和八个目标像素，参考像素的 nLSBs在加密前置0避免嵌入额外信息时溢出，加密的参考像素替代像素组中围绕它的目标像素，从而构造出镜像中心密文(Mirroring Central Ciphertext，MCC)。在一组MCC中，信息隐藏者通过同态加法运算在目标像素的 nLSBs嵌入额外信息，而参考像素保持不变。接收者能够实现额外信息提取与原始图像载体恢复的可分离，额外信息提取没有任何错误，且能够实现完全可逆。除了Paillier，椭圆曲线ElGamal (Elliptic Curve ElGamal，EC-EG)也是概率加密方案，且满足语义安全，EC-EG是基于椭圆曲线离散对数问题(Elliptic Curve Discrete Logarithm Problem，ECDLP)的同态加密算法。文献[18]有效提高了RDH-ED技术的应用范围与所适应的加密体制集合，进一步论证了同态加密技术在RDH-ED领域的应用潜力与研究价值。文献[19]通过修改Paillier同态加密密文之间的大小关系负载秘密信息，但由于这种方法并不能在明文域中提取信息，且将一个像素分成两部分加密，因此增加了计算成本。文献[20]的方案在图像加密前和加密后的嵌入容量均有较大提升，分别超过1 b/p和12 b/p，但是需要预处理，导致加密后的图像不可改动。文献[14]～[20]中信息提取与图像解密没有相互制约，属于操作(f)类型。

由上述对VRBE类RDH-HED算法的分析可知，该类型的算法相比于早期单纯依靠密文压缩的RDH-ED算法，可逆性、嵌入率都有提升，但是，图像所有者需要大量的预处理操作，在实际应用上存在不足，对于用户方来说，复杂的预处理过程提高了图像所有者的计算复杂度，增加了上传密文前的计算成本；对于服务器方来说，图像所有者产生了大量的辅助信息，而这些辅助信息都需要传递给信息隐藏者进行嵌入，以便于实现图像的可逆恢复，这就需要图像所有者与信息隐藏者有安全可靠的交互，因此实用性不高。

2. VRAE类RDH-HED算法

在加密和嵌入操作完成后，根据图像解密与信息提取两者顺序是否固定，也可将VRAE类RDH-HED算法分为不可分离算法与可分离算法，下面分别对这两类算法进行说明。

1) 不可分离的VRAE类RDH-HED算法

文献[21]在图像加密之后，利用Paillier密码体制的同态加法，通过HS的方法嵌入秘密信息，有效提高了嵌入率，不足之处是需要将解密后的数据除以 2 后才能得到明文图像，且只能在图像解密后提取信息。文献[22]利用了 Paillier 同态加密中数据范围的冗余和对加法的同态性进行自加和加 1 的密文值，通过值扩展的方法提高了嵌入率，与文献[21]中的方法一样，该算法同样需要将解密后的数据除以 2 才能得到明文图像，且只能在解密后提取信息，嵌入信息后无法继续处理密文图像。文献[23]利用 Shamir(k, n)门限秘密共享设计了 RDH-HED 算法，该算法将单个像素值作为多项式的常数项，利用秘密共享将原始图像加密成 n 份，分别发送给 n 位不同的数据嵌入者；数据嵌入者通过在 n 份密文上进行相同的差值扩展或差值直方图平移操作嵌入信息；接收者要恢复原始图像则必须先提取出秘密信息，且接收者得到少于 k 份密文时无法恢复原始图像。文献[21]、[22]的算法需要图像解密后提取信息，造成了算法的不可分离，属于操作(d)类型；文献[23]的算法则需要先提取信息才能正确解密图像，属于操作(e)类型。

2）可分离的 VRAE 类 RDH-HED 算法

序列加密算法的主要运算是将明文比特与密钥比特逐位异或的结果作为密文。异或运算就是模 2 的加法运算，这类算法具有加同态性。基于这类加同态特性构造的 RDH-HED 算法如文献[24]～[28]，这类算法中利用的 RC4[49] 的基本运算单元是加法与求模运算，因此也具有加同态特性。下面说明 RC4 的同态过程。

若 P_i 表示图像像素值，K_i 表示 RC4 产生的随机数，则密文为

$$C_i = E(P_i, K_i) = (P_i + K_i)\bmod 256$$

对密文解密得到的明文为 $D(C_i, K_i) = (C_i - K_i)\bmod 256 = P_i$。若 P_1、P_2 分别表示图像的两个像素值，K_1、K_2 表示 RC4 产生的两个随机数，分别用于加密 P_1、P_2，$\odot_A$ 表示算术加，$\odot_M$ 表示模加，则密文为

$$\begin{aligned}
&E(P_1 \odot_A P_2, K_1 + K_2)\\
&= E(P_1 + P_2, K_1 + K_2)\\
&= (P_1 + P_2 + K_1 + K_2)\bmod 256\\
&= ((P_1 + K_1)\bmod 256 + (P_2 + K_2)\bmod 256)\bmod 256\\
&= (E(P_1, K_1) + E(P_2, K_2))\bmod 256\\
&= E(P_1, K_1) \odot_M E(P_2, K_2)
\end{aligned} \tag{4-1-1}$$

那么同态性表示为

$$\begin{aligned}
&D(E(P_1, K_1) \odot_M E(P_2, K_2), K_1 + K_2)\\
&= D(E(P_1 \odot_A P_2, K_1 + K_2), K_1 + K_2)\\
&= (P_1 \odot_A P_2)\bmod 256\\
&= (P_1 + P_2)\bmod 256
\end{aligned} \tag{4-1-2}$$

RC4 加密由 Li 等人引入 RDH-HED 技术[24]后提出，该算法用 RC4 加密图像后，计算相邻像素的差值，通过平移差值直方图嵌入信息，既能先提取信息后解密图像，又能先解密图像后提取信息，较好地实现了算法的可分离。同类算法是该领域的重要研究方向之一，但是 RC4 加密在 2013 年宣布被攻破[50]，因此基于 RC4 加密的可逆信息隐藏算法的可用性有待论证，未来可能仅适用于一些对加密强度要求不高，而对运行效率要求较高的场合。

同类算法还有文献[29]～[32]，分别利用 Paillier、DGHV、基于 R-LWE(Ring-Learning With Errors)的 SHE(Somewhat Homomorphic Encryption)和 NTRU 加密图像。实际上，这些算法都是在加密后通过(绝对)差值直方图平移嵌入信息，其一般化框架如图 4-5 所示。

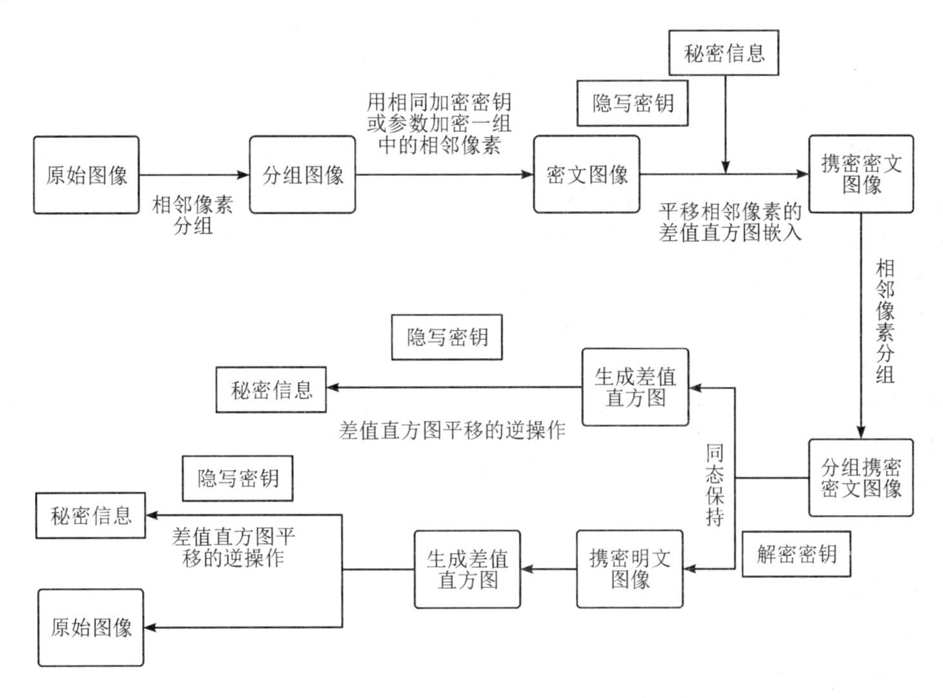

图 4-5　文献[24]～[32]算法的一般化框架

该算法的同态性体现在同态保持，由于利用相同的加密密钥或参数加密一组中的相邻像素，所以对密文图像的相邻像素作差，等同于直接对明文图像进行相应的操作，这一特性不仅是实现信息提取与解密过程相互分离的关键，而且是实现原始图像无损还原的可靠依据。

其他属于 VRAE 类的 RDH-HED 算法有文献[33]～[35]，文献[33]将自绑定算法与值扩展算法相结合，在数据嵌入前可对加密图像进行同态处理，并实现加密域和明文域分别提取，但是需要将解密后的数据除以 2 才能得到明文图像，嵌入数据后的加密图像无法再被处理。文献[34]的方法与文献[19]类似，不同之处在于文献[34]是在加密后通过比较像素值的密文和构造的 0 的密文之间的大小关系负载秘密信息的。文献[35]先对原始图像进行位平面分割，然后利用秘密共享体制加密低位位平面，利用多秘密共享体制加密高位位平面，最后在密文低位位平面上利用 DE 算法嵌入数据，在密文高位位平面上通过同态加法嵌入数据。一方面，接收者可分别对低位位平面和高位位平面解密得到与原始图像近似的解密图像；另一方面，接收者既可直接在密文低位位平面上提取数据，也可在高位位平面解密后提取数据，并且实现原始图像的可逆恢复。文献[24]～[35]中信息提取与图像解密没有相互制约，属于操作(f)类型。

由上述对 VRAE 类 RDH-HED 算法的分析可知，该类型的主流算法是通过修正加密过程，使加密域中保留一定的明文域特征，然后可以在密文中直接使用空域类可逆嵌入方法。这类算法的嵌入容量较高，可逆性、可分离性等性质较好，且不需要复杂的预处理操作，但是，由于存在加密算法密钥和参数重用的问题，密文中存在明文数据相关性会导致加密强度减弱，密文数据因此更易遭受差分分析等统计类密码攻击。下面我们重点介绍几种基于同态加密技术的 VRIE 类 RDH-ED 算法。

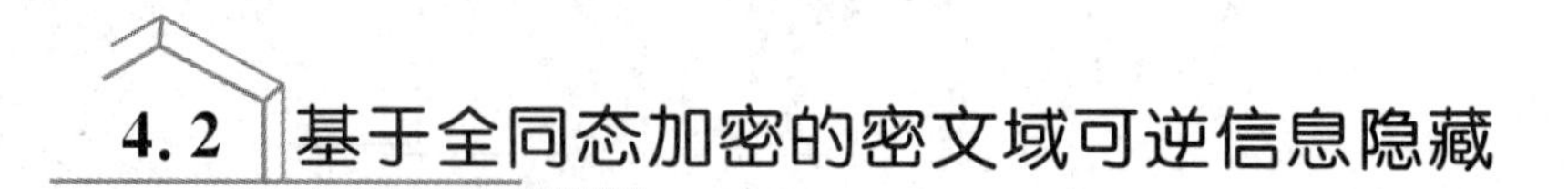

4.2 基于全同态加密的密文域可逆信息隐藏

在保证可逆性、安全性等性质的基础上，构造能够支持加解密双方以外的第三方实施密文域可逆嵌入的可分离 RDH-ED 算法是该领域研究的主要方向与技术难点。本节通过引入全同态加密以及密钥替换等技术，提出了能够支持第三方操作的完全可分离的 RDH-ED 算法。算法中包含两次密文域嵌入，分别是全同态加密技术封装的密文域同态差值扩展嵌入(FHEE-DE)和基于密钥替换技术的密文 LSB 嵌入(KS-LSB)，两个密文域嵌入分别基于 2.2.3 小节中基于全同态加密的新型密文域可逆嵌入与基于加密过程随机量刷新的密文域可逆嵌入框架。嵌入后的携密密文满足可分离性的要求，其中 FHEE-DE 嵌入支持从携密密文解密得到的携密明文中提取额外信息，KS-LSB 嵌入支持从携密密文中直接提取额外信息。下面首先概述差值扩展、全同态加密、密钥替换与自举加密等技术，然后详细介绍所提出的基于全同态加密的 RDH-ED 算法过程与实验分析。

4.2.1 预备知识

1. 差值扩展技术

差值扩展(DE)技术是空域 RDH 技术的重要分支，其特点在于通过对像素对的差值进行扩展，使差值的容错能力提高，在进行嵌入修改后能够可逆恢复原差值。

DE 算法[50]在 2.2.3 小节中进行了介绍，下面简述 DE 算法过程。选择图像中相邻的两个像素，分别记为 X 和 Y($0\leqslant X, Y\leqslant 255$)，经过差值扩展，$X$ 和 Y 可以携带 1 bit 额外信息，记为 $b_s\in\{0, 1\}$。首先，计算 X 和 Y 的差值和平均值，记为 h 和 l：

$$h = X - Y \tag{4-2-1}$$

$$l = \left\lfloor \frac{X+Y}{2} \right\rfloor \tag{4-2-2}$$

$$X = l + \left\lfloor \frac{h+1}{2} \right\rfloor \tag{4-2-3}$$

$$Y = l - \left\lfloor \frac{h}{2} \right\rfloor \tag{4-2-4}$$

本节中假设 $X > Y$。$\lfloor \cdot \rfloor$是下限函数，表示输出求小于或等于输入值的最大整数。

数据嵌入：首先计算携密扩展差 h'：

$$h' = 2\times h + b_s \tag{4-2-5}$$

可以通过将 h'代入式(4-2-3)和式(4-2-4)得到嵌入后的携密像素 X'和 Y'。

信息提取：

$$b_s = \mathrm{LSB}(h') \tag{4-2-6}$$

LSB(·)用于获得输入整数的最低有效位。

数据恢复：首先计算原始差值 h：

$$h=\left\lfloor\frac{h'}{2}\right\rfloor \tag{4-2-7}$$

将 h 代入式(4-2-3)和式(4-2-4)得到像素 X 和 Y。

差值扩展通常会给像素带来失真，失真程度与像素间的距离有关。如图4-6所示，DE的原理是通过放大像素间的差值来提高像素差的容错能力，从而可以可逆地负载额外信息。原像素对之间的差值越大，放大后的携密像素的失真越大。基于此，本节算法在使用DE算法前对可用的像素进行筛选时，除了传统的防溢出约束外，还会优先选择差距较小的相邻像素进行可逆嵌入来控制携密明文的失真，相关内容也会在章节4.2.2中具体说明。

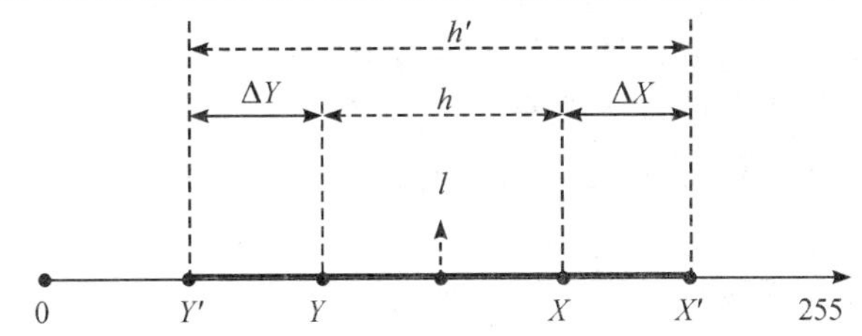

图4-6　嵌入过程像素变化示意

2. 全同态加密技术

Craig Gentry 基于格上的 LWE 加密算法构造了第一个全同态加密(Fully Homomorphic Encryption，FHE)方案[52]。Gentry 的方案支持在密文间进行任意次加法和乘法运算，基于此可以构造能够执行复杂计算的同态加密电路。下面对 FHE 进行简要概述。

FHE 的私钥用 $\boldsymbol{s}$ 表示，公钥 $\boldsymbol{A}$ 由 $\boldsymbol{s}$ 和随机采样得到的噪声 $\boldsymbol{e}$ 生成，要求满足：

$$\boldsymbol{A}\cdot\boldsymbol{s}=2\boldsymbol{e} \tag{4-2-8}$$

加密：明文比特记为 $p\in\{0, 1\}$。设向量 $\boldsymbol{m}=(p, 0, 0, \cdots, 0)$，生成一串随机序列 $\boldsymbol{a}_r$，然后可以输出密文 $\boldsymbol{c}$：

$$\boldsymbol{c}=\boldsymbol{m}+\boldsymbol{A}^{\mathrm{T}}\boldsymbol{a}_r \tag{4-2-9}$$

解密

$$\begin{aligned}[[\langle\boldsymbol{c}, \boldsymbol{s}\rangle]_q]_2&=[[\langle\boldsymbol{m}+\boldsymbol{A}^{\mathrm{T}}\boldsymbol{a}_r, \boldsymbol{s}\rangle]_q]_2\\&=[[\boldsymbol{m}^{\mathrm{T}}\boldsymbol{s}+(\boldsymbol{A}^{\mathrm{T}}\boldsymbol{a}_r)^{\mathrm{T}}\boldsymbol{s}]_q]_2\\&=[[p+\boldsymbol{a}_r^{\mathrm{T}}\boldsymbol{A}\boldsymbol{s}]_q]_2\\&=[[p+\boldsymbol{a}_r^{\mathrm{T}}2\boldsymbol{e}]_q]_2\\&=p\end{aligned} \tag{4-2-10}$$

其中$[\cdot]_q$表示对输入的整数做模 q。

上述算法的解密正确性依赖于可以限制引入的总噪声：

$$\boldsymbol{a}_r^{\mathrm{T}}\boldsymbol{e}<\frac{q}{4} \tag{4-2-11}$$

下面说明算法的全同态性。设明文为 p_1 与 p_2，对应密文分别为 $\boldsymbol{c}_1$ 与 $\boldsymbol{c}_2$：$\boldsymbol{c}_1=\boldsymbol{m}_1+2\boldsymbol{r}_1+p_1q$，$\boldsymbol{c}_2=\boldsymbol{m}_2+2\boldsymbol{r}_2+p_2q$。

加同态性：

$$\boldsymbol{c}_1+\boldsymbol{c}_2=(\boldsymbol{m}_1+\boldsymbol{m}_2)+q(\boldsymbol{p}_1+\boldsymbol{p}_2)+2(\boldsymbol{r}_1+\boldsymbol{r}_2) \tag{4-2-12}$$

加同态成立要求引入的总噪声量受到限制，满足：

$$(\boldsymbol{r}_1+\boldsymbol{r}_2)<\frac{q}{4} \tag{4-2-13}$$

乘同态性：

$$\boldsymbol{c}_1\otimes\boldsymbol{c}_2=\boldsymbol{m}_1\boldsymbol{m}_2+2(\boldsymbol{m}_1\boldsymbol{r}_2+\boldsymbol{m}_2\boldsymbol{r}_1+2\boldsymbol{r}_1\boldsymbol{r}_2)+q(\boldsymbol{c}_2\boldsymbol{p}_1+\boldsymbol{c}_1\boldsymbol{p}_2-q\boldsymbol{p}_1\boldsymbol{p}_2) \tag{4-2-14}$$

乘同态成立要求引入的总噪声量受到限制，满足：

$$\boldsymbol{m}_1\boldsymbol{r}_2+\boldsymbol{m}_2\boldsymbol{r}_1+2\boldsymbol{r}_1\boldsymbol{r}_2<\frac{q}{4} \tag{4-2-15}$$

3. 密钥替换技术

LWE 加密的密文中有数据扩展，但在进行密文同态运算时，密文会发生二次扩展。密文矩阵之间同态乘运算返回的结果是密文矩阵的张量积，使用私钥解密密文张量积前，私钥也要进行张量积运算。因此，不断重复上述过程后，密文数据量将会出现几何级扩展。

在同态加密过程中，像素位的密文将在每次乘法后扩展。数据扩展也发生在加密像素之间的加法或减法中，因为不同于明文像素的十进制运算，像素的密文之间进行的是位运算，存在大量进位或借位的情况，会引起密文之间出现乘和异或运算。如果不能消除或控制数据扩展，密文数据量的过度扩展会影响算法的实用性。为此，本节算法引入密钥替换技术来消除扩展[53]。密钥替换支持使用任意长度的新密文替换旧密文，而无须对旧密文进行解密，新密文的长度设置为同态加密扩展前的数据长度，可以有效地消除同态运算引起的扩展。

本节算法中使用密钥替换技术来消除 FHEE-DE 中的密文二次扩展，在每次同态乘运算之后执行一次密钥替换。此外，算法还提出了一种基于密钥替换技术的 KS-LSB 密文域嵌入方法。

4. 自举加密技术

LWE 加密过程中引入的噪声一方面为算法提供了安全保证，另一方面，噪声叠加也会影响解密的正确性。为了实现正确解密，噪声的单向波动区间通常不能超过密文域的四分之一。但是，同态运算导致噪声叠加速度很快，如式(4-2-11)、式(4-2-13)、式(4-2-15)所示，噪声一旦溢出则会使得解密结果出错。密钥替换技术无法解决噪声叠加问题。因此如何防止解密溢出是引入全同态加密技术实现 FHEE-DE 需要考虑的关键问题。通常，最直接的方法是限制采样噪声分布的标准偏差使噪声波动范围变小，即使经过多次叠加后也不会发生溢出。但是该方法不足以支持大量乃至理论上无限次的同态运算操作。如果同态操作的次数受到限制，将限制 DE 算法同态封装的效果，并且不利于同态技术进一步拓展到其他 DE 改进算法的封装中。

本节算法使用自举加密技术来控制引入的噪声[54]。自举加密的示意图如图 4-7 所示。原密文中带有叠加的过量噪声，记为噪声 1。使用公钥同时对密文与私钥进行加密，在该加密过程中引入标准量的噪声，记为噪声 2。然后使用加密后的私钥解密加密后的密文得到新密文，该解密过程消除了原密文中的噪声 1，保留了自举加密过程中引入的噪声 2。因此自举过程不会改变最终得到的新密文或密钥的数据长度，但是可以将原密文中过量叠加的噪声量恢复为一次加密引入的噪声量(相关更多详细信息，可参考文献[54])。

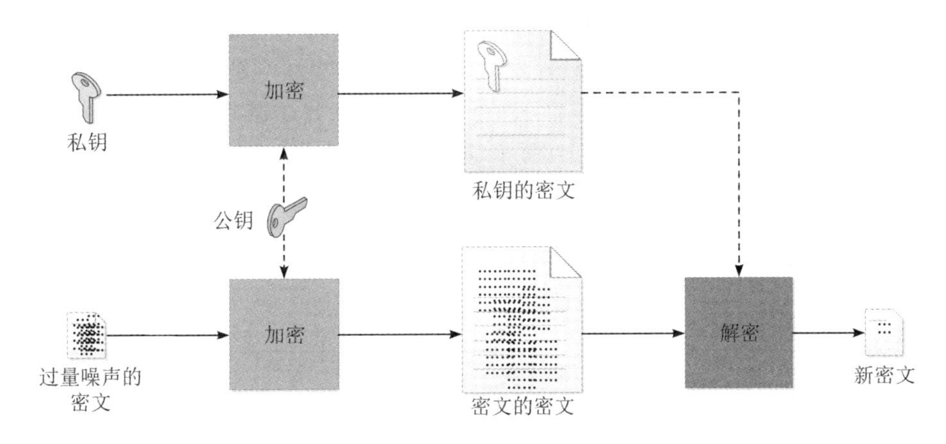

图 4－7　自举加密示意图

密钥替换和自举加密技术在本节算法中用于确保 FHEE-DE 具有良好的实用性和可拓展性。其参数设置会在以下各节中详细介绍，并会进行一些适应性修改以满足可逆嵌入的要求。两种技术的主要缺点是需要消耗大量公钥。然而公钥加密体制的优势在于用户只需要存储私钥用于解密，公钥全部在外部网络或云上公开发布，而不是存储在本地。在实用中，可以忽略公钥量过大引起的本地存储问题。

4.2.2　基于全同态加密的密文域可逆信息隐藏算法

1. 算法框架

基于全同态加密的密文域可逆信息隐藏算法的框架如图 4－8 所示，用户首先对明文进行加密并将密文上传到第三方服务器(受信任或不受信任的第三方)，解密私钥由明文内容持有者自行保存。服务方执行 FHEE-DE 同态嵌入和 KS-LSB 嵌入以获得携密密文。FHEE-DE 同态嵌入可确保直接解密后的携密明文中负载额外信息，KS-LSB 嵌入可确保服务器可以直接从携密密文中提取额外信息。

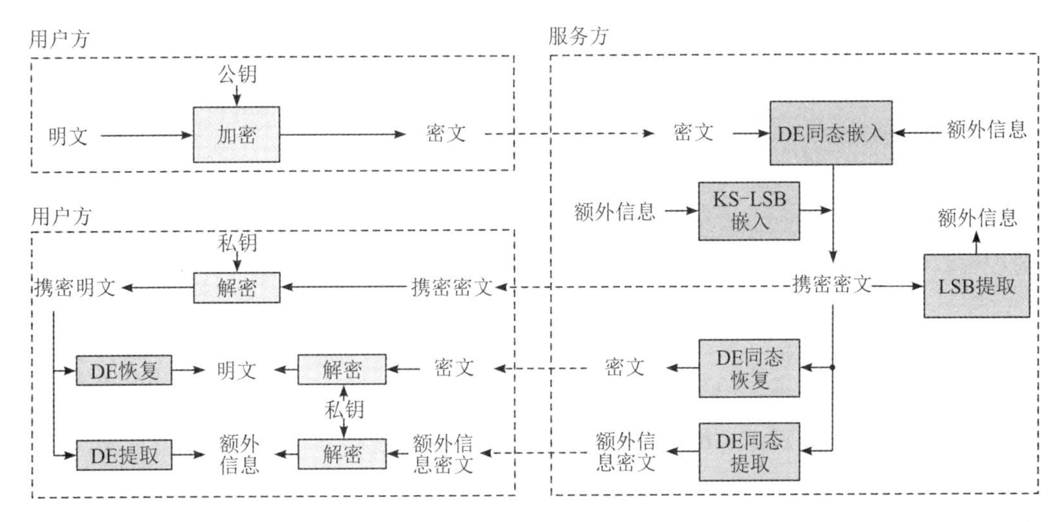

图 4－8　算法框架

在图 4－8 中，对携密密文的操作分四种情况：① 用户获取携密密文并使用私钥直接解密，得到携密明文，然后可以实施 DE 提取或恢复操作获取嵌入数据或明文；② 服务方可以在不掌握私钥的情况下直接提取信息，这可以支持第三方在保持明文保密的前提下管理密文；③ 服务方通过 FHEE-DE 同态恢复算法返回新的密文，用户解密新密文得到的是无损的明文；④ 服务方通过 FHEE-DE 同态提取算法返回加密的额外信息，用户解密后可得到额外信息。

算法中常用的变量符号及含义如表 4－1 所示。

表 4－1 变量符号及含义

符 号	含 义
$X, Y \in Z_{256}$	一对相邻像素
$h \in Z_{256}$	X 和 Y 的差值
$l \in Z_{256}$	X 和 Y 的均值(取下整)
$b_X^i, b_Y^i, b_h^i, b_l^i \in \{0, 1\}$	X、Y、h、l 的第 i 位最低有效位($i=1, 2, \cdots, 8$)
$c_X^i, c_Y^i, c_h^i, c_l^i \in Z_q^n$	加密 b_X^i、b_Y^i、b_h^i、b_l^i 的密文($i=1, 2, \cdots, 8$)
$b_s \in \{0, 1\}$	额外信息比特
$\boldsymbol{c}_{b_s}$	加密 b_s 的密文
$b_r \in \{0, 1\}$	在 KS-LSB 嵌入中的待嵌入比特

2. 系统设置与密钥分配

1) 防溢出约束与保真约束

明文是尺寸为 512×512 的图像 $\boldsymbol{I}$。将 $\boldsymbol{I}$ 分割为不重叠的像素对，像素对中包含两个像素(X, Y)，$0 \leqslant X, Y \leqslant 255$。一对可用像素对可以负载 1 bit 额外信息 $b_s \in \{0, 1\}$。根据 8 bit 色深的像素灰度值取值范围，以及式(4－2－1)和式(4－2－2)，可得像素对的差值与均值须满足式(4－2－16)和式(4－2－17)：

$$0 \leqslant l + \left\lfloor \frac{h+1}{2} \right\rfloor \leqslant 255 \tag{4-2-16}$$

$$0 \leqslant l - \left\lfloor \frac{h}{2} \right\rfloor \leqslant 255 \tag{4-2-17}$$

为了防止嵌入后出现像素值溢出，首先对可用像素对进行选择，可用像素对的差值满足式(4－2－18)和式(4－2－19)的约束：

$$|h| \leqslant \min(2(255-l), 2l+1) \tag{4-2-18}$$

$$|2 \cdot h + b_s| \leqslant \min(2(255-l), 2l+1) \ (b_s=0, 1) \tag{4-2-19}$$

满足约束的可用像素对用索引矩阵 $\boldsymbol{M}_{\text{ava}} \in \{0, 1\}^{512 \times 512}$ 来指示，标记为“1”的像素是可用像素对中数值较大的像素，其余像素均标记为“0”。

为了降低携密明文的失真，算法中引入了保真约束：在图 4－6 中，像素差距越小，差值扩展后像素的改变越小，因此在可用像素对非满嵌的情况下，优先选择差值较小的像素，给像素对的差值设置阈值：

$$h \leqslant h_{\text{fid}} \tag{4-2-20}$$

$\boldsymbol{M}_{\text{ava}}$ 将被无损压缩后作为密文的辅助边信息，随载体数据进行传输。

2）参数设置与函数定义

加密参数：私钥比特长度为 n；模数为素数 q，$q \in (n^2, 2n^2)$；公钥矩阵的维数为 d，$d \geqslant (1+\varepsilon)(1+n)\text{lb}q$，$1 > \varepsilon > 0$；$\beta = \lceil \text{lb}q \rceil$。算法中引入的噪声服从整数域 Z_q 上的分布 χ，χ 与章节 3.2 中的定义一致。

定义 4-1 私钥产生函数：

$$\boldsymbol{s} = \text{SKGen}_{n,q}(\cdot) \tag{4-2-21}$$

输出为私钥 $\boldsymbol{s} \in Z_q^n$，私钥组成为 $\boldsymbol{s} = (1, \boldsymbol{t})$，其中向量 $\boldsymbol{t} \in Z_q^{n-1}$ 服从分布 χ。

定义 4-2 公钥产生函数：

$$\boldsymbol{A} = \text{PKGen}_{(d,n),q}(\boldsymbol{s}) \tag{4-2-22}$$

在函数中首先生成一个均匀分布的矩阵 $\boldsymbol{W} \in \boldsymbol{Z}_q^{d \times (n-1)}$，与一个服从 χ 分布的向量 $\boldsymbol{e} \in \boldsymbol{Z}_q^d$。然后由 $\boldsymbol{W}$ 和 $\boldsymbol{e}$ 计算向量 $\boldsymbol{b} \in \boldsymbol{Z}_q^d$：

$$\boldsymbol{b} = \boldsymbol{W}\boldsymbol{t} + 2\boldsymbol{e} \tag{4-2-23}$$

最后可以输出公钥 $\boldsymbol{A}$，矩阵 $\boldsymbol{A} \in \boldsymbol{Z}^{d \times n}$ 的第 1 列为向量 $\boldsymbol{b}$，后 $n-1$ 列为 $-\boldsymbol{W}$，即 $\boldsymbol{A} = (\boldsymbol{b}, -\boldsymbol{W})$。可证：$\boldsymbol{A} \cdot \boldsymbol{s} = 2\boldsymbol{e}$，满足公式(4-2-8)。

定义 4-3 加密函数：

$$\boldsymbol{c} = \text{Enc}_{\boldsymbol{A}}(p) \tag{4-2-24}$$

输出为密文向量 $\boldsymbol{c} \in \boldsymbol{Z}_q^n$，输入为明文比特 $p \in \{0, 1\}$ 与公钥 $\boldsymbol{A}$。首先构造向量 $\boldsymbol{m} = (p, 0, 0, \cdots, 0) \in \boldsymbol{Z}_2^n$。生成随机均匀分布的向量 $\boldsymbol{a}_r \in \boldsymbol{Z}_2^d$，最后输出密文 $\boldsymbol{c}$：

$$\boldsymbol{c} = \boldsymbol{m} + \boldsymbol{A}^{\mathrm{T}}\boldsymbol{a}_r \tag{4-2-25}$$

定义 4-4[53] 比特位分离函数 $\text{BitDe}(\boldsymbol{x})$，$\boldsymbol{x} \in \boldsymbol{Z}_q^n$，输入为整数向量 $\boldsymbol{x}$；输出 $\boldsymbol{x}$ 的各层比特位组成的向量 $(\boldsymbol{u}_1, \boldsymbol{u}_2, \boldsymbol{u}_3, \cdots, \boldsymbol{u}_\beta) \in \boldsymbol{Z}_q^{n\beta}$，$\boldsymbol{x} = \sum_{j=0}^{\beta-1} 2^j \cdot \boldsymbol{u}_j$，$\boldsymbol{u}_j \in \boldsymbol{Z}_2^n$。

定义 4-5 解密函数：

$$p = \text{Dec}_{\boldsymbol{s}}(\boldsymbol{c}) = [[\langle \boldsymbol{c}, \boldsymbol{s} \rangle]_q]_2 \tag{4-2-26}$$

输出为解密得到的明文比特 $p \in \{0, 1\}$。输入为密文 $\boldsymbol{c}$ 与私钥 $\boldsymbol{s}$。该解密函数中的输入量、过程量、输出量以及运算类型均是十进制运算，如果这些过程量及运算都是二进制形式，就把这样的一个函数称为具有该函数功能的电路，解密电路函数设计记作：$\text{Dec}_{\boldsymbol{s}}(\boldsymbol{C})$，其中输入的密文与私钥分别为对应量的比特位展开，$\boldsymbol{C} = \text{BitDe}(\boldsymbol{c})$，$\boldsymbol{S} = \text{BitDe}(\boldsymbol{s})$。

定义 4-6 函数 $\text{Powersof}(\boldsymbol{x})$，$\boldsymbol{x} \in \boldsymbol{Z}_q^n$，近似于位平面分离操作的逆过程，输出向量 $(\boldsymbol{x}, 2\boldsymbol{x}, 2^2\boldsymbol{x}, \cdots, 2^{\beta-1}\boldsymbol{x}) \in \boldsymbol{Z}_q^{n \cdot \beta}$。

密钥替换的输入为使用原私钥 $\boldsymbol{s}_1$ 加密明文 p 得到的原密文 $\boldsymbol{c}_1$，在不解密的情况下，根据任意给定的新私钥 $\boldsymbol{s}_2$，得到可以被新私钥 $\boldsymbol{s}_2$ 解密的明文 p 的新密文 $\boldsymbol{c}_2$。过程如下：

定义 4-7 替换矩阵生成函数[53]：

$$\boldsymbol{B} = \text{SwitchKGen}(\boldsymbol{s}_1, \boldsymbol{s}_2) \tag{4-2-27}$$

式中：$\boldsymbol{s}_1 \in \boldsymbol{Z}_q^{n1}$；$\boldsymbol{s}_2 \in \boldsymbol{Z}_q^{n2}$。首先生成 $\boldsymbol{s}_2$ 的临时公钥 $\boldsymbol{A}_{\text{temp}} = \text{PKGen}_{(n1 \cdot \beta, n2), q}(\boldsymbol{s}_2)$，然后将向量

Powersof($\boldsymbol{s}_1$)与矩阵 $\boldsymbol{A}_{\text{temp}}$ 的第一列相加得到矩阵 $\boldsymbol{B}\in \mathbf{Z}_q^{(n1\cdot\beta)\times n2}$。定义 4-4 中的比特位分离函数 BitDe()与 $\boldsymbol{c}_2$ 关系如下：

$$\boldsymbol{c}_2=\text{BitDe}(\boldsymbol{c}_1)^{\text{T}}\cdot\boldsymbol{B} \qquad (4-2-28)$$

本算法中乘法同态运算后密文经过张量积运算发生数据扩展，为了消除同态运算引起的扩展，需要生成替换矩阵与公钥一同发布用于保障第三方执行的同态操作：

$$\boldsymbol{B}=\text{SwitchKGen}(\boldsymbol{s}\otimes\boldsymbol{s},\ \boldsymbol{s}) \qquad (4-2-29)$$

式中：$\boldsymbol{s}\otimes\boldsymbol{s}\in\mathbf{Z}_q^{n\cdot n}$，$\boldsymbol{s}\in\mathbf{Z}_q^n$。

除了用于消除密文数据扩展外，密钥替换技术在本节算法中应用于 KS-LSB 密文嵌入，为此需要生成专门用于 KS-LSB 的替换矩阵：

$$\boldsymbol{B}_{\text{LSB}}=\text{SwitchKGen}(\boldsymbol{s},\ \boldsymbol{s}) \qquad (4-2-30)$$

式中：$\boldsymbol{s}\in\mathbf{Z}_q^n$。

3）密钥生成与分配

密钥分配如表 4-2 所示，其中随机序列 $\boldsymbol{k}$ 用于 KS-KSB 嵌入前对额外信息比特序列进行异或加密。

表 4-2 密钥分配

类型	符号	功能	持有者
私钥	$\boldsymbol{s}$	1. 生成公钥及替换矩阵； 2. 解密明文或额外信息的密文	用户方
公钥	$\boldsymbol{A}$	1. 数据加密； 2. 自举加密	公开发布
替换矩阵	$\boldsymbol{B}$，$\boldsymbol{B}_{\text{LSB}}$	1. 密钥替换改变密文长度； 2. KS-LSB 嵌入	公开发布
隐藏密钥	$\boldsymbol{k}$	服务方额外信息嵌入与提取	服务方

3. 数据加密

对于满足约束条件的像素对(X，Y)，对其各比特 b_X^i，b_Y^i($i=1, 2, \cdots, 8$)进行逐位加密，每次加密都需要使用新的公钥。密文为：$\boldsymbol{c}_X^i=\text{Enc}(b_X^i)$，$\boldsymbol{c}_Y^i=\text{Enc}(b_Y^i)$，$i=1, 2, \cdots, 8$。

4. 全同态加密封装的差值扩展信息嵌入

1）电路设计

为了实现 FHEE-DE，首先设计如图 4-9 所示的计算电路。与传统加减法电路相比，这里对最高/最低位的进位或借位以及结果中正负符号的判断进行了一些简化，简化的原因是像素在预处理中经过了溢出约束的选择，不会出现像素值的上溢或下溢。应该注意的是，同态运算电路与上述计算电路具有相同的内部关系和运算类型，不同点在于，在运算电路(图 4-9(a))中执行模 2 的比特运算；在同态电路中执行模 q 的十进制运算(图 4-9(b))。

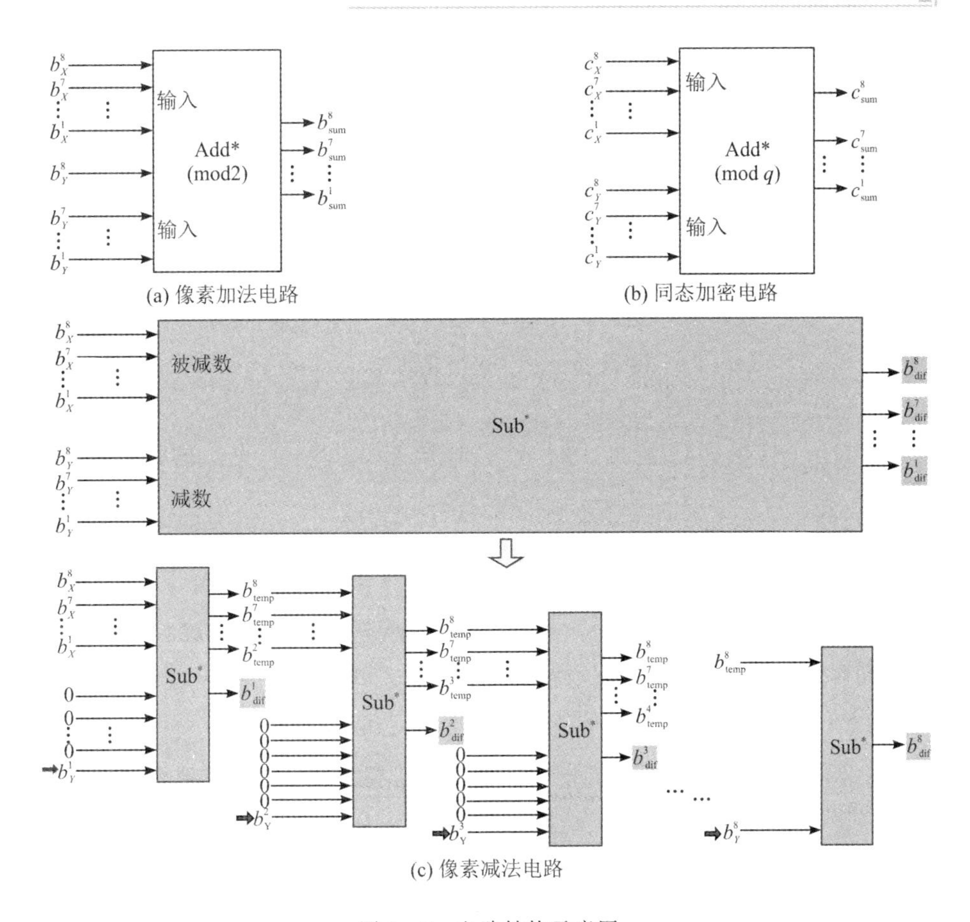

(a) 像素加法电路　(b) 同态加密电路

(c) 像素减法电路

图 4-9　电路结构示意图

像素加法电路 Add*：

$$(b_{\text{sum}}^8,\ b_{\text{sum}}^7,\ \cdots,\ b_{\text{sum}}^1) = \text{Add}^*(b_X^8,\ b_X^7,\ \cdots,\ b_X^1;\ b_Y^8,\ b_Y^7,\ \cdots,\ b_Y^1) \tag{4-2-31}$$

在电路 Add* 中，共有 8 次刷新，每次刷新依次得到 1 bit 加法运算结果。将加法运算得到的和的各比特位从最低位到最高位依次记为 $b_{\text{sum}}^i(i=1,\ 2,\ \cdots,\ 8)$。刷新第 $i(i=1,\ 2,\ \cdots,\ 8)$次的结果为：$b_{\text{sum}}^i = b_X^i + b_Y^i$，$b_X^{i+j} = b_X^{i+j} + b_Y^i \cdot (b_X^{i+j-1} b_X^{i+j-2} \cdots b_X^i)$，$b_Y^{i+j} = b_Y^{i+j}$，$j=1,\ 2,\ \cdots,\ 8-i$。

像素减法电路 Sub*：本节中以 $X>Y$ 为例介绍算法过程，实际较大数值的像素可以通过查询表 $\boldsymbol{M}_{\text{ava}}$ 得到。

$$(b_{\text{dif}}^8,\ b_{\text{dif}}^7,\ \cdots,\ b_{\text{dif}}^1) = \text{Sub}^*(b_X^8,\ b_X^7,\ \cdots,\ b_X^1;\ b_Y^8,\ b_Y^7,\ \cdots,\ b_y^1) \tag{4-2-32}$$

在减法电路中，共有 8 次刷新，每次刷新依次得到 1 bit 加法运算结果，如图 4-9(c)所示。每次刷新中各变量的运算如下：在第 $i(i=1,\ 2,\ \cdots,\ 8)$轮刷新中：$b_{\text{dif}}^1 = b_X^1 + b_Y^1$，$b_{\text{dif}}^i = b_{\text{temp}}^i + b_Y^i$，$b_{\text{temp}}^{i+j} = b_{\text{temp}}^{i+j} + b_Y^i \cdot (b_{\text{temp}}^{i+j-1}+1)(b_{\text{temp}}^{i+j-2}+1)\cdots(b_{\text{temp}}^i+1)$，$b_Y^{i+j} = b_Y^{i+j}$，$j=1,\ 2,\ \cdots,\ 8-i$。

2) DE 嵌入的同态封装

(1) 根据式(4-2-1)计算 $\boldsymbol{c}_h^i(i=1,\ 2,\ \cdots,\ 8)$：$(\boldsymbol{c}_h^8,\ \boldsymbol{c}_h^7,\ \cdots,\ \boldsymbol{c}_h^1) = \text{Sub}^*(\boldsymbol{c}_X^8,\ \boldsymbol{c}_X^7,\ \cdots,$

$\boldsymbol{c}_X^1$；$\boldsymbol{c}_Y^8$，$\boldsymbol{c}_Y^7$，…，$\boldsymbol{c}_Y^1$）。

(2) 同态计算得到$(X+Y)$的密文：$(\boldsymbol{c}_{X+Y}^8, \boldsymbol{c}_{X+Y}^7, \cdots, \boldsymbol{c}_{X+Y}^1) = \mathrm{Add}^*(\boldsymbol{c}_X^8, \boldsymbol{c}_X^7, \cdots, \boldsymbol{c}_X^1; \boldsymbol{c}_Y^8, \boldsymbol{c}_Y^7, \cdots, \boldsymbol{c}_Y^1)$。

(3) 计算 $\boldsymbol{c}_{\text{temp0}} = \mathrm{Enc}(0)$，然后根据式(4-2-2)计算得到均值 l 的密文：$(\boldsymbol{c}_l^8, \boldsymbol{c}_l^7, \cdots, \boldsymbol{c}_l^1) = (\boldsymbol{c}_{\text{temp0}}, \boldsymbol{c}_{X+Y}^8, \boldsymbol{c}_{X+Y}^7, \cdots, \boldsymbol{c}_{X+Y}^2)$。

(4) 计算 $\boldsymbol{c}_{\text{bs}} = \mathrm{Enc}(b_s)$，并刷新 $\boldsymbol{c}_{\text{temp0}} = \mathrm{Enc}(0)$。然后根据式(4-2-5)计算得到携密差值 h'的密文：$(\boldsymbol{c}_{h'}^8, \boldsymbol{c}_{h'}^7, \cdots, \boldsymbol{c}_{h'}^1) = \mathrm{Add}^*(\boldsymbol{c}_h^7, \boldsymbol{c}_h^6, \cdots, \boldsymbol{c}_h^1, \boldsymbol{c}_{\text{temp0}}; \boldsymbol{c}_{\text{temp0}}, \boldsymbol{c}_{\text{temp0}}, \cdots, \boldsymbol{c}_{\text{temp0}}, \boldsymbol{c}_{\text{bs}})$。

(5) 计算 $\boldsymbol{c}_{\text{temp1}} = \mathrm{Enc}(1)$，得到$(h'+1)$的密文：$(\boldsymbol{c}_{h'+1}^8, \boldsymbol{c}_{h'+1}^7, \cdots, \boldsymbol{c}_{h'+1}^8) = \mathrm{Add}^*(\boldsymbol{c}_{h'}^8, \boldsymbol{c}_{h'}^7, \cdots, \boldsymbol{c}_{h'}^1; \boldsymbol{c}_{\text{temp0}}, \boldsymbol{c}_{\text{temp0}}, \cdots, \boldsymbol{c}_{\text{temp0}}, \boldsymbol{c}_{\text{temp1}})$。

(6) 刷新 $\boldsymbol{c}_{\text{temp0}} = \mathrm{Enc}(0)$。根据式(4-2-3)和式(4-2-4)得到携密像素 X'和 Y'的密文：

$$(\boldsymbol{c}_{X'}^8, \boldsymbol{c}_{X'}^7, \cdots, \boldsymbol{c}_{X'}^1) = \mathrm{Add}^*(\boldsymbol{c}_l^8, \boldsymbol{c}_l^7, \cdots, \boldsymbol{c}_l^1; \boldsymbol{c}_{\text{temp0}}, \boldsymbol{c}_{h'+1}^8, \boldsymbol{c}_{h'+1}^7, \cdots, \boldsymbol{c}_{h'+1}^2) \quad (4-2-33)$$

$$(\boldsymbol{c}_{Y'}^8, \boldsymbol{c}_{Y'}^7, \cdots, \boldsymbol{c}_{Y'}^1) = \mathrm{Sub}^*(\boldsymbol{c}_l^8, \boldsymbol{c}_l^7, \cdots, \boldsymbol{c}_l^1; \boldsymbol{c}_{\text{temp0}}, \boldsymbol{c}_{h'}^8, \boldsymbol{c}_{h'}^7, \cdots, \boldsymbol{c}_{h'}^2) \quad (4-2-34)$$

在每次同态乘法运算后，执行一次密钥替换以消除密文的数据扩展。在每10次同态乘法或100次同态加法后，执行一次自举加密以控制噪声堆叠。

3) 基于密钥替换的密文 LSB 信息嵌入

(1) 将额外信息 $\boldsymbol{b}_s$ 与随机序列，即隐藏密钥 $\boldsymbol{k}$ 进行异或加密，得到待嵌入序列 $\boldsymbol{b}_r$：

$$\boldsymbol{b}_r = \boldsymbol{k} \oplus \boldsymbol{b}_s \quad (4-2-35)$$

将向量 $\boldsymbol{b}_r$ 中的元素记为 b_r。将携密密文中的密文向量 $\boldsymbol{c}_{X'}^1$ 的最后一个元素记为 c_{LX1}，该元素的 LSB 将被替换为比特 b_r。

(2) 如果 $b_r = \mathrm{LSB}(c_{\text{LX1}})$，则保持 $\boldsymbol{c}_{X'}^1$不变；如果 $b_r \neq \mathrm{LSB}(c_{\text{LX1}})$，则对 $\boldsymbol{c}_{X'}^1$进行密钥替换刷新：

$$\boldsymbol{c}_{X'}^1 = \mathrm{BitDe}(\boldsymbol{c}_{X'}^1)^{\mathrm{T}} \cdot \boldsymbol{B}_{\text{LSB}}$$

(3) 重复步骤(2)，直至取得 $\mathrm{LSB}(c_{\text{LX1}}) = b_r$。

此时，得到了完成嵌入的携密密文 $\boldsymbol{c}_{X'}^i$ 和 $\boldsymbol{c}_{Y'}^i$ $(i=1, 2, \cdots, 8)$。

4) 携密密文的直接解密

根据图4-8所示的算法框架，用户可以使用私钥 $\boldsymbol{s}$ 解密携密密文，得到携密明文 X'和 Y'：

$$b_{X'}^i = \mathrm{Dec}_s(\boldsymbol{c}_{X'}^i), \ b_{Y'}^i = \mathrm{Dec}_s(\boldsymbol{c}_{Y'}^i), \quad i = 1, 2, \cdots, 8$$

代入式(4-2-6)，额外信息可以从 X'和 Y'中提取。原始像素可以通过 DE 算法的恢复过程进行恢复，即式(4-2-3)、式(4-2-4)、式(4-2-7)。

5) 携密密文的 LSB 信息提取

根据图4-8所示的算法框架，服务方可以在不解密的情况下使用隐藏密钥 $\boldsymbol{k}$ 从携密密文中提取额外信息 $\boldsymbol{b}_s$：

$$b_r = \mathrm{LSB}(c_{\text{LX1}}) \quad (4-2-36)$$

$$\boldsymbol{b}_s = \boldsymbol{k} \oplus \boldsymbol{b}_r \quad (4-2-37)$$

6）DE载体恢复的同态封装

经DE载体恢复的同态操作可得到一个新的密文，该密文解密后为原始明文。

(1) 根据式(4-2-1)，计算 $\boldsymbol{c}_{h'}^{i}(i=1, 2, \cdots, 8)$：$(\boldsymbol{c}_{h'}^{8}, \boldsymbol{c}_{h'}^{7}, \cdots, \boldsymbol{c}_{h'}^{1})=\mathrm{Sub}^{*}(\boldsymbol{c}_{X'}^{8}, \boldsymbol{c}_{X'}^{7}, \cdots, \boldsymbol{c}_{X'}^{1}; \boldsymbol{c}_{Y'}^{8}, \boldsymbol{c}_{Y'}^{7}, \cdots, \boldsymbol{c}_{Y'}^{1})$。

(2) 计算 $\boldsymbol{c}_{\mathrm{temp0}}=\mathrm{Enc}(0)$。根据式(4-2-7)，得到差值 h 的密文：$(\boldsymbol{c}_{h}^{8}, \boldsymbol{c}_{h}^{7}, \cdots, \boldsymbol{c}_{h}^{1})=(\boldsymbol{c}_{\mathrm{temp0}}, \boldsymbol{c}_{h'}^{8}, \boldsymbol{c}_{h'}^{7}, \cdots, \boldsymbol{c}_{h'}^{2})$。

(3) 计算$(X'+Y')$的密文：$(\boldsymbol{c}_{X'+Y'}^{8}, \boldsymbol{c}_{X'+Y'}^{7}, \cdots, \boldsymbol{c}_{X'+Y'}^{1})=\mathrm{Add}^{*}(\boldsymbol{c}_{X'}^{8}, \boldsymbol{c}_{X'}^{7}, \cdots, \boldsymbol{c}_{X'}^{1}; \boldsymbol{c}_{Y'}^{8}, \boldsymbol{c}_{Y'}^{7}, \cdots, \boldsymbol{c}_{Y'}^{1})$。

(4) 刷新 $\boldsymbol{c}_{\mathrm{temp0}}=\mathrm{Enc}(0)$。根据式(4-2-2)，得到 l 的密文：$(\boldsymbol{c}_{l}^{8}, \boldsymbol{c}_{l}^{7}, \cdots, \boldsymbol{c}_{l}^{1})=(\boldsymbol{c}_{\mathrm{temp0}}, \boldsymbol{c}_{X'+Y'}^{8}, \boldsymbol{c}_{X'+Y'}^{7}, \cdots, \boldsymbol{c}_{X'+Y'}^{2})$。

(5) 刷新 $\boldsymbol{c}_{\mathrm{temp1}}=\mathrm{Enc}(1)$。计算$(h+1)$的密文：$(\boldsymbol{c}_{h+1}^{8}, \boldsymbol{c}_{h+1}^{7}, \cdots, \boldsymbol{c}_{h+1}^{1})=\mathrm{Add}^{*}(\boldsymbol{c}_{h}^{8}, \boldsymbol{c}_{h}^{7}, \cdots, \boldsymbol{c}_{h}^{1}; \boldsymbol{c}_{\mathrm{temp0}}, \boldsymbol{c}_{\mathrm{temp0}}, \cdots, \boldsymbol{c}_{\mathrm{temp0}}, \boldsymbol{c}_{\mathrm{temp1}})$。

(6) 刷新 $\boldsymbol{c}_{\mathrm{temp0}}=\mathrm{Enc}(0)$。根据式(4-2-3)和式(4-2-4)，得到 X 和 Y 的密文：

$$(\boldsymbol{c}_{X'}^{8}, \boldsymbol{c}_{X'}^{7}, \cdots, \boldsymbol{c}_{X'}^{1})=\mathrm{Add}^{*}(\boldsymbol{c}_{l}^{8}, \boldsymbol{c}_{l}^{7}, \cdots, \boldsymbol{c}_{l}^{1}; \boldsymbol{c}_{\mathrm{temp0}}, \boldsymbol{c}_{h+1}^{8}, \boldsymbol{c}_{h+1}^{7}, \cdots, \boldsymbol{c}_{h+1}^{2}) \quad (4-2-38)$$

$$(\boldsymbol{c}_{Y'}^{8}, \boldsymbol{c}_{Y'}^{7}, \cdots, \boldsymbol{c}_{Y'}^{1})=\mathrm{Sub}^{*}(\boldsymbol{c}_{l}^{8}, \boldsymbol{c}_{l}^{7}, \cdots, \boldsymbol{c}_{l}^{1}; \boldsymbol{c}_{\mathrm{temp0}}, \boldsymbol{c}_{h}^{8}, \boldsymbol{c}_{h}^{7}, \cdots, \boldsymbol{c}_{h}^{2}) \quad (4-2-39)$$

服务方返回 X 和 Y 的密文给用户后，用户可以使用私钥 $\boldsymbol{s}$ 解密得到像素 X 和 Y：$b_{X}^{i}=\mathrm{Dec}_{\boldsymbol{s}}(\boldsymbol{c}_{X'}^{i})$，$b_{Y}^{i}=\mathrm{Dec}_{\boldsymbol{s}}(\boldsymbol{c}_{Y'}^{i})$，$i=1, 2, \cdots, 8$。

7）DE信息提取的同态封装

经DE信息提取的同态操作可得到额外信息的密文。

(1) 根据式(4-2-1)计算 $\boldsymbol{c}_{h'}^{i}(i=1, 2, \cdots, 8)$：$(\boldsymbol{c}_{h'}^{8}, \boldsymbol{c}_{h'}^{7}, \cdots, \boldsymbol{c}_{h'}^{1})=\mathrm{Sub}^{*}(\boldsymbol{c}_{X'}^{8}, \boldsymbol{c}_{X'}^{7}, \cdots, \boldsymbol{c}_{X'}^{1}; \boldsymbol{c}_{Y'}^{8}, \boldsymbol{c}_{Y'}^{7}, \cdots, \boldsymbol{c}_{Y'}^{1})$。

(2) 额外信息的密文即为 $\boldsymbol{c}_{h'}^{1}$。

服务方返回额外信息的密文给用户后，用户可以使用私钥 $\boldsymbol{s}$ 解密并得到额外信息：$b_{\mathrm{s}}=\mathrm{Dec}_{\boldsymbol{s}}(\boldsymbol{c}_{h'}^{1})$。

4.2.3　仿真实验与分析

1. 正确性分析

实验环境：算法中的DE防溢出处理、LWE加密和解密、密钥替换以及KS-LSB嵌入等操作均在MATLAB-r2015a上运行，硬件为3.40GHz@64位单核CPU(i7-6800K)，8G内存。自举加密使用文献[54]中的方法实现，实现工具和源代码来源为https://github.com/tfhe/tfhe，硬件平台为上述硬件并附加显卡NVIDIA Titan-XP GPU。算法参数设置：$n=240$，$q=57\,601$，$d=4573$，$h_{\mathrm{fid}}=10$。实验测试样本来自USC-SIPI图像库(http://sipi.usc.edu/database/database.php?volume=misc)和Kodak图像库(http://r0k.us/graphics/kodak/index.html)中的1000张尺寸为512×512的8位灰度图像。本节主要展示了8张测试图像的实验结果(测试图像如图4-10所示)。

图 4-10 测试图像

1）明文恢复准确性

算法中存在两种明文恢复的情况：① 用户直接解密携密密文获得携密明文。计算此时得到的携密明文的 PSNR，记为 PSNR1。然后，对携密明文进行 DE 恢复得到明文，计算恢复明文的 PSNR，记为 PSNR2。② 第三方服务方对携密密文执行 FHEE-DE 恢复，以获取新的密文。用户接收到新的密文并将其解密得到明文，计算该明文的 PSNR，记为 PSNR3。

在实验中，根据式(4-2-18)～式(4-2-20)中的约束条件，可以获得可用于 DE 嵌入的像素对。可用像素对中两个像素的密文通过 FHEE-DE 嵌入携带 1 bit 额外信息，通过 KS-LSB 嵌入携带 1 bit 额外信息。为保证可分离性的实现，算法中将这两比特嵌入信息设置为相同，因此将这两比特嵌入数据算作 1 bit 嵌入容量，算法的最大嵌入容量只与可用像素对的数量有关。在最大嵌入容量下的 PSNR1～PSNR3 结果记录如表 4-3 所示。

表 4-3 对应算法的最大嵌入容量时的 PSNR1～PSNR3

测试图像	最大容量/bit	PSNR1/dB	PSNR2/dB	PSNR3/dB
Lena	110 195	42.1171	∞	∞
Baboon	69 286	41.3894	∞	∞
Crowd	104 882	42.4764	∞	∞
Tank	108 963	40.4472	∞	∞
Peppers	110 558	40.5025	∞	∞
Plane	114 834	42.8519	∞	∞
Boat	97 619	40.5030	∞	∞
Truck	114 437	41.0175	∞	∞
Average	103 847	41.3525	∞	∞

从 PSNR1 的结果可以看出，携密明文中存在失真，PSNR2 和 PSNR3 均为“∞”，表示恢复后的明文没有失真。

继续测试不同嵌入量下携密明文图像的 PSNR1。根据图 4－6 中 DE 的原理可知，像素对的差值越小，嵌入后像素的修改量就越小。h_{fid} 取值越小，适用的像素对越少，同时携密明文的失真越小。实验测试了 h_{fid} 取不同的值时，携密明文的 PSNR1。当 h_{fid} 取值增大时，符合保真约束的像素对增多，嵌入量提高，同时嵌入引起的携密明文的失真增大，PSNR1 下降，结果如图 4－11 所示。不同 h_{fid} 取值时，嵌入量与 PSNR1 值如表 4－4 所示。

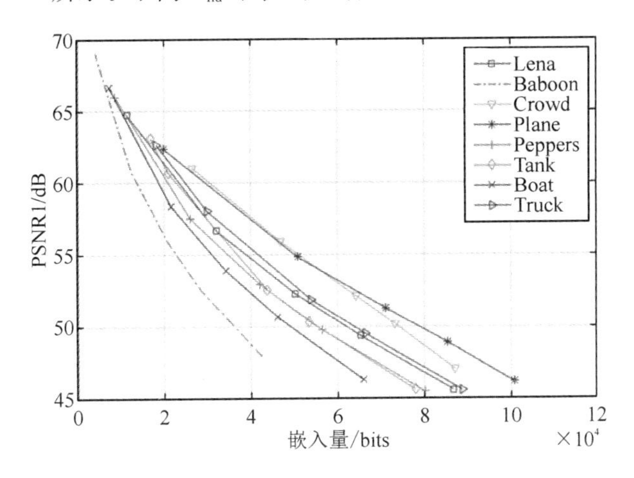

图 4－11　不同嵌入量时测试图像的 PSNR1

表 4－4　不同 h_{fid} 取值的 PSNR1 与嵌入量

图像	$h_{\text{fid}}=5$		$h_{\text{fid}}=3$		$h_{\text{fid}}=2$		$h_{\text{fid}}=1$		$h_{\text{fid}}=0$	
	EC/bit	PSNR1/dB	EC/bit	PSNR1/dB	EC/bit	PSNR1/dB	EC/bit	PSNR1/dB	EC/bit	PSNR1/dB
Lena	86 605	45.607	65 303	49.339	50 232	52.293	32 104	56.663	11 434	64.736
Baboon	42 522	47.941	28 553	52.555	20 702	55.949	12 464	60.733	4210	69.030
Crowd	86 962	47.050	73 240	50.179	64 164	52.125	46 810	55.920	26 504	61.044
Plane	100 746	46.158	85 200	48.905	71 114	51.268	50 764	54.831	19 966	62.359
Peppers	80 017	45.498	56 523	49.746	42 091	52.940	26 044	57.511	8791	65.974
Tank	77 887	45.620	53 520	50.348	43 832	52.565	20 988	60.665	16 843	63.100
Boat	65 848	46.305	46 106	50.688	34 351	53.884	21 595	58.357	7414	66.644
Truck	88 688	45.586	66 260	49.523	53 971	51.861	29 973	58.024	18 198	62.667

2）信息提取准确性

算法中有三种数据提取的情况：① 第三方服务方从携密密文的 LSB 中直接提取嵌入的数据；② 用户解密携密密文后得到携密明文，然后使用 DE 信息提取得到嵌入数据；

③ 服务方对携密密文执行 FHEE-DE 信息提取，得到加密的额外信息，用户解密得到嵌入数据。三种信息提取的实现方式说明了算法的可分离性。实验对 10^5 bit 额外信息进行嵌入与提取，并对提取信息的准确性进行逐位对比，结果表明上述三种情况下信息提取均没有错误，准确率为 100%。

2. 安全性分析

RDH-ED 的安全性主要包括两个方面：一是数据嵌入不会削弱加密的安全性，也不会留下任何潜在的密码破解的风险；二是在没有隐藏密钥的情况下，将无法直接从密文中获得嵌入的信息。

本节算法嵌入过程完全基于标准的全同态加密运算，可以从同态加密原理上保证数据嵌入过程不会削弱加密安全性。实施 FHEE-DE 和 KS-LSB 嵌入的过程中主要基于公开发布的公钥进行运算，不会泄露任何私钥信息。

额外信息在 FHEE-DE 嵌入过程中通过 LWE 加密，同态操作的对象是额外信息的密文，因此不会直接暴露额外信息。在 KS-LSB 嵌入过程中，第三方服务方使用流密码加密额外信息后再进行嵌入，确保了密文 LSB 上携带的数据不会泄露额外信息的内容。由于加密过程中引入了额外的随机量，即式(4-2-25)中的随机量 $\boldsymbol{a}_r$，因此同一明文多次使用同一公钥加密得到的密文之间也是不同的，并且彼此不相关。综上所述，本节算法可以保持 LWE 加密的安全性，嵌入过程中不会泄露私钥与明文信息。在未知私钥或隐藏密钥的情况下，额外信息在携密密文的传播与存储过程中，能够保证内容保密。

3. 效率分析

1) 计算复杂度

公钥加密算法，如 Paillier 算法和 LWE 算法，均具有密文扩展。几类加密技术的密文扩展已经在 3.4.4 节中进行了讨论。LWE 算法中的变量是整数矩阵，运算主要是线性运算，因此基于 LWE 的算法加解密时的计算复杂度低于 Paillier 加密等算法[55]。将私钥长度记为 n，Paillier 加密的计算复杂度为 $O(n^3)$，LWE 加解密的计算复杂度为 $O(n^2)$[55]。在 FHEE-DE 中，额外信息加密、密钥替换和自举加密的计算复杂度分别为 $O(n^2)$、$O(n)$和 $O(n^3)$。

下面分析 KS-LSB 的计算复杂度，该嵌入通过密钥替换技术来随机更改特定密文的 LSB，直到 LSB 与待嵌入比特相同为止。设嵌入 1 bit 信息需要执行密钥替换操作的次数为 λ。由于通过密钥替换新建的密文的 LSB 随机出现，即 LSB 是 0 或 1 的概率各为 0.5，因此 $(\lambda+1)$服从几何分布，概率分布如表 4-5 所示。从表中可见，理论上实现 1 bit 信息嵌入进行 4 次以上密钥替换操作将是概率小于 3% 的小概率事件。通过计算可得 λ 的理论值为 0.8906，继续进行 1000 次 KS-LSB 数据嵌入实验，得到 λ 的实验均值为 0.995，即嵌入 1 bit 额外信息平均执行密钥替换的次数小于 1。

表 4-5 λ 的概率分布

λ	0	1	2	3	4	5
P	0.5	0.25	0.125	0.0625	0.0313	0.0156

同态加密运算过程中的计算复杂度较高，其中计算成本最高的操作是自举加密，表 4-6

展示了进行 1000 次各类型操作后得到的平均运行时间。加解密的每次操作指的是 1 bit 明文被加密或解密；密钥替换与自举加密的每次操作指的是 1 bit 明文对应的密文数据重新生成。由表 4-6 中数据可见，自举加密的时间消耗最大。

表 4-6 算法中各主要操作的运行时间

操作	加密	解密	密钥替换	自举加密
运行时间/ms	2.0597	0.0067	0.1054	0.4922

2）嵌入率

根据章节 4.3.1 的分析与实验结果，本节算法的嵌入率主要与符合约束条件的像素对个数有关，由于明文像素内容的复杂程度不同，不同图像的最大嵌入率有差异，本节实验中列举的实验图像的最大明文嵌入率可以达到 0.5 b/p，最小明文嵌入率可以达到 0.01 b/p，并且嵌入率与携密明文失真成反比例关系。

本节提出了一种基于全同态加密的密文域可逆信息隐藏算法。章节 2.2.3 中基于全同态加密的新型密文域可逆嵌入与基于加密过程随机量刷新的密文域可逆嵌入框架构造了完全可分离的 RDH-ED 算法。本节详细介绍了 FHEE-DE 同态电路结构和密文的运算过程。通过引入保真约束降低了携密明文的失真程度。利用密钥替换与自举加密技术来控制密文扩展和噪声溢出。提出了 KS-LSB 密文域嵌入，可以在不使用私钥的情况下直接从携密密文中提取嵌入数据。实验结果表明，该方案的嵌入容量与可逆性优于大多数现有的 RDH-ED 算法，在不降低原加密安全性的前提下实现了完全可分离性，并且为进一步利用全同态加密技术封装空域 RDH 算法提供了技术铺垫。但是本节引入全同态加密技术后的计算复杂度较大，尤其是自举加密的计算成本较大，并且公钥消耗量也较大。如何在当前算法的基础上实现运行效率与嵌入量的进一步提高是第 5 章算法设计的出发点。

4.3 基于秘密共享加同态性的密文域可逆信息隐藏

在现代密码学中，对称加密[56]、单向散列函数[57-58]、公钥加密[59]、身份认证[60-61]和密钥协商[62-63]、数字签名[64]以及秘密共享协议[65-67]等多种密码技术分别从不同角度对数据安全进行保护。秘密共享作为保障数据安全的一个重要工具，也得到了深入研究和广泛的应用。

秘密共享是密码学基本原语之一[68-69]，其核心思想是以可靠的方式分割秘密信息，并将分割后的每一个份额交由不同的参与者保管。单个参与者无法复合出秘密信息，只有足够多(不要求全部)的参与者进行合作才能对秘密进行复合。利用秘密共享可以将核心秘密分散管理，以起到降低窃取风险和容忍部分攻击及错误的作用。因此秘密共享协议在密钥协商[70]、安全多方计算[71-72]、数字签名[73-74]、转账系统和投票系统[75,78]中有着重要应用。随着 RDH-ED 技术与加密技术应用的深入结合，适用于不同加密体制的可逆嵌入技术是未来 RDH-ED 算法发展的新方向之一，根据章节 1.2.2 的分析可知，当前已存在基于秘密共享加密体制的 RDH-ED 方案。但是此类算法主要使用了秘密共享过程的单同态性来实现信息嵌入，不能实现 RDH-ED 算法的可分离性，而且嵌入过程不能保持原秘密共享过程的容灾性、鲁棒性等。本节工作主要是基于 VRIE 密文域可逆嵌入技术来设计并实现适用于秘密共享体制的 RDH-ED 算法。

当前有两种较为经典的(t, n)秘密共享构造方案$(n>t\geqslant 2)$，分别是 Shamir 的秘密共享方案[69]和基于中国剩余定理(CRT)的秘密共享方案[79-80]，本节基于 CRT 秘密共享提出了可分离的密文域可逆信息隐藏算法。在秘密共享中参与分割的是自然图像，本节算法能够在保持秘密共享体制自身功能的基础上，支持参与者在分割图像后的密文份中嵌入额外信息，得到携密密文份。从携密密文份中可以直接提取信息，同时不少于t个携密密文份参与秘密复合才可以得到携密明文图像，从携密明文图像中也可以进行信息提取，并且可以复原出原始图像。下面首先介绍 CRT 秘密共享算法，并分析基于秘密共享所设计的可逆嵌入应用框架，然后详细介绍本章算法。

4.3.1 基于 CRT 的(t, n)秘密共享技术

经典的基于 CRT 的$(t, n(n>t\geqslant 2))$秘密共享算法过程如下[79]：将秘密m进行分割并分配给n个参与人，只有当不小于t个参与者出现时，才可以复合出秘密m。

1. 参数设置

选择用于秘密复合的素数模数q_0，然后生成一个长度为n的随机模数向量$\boldsymbol{q}=(q_1, \cdots, q_n)$用于秘密分割，$\boldsymbol{q}$中各元素按升序排列：当$i<j$时，$q_i<q_j$。所有模数符合以下约束条件：

(1) 用于秘密共享的秘密数据记为m：

$$q_0 > m \tag{4-3-1}$$

(2) 对于任意两个模数，要求它们是互素关系：

$$\gcd(q_i, q_j)=1, \ \forall i, j \in [0, n], i \neq j \tag{4-3-2}$$

(3) 对于向量$\boldsymbol{q}$中从小到大的n个模数，前t个模数的积大于q_0和后$(t-1)$个模数的积：

$$u=\prod_{i=1}^{t} q_i > q_0 \prod_{j=1}^{t-1} q_{n-j+1} \tag{4-3-3}$$

2. 秘密分割

用于分割的秘密为$m\in\mathbb{Z}_{q_0}$。n个参与人进行秘密分配，每个参与人不重复地分配一个 ID 模数$q_i\in\boldsymbol{q}$。随机选取一个变量值$r\in[0, u]$。计算整数：$g=m+r\cdot q_0$。

第i个参与人通过输入 ID 模数q_i计算得到一个秘密份：$s_i=g \bmod q_i$。秘密份s_i与 ID 模数q_i共同组成该参与人需要保管的密文份：(q_i, s_i)，$i=1, \cdots, n$。

3. 秘密复合

秘密复合需要任意不少于t个参与者提供所持有的密文份，将这t份密文份分别记为$\{(q'_i, s'_i) \mid i=1, 2, \cdots, t\}$。

使用中国剩余定理计算，可以唯一确定一个整数g'[79-80]，使g'满足t个等式$s'_i=g' \bmod q'_i$，$i=1, \cdots, t$。最终计算得到秘密：$m'=g' \bmod q_0$。

4. 加同态性分析

较为常见的具有同态性质的加密过程是几类公钥加密算法的加密过程，如具有乘同态性的 RSA、Paillier 加密，具有全同态性的 LWE 加密，具有加同态性的 ECC 加密等。此外还有一类应用广泛的具有加同态性的加密过程，就是以加法与求模运算为主体的加密过程，最经典的就是序列加密与 RC4 加密。序列加密算法的运算主要是明文比特与随机比特的异或运算，异或的结果作为密文。异或运算就是模 2 的加法运算，序列加密算法具有加同态性。基于序列加密与 RC4 加密的加同态特性构造的 RDH-ED 算法有文献[81]、[82]等。与此相类似，中国剩余定理中的基本运算是加法与求模运算，因此也具有加同态特性，即

如果 $a=b \bmod q$，$c=d \bmod q$，那么 $a+c=(b+d) \bmod q$。

CRT 秘密共享算法的加同态特性体现在：对于两个秘密 m、m'及其分割得到的秘密份$\{s_1, \cdots, s_n\}$、$\{s_1', \cdots, s_n'\}$，使用$\{s_1+s_1', \cdots, s_n+s_n'\}$复合出的秘密为$(m+m')$。利用秘密共享算法的加同态性，本节设计并实现了可以在秘密分割后的密文份中实施的同态差值扩展嵌入。

4.3.2 基于 CRT 秘密共享的可分离密文域可逆信息隐藏算法

1. 算法框架

图 4-12 为图像秘密共享的应用框架：在(t, n)图像秘密共享过程中，存在 1 个管理者和 n 个不同的参与者，管理者的作用是组织秘密共享过程，包括参数预置，秘密数据的分割、分配，以及在至少 t 个参与者在场时进行秘密的复合。管理者的操作要在足够多参与者在场并提供各自保管的秘密份的情况下进行，目的是保证秘密分割与复合过程的公开性与公平性。如图 4-12 所示，为了将一幅图像分割为 n 份，需要预先分配给每个参与者一个 ID 矩阵，ID 矩阵需要参与者保密存储，其中的元素来自模数向量 $\boldsymbol{q}$ 中的模数。图像秘密分割时，参与者需要提供自己的 ID，然后计算得到分配给该参与者的密文份。图像复合时，需要至少 t 个参与者提供自己保管的图像密文份与 ID，才可以复合出图像。

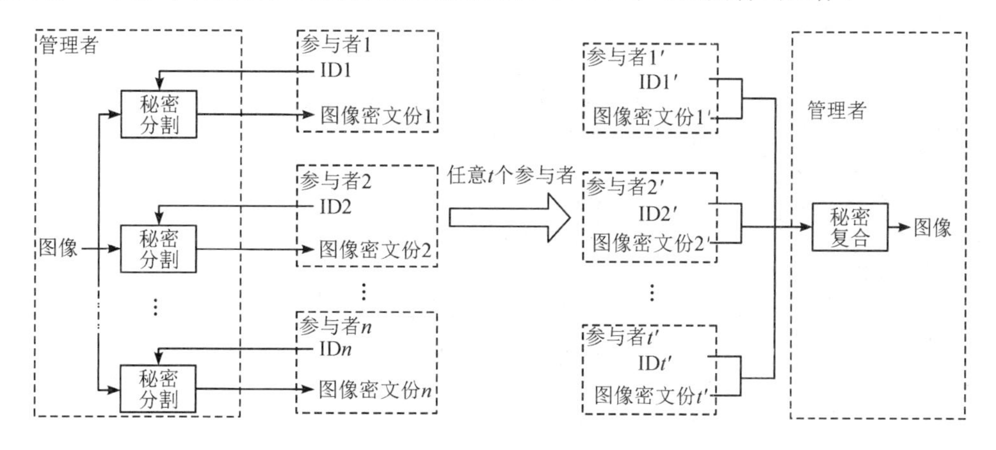

图 4-12　图像秘密共享应用框架

由上述应用框架可以看出，基于秘密共享体制的 RDH-ED 算法中密文域嵌入的对象是图像分割后由各个参与者所保管的密文份，嵌入完成后参与者保管的是携密密文份。算法

的可分离性体现在对携密密文份可以实施两种操作：① 先复合后提取，即携密密文份先进行秘密复合得到携密明文图像，再从携密明文图像中提取嵌入的额外信息，并能够无损恢复出原始图像；② 先提取后复合，即参与者可以从自己保管的携密密文份中直接提取信息，然后该携密密文份可继续用于后续的秘密复合等操作。

基于上述分析，本节设计了基于秘密共享的可分离 RDH-ED。本节算法包含两个嵌入过程，嵌入操作均在图像分割后的密文份上实施，算法框架如图 4－13 所示：第一个嵌入是密文域同态嵌入，如图 4－13(a)所示，目的是实现管理者可以从秘密复合后的携密明文图像中提取信息，并且可以无损恢复原始图像；第二个嵌入是密文份 DE 嵌入，如图 4－13(b)所示，目的是实现任意参与者可以对其所持有的密文份进行嵌入得到携密密文份，从携密密文份中可以直接提取信息，并且可以无损恢复成原密文份，恢复的密文份可用于后续的秘密复合等操作。

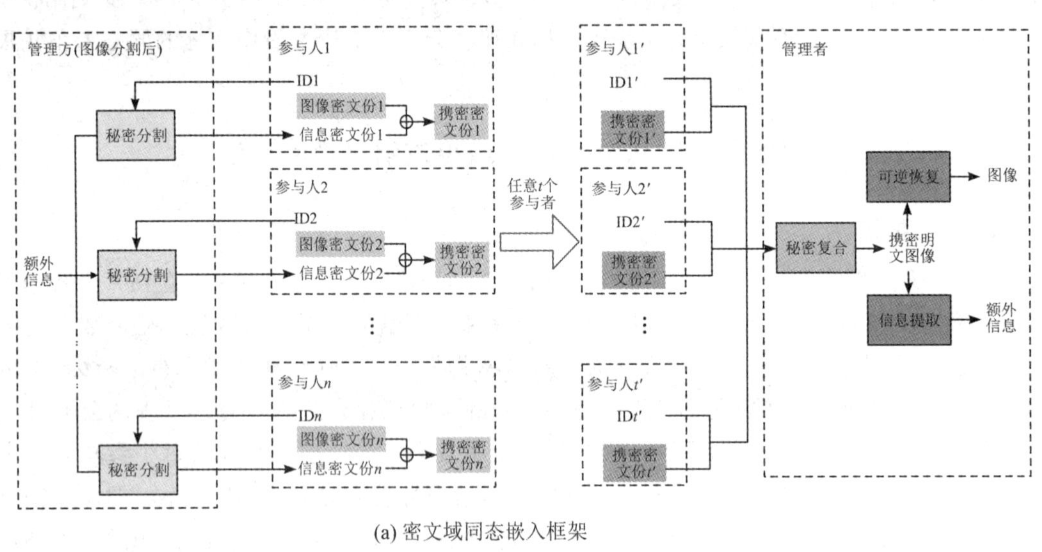

(a) 密文域同态嵌入框架

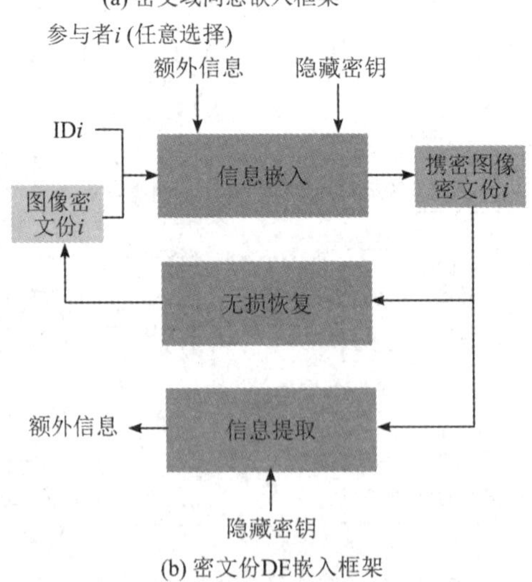

(b) 密文份DE嵌入框架

图 4－13 基于 CRT 秘密共享的 RDH-ED 算法框架

算法中常用的变量符号及含义如表4-6所示。

表4-6　变量符号及含义

符　号	含　义
$\boldsymbol{I}$	尺寸为512×512的8 bit色深灰度图像
$P_{x,y}\in Z_{256}(x, y\in\{1, \cdots, 512\})$	图像$\boldsymbol{I}$中位于第x行，第y列的像素
$\boldsymbol{S}_i(i=1, \cdots, n)$	图像$\boldsymbol{I}$的第i密文份
$c_{x,y}^i\in Z_{qi}(i=1, \cdots, n), x, y\in\{1, \cdots, 512\}$	第i密文份$\boldsymbol{S}_i$中第x行，第y列的密文
$b_s\in Z_2$	1 bit额外信息
$\boldsymbol{S}_i'(i=1, \cdots, n)$	对$\boldsymbol{S}_i$密文域同态嵌入后得到的第i携密密文份
$\boldsymbol{S}_i''(i=1, \cdots, n)$	对$\boldsymbol{S}_i$密文份DE嵌入后得到的第i携密密文份
$c_{x,y}^{i\prime}\in Z_{qi}(i=1, \cdots, n), x, y\in\{1, \cdots, 512\}$	第i携密密文份$\boldsymbol{S}_i'$中第x行，第y列的密文
I''	恢复出的携密明文图像
$P_{x,y}'\in Z_{256}, x, y\in\{1, \cdots, 512\}$	携密明文图像$\boldsymbol{I}''$中位于第x行，第y列的像素

2. 参数设置及参与者ID分配

在秘密共享的应用过程中，模数q_0用于秘密的复合，因此对于8 bit色深的图像来说，q_0的取值必须大于255，否则在秘密复合时会出现像素值不能恢复的情况。

根据式(4-3-3)，秘密分割时所使用的模数为$q_i>q_0>255$，$i=1, \cdots, n$。q_i用于密文份中密文数据的产生，因此图像密文份的数据量与原图像相比会发生数据扩展，且q_i越大，密文扩展越大。为尽量降低密文扩展，本节算法的参数设置如下：$q_0=257>255$，$\boldsymbol{q}=(q_1, q_2, \cdots, q_n)\in[2^k, 2^{k+1}]$。本节算法中$k$的取值为8，即图像灰度的色阶长度。

将第$i(i=1, \cdots, n)$个参与者分配得到的ID矩阵记为$\boldsymbol{M}_{\mathrm{ID}}^i$，ID模数记为$\mathrm{ID}_{x,y}^i\in\boldsymbol{M}_{\mathrm{ID}}^i$，一个$\mathrm{ID}_{x,y}^i$只用于一个像素值的分割，因此$\boldsymbol{M}_{\mathrm{ID}}^i$的尺寸为512×512。$\boldsymbol{M}_{\mathrm{ID}}^i$的作用可以类比为加密系统中的密钥，要求参与者保密。模数$\mathrm{ID}_{x,y}^i$来源于向量$\boldsymbol{q}$中的n个模数，并且用于分割同一个像素的不同参与者的ID模数不重复。

生成一个大小为512×512的随机矩阵$\boldsymbol{R}\in\boldsymbol{Z}_{\lfloor u/q_0\rfloor}^{512\times512}$，$r_{x,y}\in\boldsymbol{R}$，$x, y\in\{1, \cdots, 512\}$。$\boldsymbol{R}$和$q_0$为公开参数，用于管理者进行秘密分割、可逆嵌入等操作。密钥及ID分配如表4-7所示。

表4-7　密钥及ID分配

类别	符　号	功　能	持有者
ID矩阵	$\boldsymbol{M}_{\mathrm{ID}}^i(i=1, \cdots, n)$	图像或额外信息分割	第i个参与者
公开参数	$\boldsymbol{R}, q_0$	秘密分割	公开
隐藏密钥	k	密文份DE嵌入	第i个参与者

3. 密文域同态嵌入

1）防溢出约束与保真约束

首先将图像 $\boldsymbol{I}$ 中相邻的像素划分为像素对$(P_{x,y}, P_{x,y+1})$，$x=1, \cdots, 512$；$y=1, 3, 5, \cdots, 511$。然后以像素对为基本单元进行图像置乱，置乱后的图像为 $\boldsymbol{I}'$。

密文域同态嵌入利用的是CRT秘密共享算法的加同态性，其嵌入过程主要基于差值扩展的原理实现。因此嵌入前要对可用于差值扩展的像素对进行筛选，适用像素对要求满足防溢出约束与保真约束。设 $P_{x,y} > P_{x,y+1}$，计算像素对的差值 h 与均值 l（取整数）：

$$h = P_{x,y} - P_{x,y+1} \tag{4-3-4}$$

$$l = \left\lfloor \frac{P_{x,y} + P_{x,y+1}}{2} \right\rfloor \tag{4-3-5}$$

$$P_{x,y} = l + \left\lfloor \frac{h+1}{2} \right\rfloor \tag{4-3-6}$$

$$P_{x,y+1} = l - \left\lfloor \frac{h}{2} \right\rfloor \tag{4-3-7}$$

由像素的取值范围可以得出防溢出约束：

$$|h| \leqslant \min(2(255-l), 2l+1) \tag{4-3-8}$$

$$|2 \cdot h + b_s| \leqslant \min(2(255-l), 2l+1) \tag{4-3-9}$$

保真约束为式(4-3-10)，即选择差值较小的像素对进行DE嵌入。

$$h \leqslant h_{\text{fid}} \tag{4-3-10}$$

若$(P_{x,y}, P_{x,y+1})$是一组适用于DE嵌入的像素对，则使用其差值与均值替换原像素值作为明文用于秘密分割及密文域嵌入：

$$P_{x,y} = h \tag{4-3-11}$$

$$P_{x,y+1} = l \tag{4-3-12}$$

使用大小为512×512的索引矩阵 $\boldsymbol{M}_{\text{ava}} \in \{0, 1\}^{512\times 512}$ 来标记适用DE嵌入的像素对，$\boldsymbol{M}_{\text{ava}}$ 中1的位置对应 $\boldsymbol{I}'$中可用像素对中数值较大的像素的位置。

2）图像分割

对于第 $i(i=1, \cdots, n)$个参与人，输入为$(\boldsymbol{I}', \boldsymbol{M}_{\text{ID}}^i)$，图像分割后的输出为 $\boldsymbol{S}_i$。

以像素 $P_{x,y}$ 为例说明分割的计算过程：先计算 $g_{x,y} = P_{x,y} + r_{x,y} \cdot q_0$，然后计算 $c_{x,y}^i$：

$$c_{x,y}^i = g_{x,y} \bmod \text{ID}_{x,y}^i \tag{4-3-13}$$

3）信息嵌入

额外信息比特为 b_s，用于嵌入的像素对为$(P_{x,y}, P_{x,y+1})$，第 $i(i=1, \cdots, n)$个参与者所保存的该像素对的密文为$(c_{x,y}^i, c_{x,y+1}^i)$。根据式(4-3-11)，$c_{x,y}^i$ 是像素对的差值分割后的密文。

(1) 额外信息分割。对于第 $i(i=1, \cdots, n)$个参与者，第 i 份数据密文份记为 $d_{x,y}^i$，使用$(b_s, \text{ID}_{x,y}^i)$计算得到 $d_{x,y}^i$：

$$d_{x,y}^{i}=b_{s} \bmod \mathrm{ID}_{x,y}^{i} \tag{4-3-14}$$

(2) 携密密文份生成。对于全部 n 份密文份，依次将密文份中的 $c_{x,y}^{i}$ 与 $d_{x,y}^{i}$ 相加：

$$c_{x,y}^{i'}=(c_{x,y}^{i}+d_{x,y}^{i}) \bmod \mathrm{ID}_{x,y}^{i} \tag{4-3-15}$$

(3) 遍历全部适用像素对并重复步骤(1)和步骤(2)，每组像素对可负载 1 bit 额外信息。最终得到全部携密密文份($\boldsymbol{S}_i'$，$\boldsymbol{M}_{\mathrm{ID}}^{i}$)($i=1, 2, \cdots, n$)。

4) 图像复合

任意选择 t 个参与者以及其所保存的携密密文份($\boldsymbol{S}_i'$，$\boldsymbol{M}_{\mathrm{ID}}^{i}$)($i=1, 2, \cdots, t$)，通过复合每个像素对，得到携密明文 $\boldsymbol{I}''$。

当计算 $P'_{x,y}$，$x, y\in\{1, \cdots, 512\}$时，通过中国剩余定理计算得到唯一整数 g'满足 t 个等式[78-79]：

$$c_{x,y}^{i'}=g' \bmod \mathrm{ID}_{x,y}^{i} \tag{4-3-16}$$

得到的复合后的携密像素值为 $P'_{x,y}$：

$$P'_{x,y}=g' \bmod q_0 \tag{4-3-17}$$

5) 信息提取与图像恢复

对于携密图像 $\boldsymbol{I}''$，根据索引矩阵 $\boldsymbol{M}_{\mathrm{ava}}$ 可以得到携带额外信息的像素对($P'_{x,y}$，$P'_{x,y+1}$)，根据式(4-3-11)和式(4-3-12)可知，$P'_{x,y}$ 就是携密了信息比特的差值h'，根据 DE 提取算法可得到 b_s：

$$b_{s}=\mathrm{LSB}(P'_{x,y}) \tag{4-3-18}$$

其中函数 LSB(·)表示返回输入的最低有效位。

根据式(4-3-19)，可得原始差值 h：

$$h=\left\lfloor\frac{P'_{x,y}}{2}\right\rfloor \tag{4-3-19}$$

原始像素可根据式(4-3-6)和式(4-3-7)恢复得到。遍历所有携密像素对可恢复全部像素，最终对所有像素对进行逆置乱即可得到图像 $\boldsymbol{I}$。

4. 密文份 DE 嵌入

密文份 DE 嵌入是为了保证任意参与者可以对其所保管的密文份进行可逆嵌入。参与者可以从携密密文份中直接提取信息，而且可以恢复出密文份 DE 嵌入前的密文份。嵌入操作既可以在原始密文份上实施，也可以在密文域同态嵌入后的携密密文份上实施，为方便介绍密文份 DE 嵌入的过程，本节后续出现的携密密文份均是指密文份 DE 嵌入后得到的携密密文份。下面以第 i 个参与者所持有的密文份($\boldsymbol{S}_i$，$\boldsymbol{M}_{\mathrm{ID}}^{i}$)为例，$i\in\{1, \cdots, n\}$，介绍密文份 DE 嵌入算法。

1) 防溢出约束

对于密文数据 $c_{x,y}^{i}\in\boldsymbol{S}_i$ 和对应的 ID 模数 $\mathrm{ID}_{x,y}^{i}\in\boldsymbol{M}_{\mathrm{ID}}^{i}$，$x=1, \cdots, 512$，$y=1, \cdots, 512$，密文份 DE 嵌入是基于密文份中的密文数据与对应的 ID 模数的差值扩展来实现的。额外信息比特记为 b_s，负载 b_s 的数据对为($c_{x,y}^{i}$，$\mathrm{ID}_{x,y}^{i}$)。为避免差值扩展后出现数据溢

出，$(c_{x,y}^i, \mathrm{ID}_{x,y}^i)$需满足以下约束条件。

根据式(4-3-13)可知：

$$0 \leqslant c_{x,y}^i < \mathrm{ID}_{x,y}^i \tag{4-3-20}$$

将$(c_{x,y}^i, \mathrm{ID}_{x,y}^i)$的差值记为$h_{\mathrm{L}}$，计算$h_{\mathrm{L}}$：

$$h_{\mathrm{L}} = \mathrm{ID}_{x,y}^i - c_{x,y}^i \tag{4-3-21}$$

为避免差值扩展后出现溢出，影响密文的无损恢复，可得

$$0 \leqslant 2 \times h_{\mathrm{L}} < q_i \tag{4-3-22}$$

当$(c_{x,y}^i, \mathrm{ID}_{x,y}^i)$满足约束式(4-3-22)时，$(c_{x,y}^i, \mathrm{ID}_{x,y}^i)$可用于DE嵌入，此时将$\mathrm{LSB}(\mathrm{ID}_{x,y}^i)$置0用以标记适用嵌入的密文位置。

2) 信息嵌入

(1) 将b_{s}与隐藏密钥$\boldsymbol{k}$中的随机比特k进行异或计算，得到待嵌入比特b_{L}：

$$b_{\mathrm{L}} = k \oplus b_{\mathrm{s}} \tag{4-3-23}$$

(2) 判断$\mathrm{LSB}(\mathrm{ID}_{x,y}^i)$是否为0，当$\mathrm{LSB}(\mathrm{ID}_{x,y}^i)=0$时，$(c_{x,y}^i, \mathrm{ID}_{x,y}^i)$可进行差值扩展。首先根据式(4-3-21)计算差值h_L，然后计算携密密文$c_{x,y}^{i''}$：

$$c_{x,y}^{i''} = 2 \times h_{\mathrm{L}} + b_{\mathrm{L}} \tag{4-3-24}$$

遍历所有适用嵌入的密文，得到携密密文份$(\boldsymbol{S}_i'', \boldsymbol{M}_{\mathrm{ID}}^i)$，其中$c_{x,y}^{i''} \in \boldsymbol{S}_i''$，$x=1, \cdots, 512$，$y=1, \cdots, 512$。

3) 信息提取与密文份恢复

对于携密密文份$(\boldsymbol{S}_i'', \boldsymbol{M}_{\mathrm{ID}}^i)$，提取信息时首先判断$\mathrm{LSB}(\mathrm{ID}_{x,y}^i)$是否为0。当$\mathrm{LSB}(\mathrm{ID}_{x,y}^i)=0$时，可提取出嵌入比特$b_{\mathrm{L}} = \mathrm{LSB}(c_{x,y}^{i''})$。使用隐藏密钥$\boldsymbol{k}$中的随机比特$k$可以得到额外信息比特$b_{\mathrm{s}}$：

$$b_{\mathrm{s}} = k \oplus b_{\mathrm{L}} \tag{4-3-25}$$

恢复密文份数据时，首先将已经置0的$\mathrm{LSB}(\mathrm{ID}_{x,y}^i)$置1，然后恢复原密文$c_{x,y}^i$：

$$c_{x,y}^i = \mathrm{ID}_{x,y}^i - \left| \frac{c_{x,y}^{i''}}{2} \right| \tag{4-3-26}$$

遍历全部携密密文，最终恢复出密文份$(\boldsymbol{S}_i, \boldsymbol{M}_{\mathrm{ID}}^i)$。

4.3.3 仿真实验与分析

1. 正确性分析

实验环境：所有操作在MATLAB r2015a上运行实现，运行平台为64位Windows7(旗舰版)操作系统，处理器硬件为3.40GHz@64位单核CPU(i7-6800K)，8G内存。测试图像库为USC-SIPI(http://sipi.usc.edu/database/database.php?volume=misc)，本节选取6幅测试图像(图4-14)的实验结果展示算法的仿真结果。

参数设置：$n=7$，$t=5$，$q_0=257$；$\boldsymbol{q}=\{457, 461, 463, 467, 479, 487, 491, 499, 503, 509\}$，$h_{\mathrm{fid}} \leqslant 10$。图像分割时，每个参与者随机分配一个ID矩阵，矩阵中的ID模数均来自向量$\boldsymbol{q}$中的素数，且满足式(4-3-1)～式(4-3-3)。

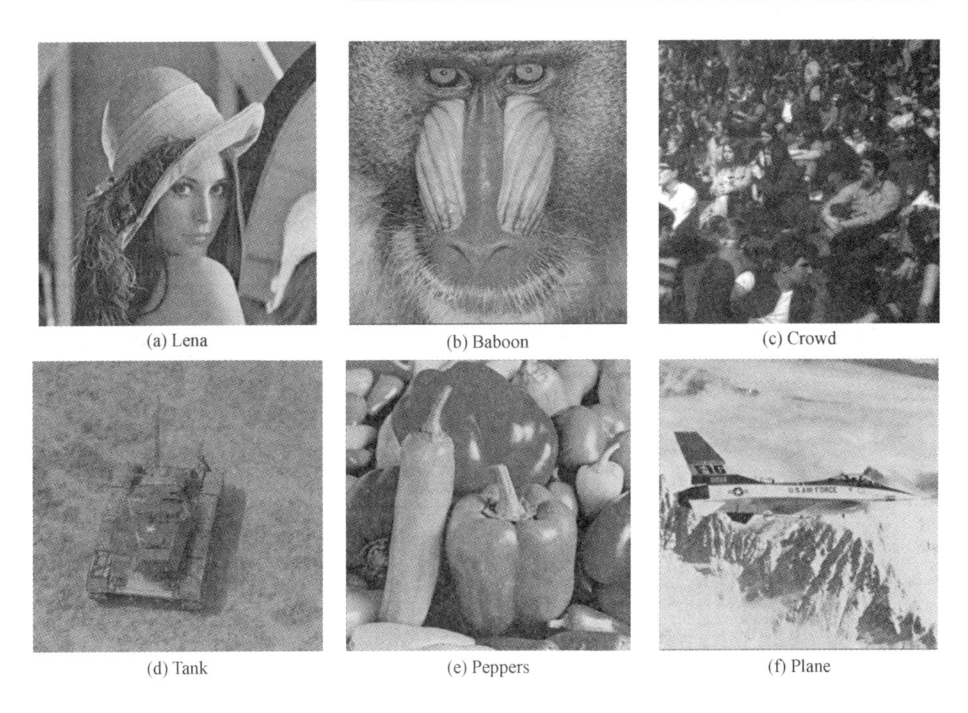

(a) Lena　(b) Baboon　(c) Crowd

(d) Tank　(e) Peppers　(f) Plane

图 4-14　测试图像

1）明文恢复的可逆性

在密文域同态嵌入中，管理者在至少 t 个参与方提供密文份时，才可以复合出携密明文图像。计算携密明文图像与原始图像的 PSNR 值，记为 PSNR1；对携密明文图像进行 DE 恢复操作得到复原图像，计算复原图像与原始图像的 PSNR 值，记为 PSNR2。密文域同态嵌入的最大嵌入量与图像中适用 DE 嵌入的像素对个数以及保真系数 h_{fid} 相关，表 4-8 记录了 $h_{\text{fid}}=10$ 时密文域同态嵌入的最大嵌入量，以及对应的 PSNR1、PSNR2。由表中数据可见，密文域同态嵌入后得到的复合图像中存在失真，通过可逆恢复可以无失真地还原出原始图像。

表 4-8　密文域同态嵌入密文份 DE 嵌入的最大嵌入量与 PSNR

图像	密文域同态嵌入 /bit	PSNR1 /dB	PSNR2 /dB	密文份 DE 嵌入 /bit	PSNR3 /dB
Lena	110 195	42.117	∞	72 198.361	∞
Baboon	69 286	41.389	∞	152 713.286	∞
Crowd	104 882	42.476	∞	130 194.714	∞
Tank	108 963	40.447	∞	134 475.143	∞
Peppers	110 558	40.502	∞	127 535.000	∞
Plane	114 834	42.852	∞	111 052.143	∞

在密文份 DE 嵌入中，密文份经过嵌入得到携密密文份，由于密文份嵌入前后均处于随机噪声态，因此研究密文嵌入前后的 PSNR 值没有意义。对携密密文份进行恢复，计算恢复出的密文份与原密文份的 PSNR 值，记为 PSNR3。密文份 DE 嵌入的最大嵌入量与密文份中满足约束的密文个数相关，由于密文数据具有随机性，因此实验中对每个测试图像

的 n 个密文份分别进行了10次密文份DE嵌入，表4－8中记录的是单个密文份的平均嵌入量，以及PSNR3的平均值。由表中数据可见，密文份DE嵌入后可以无损恢复出原始密文份。

实验测试参数 h_{fid} 取不同值时密文域同态嵌入的嵌入量(EC)与PSNR1，并记录在表4－9中。由表中数据可见，密文域同态嵌入的PSNR1与嵌入量呈反相关关系。

表4－9 不同 h_{fid} 取值时的密文域同态嵌入的嵌入量与PSNR1

图像	$h_{\text{fid}}=5$		$h_{\text{fid}}=3$		$h_{\text{fid}}=2$		$h_{\text{fid}}=1$		$h_{\text{fid}}=0$	
	EC /bit	PSNR1 /dB	EC /bit	PSNR1 /dB	EC /bit	PSNR1 /dB	EC /bit	PSNR1 /dB	EC /bit	PSNR1 /dB
Lena	86 605	45.607	65 303	49.339	50 232	52.293	32 104	56.663	11 434	64.736
Baboon	42 522	47.941	28 553	52.555	20 702	55.949	12 464	60.733	4210	69.030
Crowd	86 962	47.050	73 240	50.179	64 164	52.125	46 810	55.920	26 504	61.044
Plane	100 746	46.158	85 200	48.905	71 114	51.268	50 764	54.831	19 966	62.359
Peppers	80 017	45.498	56 523	49.746	42 091	52.940	26 044	57.511	8791	65.974
Tank	77 887	45.620	53 520	50.348	43 832	52.565	20 988	60.665	16 843	63.100

2）信息提取的准确性

算法中存在两种情况下的信息提取：① 管理者使用DE提取从携密明文中提取出额外信息；② 参与方直接从携密密文份中提取信息。实验对 10^5 bit额外信息进行嵌入与提取，并对提取信息的准确性进行逐位对比，结果为上述两种情况下，信息提取的准确率均为100%，表示可以无差错地提取信息。

2. 安全性分析

RDH-ED的安全性主要包括两个方面：一方面是信息嵌入不削弱加密算法的强度，也不留下任何潜在的密码破解的风险；另一方面是在没有隐藏密钥的情况下，无法从携密密文中获得嵌入的信息。分别对密文域同态嵌入与密文份DE嵌入的安全性进行分析：对于密文域同态嵌入来说，嵌入过程是基于密文份之间的同态加运算，同态加运算之后得到的密文是标准的密文。根据秘密共享技术所具有的加同态属性，可以保证嵌入过程不会削弱加密安全性；对于密文份DE嵌入来说，额外信息在嵌入前经过序列加密，因此未知隐藏密钥时无法分析出额外信息内容。但是密文份DE嵌入的过程中对密文份进行了加密操作之外的其他修改，因此需要分析密文份DE嵌入前后密文数据统计特征的变化情况。为保证嵌入过程的安全性，嵌入前后密文数据的统计特征要求保持不变。

1）直方图与信息熵

依次对6幅测试图像进行(5，7)秘密分割与密文份DE嵌入，嵌入量为密文份的最大嵌入量，可以得到嵌入前后密文份中密文数据的分布直方图。图4－15所示的直方图统计的是每个测试图像分割得到的7个密文份中所有的密文数据。

由于在秘密分割的过程中，在对像素值进行分割时使用的随机模数不同，且随机模数的分布不均匀，因此密文份中的密文分布不是标准的随机均匀分布，不同测试图像的密文份中数据分布特点也不完全统一。虽然嵌入前后密文数据的分布存在一定的随机变动，但是与原密文份的分布相比，嵌入后的密文能够保持一定的原直方图分布特征。

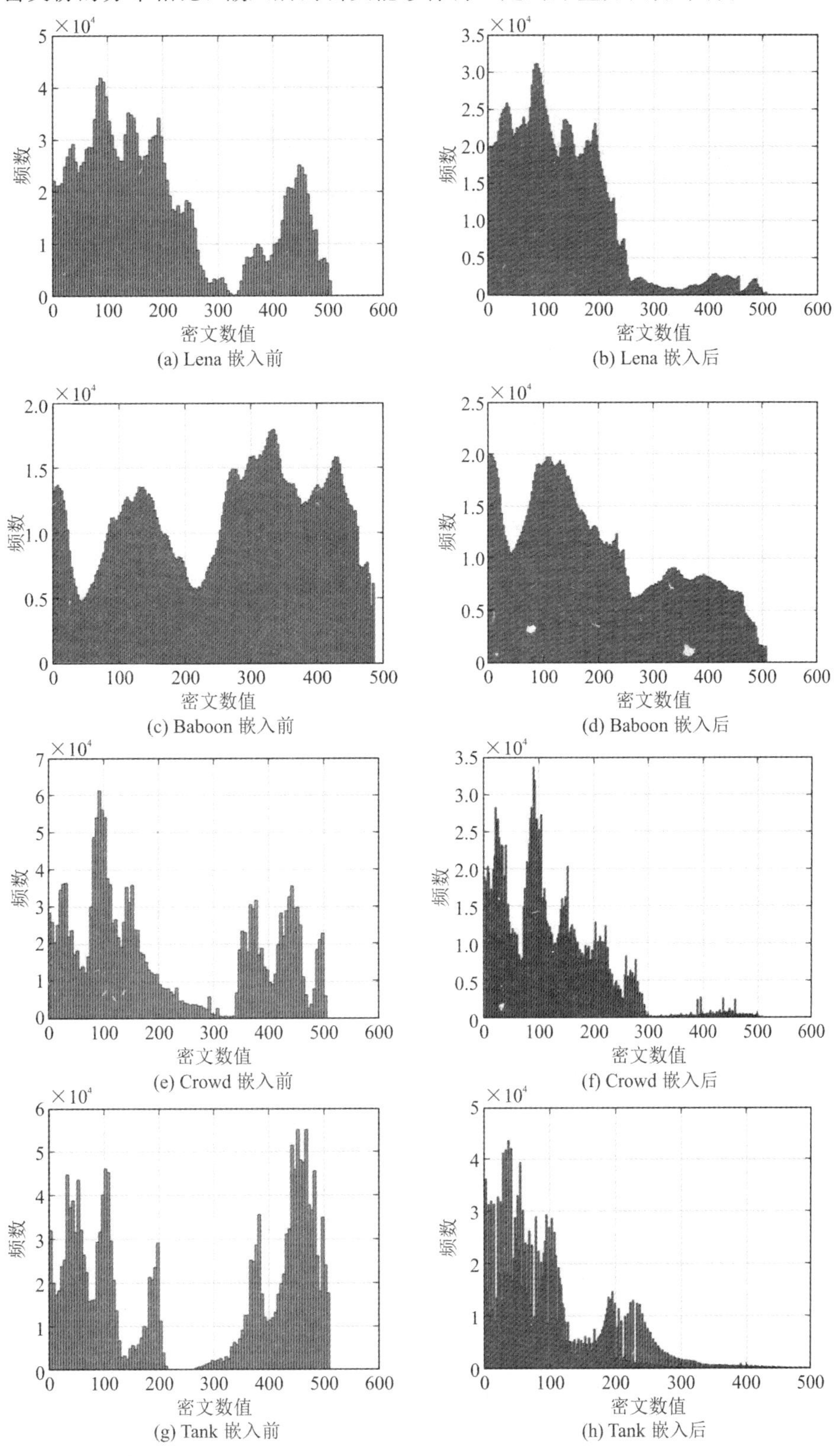

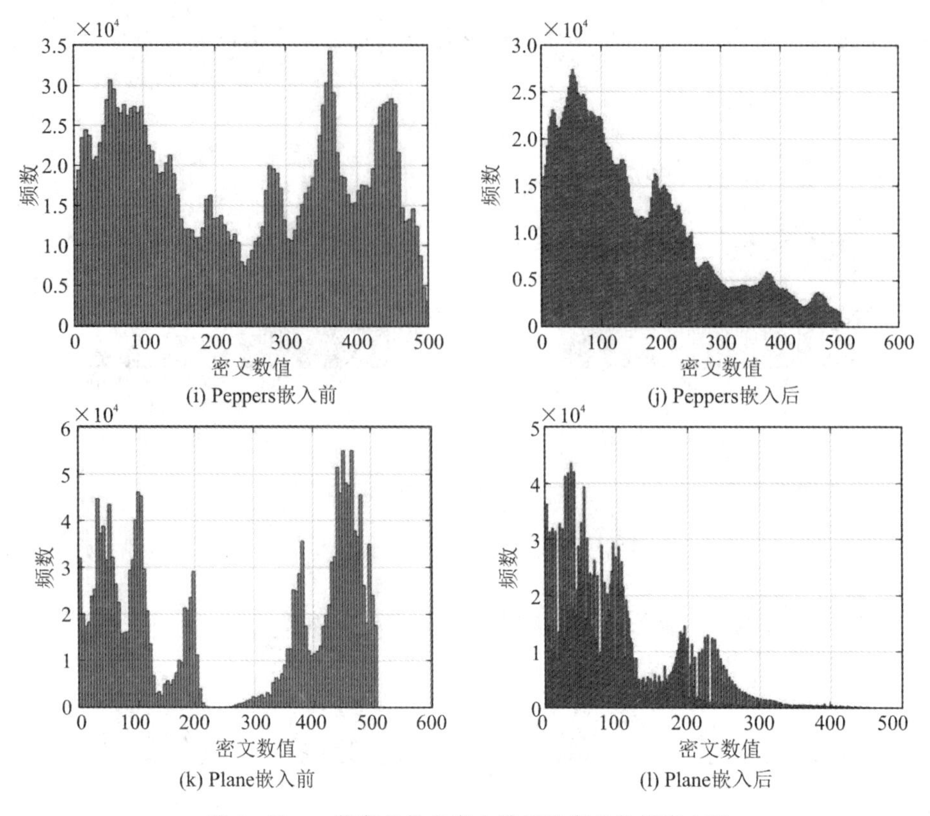

图 4-15 n 份密文份在嵌入前后的密文数据直方图

对不同测试图像的密文份分别计算原密文份和携密密文份的平均信息熵，在密文值域为[0，q]的数据集中，将不同取值的密文记为信号 $a_i(i=0, 1, \cdots, 255)$，不同信号出现的概率由信号的统计频率表示，记为 $h(a_i)$，则该数据集中信号的平均信息熵记为 H：

$$H=-\sum_{i=0}^{255} h(a_i)\text{lb}h(a_i) \tag{4-3-27}$$

表 4-10 为由嵌入前后的密文数据计算得到的平均信息熵。从表中的数据结果可见，嵌入后密文数据的平均信息熵高于原密文数据的熵值，能够保证嵌入过程的安全性[83-84]。

表 4-10 嵌入前后密文数据平均信息熵

测试图像	Lena	Baboon	Crowd	Tank	Peppers	Plane
$\boldsymbol{S}_1$	6.7711	4.4101	5.8298	4.7318	5.1049	5.1991
$\boldsymbol{S}''_1$	7.7211	6.3438	7.6314	7.3704	7.1284	7.4597
$\boldsymbol{S}_2$	6.7759	4.4192	5.8266	4.3645	5.0969	5.4870
$\boldsymbol{S}''_2$	7.7228	6.3458	7.6291	7.3722	7.1285	7.4538
$\boldsymbol{S}_3$	6.7687	4.4294	5.8266	4.3679	5.0721	5.4748
$\boldsymbol{S}''_3$	7.7239	6.3503	7.6284	7.3688	7.1178	7.4480
$\boldsymbol{S}_4$	6.7815	4.4287	5.8188	4.3485	5.0860	5.4856
$\boldsymbol{S}''_4$	7.7229	6.3399	7.6306	7.3700	7.1304	7.4545

续表

测试图像	Lena	Baboon	Crowd	Tank	Peppers	Plane
$\boldsymbol{S}_5$	6.7759	4.4090	5.8287	4.3672	5.0885	5.4889
$\boldsymbol{S}''_5$	7.7213	6.3378	7.6326	7.3733	7.1147	7.4486
$\boldsymbol{S}_6$	6.7773	4.4413	5.8265	4.3727	5.1122	5.5028
$\boldsymbol{S}''_6$	7.7233	6.3510	7.6304	7.3677	7.1316	7.4614
$\boldsymbol{S}_7$	6.7755	4.4230	5.8247	4.3656	5.0950	5.4885
$\boldsymbol{S}''_7$	7.7230	6.3501	7.6282	7.3679	7.1336	7.4582

2）数据相关性

图像相邻像素之间的数据相关性是分析图像加密效果的一个重要指标，加密过程要求尽量降低相邻像素的数据相关性，理想情况下要达到零相关。相邻像素之间的数据相关性分为水平、垂直、对角三个方向的相关性[85-86]。求解过程如式(4-3-28)～式(4-3-31)所示[87-88]。其中变量 u 和 v 的相关性记为 $r_{u,v}\in[-1, 1]$，N 为随机采样点个数。

$$E(u)=\frac{1}{N}\sum_{i=1}^{N}u_i \tag{4-3-28}$$

$$D(u)=\frac{1}{N}\sum_{i=1}^{N}(u_i-E(u))^2 \tag{4-3-29}$$

$$\mathrm{Cov}(u, v)=\frac{1}{N}\sum_{i=1}^{N}(u_i-E(u))(v_i-E(v)) \tag{4-3-30}$$

$$r_{u,v}=\frac{\mathrm{Cov}(u, v)}{\sqrt{D(u)}\times\sqrt{D(v)}} \tag{4-3-31}$$

相关系数的绝对值 $|r_{u,v}|$ 大于 0.6 时，表明相关性较大，通常明文图像相邻像素间的相关性在 0.6 以上。图像加密算法通常需要密文的相关系数在 0.2 以下[87]。

将图像 Lena、Baboon 和 Tank 秘密分割并进行嵌入，从分割的密文份中随机选择一份，计算嵌入前后 2000 个随机采样点（$N=2000$）的相邻数据的相关系数，并记录在表 4-11 中。由表中数据可见，嵌入前后相关系数的绝对值有所波动，但是都保持在 0.04 以下，满足图像加密在密文数据相关性方面的要求。

表 4-11　嵌入前后相邻数据的相关性

图像	垂直相关性		水平相关性		对角相关性	
	嵌入前	嵌入后	嵌入前	嵌入后	嵌入前	嵌入后
Lena	−0.008 64	0.007 34	0.014 44	−0.030 30	0.020 62	−0.035 74
Baboon	−0.017 72	−0.006 32	0.017 46	0.017 06	0.002 73	0.016 11
Tank	0.017 41	−0.029 13	−0.007 35	−0.015 13	−0.007 65	−0.019 48

为直观反映相关性的变化情况，图 4-16 展示了测试图像 Baboon 其中一个密文份三

个方向上的相关性在嵌入前后的变化情况。相关性越强，点越集中出现在坐标轴的对角线 $x=y$ 附近。

从图 4-16 中点的分布可见，秘密分割后的密文数据分布具有较好的随机性。在秘密分割的过程中，由于不同的像素值在进行分割时选择的模数不同，且模数的分布不均匀，因此密文分布不是完全的随机均匀分布。与嵌入前密文相邻数据的相关性相比，嵌入后数据的相关性图像中点的分布没有趋向对角线 $x=y$，说明嵌入过程没有使数据的相关性趋向增强，嵌入过程没有降低原秘密分享过程的安全性。

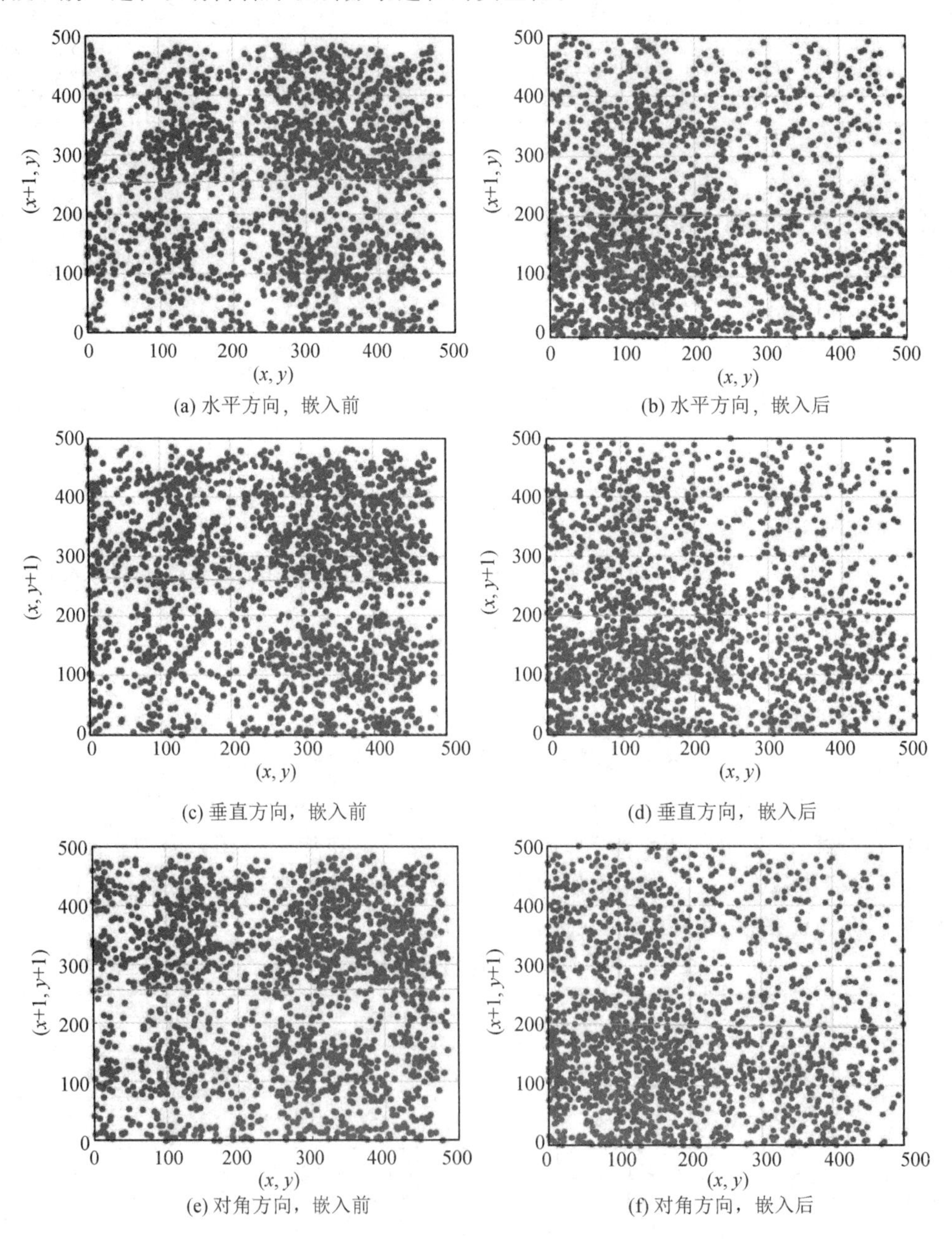

图 4-16 测试图像 Baboon 的相关性嵌入前后对比

3. 效率分析

计算复杂度：相比 LWE 加密、Paillier 加密等公钥加密算法，基于 CRT 的秘密共享算法以矩阵间的线性运算为主，运行效率较高，且密文数据扩展较小。本节算法中秘密分割与复合的计算复杂度为 $O(k)$，k 为图像灰度的色阶长度；密文域同态嵌入及密文份 DE 嵌入的计算复杂度为 $O(1)$。

密文扩展：根据算法设计要求与实验中的设置可得，本节算法中秘密分割后的密文扩展因子(BF)是 9/8(1.125)。

嵌入率：密文域同态嵌入的明文嵌入率与测试图像内容有关，图像越光滑，保真系数 h_{fid} 取值越大，满足约束条件的像素对越多，嵌入量越大。根据实验结果可知，$h_{\text{fid}}=10$ 时，实验图像的明文嵌入率最大，可达到 0.5 b/p；$h_{\text{fid}}=0$ 时，嵌入率最小，可达到 0.1 b/p。密文份 DE 嵌入是针对密文份中的密文数据进行 DE 嵌入，由于一个明文图像会被分割为 n 份密文份，每个密文份都可以实施密文份 DE 嵌入，其嵌入量仅与密文份中的密文数据相关，与明文图像无关，因此这里主要分析密文份 DE 嵌入的密文嵌入率，不讨论其明文嵌入率。根据表 4-8 中的实验数据，可以计算不同测试图像的密文份的嵌入容量平均值，求得的实验中密文份 DE 嵌入的平均密文嵌入率为 0.0545 b/b。

本节从 CRT 秘密共享的应用出发，提出了适用于秘密共享应用场景的密文域可逆信息隐藏算法，算法中包含两次密文域嵌入过程。其中密文域同态嵌入是对密文份进行同态嵌入操作，使秘密复合后的携密明文中包含同态嵌入的额外信息，携密明文支持信息的提取与明文的无失真恢复；密文份 DE 嵌入可以支持参与人在其保管的密文份中嵌入并直接提取信息，并且携密密文份可以无损地恢复为原密文份。两个嵌入过程的实现保证了基于秘密共享的 RDH-ED 算法的可分离性。实验针对算法的可逆性、安全性与运行效率进行了验证与分析，结果表明算法具有较好的可靠性与实用性。

4.4 基于 ECCG 加同态性的密文域可逆信息隐藏

密码学中的同态加密技术提供了一种在密文中进行信息处理的途径，在同态加密域可逆信息隐藏领域有效地引入同态加密技术是实现信息嵌入并进行密文管理的有效方法。当前引入同态加密域可逆信息隐藏领域的同态加密技术主要是 Paillier 加同态算法和序列密码的加同态效应，本节通过引入基于椭圆曲线离散对数问题的 EC-EG 同态加密算法，有效提高了同态加密域可逆信息隐藏技术的应用范围与所适应的加密体制集合。进一步论证了同态加密技术在同态加密域可逆信息隐藏领域的应用潜力与研究价值。本节提出的基于 EC-EG 的同态加密域可逆信息隐藏算法，通过构造 MCC 的方法提高了文献[48]中算法的嵌入率，属于 VRBE 类可分离的 RDH-HED 算法。

4.4.1 预测误差扩展

预测误差扩展[89]是将图像像素分成重叠的像素组，像素组中的像素用符号“•”和“×”表示，“•”像素用来预测，“×”像素用来信息嵌入。图 4-17 中，“×”中像素 $p_{i,j}$ 由“•”中的四个相邻像素($p_{i,j-1}$，$p_{i,j+1}$，$p_{i-1,j}$，$p_{i+1,j}$)预测。

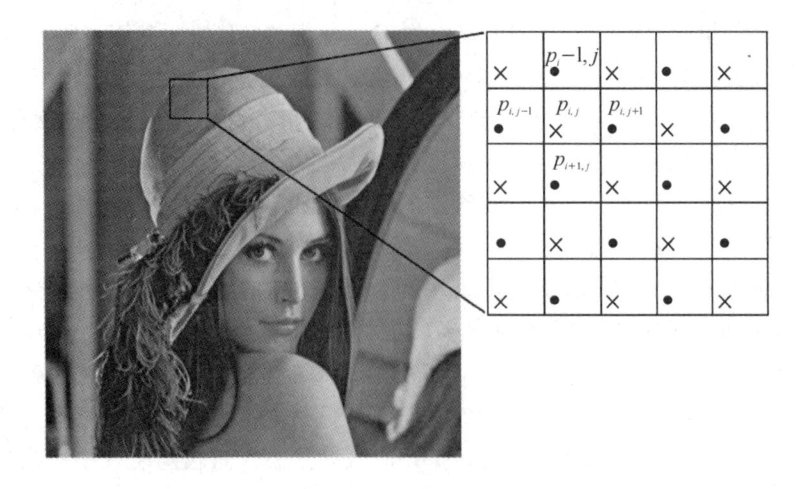

图 4-17 像素预测

PEE 算法的嵌入、提取和恢复过程如下。

嵌入过程：首先根据式(4-4-1)计算像素 $p_{i,j}$ 的预测值 $p'_{i,j}$：

$$p'_{i,j}=\left\lfloor\frac{p_{i,j-1}+p_{i,j+1}+p_{i-1,j}+p_{i+1,j}}{4}\right\rfloor \tag{4-4-1}$$

由式(4-4-2)计算预测误差 $e_{i,j}$：

$$e_{i,j}=p_{i,j}-p'_{i,j} \tag{4-4-2}$$

预测误差 $e_{i,j}$ 可通过式(4-4-3)进行扩展：

$$e'_{i,j}=2\times e_{i,j}+b \tag{4-4-3}$$

式中：b 是秘密信息，且 $b\in\{0, 1\}$；$e'_{i,j}$ 是扩展后的预测误差。最终得到嵌入信息后的像素 $P_{i,j}$：

$$P_{i,j}=e'_{i,j}+p'_{i,j} \tag{4-4-4}$$

溢出处理：PEE 的嵌入过程可能会存在溢出问题，本文通过标记不可嵌入位置的方法避免溢出，即

$$P_{i,j}=e_{i,j}+p_{i,j}+b \tag{4-4-5}$$

根据式(4-4-5)，当像素满足式(4-4-6)时，不会产生溢出：

$$0\leqslant e_{i,j}+p_{i,j}\leqslant 254 \tag{4-4-6}$$

若像素不满足式(4-4-6)，为保证算法的可逆性，则可用 L_m 记录不可嵌入像素所在行列的二进制表示。

提取和恢复过程：提取过程是嵌入的逆过程。由于“•”像素用来预测，所以其像素不会发生改变，那么接收者拥有与图像所有者相同的“×”像素的预测值 $p'_{i,j}$。接收者拥有嵌入信息后的像素 $P_{i,j}$，根据式(4-4-7)计算扩展后的预测误差 $e'_{i,j}$：

$$e'_{i,j}=P_{i,j}-p'_{i,j} \tag{4-4-7}$$

提取信息 $b=e'_{i,j}\bmod 2$，预测误差 $e_{i,j}$ 为

$$e_{i,j}=\left\lfloor\frac{e'_{i,j}}{2}\right\rfloor \tag{4-4-8}$$

最终得到的原始像素为

$$p_{i,j}=p'_{i,j}+e_{i,j} \tag{4-4-9}$$

4.4.2　算法设计

基于 EC-EG 的 RDH-HED 算法框架如图 4－18 所示。图像所有者先将图像分成 A、B、C 三部分，利用 PEE 算法预留空间，然后将图像的像素编码到椭圆曲线上的点[90-91]，最后再用公钥 pk 加密并构造 MCC。信息隐藏者利用和图像所有者相同的方法将图像的密文分为 A_E、B_E、C_E，然后用隐藏密钥 k 将秘密信息置乱后再用 pk 加密，最后通过与 A_E 中的目标像素进行密文同态加法运算将秘密信息嵌入到目标像素的 nLSBs。接收者拥有隐藏密钥 k 和嵌入密钥 r_{S_w} 时，首先利用密文同态减法运算提取秘密信息的密文，然后通过查找嵌入密钥 r_{S_w} 生成的映射表得到秘密信息的明文，最后用隐藏密钥 k 对秘密信息进行置乱恢复；接收者只拥有图像所有者的私钥 sk 时，可得到含有秘密信息的携密明文图像；接收者同时拥有私钥 sk 和隐藏密钥 k 时，可在解密后提取秘密信息，并还原明文图像。

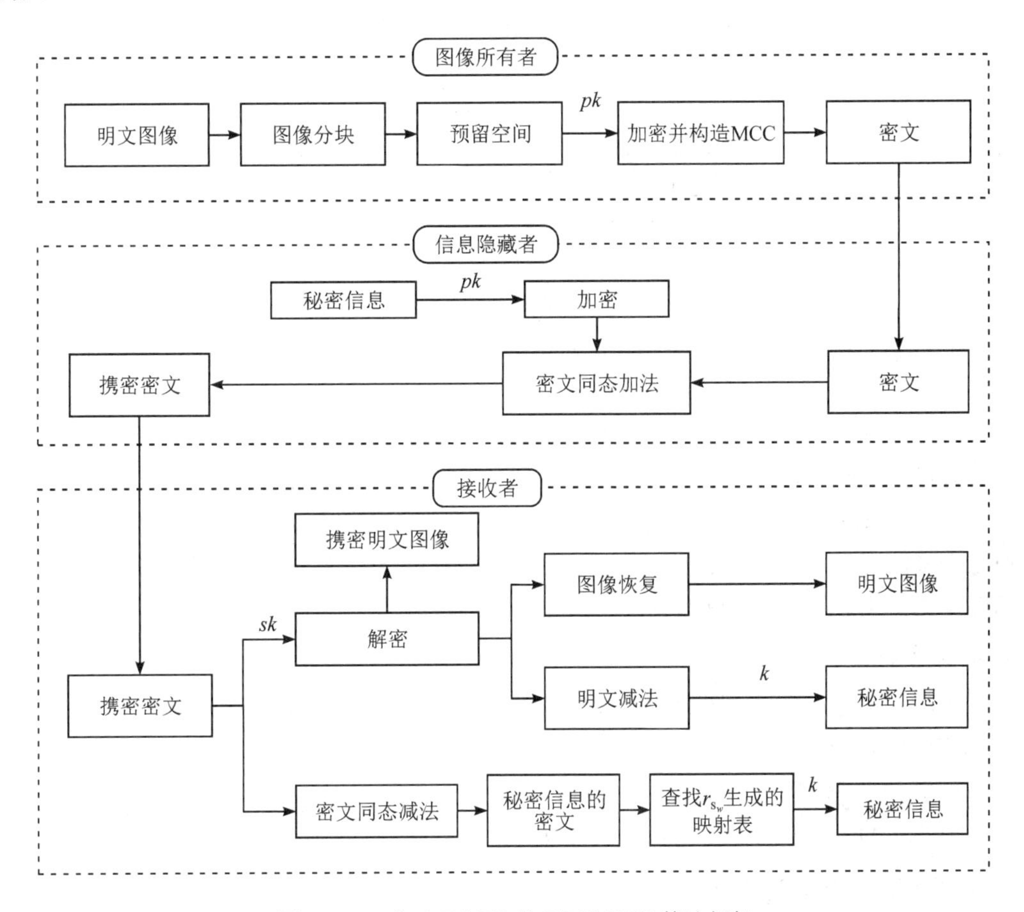

图 4－18　基于 EC-EG 的 RDH-HED 算法框架

4.4.3 算法过程

1. 预留空间

图像所有者将整个明文图像分为 A、B、C 三个不重叠的块，如图 4－19 所示。

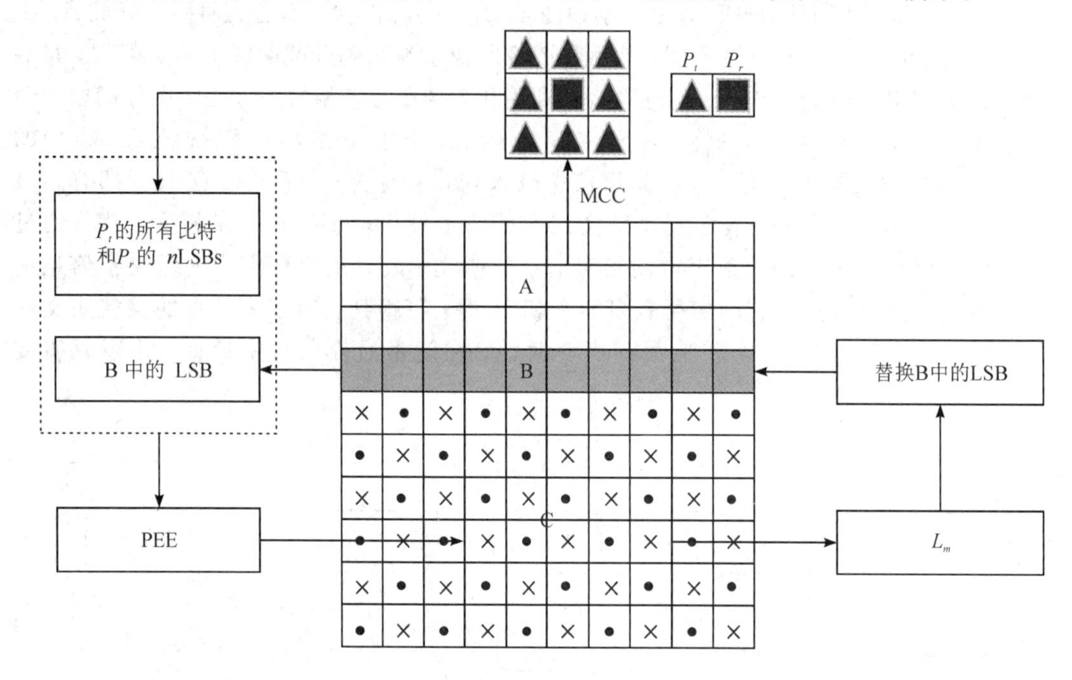

图 4－19 明文图像分块和自可逆嵌入过程

自可逆嵌入是要把 A 中目标像素的所有比特、参考像素的 nLSBs 和 B 中的 LSB 通过可逆信息隐藏的方法(本节是 PEE 算法)嵌入 C 中。用 A_m 表示 A 中参考像素的位置集合，图像所有者会将 n 和 A_m 作为共享参数发送给信息隐藏者和接收者。

自可逆嵌入后，C 中保存了目标像素 P_t 的所有比特和参考像素 P_r 的 nLSBs。图像所有者将 P_r 的 nLSBs 置 0，在加密后用参考像素的密文替换目标像素的密文，那么将秘密信息通过密文同态加法嵌入到已置 0 的目标像素 P_t 的 nLSBs 的同时也避免了在加密域嵌入信息时产生溢出。图 4－20 更加直观地描述了本节算法。

2. 图像加密

在留出嵌入空间之后，图像所有者对每一个像素点 $P'_{i,j}$ 随机选择整数 $r_{i,j}$，利用公钥 pk 加密图像，得到密文

$$M(C_{P'_{i,j}})=(r_{i,j}G,\ M(P'_{i,j})+r_{i,j}pk)=(C_{1_{i,j}},\ C_{2_{i,j}}) \qquad (4-4-10)$$

式中：$i\in[1,\ M]$，$j\in[1,\ N]$，图像大小为 $M\times N$。

3. 构造镜像中心密文

图像所有者用参考像素的密文替换目标像素的密文，即 $c'_t=c_r$，就构造了 MCC。在像素组中，所有的目标像素成了参考像素的镜像，拥有与参考像素相同的密文和已置 0 的 nLSBs，如图 4－20(d)所示。

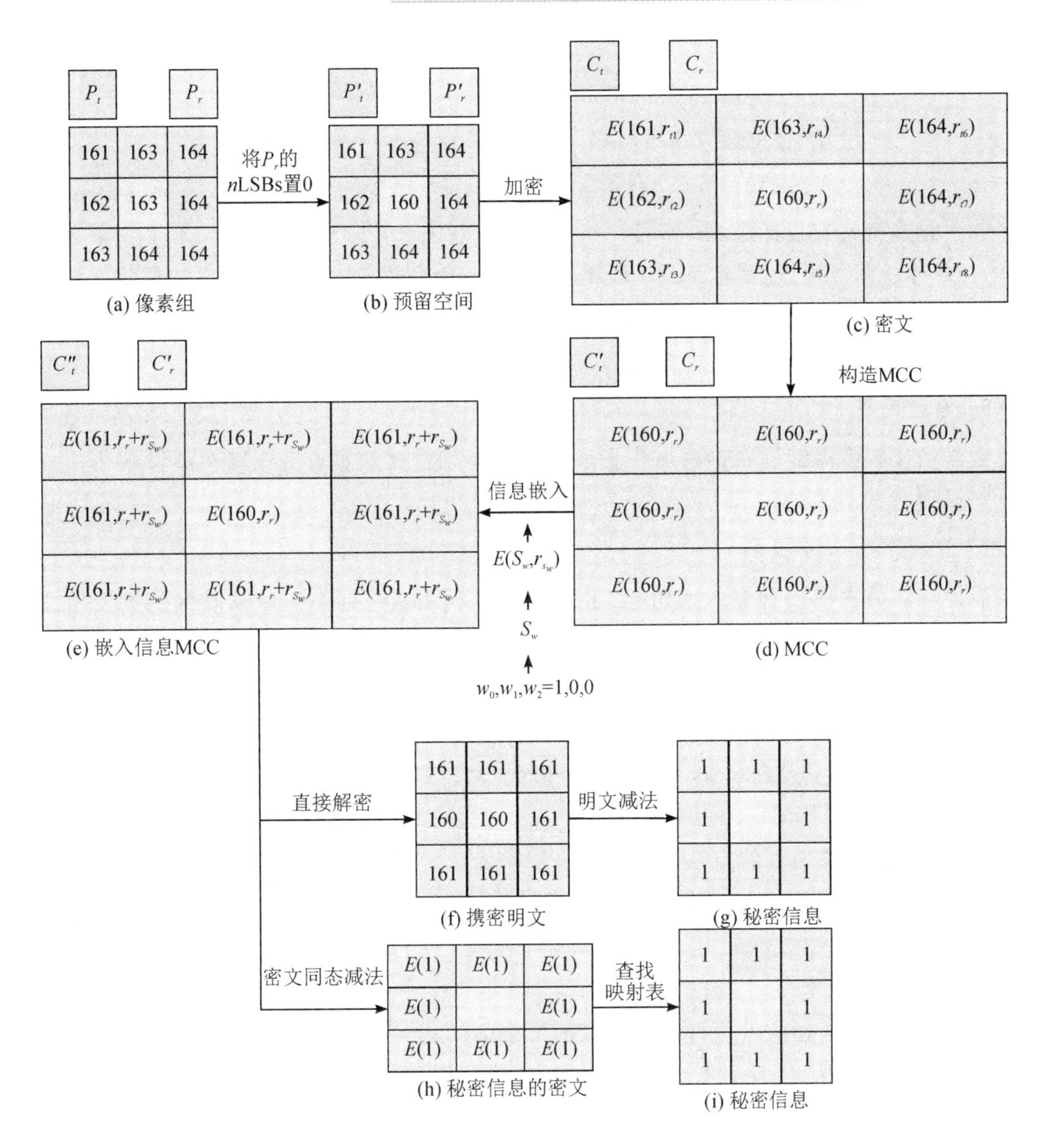

图 4-20　以 $n=3$ 为例说明算法流程

4. 信息隐藏

信息隐藏者先把秘密信息用隐藏密钥 k 置乱，再将已置乱的秘密信息 w 分组，每组有 n bits，记作 w_0，w_1，…，w_{n-1}。由此可计算每组数据的十进制为

$$S_w=\sum_{i=0}^{n-1} w_i\times 2^i,\ (S_w=0,\ 1,\ \cdots,\ 2^n-1) \tag{4-4-11}$$

信息隐藏者根据嵌入密钥为每一个 S_w 选择一个随机整数 r_{S_w} $(r_{S_w}<n)$，并利用公钥 pk 对其进行加密，得到密文为

$$M(c_{S_w})=(r_{S_w}G,\ M(S_w)+r_{S_w}pk) \tag{4-4-12}$$

按照预留空间的方法，将加密图像分为 A_E、B_E、C_E，信息隐藏者在加密域中通过式(4-4-13)嵌入秘密信息：

$$
\begin{aligned}
M(c''_t) &= M(c'_t) + M(c_{S_w}) \\
&= (r_t G,\ M(t') + r_t pk) + (r_{S_w} G,\ M(S_w) + r_{S_w} pk) \\
&= M(t') + r_t pk + M(S_w) + r_{S_w} pk - skr_t G - skr_{S_w} G \\
&= M(t') + M(S_w)
\end{aligned} \tag{4-4-13}
$$

式中：c''_t 是携密密文目标像素。假设一组目标像素含有 3 bits 信息，即 $n=3$，$(w_0 w_1 w_2)=(100)$，则可计算得到 $S_w=1$，$c_{S_w}=E(1, r_{S_w})$。信息隐藏者进行密文同态加法将 3 bits 秘密信息嵌入相应的 MCC$[c'_t=E(160, r_r), c_r=E(160, r_r)]$中，如图 4-20(e)所示，然后得到相应的 $c''_t=E(161, r_r+r_{S_w})$。

5. 信息提取

合法的接收者既能够在加密域中提取信息后得到密文数据，又能够在图像解密后提取信息并得到明文图像。

1) 直接从密文中提取

当拥有隐藏密钥 k 和嵌入密钥 r_{S_w} 时，接收者利用密文同态减法从收到的携密密文中提取秘密信息，步骤如下：

(1) 把接收到的携密密文按照同预留空间过程中相同方法进行分块，合法的接收者提取携密像素组，如图 4-20(e)所示。

(2) 在 MCC 中，携密密文目标像素为 $M(c''_t)=M(c_r)+M(c_{S_w})$，由密文同态减法运算 $M(c_{S_w})=M(c''_t)-M(c_r)$提取出 $M(c_{S_w})$。

(3) 通过查找映射表的方法将 $M(c_{S_w})$解密为 $M(S_w)$，然后解码得到 S_w。当拥有嵌入密钥时，接收者可获得加权和 S_w 相应的 r_{S_w}。由式(4-4-11)可知，S_w 有 2^n 个可能值，分别为 0, 1, …, 2^n-1。当拥有相应的 n 时，接收者可计算出相应的可能值 S_w^p。再利用嵌入密钥 r_{S_w}，计算出相应的密文加权和的可能值 $E(S_w^p, r_{S_w})$，从而得到 S_w^p 与 $E(S_w^p, r_{S_w})$的映射表，如图 4-21 所示。根据第 2 章 EC-EG 同态加密，利用相同的参数进行加密，(S_w, r_{S_w})与 $M(c_{S_w})$一一对应。因此，$M(c_{S_w})$只能是 2^n 个可能值 S_w^p 中的一个。所以，可通过在可能值 $E(S_w^p, r_{S_w})$中查找 $M(c_{S_w})$，记与 $M(c_{S_w})$匹配的 $E(S_w^p, r_{S_w})$对应的 S_w^p 为 S_w^m，则 S_w^m 就是所求的信息的加权和。通过上述查找映射表的方法，接收者可在没有私钥 sk 的情况下从加密域中正确提取秘密信息。

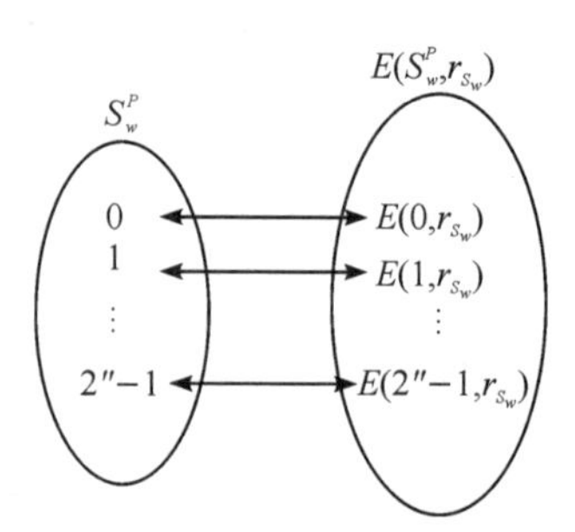

图 4-21 S_w^p 与 $E(S_w^p, r_{S_w})$的映射表

(4) 接收者利用式(4-4-14)得到 $w_0, w_1, \cdots, w_{n-1}$，再用隐藏密钥 k 进行置乱恢复，就可提取原始秘密信息。

$$
w_i = \left\lfloor \frac{S_w^m}{2^i} \right\rfloor,\ i=0, 1, \cdots, n-1 \tag{4-4-14}
$$

2）解密后从明文中提取

接收者拥有私钥 sk 和隐藏密钥 k，计算 $M(P''_{i,j})=M(C''_{i,j})+r_{i,j}pk-skr_{i,j}G$，其中 $C''_{i,j}$ 是携密密文，$P''_{i,j}$ 是相应的携密明文。按照预留空间的方法，将直接解密图分成 A_D、B_D、C_D 三部分，可通过在像素组的目标像素对中进行明文减法得到 $M(S_w)=M(P''_t)-M(P''_r)$，其中 P''_t 和 P''_r 分别是携密明文中的目标像素和参考像素。最后，与直接从密文数据中提取信息的方法一样，同样可得到原始的秘密信息。

6. 图像恢复

接收者同时拥有私钥 sk 和隐藏密钥 k 时，可在解密后提取秘密信息，并还原明文图像。利用私钥 sk 解密得到携密明文图像，并将其分成 A_D、B_D、C_D 三部分，由于秘密信息隐藏在 A_D 中的 P_t，所以接收者从 B_D 和 C_D 中提取自嵌入的数据，恢复原始图像。从 B_D 的 LSB 中提取出 L_m，最终根据 PEE 算法的提取操作得到自嵌入到 C_D 中的数据，用从 C_D 提取出的自嵌入数据完成 A_D 和 B_D 的恢复，可得到完整的原始明文图像。

4.4.4 仿真实验与分析

为了验证本节所提出算法的性能，从 USC-SIPI 图像库[86]中选取 512×512 的 4 幅灰度图像进行仿真实验，如图 4-22 所示。实验环境为 CPU：Intel(R) Core(TM) i7-5500U CPU @ 2.40GHz；RAM：8.00 GB；OS：Windows 10；Programming：Java 8 and MATLAB R2015b。当参数 $n=3$，ER=0.016 b/p(嵌入容量是 4095 bits)时，本节算法对 Lena 图像的实验过程如图 4-23 所示。

(a) Lena

(b) Plane

(c) Man

(d) Hill

图 4-22 实验图像

(a) 明文

(b) 携密明文

(c) 恢复明文

图 4-23 本节算法对 Lena 图像的实验过程($n=3$，ER=0.016 b/p)

1. 嵌入率

表 4-12 显示了在不同 n 的取值下 Lena 图像的嵌入容量和携密明文的 PSNR 值。在相同的嵌入容量下，PSNR 值随 n 的增加而相应增加。但是，当 $n=4$ 时，由于构造 MCC 引入的失真变大，此时图像的 PSNR 值降低了，所以 $n=3$ 是本节算法的最佳参数。表 4-13 显示了在最佳参数 $n=3$ 下 4 幅图像的嵌入容量和 PSNR 值。表 4-14 是 4 幅图像 L_m 的最大比特数。

表 4-12　本节算法在不同 n 的取值下对 Lena 图像的实验数据

嵌入容量/bits	嵌入率/(b/p)	PSNR/dB			
		$n=1$	$n=2$	$n=3$	$n=4$
4095	0.016	51.681	53.448	54.719	45.353
8190	0.031	48.765	51.130	51.786	43.472
12 285	0.047	46.993	49.022	49.618	41.040
16 380	0.063	45.658	48.012	48.320	40.132
24 570	0.094	43.034	45.684	45.885	37.970
32 760	0.125	40.820	44.301	44.456	36.384
36 855	0.141	39.983	43.634	43.920	35.609
49 140	0.188	38.219	42.090	42.667	34.353
65 520	0.250	35.829	40.030	41.146	32.611

表 4-13　当最优参数 $n=3$ 时 4 幅图像的实验数据

嵌入容量/ bits	嵌入率/(b/p)	PSNR/ dB			
		Lena	Plane	Man	Hill
4095	0.016	54.719	44.913	47.637	54.526
8190	0.031	51.786	43.715	44.158	50.866
12 285	0.047	49.618	42.896	42.486	48.695
16 380	0.063	48.320	42.120	41.422	46.843
24 570	0.094	45.885	40.956	40.277	44.610
32 760	0.125	44.456	39.956	39.310	42.919
36 855	0.141	43.920	39.574	38.897	42.353
49 140	0.188	42.667	38.599	37.730	40.561
65 520	0.250	41.146	37.727	36.527	39.135

表 4-14　4 幅图像 L_m 的最大比特数

图　　像	L_m/bit
Lena	33
Plane	670
Man	755
Hill	128

2. 可逆性

1）明文恢复的可逆性

在 RDH-HED 领域，要求图像恢复得到的恢复明文与原始明文图像之间的 PSNR 值是∞。本节算法可以无失真地恢复原始明文图像，图像恢复得到的恢复明文与原始明文图像之间的 PSNR 值也是∞。

2）秘密信息提取的准确性

本节算法中有两种提取秘密信息的方式：① 从携密明文中提取秘密信息；② 直接从携密密文中提取秘密信息。这两种信息提取方式是本节算法可分离性的体现。实验将所提取秘密信息的准确性进行逐位对比，结果为在上述两种方式下，信息提取的准确率均为100%，表示可以无差错地提取秘密信息。

3. 安全性

本节算法利用 EC-EG 同态加密的复杂度是 $O(n^3)$。通过改变参数可以得到不同的椭圆曲线。秘密信息嵌入目标像素的位平面，受 EC-EG 同态加密保护。为验证嵌入过程的安全性，当参数 $n=3$，ER＝0.016 b/p 时，本节对嵌入前后的密文统计特征进行实验对比分析。

1）直方图及其方差

对 4 幅实验图像的嵌入前后密文统计特征进行对比分析，结果如图 4-24 所示。嵌入信息的过程可看作噪声微扰导致密文变化的过程，因此对密文的分布特性基本不会发生破坏。数学计算上体现为，嵌入信息前后密文数据的方差没有出现明显变化。图 4-24 表明，与原密文的分布相比，嵌入后的密文能够保持原直方图的分布特征。

2）相邻数据相关性

从密文、携密密文中随机选择 1000 对相邻数据，分为水平、垂直和对角三个方向，并计算相关性系数，结果如表 4-15 所示。通过对表 4-15 中密文、携密密文的相邻数据相关性进行分析，可以看出密文和携密密文的相邻数据相关性系数远小于 1，且携密密文的相邻数据相关性没有出现明显变化。

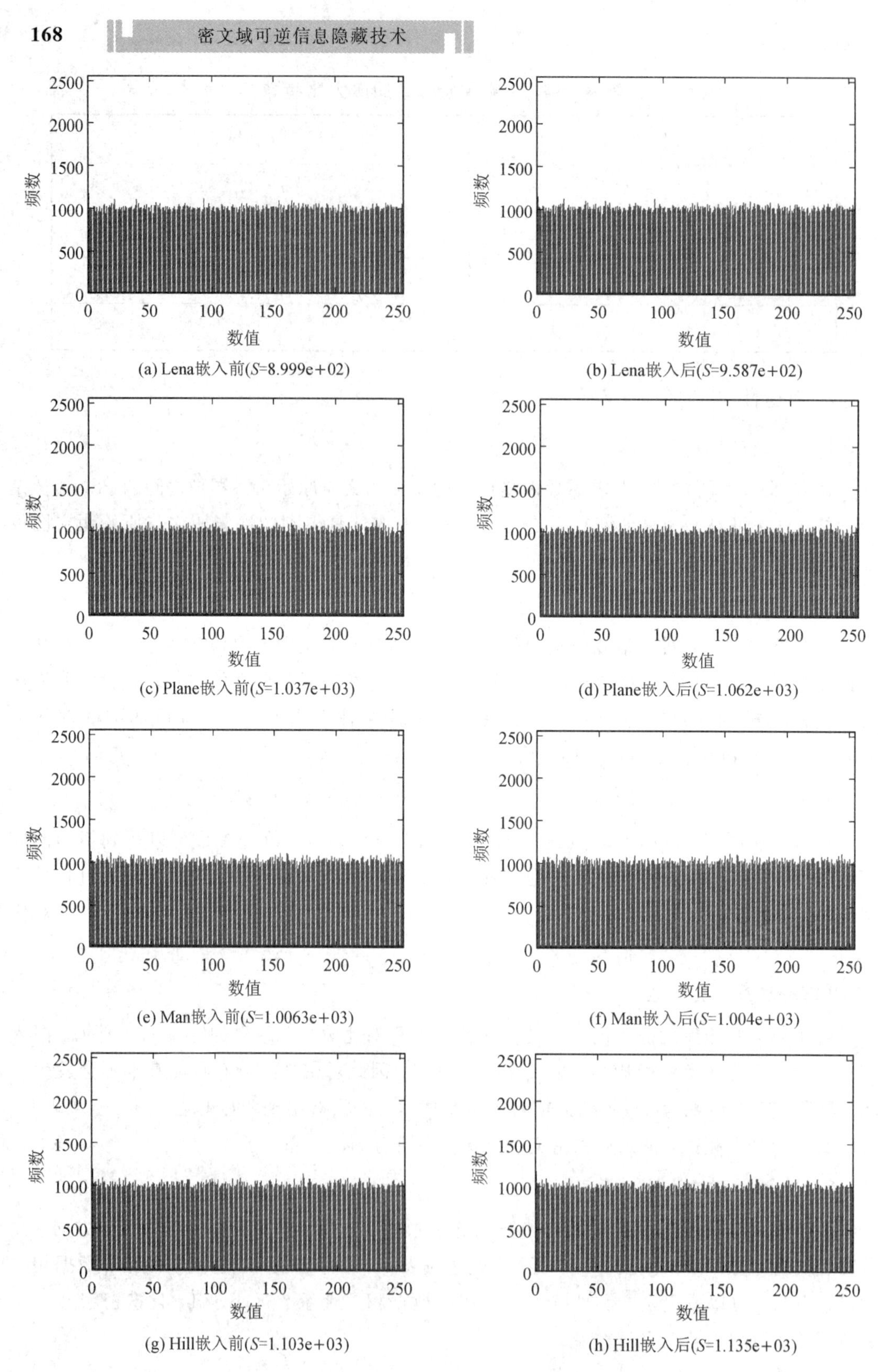

(a) Lena嵌入前(S=8.999e+02)

(b) Lena嵌入后(S=9.587e+02)

(c) Plane嵌入前(S=1.037e+03)

(d) Plane嵌入后(S=1.062e+03)

(e) Man嵌入前(S=1.0063e+03)

(f) Man嵌入后(S=1.004e+03)

(g) Hill嵌入前(S=1.103e+03)

(h) Hill嵌入后(S=1.135e+03)

图 4-24 嵌入信息前后密文数据的直方图及方差

表 4-15　嵌入信息前后相邻数据的相关性

图像	水平相关性		垂直相关性		对角相关性	
	嵌入前	嵌入后	嵌入前	嵌入后	嵌入前	嵌入后
Lena	−0.034	0.044	−0.044	0.046	−0.013	−0.008
Plane	0.002	−0.045	−0.015	−0.021	−0.007	−0.018
Man	−0.027	−0.006	0.016	−0.005	0.070	−0.013
Hill	−0.012	0.002	0.009	−0.016	0.006	−0.029

此外，绘制出图像 Lena 的 1000 对水平、垂直、对角相邻数据相关性散点图，也没有出现明显变化，结果如图 4-25 所示。

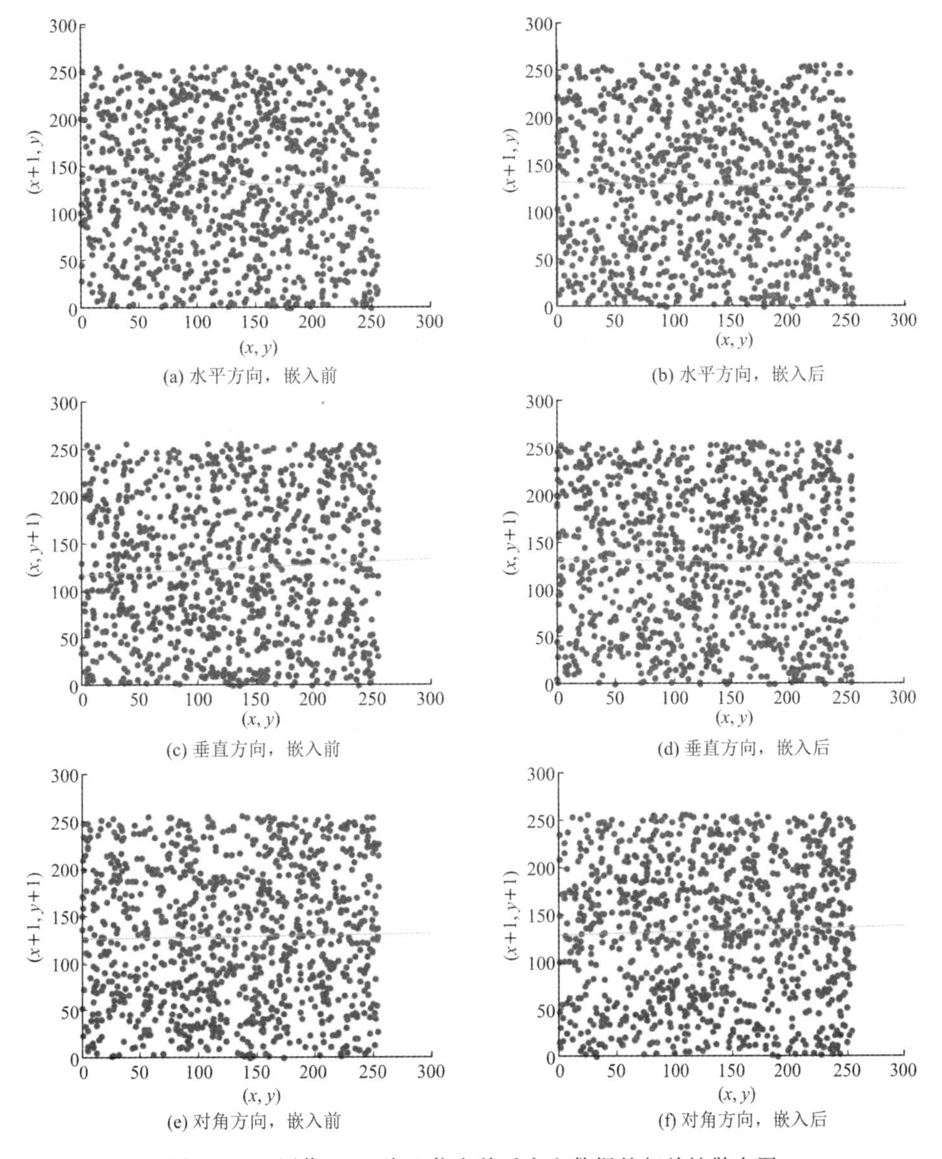

图 4-25　图像 Lena 嵌入信息前后密文数据的相关性散点图

3）信息熵

从表4-16中可以看出嵌入前后密文数据的平均信息熵趋于相等，从信息熵的角度来看，嵌入过程并没有对加密算法的安全性造成太大影响。

表4-16 嵌入信息前后密文的信息熵

图像	密文	携密密文
Lena	7.9994	7.9993
Plane	7.9993	7.9993
Man	7.9993	7.9993
Hill	7.9992	7.9992

本节根据EC-EG的同态加法，设计并实现了VRBE类可分离的RDH-HED算法。详细描述了算法框架、算法流程以及实验分析。算法的特点是利用EC-EG的同态加法进行信息嵌入与提取操作，通过构造镜像中心密文的方法提高了文献[16]中算法的嵌入率，但是图像所有者需要大量的预处理操作，在实际应用上存在不足。

4.5 本章小结

RDH-HED是一个新兴的研究方向，还存在一些亟待解决的问题。综合上述分析，未来可以探讨更多具有同态特性的密码算法与信息隐藏技术相结合，在确保安全性的前提下不断提高嵌入容量，并实现算法的可分离。鉴于此，未来有以下几个研究的热点方向：

(1) 可证明安全性的RDH-HED设计。

目前已有的RDH-HED算法大多通过统计实验数据来验证算法的安全性，未来在设计RDH-HED时，可考虑采用密码算法的设计方式，以纯数学证明或者推理为基础，采用严格的数学推理来保证RDH-HED算法的安全性、可靠性等，即达到可证明安全。目前为止，相关的研究文献较少，文献[36]、[37]通过分析嵌入额外信息后密文统计特征的变化，推导出携密密文图像的分布函数就等于嵌入信息前密文图像的分布函数，且都符合密文空间上的均匀分布，论证了在密文中嵌入信息的不可感知性。

(2) 新型加密域信号处理技术研究。

现有的RDH-HED算法大多利用Paillier等同态密码算法进行信息嵌入提取等操作，以及对LWE、R-LWE加密后产生的密文冗余进行重量化与再编码达到信息嵌入与提取的目的。未来可有效引入新型的密码体制，如高效的全同态加密、属性加密和代理重加密等，进一步提高算法执行效率，且保证信息嵌入的可逆性与算法的可分离性。

(3) 任意第三方嵌入者的可分离算法研究。

当前的RDH-HED算法是将秘密信息加密后，利用同态加法进行嵌入，接收者要提取出原始秘密信息，必须得到相应的私钥来解密，即对私钥持有者来说算法是可分离的，这就增加了密钥泄露的风险。未来可研究接收者从加密域中直接提取出原始信息，不需要数据嵌入者的私钥解密，即发展为对任意第三方嵌入者的可分离算法。

利用密码的同态性进行密文域可逆嵌入是 RDH-ED 领域的研究热点，当前使用的同态加密技术主要是利用单同态加密技术对密文进行操作，引入 RDH-ED 的同态加密技术也较为单一，相关方法的拓展性不强，难以支撑在密文域构造更复杂有效的嵌入操作以提高 RDH-ED 的技术性能。

实际上，同态加密技术提供了一种在密文中进行明文等效操作的可能，同态加密本质上反映了密文冗余的存在性与冗余的可操作性。因此理论上来说，同态加密技术是一种直接利用密文冗余的有效方法，能够为在 RDH-ED 领域中引入当前研究较为成熟的空间域 RDH 技术提供技术桥梁的作用。基于此，VRIE 类 RDH-ED 算法主要是利用全同态加密对空域可逆嵌入技术进行密文域的同态封装，设计出一种具有一定通用指导意义的基于全同态加密的新型密文域可逆嵌入的技术框架。但是该方法的计算复杂度较高，为了支持全同态操作的实现，自举加密与密钥替换技术相继被提出，并在数学上证明了该技术的可行性与正确性，但是在实际使用过程中，自举加密的计算复杂度过大，对于像素级数据的处理复杂度已经远远超过实用的需求，对视频等大数据量的多媒体数据来说，该方法的可用性还有待提高，主要还是依赖于全同态加密技术的发展。借鉴同态加密的技术框架与实用场景来完善 RDH-ED 的应用场景是一种不错的方法，然后使用其他方法构造 RDH-ED 算法，使其在没有引入全同态的复杂操作的情况下实现同态可逆嵌入的应用框架是解决 RDH-ED 领域实用性问题的另一种解决方法，可使用的方法主要来自 VRIE 中的一些常用技术，以及编码等密文域信号处理技术。

参考文献

[1] RIVEST R L, ADLEMAN L, DERTOUZOS M L. On data banks and privacy homomorphisms[J]. Foundations of Secure Computation, 1978, 32(4): 169－178.

[2] PAILLIER P. Public-key cryptosystems based on composite degree residuosity classes[C]. International Conference on the Theory and Applications of Cryptographic Techniques. Berlin: Springer, 1999: 223－238.

[3] ELGAMAL T. A public key cryptosystem and a signature scheme based on discrete logarithms[J]. IEEE Transactions on Information Theory, 1985, 31(4): 469－472.

[4] GENTRY C. Fully homomorphic encryption using ideal lattices[C]. Proceedings of the 41st Annual ACM Symposium on Theory of Computing. New York: ACM, 2009: 169－178.

[5] DIJK M V, GENTRY C, HALEVI S, et al. Fully homomorphic encryption over the integers[C]. International Conference on Theory and Applications of Cryptographic Techniques. Berlin: Springer, 2010: 24－43.

[6] HOFFSTEIN J, PIPHER J, SILVERMAN J H. NTRU: a ring-based public key cryptosystem[M]. Algorithmic Number Theory. 1998.

[7] SHI Y Q, LI X L, ZHANG X P, et al. Reversible data hiding: advances in the past two decades[J]. IEEE Access, 2016, 4(5): 3210-3237.

[8] 柯彦，张敏情，刘佳，等. 密文域可逆信息隐藏综述[J]. 计算机应用，2016，36(11)：3067-3076.

[9] CHEN Y C, SHIU C W, HORNG G. Encrypted signal-based reversible data hiding with public key cryptosystem[J]. Journal of Visual Communication and Image Representation, 2014, 25(5): 1164-1170.

[10] SHIU C W, CHEN Y C, HONG W. Encrypted image-based reversible data hiding with public key cryptography from difference expansion[J]. Signal Processing: Image Communication, 2015, 39(11): 226-233.

[11] WU X T, CHEN B, WENG J. Reversible data hiding for encrypted signals by homomorphic encryption and signal energy transfer[J]. Journal of Visual Communication and Image Representation, 2016, 41(11): 58-64.

[12] 周能，张敏情，刘蒙蒙. 基于秘密共享的同态加密图像可逆信息隐藏算法[J]. 科学技术与工程，2020，20(19)：1-1.

[13] CHEN Y C, HUNG T, HSIEH S, et al. A new reversible data hiding in encrypted image based on multi-secret sharing and lightweight cryptographic algorithms[J]. IEEE Transactions on Information Forensics and Security, 2019, 14(12): 3332-3343.

[14] ZHANG X P, LONG J, WANG Z C, et al. Lossless and reversible data hiding in encrypted images with public-key cryptography[J]. IEEE Transactions on Circuits and Systems for Video Technology, 2016, 26(9): 1622-1631.

[15] 项世军，罗欣荣. 同态公钥加密系统的图像可逆信息隐藏算法[J]. 软件学报，2016，27(6)：1592-1601.

[16] XIANG S J, LUO X R. Reversible data hiding in homomorphic encrypted domain by mirroring ciphertext group[J]. IEEE Transactions on Circuits and Systems for Video Technology, 2018, 28(11): 3099-3110.

[17] 张敏情，周能，刘蒙蒙，等. 基于 Paillier 的同态加密域可逆信息隐藏[J]. 山东大学学报(理学版)，2020，55(3)：1-8.

[18] ZHOU N, ZHANG M Q, WANG H, et al. Reversible data hiding scheme in homomorphic encrypted image based on EC-EG[J]. Applied Sciences. 2019, 9(14): 2910.

[19] TAI W L; CHANG Y F. Separable reversible data hiding in encrypted signals with public key cryptography[J]. Symmetry, 2018, 10(1): 23.

[20] WU H T, CHEUNG Y M, YANG Z Y, et al. A high-capacity reversible data hiding method for homomorphic encrypted images[J]. Journal of Visual

Communication and Image Representation, 2019, 62: 87-96.

[21] LI M, LI Y. Histogram shifting in encrypted images with public key cryptosystem for reversible data hiding[J]. Signal Processing, 2017, 130(1): 190-196.

[22] WU H T, CHEUNG Y M, HUANG J. Reversible data hiding in paillier cryptosystem[J]. Journal of Visual Communication and Image Representation, 2016, 40(10): 765-771.

[23] WU X T, WENG J, YAN W Q. Adopting secret sharing for reversible data hiding in encrypted images[J]. Signal Processing, 2018, 143(2): 269-281.

[24] LI M, XIAO D, ZHANG Y, et al. Reversible data hiding in encrypted images using cross division and additive homomorphism[J]. Signal Processing Image Communication, 2015, 39(PA): 234-248.

[25] XU D, CHEN K, WANG R, et al. Completely separable reversible data hiding in encrypted images[C]. International Workshop on Digital Watermarking. Springer International Publishing, 2016.

[26] 肖迪，王莹，常燕廷，等. 基于加法同态与多层差值直方图平移的密文图像可逆信息隐藏算法[J]. 信息网络安全，2016(4): 9-16.

[27] XIAO D, XIANG Y, ZHENG H, et al. Separable reversible data hiding in encrypted image based on pixel value ordering and additive homomorphism[J]. Journal of Visual Communication and Image Representation, 2017, 45: 1-10.

[28] 李志佳，夏玮. 基于差值直方图平移的密文域可逆信息隐藏算法[J]. 计算机工程，2019, 45(11): 152-158.

[29] XIANG S J, LUO X R. Efficient reversible data hiding in encrypted image with public key cryptosystem[J]. EURASIP Journal on Signal Processing in Signal Processing, 2017, 2017(1): 59.

[30] LI J, LIANG X, DAI C, et al. Reversible data hiding algorithm in fully homomorphic encrypted domain[J]. Entropy. 2019, 21(7): 625.

[31] XIONG L Z, DONG D P, XIA Z H, et al. High-capacity reversible data hiding for encrypted multimedia data with somewhat homomorphic encryption[J]. IEEE Access, 2018, 6(10): 60635-60644.

[32] ZHOU N, ZHANG M Q, WANG H, et al. Separable reversible data hiding scheme in homomorphic encrypted domain based on NTRU[J]. IEEE Access, 2020, 8(1): 81412-81424.

[33] WU H T, CHEUNG Y M, ZHUANG Z W, et al. Reversible data hiding in homomorphic encrypted images without preprocessing[C]. Proc. The 20th World Conference on Information Security Applications (WISA 2019), Jeju Island, Korea, August, 2019.

[34] KHAN A N, FAN M Y, NAZEER M I, et al. An efficient separable reversible

data hiding using paillier cryptosystem for preserving privacy in cloud domain[J]. Electronics 2019, 8(6): 682.

[35] 周能，张敏情，林文兵. 基于秘密共享的可分离密文域可逆信息隐藏[J]. 计算机工程，2020，46(11)：1-1.

[36] 张敏情，柯彦，苏婷婷. 基于 LWE 的密文域可逆信息隐藏[J]. 电子与信息学报，2016，38(2)：354-360.

[37] 柯彦，张敏情，苏婷婷. 基于 R-LWE 的密文域多比特可逆信息隐藏算法[J]. 计算机研究与发展，2016，53(10)：2307-2322.

[38] 柯彦，张敏情，张英男. 可分离的密文域可逆信息隐藏[J]. 计算机应用研究，2016，33(11)：3476-3479.

[39] 柯彦，张敏情，项文. 加密域的可分离四进制可逆信息隐藏算法[J]. 科学技术与工程，2016，16(27)：58-64.

[40] 柯彦，张敏情，刘佳. 可分离的加密域十六进制可逆信息隐藏[J]. 计算机应用，2016，36(11)：3082-3087.

[41] KE Y, ZHANG M Q, LIU J, et al. A multilevel reversible data hiding scheme in encrypted domain based on LWE[J]. Journal of Visual Communication & Image Representation, 2018, 54(7): 133-144.

[42] KE Y, LIU J, ZHANG M Q, et al. Fully homomorphic encryption encapsulated difference expansion for reversible data hiding in encrypted domain[J]. Digital Object Identifier TCSVT. DOI: 10.1109/TCSVT.2019.2963393.

[43] SHANNON C E. A mathematical theory of communication[J]. Bell Labs Technical Journal, 1948, 27(4): 379-423.

[44] GOLDWASSER S, MICALI S. Probabilistic encryption & how to play mental poker keeping secret all partial information[C]. ACM Symposium on Theory of Computing, San Francisco, 1982, 365-377.

[45] STEINFELD R, PIEPRZYK J, WANG H X. Lattice-based threshold-changeability for standard CRT secret-sharing schemes[J]. Finite Fields and Their Applications. 2006, 12(4): 653-680.

[46] FRIDRICH J, GOLJAN M, LISONEK P, et al. Writing on wet paper[J]. IEEE Transactions on Signal Processing, 2005, 53(10): 3923-3935.

[47] PAILLIER P, POINTCHEVAL D. Efficient public-key cryptosystems provably secure against active adversaries[C]. Advances in Cryptology-ASIACRYPT'99. Lecture Notes in Computer Science, LNCS 1716. Springer, Berlin, Heidelberg, 1999, 165-179.

[48] LUO L X, CHEN Z Y, CHEN M, et al. Reversible image watermarking using interpolation technique[J]. IEEE Transactions on Information Forensics and Security, 2010, 5(1): 187-193.

[49] SCHNEIER B. Applied cryptography：protocols，algorithms and source code[C]. Indianapolis：JohnWiley and Sons，2007.

[50] ALFARDAN N J，BERNSTEIN D J，PATERSON K G，et. al. On the security of RC4 in TLS and WPA [C]. Proceedings of the 22nd USENIX Conference on Security，2013：305 - 320.

[51] TIAN J. Reversible data embedding using a difference expansion [J]. IEEE Transactions on Circuits Systems. Video Technology，2003，13(8)：890 - 896.

[52] GENTRY C. Fully homomorphic encryption using ideal lattices [C]. The 41st ACM Symposium on Theory of Computing，STOC'09，Bethesda，Maryland，USA，2009，169 - 178.

[53] BRAKERSKI Z，GENTRY C，VAIKUNTANATHAN V. (Levcled) fully homomorphic encryption without bootstrapping [J]. ACM Transactions on Computation Theory，2014，6(3)：1 - 36.

[54] GENTRY C，HALEVI S，SMART N P. Better bootstrapping in fully homomorphic encryption [C]. International Conference on Practice and Theory in Public Key Cryptography，PKC2012，2012，LNCS，7293，1 - 16.

[55] HOFFSTEIN J，PIPHER J，SILVERMAN J H. NTRU：A ring-based public key cryptosystem [C]. Algorithmic Number Theory. ANTS 1998. Lecture Notes in Computer Science，vol 1423. Springer，Berlin，Heidelberg. 1998，267 - 288.

[56] 苏俊，王鑫，王涛，等. 循环移位与异或构造扩散层的新证明方法[J/OL]. 密码学报，http：//kns. cnki. net/kcms/detail/10. 1195. tn. 20200521. 1245. 008. html. 2020.

[57] BRIER E，CORON J S，ICART T，et al. Efficient indifferentiable hashing into ordinary elliptic curves [C]. In：Advances in Cryptology-CRYPTO 2010. Springer Berlin Herdelberg，2010：237 - 254.

[58] ICART T. How to hash into elliptic curves [C]. In：Advances in Cryptology-CRYPTO 2009. Springer Berlin Herdelberg，2009：303 - 316.

[59] REGEV O. On lattices，learning with errors，random linear codes and cryptography [J]. Journal of the ACM，2009，56(6)：34.

[60] ZHANG F，CECCHETTI E，CROMAN K，et al. Town crier：an authenticated data feed for smart contracts [C]. In：ACM Conference on Computer and Communications Security. ACM，2016：270 - 282.

[61] HUR J. Attribute-based secure data sharing with hidden policies in smart grid [J]. IEEE Transactions on Parallel & Distributed Systems，2013，24(11)：2171 - 2180.

[62] 屈娟，冯玉明，李艳平，等. 可证明安全的面向无线传感器网络的三因素认证及密钥协商方案[J]. 通信学报，2018，39(Z2)：189 - 197.

[63] 唐杰，石磊，魏家华，等. 基于 d 维 GHZ 态的多方量子密钥协商[J/OL]. 物理学报. https：//kns. cnki. net/kcms/detail/ 11. 1958. O4. 20200717. 1810. 028. html. 2020.

[64] 马金花，黄欣沂，许俊鹏，等. 公开可审计的可修订签名方案[J]. 电子与信息学报，2020，42(5)：1079-1086.

[65] JUN S. Efficient verifiable multi-secret sharing scheme based on hash function[J]. Information Sciences，2014，278(9)：104-109.

[66] HARN L. Secure secret reconstruction and multi-secret scheme with unconditional security [J]. Security and Communication networks. 2014，7：567-573.

[67] 黄东平，王华勇，黄连生. 动态秘密分享方案[J]. 清华大学学报，2006，46(1)：102-105.

[68] STEINFELD R，PIEPRZYK J，WANG H. Lattice-based threshold-changeability for standard CRT secret-sharing schemes [J]. Finite Fields and Their Applications，2006，12(4)：653-680.

[69] SHAMIR A. How To share a secret [J]. Comm. of the ACM，1979，22：612-613.

[70] WANG F，ZHOU Y S，LI D F. Dynamic threshold changeable multi-policy secret sharing scheme [J]. Security and Communication Networks，2015，8(11)：1002-1008.

[71] PRABHANJAN A，ARKA R C，AARUSHI G，et al. Two round information-theoretic MPC with malicious security [C]. In Proc. EUROCRYPT 2019，532-561，2019.

[72] 孙隆隆，李辉，于诗文，等. 面向加密数据的安全图像分类模型研究综述[J/OL]. 密码学报. https://kns.cnki.net/kcms/detail/10.1195.TN.20200707.1739.004.html. 2020.

[73] KAYA K，SELCUK A A. Threshold cryptography based on Asmuth-Bloom secret sharing [J]. Information Science，2007，177(19)：4148-4160.

[74] 张明武，陈泌文，谢海涛. 带权重的动态可验证多秘密共享机制[J]. 密码学报，2016，3(3)：229-237.

[75] CRAMER R，FRANKLIN M，SCHOENMAKERS B. Multi-authority secret-Ballot elections with linear work [C]. International conference on the Theory and Application of Cryptographic Techniques（EUROCRYPT 96），Saragossa，ESP，1996：72-83.

[76] WU X T，WENG J，YAN W Q. Adopting secret sharing for reversible data hiding in encrypted images [J]. Signal Processing，2018，143：269-281.

[77] CHEN Y C，HUNG T H，HSIEH S H，et al. A new reversible data hiding in encrypted image based on multi-secret sharing and lightweight cryptographic algorithms [J]. IEEE Transactions on Information Forensics and Security，2019，14(12)：3332-3343.

[78] IFENE S. General secret sharing based on the Chinese remainder theorem with applications in E-voting [J]. Electronic Notes in Theoretical Computer Science，

2007，186(1)：67－84.

[79] ASMUTH C，BLOOM J. A modular approach to key safeguarding [J]. IEEE Trans. on Information Theory，1983，29：208－210.

[80] GOLDREICH O，RON D，SUDAN M. Chinese remaindering with errors [J]. IEEE Transactions on Information Theory，2000，46：1330－1338.

[81] ZHANG X. Commutative reversible data hiding and encryption [J]. Security and Communication Networks，2013，6(11)：1396－1403.

[82] LI M，XIAO D，ZHANG Y，et al. Reversible data hiding in encrypted images using cross division and additive homomorphism [J]. Signal Processing：Image Communication 2015，39：34－248.

[83] 李名. 信息熵视角下的密文图像信息隐藏研究[D]. 重庆：重庆大学，2014.

[84] 牛莹，张勋才. 基于变步长约瑟夫遍历和DNA动态编码的图像加密算法[J]. 电子与信息学报，2020，42(6)：1383－1391.

[85] CAO W，MAO Y，ZHOU Y. Designing a 2D infinite collapse map for image encryption [J]. Signal Processing，DOI：10.1016/j.sigpro.2020.107457. 2020.(Early access).

[86] ZHOU M，WANG C. A novel image encryption scheme based on conservative hyperchaotic system and closed-loop diffusion between blocks [J]. Signal Processing，DOI：10.1016/j.sigpro.2020.107484. 2020.(Early access).

[87] 庄志本，李军，刘静漪，等. 基于新的五维多环多翼超混沌系统的图像加密算法[J]. 物理学报 Acta Phys. Sin. 2020，69(4)：040502.

[88] 郭毅，邵利平，杨璐. 基于约瑟夫和Henon映射的比特位图像加密算法[J]. 计算机应用研究，2015，32(4)：1131－1137.

[89] SACHNEV V，KIM H J，NAM J，et al. Reversible watermarking algorithm using sorting and prediction[J]. IEEE Transactions on Circuits and Systems for Video Technology，2009，19(7)：989－999.

[90] LI L，EL-LATIF A，NIU X. Elliptic curve ElGamal based homomorphic image encryption scheme for sharing secret images[J]. Signal Processing，2012，92(4)：1069－1078.

[91] 李金良，郁昱，李祥学. 改进同态图像秘密共享ElGamal ECC加密体制[J]. 计算机应用研究，2014，31(9)：2747－2749.

第5章 基于编码技术的密文域可逆信息隐藏技术

5.1 编码技术与可逆信息隐藏

5.1.1 编码

1. 编码器

编码实质上是将信源原始符号按照相应的数学规则进行转换的过程[61]。用数学方法对编码器进行描述，它的输入是信源符号集 $S=\{s_1, s_2, \cdots, s_i\}$。同时存在另一符号集 $X=\{x_1, x_2, \cdots, x_j\}$，一般元素 x_j 是适合信道传输的，称为码元。编码器就是把信源符号 s_i 变换为由 $x_j(j=1, 2, \cdots, r)$组成的一一对应的组合(符号序列 w_i)，即

$$s_i(i=1, \cdots, q)\leftrightarrow w_i=(x_{i_1}x_{i_2}\cdots x_{i_{li}}),\ x_{ik}\in X(k=1, \cdots, l_i) \qquad (5-1-1)$$

这种符号序列 w_i 就是码字，长度 l_i 即是码长，以上所有的码字集合即是 C，称为码。所以用数学方法对编码进行描述可以知道，编码的本质就是一种映射规则，将原始信息依照这种规则转换为相应的新符号。本节使用的是无失真编码，这种编码规则的基本要求是能够可逆恢复原始信息且原始信息与编码后的信息一一对应。

2. 技术分类

编码是为了更高效率、更高质量的信息传输，主要是要解决两个问题[1]：一是在一定失真的条件下，用尽量少的符号来传输信息；二是在受到干扰的情况下，提高抗干扰能力，在足够高的传输速度下又能保证可靠性。因此，从这个角度来看，编码可以分为信源编码与信道编码，本节着重讨论信源编码。信源编码分为无失真信源编码和限失真信源编码。

无失真信源编码主要用于数字信号，要求数据压缩无失真，而且可以可逆恢复信息。

限失真信源编码主要用于模拟信号，不要求完全可逆，允许一定范围内的失真压缩。

3. 技术优点与可逆信息隐藏的联系

编码通信的主要优点有：

(1) 可以通过映射的方法提高传输效率。

(2) 抗干扰能力强。

(3) 提高信息传输过程中的可靠性，具有纠错功能。

在无失真信源编码中，编码通信与信息隐藏类似，也有对可逆性与可靠性的要求，嵌入的信息可以看作是对码元的修改，抗干扰能力可以看作是提取出信息并恢复原始图像的过程，而且编码通信的计算负荷小，更加符合实际使用的需要，具有很高的实用价值。

5.1.2　扩频通信技术

扩频通信技术是一种通信方式，其原理就是使用频带宽度远大于所传信息必需的最小带宽，通过使用一个独立的码序列来完成带宽的扩展。在发送端使用扩频序列码对所传信息进行扩频，在接收端使用相同的扩频序列码进行同步接收、解扩即可恢复传输的信息。

1. 通信模型

扩频通信系统的标准模型主要包括：发送端输入信号的扩频编码调制、含噪信道和接收端的扩频解码调制，如图 5-1 所示。

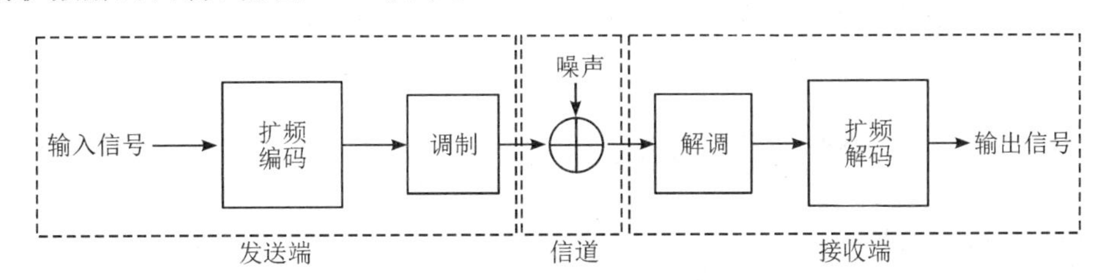

图 5-1　扩频通信系统的标准模型

2. 理论基础

扩频通信的本质是使用扩频技术将有限窄带的信号扩展到有限宽带载体上，从信息论和抗干扰理论的基本公式中可以证明其可行性。

信道容量在香农(Shannon)信息论中表示为

$$C=W\mathrm{lb}\left(1+\frac{S}{N}\right) \tag{5-1-2}$$

式中：C 为信道容量；W 为信号频带宽度；S 为信号功率；N 为白噪声功率。

在强干扰环境中一般 $S/N\ll 1$，则上式可变换为

$$W=\frac{1}{1.44}C\,\frac{N}{S} \tag{5-1-3}$$

式(5-1-3)说明，在传输速率 C 不变的情况下，频带宽度 W 和信噪比 S/N 可以互换，即在较低的信噪比下通过增加频带宽度的方法实现传输信息。

抗干扰理论是基于柯捷尔尼可夫关于信息传输差错概率的公式，即

$$\mathrm{Pow}_j\approx f\left(\frac{E}{\mathrm{No}}\right) \tag{5-1-4}$$

式中：Pow_j 为信道容量(用传输速率度量)；E 为信号频带宽度；No 为信号功率。

因为信号功率 $P=E/T$(T 为信息持续时间)，噪声功率 $N=W\mathrm{No}$(W 为信号频带宽度)，信息带宽 $\Delta F=1/T$，所以式(5-1-4)可转换为

$$\mathrm{Pow}_j \approx f\left(\frac{TWP}{N}\right)=f\left(\frac{P}{N}\cdot\frac{W}{\Delta F}\right) \tag{5-1-5}$$

式中：$W/\Delta F$ 为扩频增益。由式(5-1-5)可知，对于一定带宽的信息而言，用扩频增益较大的宽带信号来传输信息可以提高通信抗干扰能力，保证强干扰条件下通信的安全可靠。扩频通信的核心思想就是通过扩频来提高强干扰条件下通信的能力。

3. 技术优点和借鉴之处

扩频通信的主要优点有：

(1) 可以实现码分多址，增加频率利用率。

(2) 抗干扰能力强。

(3) 信号的功率谱密度低，具有较好的隐蔽性，对其他各种窄带通信系统的干扰很小。

(4) 抗多径干扰。

(5) 能精确地定时和测距。

信息隐藏的过程与扩频通信过程类似，嵌入的秘密信息相当于通信中的输入信号，图像载体相当于通信信道，提取的秘密信息相当于通信中的输出信号。因此可以借鉴扩频通信的模式，将扩频通信的思想应用于图像信息隐藏可以获得扩频通信的优点。利用码分多址的优点能够实现秘密信息的多层嵌入，从而提高信息嵌入容量。

5.1.3 基于码分多址的信息隐藏原理

1. 码分多址通信原理

码分多址(Code Division Multiple Access，CDMA)是3G移动通信的核心技术，它主要应用于无线通信，是一种扩频多址数字通信技术。

在通信时，基站给每一个用户分配一个传输序列，基站同时拥有多个用户的传输序列，能够同时接收到多个用户发送过来的信号，通过对接收到的混合信号进行计算，可以得到每个用户发送的信号。

每个用户的传输序列为 $L=(l_i)_{1\times m}$，它满足条件：

$$\sum_{i=1}^{m} l_i=0,\ l_i\in\{-1,\ 1\} \tag{5-1-6}$$

任意两个不同用户的传输序列满足条件：

$$\{L_s,\ L_r\}=L_s\cdot L_r^{\mathrm{T}}=0 \tag{5-1-7}$$

在通信时，用户使用自身的传输序列 L 来发送信息比特“1”，用传输序列的反码 $-L$ 来发送信息比特“0”。多个用户可以在同一信道同一时刻向基站发送信息。例如有两个用户A和B，它们的传输序列为 $L_1=(1,\ -1,\ 1,\ -1)$ 和 $L_2=(1,\ 1,\ -1,\ -1)$。通信时，用户A发送比特“1”信号，即 L_1；用户B发送比特“0”信号，即 $-L_2$。在接收端，基站收到的混合信号 $L=L_1+(-L_2)=(0,\ -2,\ +2,\ 0)$。基站判断用户A发送的信号为

$$\frac{L\cdot L_1}{|L_1|^2}=\frac{(L_1-L_2)\cdot L_1}{|L_1|^2}=\frac{(0,\ -2,\ +2,\ 0)\cdot(1,\ -1,\ 1,\ -1)^{\mathrm{T}}}{|(1,\ -1,\ 1,\ -1)|^2}=1$$

即用户A发送的信号为比特“1”。

用户B发送的信号为

$$\frac{L \cdot L_2}{|L_2|^2}=\frac{(L_1-L_2)\cdot L_2}{|L_2|^2}=\frac{(0,\ -2,\ +2,\ 0)\cdot(1,\ 1,\ -1,\ -1)^{\mathrm{T}}}{|(1,\ 1,\ -1,\ -1)|^2}=-1$$

即用户B发送的信号为比特“0”。

2. 码分多址隐藏原理

图像信息隐藏的过程与扩频通信具有相似性，可以将加密后的载体图像的空域理解为传输信道，嵌入序列为传输序列，需要嵌入的秘密信息为传输信号。多层秘密信息经过不同的正交序列码扩频后可以同时在载体图像这个信道上传输。由此，本文利用CDMA技术[51-52]实现了图像密文域可逆信息隐藏，它是以加密后图像的空域为传输信道，以秘密信息为传输信号的通信过程。嵌入算法是在图像的空间域进行的，提取时能够完全提取出秘密信息，并且可以无损恢复出原始载体，如图5-2所示。

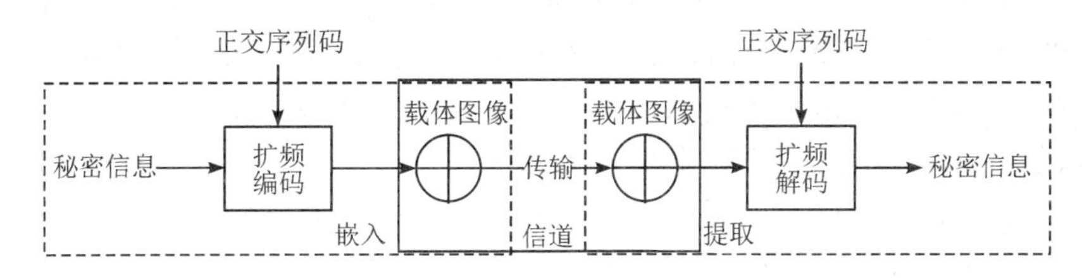

图5-2　CDMA隐藏原理图

利用CDMA不同正交序列码相互正交的特性对秘密信息进行多层嵌入，可以部分抵消信息嵌入对像素点造成的失真，拥有较高的嵌入容量和峰值信噪比。由于传输序列是正交扩频序列，它属于类噪声扩频序列，这种序列的产生方式很多，所以攻击者很难获得这种相同的序列，因此CDMA的隐藏系统具有更高的安全性和嵌入容量。

3. 嵌入序列

在使用CDMA嵌入秘密信息时，需要通过嵌入序列对秘密信息进行扩频，以实现秘密信息的嵌入，使用不同的扩频序列可以实现秘密信息的多层嵌入。在移动通信中使用扩频序列来实现多用户同时共享通信信道[10]，要求扩频序列具有自相关性和互相关性，常用的有m-序列、Gold码序列等。移动通信中的扩频序列通常是针对用户数量巨大情况下的正交码，它们在生成和使用时计算复杂度大，不适用于密文图像可逆信息隐藏算法。本节算法在嵌入秘密信息时嵌入的层数不多且嵌入序列的长度也不长，所以选用Walsh正交码作为嵌入序列码。使用Hadamard变换可以产生Walsh码：

$$\boldsymbol{H}_1=[1] \tag{5-1-8}$$

$$\boldsymbol{H}_{2N}=\begin{bmatrix}\boldsymbol{H}_N & \boldsymbol{H}_N \\ \boldsymbol{H}_N & \overline{\boldsymbol{H}_N}\end{bmatrix} \tag{5-1-9}$$

式(5-1-8)代表的矩阵只含有1个元素；通过式(5-1-9)生成的Hadamard矩阵的行向量或列向量之间都是相互正交的Walsh码。在使用时先确定参数N的大小，通过式(5-1-9)即可生成相应的Hadamard矩阵，然后取行(列)向量作为嵌入序列$\boldsymbol{Q}_i=[q_1,\ q_2,\ q_3,\ q_4]$ $(1\leqslant i\leqslant k,\ q_i\in\{1,\ -1\})$，满足下列条件：

$$\begin{cases}q_1+q_2+q_3+q_4=0 \\ \boldsymbol{Q}_i\cdot\boldsymbol{Q}_j=0\end{cases} \tag{5-1-10}$$

5.1.4 纠错码

1. 纠错码原理

香农第二定理指出，当信息传输速率低于信道容量时，采用某种编译方法，能使错误概率任意小。基于该定理，发展出一门新的技术——纠错编码技术[1]。纠错码理论的创始人是 R. W. Hamming，该理论在二战之后与信息论同时创立，并迅速发展起来，成为信道编码的重要组成部分，是提高信息传输可靠性的有效途径之一。

纠错编码用于在数据经过噪声信道传输或要恢复存储的数据时纠正错误。传输数据的物理介质称为信道，信道中会产生一定的噪声，会对传输的信息造成影响，甚至改变原始信息的数据。而噪声产生的原因多种多样，纠错码的作用就是克服传输过程中的损害。

纠错码的数学实质[2]就是在原始信息中增加一定的数据，使其满足某种约束关系。增加的数据称为监督码元，由原始信息码元和编码后产生的监督码元共同组成一个新的码字，即纠错码码字。在信息传递的过程中，如果数据受到干扰，纠错码码字的某位码元发生改变，那么原始的约束关系同时也发生变化。接收方通过检查原始的约束关系是否发生变化，从而判定纠错码字是否被改变，进一步可找到改变的位置并纠正，保证通信过程的可靠性。

纠错码有多种不同的分类方法[2]，如图 5-3 所示。按照信息元与监督元的关系，分为线性码与非线性码；按照对信息元的处理方法的不同，分为分组码与卷积码；根据不同码的结构，分为循环码与非循环码；根据纠正错误的不同，分为纠随机错误码、纠突发错误码、纠随机与突发错误码、纠同步错误码。

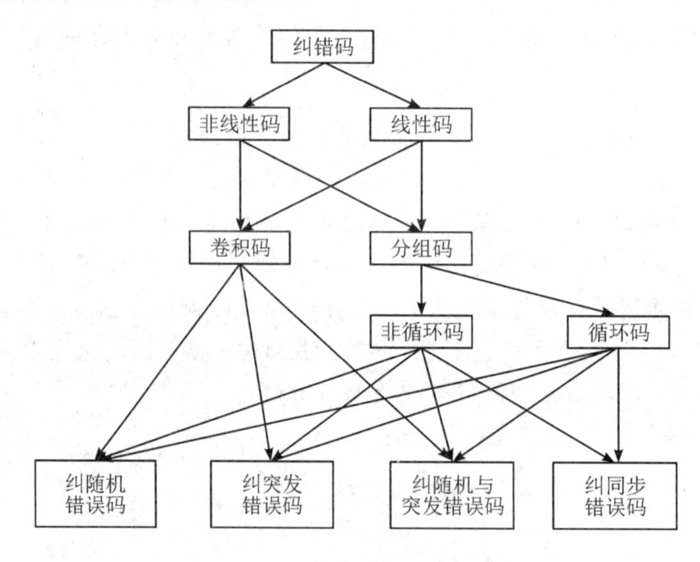

图 5-3 纠错码的分类

2. 纠错码与信息隐藏

纠错码在信息隐藏中有着广泛的应用，最早是由 Crandall[3]将矩阵编码应用在信息隐藏领域，文献[4]提出首先将秘密信息嵌入纠错码中，而后将纠错码作为秘密信息传递，意图提高安全性，但是无法实现信息隐藏可逆性而且嵌入容量较低。文献[5]提出一种改进的 Reed-Muller 码，这种码只是改进了性能，依然无法解决信息隐藏可逆性与嵌入容量的问题。另外，文献[6]在图像空域中引入循环码，将秘密信息与监督位异或得到的十进制序号嵌入纠错码，在接收端进行纠错与载体恢复，实现了信息隐藏可逆性，但是没有解决纠错码编码后的数据扩展的问题，改变了图像的大小。文献[7]提出将秘密信息转换为错误图样实现嵌入，分块后将码字嵌入压缩图像，该算法是在压缩域实现的，使用纠错码的目的是提高传输信息的不可感知性，并不是利用纠错码的恢复特性实现可逆信息隐藏。

纠错码最早应用于信息传递的过程中，当传输信道中的噪声微扰导致信息发生变化时，纠错编码后的信息可将变化找出并恢复原始信息。在可逆信息隐藏领域，如果将秘密信息看作传输载体过程中的噪声，嵌入信息的过程就可以看作是噪声微扰导致载体变化的过程，提取信息可以看作是纠错码检错的过程，实现可逆可以看作是恢复原始信息的过程，所以本节算法引入纠错码应用于密文域可逆信息隐藏领域。

纠错码本身的信息位，可以嵌入错误图样以携带信息，而且其每个码字所能携带的信息量与图像的光滑程度及像素相关性并无关系。将纠错码引入密文域可逆信息隐藏中，可以有效地提高信息嵌入率，获得更大的嵌入容量。纠错码在编码之后会生成编码冗余，也就是监督位。为保证图片的尺寸不发生变化，需要对高比特位信息进行无损压缩，以获得更好的可逆信息隐藏效果。

本节主要使用的是线性系统码来进行具体实验与研究，因为系统码具有信息码元与监督码元分开排列的特性，该特性比较适用于可逆信息隐藏技术实现算法的可分离。

3. 嵌入实例

纠错码可以分为分组码和卷积码两大类。这里使用的是分组码中的系统纠错码。纠错码由信息码元与监督码元组成，设 $\boldsymbol{C}$ 是长度为 k 的原始信息，$\boldsymbol{G}$ 是 $k\times n$ 阶的纠错码生成矩阵，原始信息 $\boldsymbol{C}$ 与生成矩阵 $\boldsymbol{G}$ 相乘得到长度为 n 的纠错码 C'。$\boldsymbol{H}$ 为 $(n-k)\times n$ 阶的校验矩阵。在接收端，校验矩阵 $\boldsymbol{H}$ 与纠错码 C' 相乘从而得到伴随式 $\boldsymbol{s}$，根据伴随式 $\boldsymbol{s}$ 的结果判断错误信息位置并纠正，译码后得到原始信息 $\boldsymbol{C}$。

以 $\boldsymbol{C}=1101$ 为例。用线性工具描述线性纠错码及嵌入过程[67]，设 $\boldsymbol{C}$ 为 $\boldsymbol{GF}(\boldsymbol{q})$ 上的基，其中

$$\boldsymbol{g}_{ij} \in \boldsymbol{GF}(\boldsymbol{q})\ (1 \leqslant j \leqslant n,\ 1 \leqslant i \leqslant k) \tag{5-1-11}$$

$$\boldsymbol{v}_i = (\boldsymbol{g}_{i1},\ \boldsymbol{g}_{i2},\ \cdots,\ \boldsymbol{g}_{in})\ (1 \leqslant i \leqslant k) \tag{5-1-12}$$

$\boldsymbol{G}$ 是线性码 $\boldsymbol{C}$ 的一个生成矩阵，表示为

$$\boldsymbol{G} = [\boldsymbol{v}_1,\ \boldsymbol{v}_2,\ \cdots,\ \boldsymbol{v}_k]^{\mathrm{T}} = \begin{bmatrix} \boldsymbol{g}_{11} & \boldsymbol{g}_{12} & \cdots & \boldsymbol{g}_{1n} \\ \boldsymbol{g}_{21} & \boldsymbol{g}_{22} & \cdots & \boldsymbol{g}_{11} \\ \cdots & \cdots & \cdots & \cdots \\ \boldsymbol{g}_{k1} & \boldsymbol{g}_{k2} & \boldsymbol{g}_{k3} & \boldsymbol{g}_{kn} \end{bmatrix} \tag{5-1-13}$$

设信息码元 $\boldsymbol{C}$ 为 1101，原始信息 $\boldsymbol{C}$ 与生成矩阵 $\boldsymbol{G}$ 进行向量乘运算，即纠错编码过程：

$$\begin{aligned}\boldsymbol{C}\times\boldsymbol{G} &= [1\quad 1\quad 0\quad 1]\begin{bmatrix} 1 & 0 & 0 & 0 & 1 & 1 & 1 \\ 0 & 1 & 0 & 0 & 1 & 1 & 0 \\ 0 & 0 & 1 & 0 & 1 & 0 & 1 \\ 0 & 0 & 0 & 1 & 0 & 1 & 1 \end{bmatrix} \\ &= [1\quad 1\quad 0\quad 1\quad 0\quad 1\quad 0]\end{aligned} \tag{5-1-14}$$

信息码元 C 与生成矩阵 G 运算后得到 1101010，其中 010 为监督码元。

设 H 为线性码 C' 的一个校验矩阵，H 是 $GF(q)$ 上的 $(n-k)\times n$ 阶矩阵，并且秩为 $n-k$，把校验矩阵 H 表示成列向量的形式：

$$H=(u_1, u_2, \cdots, u_3)u=\begin{bmatrix} h_{1i} \\ h_{2i} \\ \vdots \\ h_{n-k, i} \end{bmatrix} \tag{5-1-15}$$

而 $h_{ij(1\leqslant i\leqslant n-k, 1\leqslant j\leqslant n)}$ 与生成矩阵 G 的关系是

$$\begin{cases} h_{11}v_1+h_{12}v_2+h_{1n}v_n=0 \\ h_{21}v_1+h_{22}v_2+h_{2n}v_n=0 \\ \qquad\vdots \\ h_{n-k,1}v_1+h_{n-k,2}v_2+h_{n-k,n}v_n=0 \end{cases} \tag{5-1-16}$$

如果发送端码字 $c'\in C'$ 在传送时错位个数少于等于 l，则用下列算法进行纠错。

首先计算：

$$s=Hr^{\mathrm{T}} \tag{5-1-17}$$

式中：r 是接收端收到的码字；s 是 $GF(q)$ 上长为 $n-k$ 的列向量，叫作 r 的校验向量或者伴随式。错误图样来自接收到的码字与原始码字的差值：

$$e=r-c' \tag{5-1-18}$$

式中：e 为错误图样。

如果 $s=0$，则 $e=0$，即 $r=c'$，表示发送端与接收端码字相同，没有发生错误；

如果 $s\neq0$，则 s 可以表示成 u_1，u_2，…，u_n，被表示的列向量 u_i 即为错误的位置。

例如，对于纠错码元 1101010，需要嵌入的秘密信息为 00，映射为错误图样是 $e=(010000)$。由 $e=r-c'$，可得嵌入错误图样的纠错码字为 1001010。校验矩阵 H 与 r^{T} 相乘，即

$$\begin{aligned} s &= H\times r^{\mathrm{T}} \\ &= \begin{bmatrix} 1 & 1 & 1 & 0 & 1 & 0 & 0 \\ 1 & 1 & 0 & 1 & 0 & 1 & 0 \\ 1 & 0 & 1 & 1 & 0 & 0 & 1 \end{bmatrix} \begin{bmatrix} 1 & 0 & 0 & 1 & 0 & 1 & 0 \end{bmatrix}^{\mathrm{T}} \\ &= \begin{bmatrix} 1 \\ 1 \\ 0 \end{bmatrix} \end{aligned} \tag{5-1-19}$$

此时计算 $s=Hr^{\mathrm{T}}$ 的结果 $s=[1\quad 1\quad 0]^{\mathrm{T}}$，被表示的列向量为 u_2，即为第 2 位出错，可得到与错误图样对应的秘密信息 00。而后将 c' 与 G^{-1} 相乘实现译码过程，得到原始信息。

5.1.5 游程与霍夫曼压缩编码

1. 压缩算法

游程编码(Run Length Coding，RLC)作为一种统计编码[8]，可用于进行无损压缩。其基本原理是：用一个符号值或串长代替具有相同值的连续符号，从而达到对原始信息进行

无损压缩的目的。具体的压缩方法是：对于原始信息，从开始位置依次记录其相同符号出现的数量，直到字符发生变化为止，而后用一个字符串将其表示出来，在译码时只需将字符串依相应规则还原即可。由于压缩过程中并未改变信息数据，所以还原后得到的数据与压缩前的数据完全相同。对于不同的图像，得到的游程编码串长度波动较大，对游程编码串的表示也需经过一定的处理。游程编码方法占用存储空间较大，不适合直接用来压缩图像。

霍夫曼编码(Huffman Coding)最早由 Huffman 于 1952 年提出，可用于对数据进行无损压缩，是一种可变字长编码，属于码字长度可变的编码类，采用从下到上的编码方法[9]。其原理是使用变长编码串对原始信息进行编码，首先对原始信息中符号出现的概率进行统计，而后对出现概率高的符号使用较短的编码串表示，对于出现概率低的字符用较长的编码串表示，从而达到无损压缩的目的。霍夫曼编码的具体步骤如下：

(1) 初始化排序，统计不同符号出现的概率，而后按照从大到小的顺序对符号进行排序。

(2) 将排序在最后的两个符号，即出现概率最小的两个符号定义为新的符号，那么新符号的概率也就是出现概率最小的两个符号的和，概率最小的两个符号即为新符号的两个子树。

(3) 依照第(2)步的方法对其余符号进行处理，直到所有符号由一个新符号表示，其概率为 1。

(4) 从概率为 1 的符号开始对每个原始符号进行编码，统一指定每个子树的左子树为 0，右子树为 1，反之也可，直到所有的符号均可用编码串表示。

2. 结合方法

游程编码与霍夫曼编码均为无损编码，将两种编码方法相结合可实现对二值图像的无损压缩编码[9]。

对二值图像进行游程与霍夫曼编码的具体步骤如下：

(1) 设原始二维图像为 I，大小为$[m, n]$，按照行或列的顺序对其所有像素值依次进行排列可得到数组 $\boldsymbol{F}(\boldsymbol{x})$：

$$\boldsymbol{F}(\boldsymbol{x}) = \{x_i \mid i = 1, 2, \cdots, m \times n\} \tag{5-1-20}$$

(2) 按照游程压缩的编码方法对数组 $\boldsymbol{F}(\boldsymbol{x})$中的 1 和 0 进行游程编码，可规定从 1 或 0 开始统计，压缩后的结果记为 $\boldsymbol{G}(\boldsymbol{x})$。

(3) 按照霍夫曼的编码方法对 $\boldsymbol{G}(\boldsymbol{x})$进行压缩，得到的结果即为二值图像 I 的压缩编码结果。

由于游程编码与霍夫曼编码均为无损压缩算法，在对二值图像的压缩过程中也未进行数据修改，所以按照编码过程的相应规则进行解压缩可以无失真地得到原始图像。

5.2　基于 CDMA 的图像密文域可逆信息隐藏

本节利用 CDMA 扩频通信技术实现了图像密文域可逆信息隐藏算法。图像加密时，首先使用约瑟夫遍历置乱算法对图像进行迭代置乱加密，再使用流密码对图像进行加密。嵌入秘密信息时，利用嵌入序列对秘密信息扩频编码后将其添加到密文载体图像中，使用不同的嵌入序列对图像进行多层嵌入从而提高嵌入容量。

5.2.1 算法介绍

算法框架如图 5-4 所示，算法主要包括三个部分：图像双重加密、信息嵌入、信息提取及图像恢复。

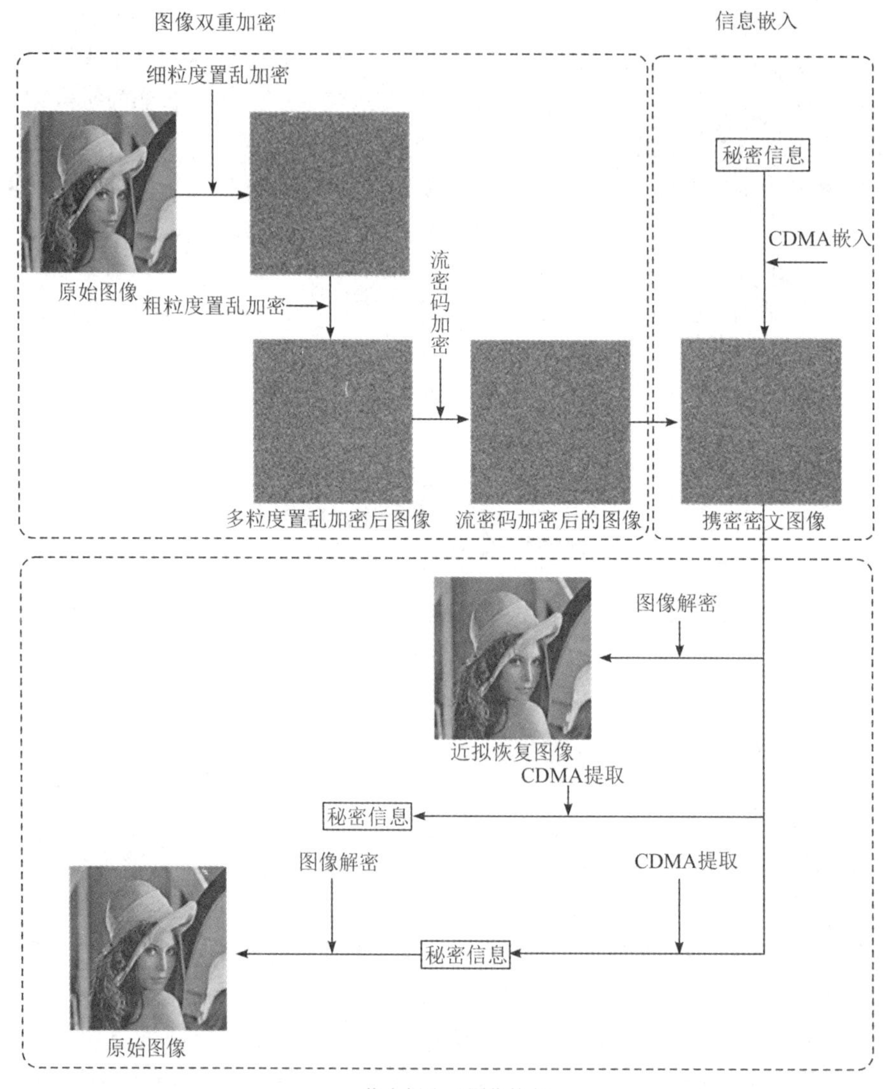

图 5-4 本章算法框架图

1. 图像双重加密

图像双重加密一方面是为了增加载体图像的安全性，另一方面是为了保证加密后的图像在使用 CDMA 方法嵌入时拥有较高的嵌入容量。分别对图像进行置乱加密和流密码加密。置乱加密时使用基于约瑟夫遍历的数字图像置乱加密[11]方法进行加密，对加密后的图像进行流密码加密，以保证加密图像的安全性。

(1) 约瑟夫置乱加密。

使用约瑟夫置乱加密方法对图像进行多粒度置乱加密，先对 2×2 的像素块进行细粒度置乱加密，再对 $u\times v$ 的像素块进行粗粒度置乱加密。设置不同的加密参数进行多轮迭代置乱加密时，每轮不断变化分块大小来改变序列长度 L，共进行了 f 轮迭代置乱，置乱密钥表示为 Key1。这种加密的优势是在密钥量很小的情况下能够产生密文空间较大的秘密信息。

(2) 流密码加密。

使用流密码加密方法加密图像，将置乱后的图像分成大小为 2×2 的像素块，对每个像素块使用 2 位流密码进行加密，密钥为 Key2。

经过双重加密后图像的加密密钥为 Key：(Key1，Key2)。

2. 信息嵌入

信息嵌入时先将图像分成大小为 2×2 像素块 $\boldsymbol{B}_i$，以像素块为单位嵌入秘密信息。嵌入前先根据秘密信息的量来确定嵌入的层数 k、增益因子 θ(敏感度参数)和 k 个嵌入序列 $\boldsymbol{Q}_j=[q_1, q_2, q_3, q_4](1\leqslant j\leqslant k, q_j\in\{1, -1\})$。嵌入步骤如下：

(1) 通过式(5-2-1)预处理加密后的密文图像，防止溢出问题。

$$p'_{i,j}=\begin{cases}p_{i,j}+\theta\cdot k, & p\in[0, \theta\cdot k]\\ p_{i,j}-\theta\cdot k, & p\in[255-\theta\cdot k, 255]\\ p_{i,j}, & \text{其他}\end{cases} \tag{5-2-1}$$

式中：$p_{i,j}$ 代表图像中某一点的像素值。记录处于$[0, \theta\cdot k]$和$[255-\theta\cdot k, 255]$的临界点像素的位置 P_K、嵌入序列 $\boldsymbol{Q}$、嵌入层数 k、增益因子 θ，它们共同构成嵌入密钥 Kd：$(P_K, \boldsymbol{Q}, k, \theta)$。

(2) 按照式(5-2-2)对秘密信息 $\boldsymbol{E}=[e_1, e_2, \cdots, e_j, \cdots, e_n]$，$e\in\{0, 1\}$，$1\leqslant j\leqslant n$ 进行变换，将秘密信息中的比特 0 变换成 -1，以便于 CDMA 的嵌入。

$$e'_j=2e_j-1 \tag{5-2-2}$$

得到变换后的秘密信息 $\boldsymbol{E}'=[e'_1, \cdots, e'_j, \cdots, e'_n]$，$e'\in\{1, -1\}$。

(3) 按照式(5-2-3)逐块嵌入。

在嵌入信息前先计算并判断，满足嵌入条件$|\boldsymbol{B}_i\cdot\boldsymbol{Q}_j^{\mathrm{T}}|<|\theta\cdot\boldsymbol{Q}_j\cdot\boldsymbol{Q}_j^{\mathrm{T}}|$时嵌入 1 bit 秘密信息 e'_j，满足嵌入伪消息条件$\boldsymbol{B}_i\cdot\boldsymbol{Q}_j^{\mathrm{T}}\geqslant|\theta\cdot\boldsymbol{Q}_j\cdot\boldsymbol{Q}_j^{\mathrm{T}}|$时嵌入伪消息“1”，满足嵌入伪消息条件$\boldsymbol{B}_i\cdot\boldsymbol{Q}_j^{\mathrm{T}}\leqslant-|\theta\cdot\boldsymbol{Q}_j\cdot\boldsymbol{Q}_j^{\mathrm{T}}|$时嵌入伪消息“$-1$”：

$$\boldsymbol{B}'_i=\begin{cases}\boldsymbol{B}_i-\theta\cdot\boldsymbol{Q}_j, & \boldsymbol{B}_i\cdot\boldsymbol{Q}_j^{\mathrm{T}}\leqslant-|\theta\cdot\boldsymbol{Q}_j\cdot\boldsymbol{Q}_j^{\mathrm{T}}|(\text{嵌入伪消息“}-1\text{”})\\ \boldsymbol{B}_i+e'_j\cdot\theta\cdot\boldsymbol{Q}_j, & |\boldsymbol{B}_i\cdot\boldsymbol{Q}_j^{\mathrm{T}}|<|\theta\cdot\boldsymbol{Q}_j\cdot\boldsymbol{Q}_j^{\mathrm{T}}|(\text{嵌入秘密信息 }e'_j)\\ \boldsymbol{B}_i+\theta\cdot\boldsymbol{Q}_j, & \boldsymbol{B}_i\cdot\boldsymbol{Q}_j^{\mathrm{T}}\geqslant|\theta\cdot\boldsymbol{Q}_j\cdot\boldsymbol{Q}_j^{\mathrm{T}}|(\text{嵌入伪消息“1”})\end{cases} \tag{5-2-3}$$

(4) 重复步骤(3)直至所有信息嵌入完毕。

嵌入过程中对不满足秘密信息嵌入条件的像素块嵌入了伪消息，目的是不用记录这些像素块的位置，减少边信息的大小。在秘密信息提取阶段，通过计算可以判断出这些伪消息的位置。设置增益因子 θ 是为了控制嵌入的敏感度，θ 较大时嵌入条件较宽松，但是对像素值的改变较大，θ 值一般取 1 到 3。

3. 信息提取及图像恢复

1）信息提取

(1) 像素块判断。

嵌入秘密信息时，对于满足嵌入条件 $|\boldsymbol{B}_i \cdot \boldsymbol{Q}_j^{\mathrm{T}}| < |\theta \cdot \boldsymbol{Q}_j \cdot \boldsymbol{Q}_j^{\mathrm{T}}|$ 的像素块，嵌入秘密信息后有

$$\begin{aligned} |\{\boldsymbol{B}_i', \boldsymbol{Q}_j\}| &= |\boldsymbol{B}_i' \cdot \boldsymbol{Q}_j^{\mathrm{T}}| = |(\boldsymbol{B}_i + e_j' \cdot \theta \cdot \boldsymbol{Q}_j) \cdot \boldsymbol{Q}_j^{\mathrm{T}}| \\ &= |\boldsymbol{B}_i \cdot \boldsymbol{Q}_j^{\mathrm{T}} + e_j' \cdot \theta \cdot \boldsymbol{Q}_j \cdot \boldsymbol{Q}_j^{\mathrm{T}}| < 2|\theta \cdot \boldsymbol{Q}_j \cdot \boldsymbol{Q}_j^{\mathrm{T}}| \end{aligned} \tag{5-2-4}$$

所以，得到提取秘密信息的判断条件是

$$|\{\boldsymbol{B}_i', \boldsymbol{Q}_j\}| < 2|\theta \cdot \boldsymbol{Q}_j \cdot \boldsymbol{Q}_j^{\mathrm{T}}| \tag{5-2-5}$$

又因为

$$\begin{cases} \{\boldsymbol{B}_i', \boldsymbol{Q}_j\} = \boldsymbol{B}_i' \cdot \boldsymbol{Q}_j^{\mathrm{T}} = (\boldsymbol{B}_i + e_j' \cdot \theta \cdot \boldsymbol{Q}_j) \cdot \boldsymbol{Q}_j^{\mathrm{T}} \\ \qquad = \boldsymbol{B}_i \cdot \boldsymbol{Q}_j^{\mathrm{T}} + e_j' \cdot \theta \cdot \boldsymbol{Q}_j \cdot \boldsymbol{Q}_j^{\mathrm{T}} > 0,\ e_j' = 1,\ e_j' \cdot \theta \cdot \boldsymbol{Q}_j \cdot \boldsymbol{Q}_j^{\mathrm{T}} > |\boldsymbol{B}_i' \cdot \boldsymbol{Q}_j^{\mathrm{T}}| > 0 \\ \{\boldsymbol{B}_i', \boldsymbol{Q}_j\} = \boldsymbol{B}_i' \cdot \boldsymbol{Q}_j^{\mathrm{T}} = (\boldsymbol{B}_i + e_j' \cdot \theta \cdot \boldsymbol{Q}_j) \cdot \boldsymbol{Q}_j^{\mathrm{T}} \\ \qquad = \boldsymbol{B}_i \cdot \boldsymbol{Q}_j^{\mathrm{T}} + e_j' \cdot \theta \cdot \boldsymbol{Q}_j \cdot \boldsymbol{Q}_j^{\mathrm{T}} < 0,\ e_j' = -1,\ e_j' \cdot \theta \cdot \boldsymbol{Q}_j \cdot \boldsymbol{Q}_j^{\mathrm{T}} < -|\boldsymbol{B}_i' \cdot \boldsymbol{Q}_j^{\mathrm{T}}| < 0 \end{cases} \tag{5-2-6}$$

所以满足提取条件 $|\{\boldsymbol{B}_i', \boldsymbol{Q}_j\}| < 2|\theta \cdot \boldsymbol{Q}_j \cdot \boldsymbol{Q}_j^{\mathrm{T}}|$ 的像素块可以提取出秘密信息：

$$e_j' = \frac{\{\boldsymbol{B}_i', \boldsymbol{Q}_j\}}{|\{\boldsymbol{B}_i', \boldsymbol{Q}_j\}|} = \frac{\boldsymbol{B}_i' \cdot \boldsymbol{Q}_j^{\mathrm{T}}}{|\boldsymbol{B}_i' \cdot \boldsymbol{Q}_j^{\mathrm{T}}|} \tag{5-2-7}$$

(2) 伪消息判断。

嵌入秘密信息时，对于满足伪消息嵌入条件 $\boldsymbol{B}_i \cdot \boldsymbol{Q}_j^{\mathrm{T}} \geqslant |\boldsymbol{Q}_j \cdot \boldsymbol{Q}_j^{\mathrm{T}}|$ 的像素块，嵌入过程中嵌入了伪消息“1”，则在提取端一定有

$$\begin{aligned} \{\boldsymbol{B}_i', \boldsymbol{Q}_j\} &= \boldsymbol{B}_i' \cdot \boldsymbol{Q}_j^{\mathrm{T}} = (\boldsymbol{B}_i + \theta \cdot \boldsymbol{Q}_j) \cdot \boldsymbol{Q}_j^{\mathrm{T}} \\ &= \boldsymbol{B}_i \cdot \boldsymbol{Q}_j^{\mathrm{T}} + \theta \cdot \boldsymbol{Q}_j \cdot \boldsymbol{Q}_j^{\mathrm{T}} \geqslant 2|\theta \cdot \boldsymbol{Q}_j \cdot \boldsymbol{Q}_j^{\mathrm{T}}| \end{aligned} \tag{5-2-8}$$

所以，伪消息“1”在提取时的判断条件是

$$\{\boldsymbol{B}_i', \boldsymbol{Q}_j\} \geqslant 2|\theta \cdot \boldsymbol{Q}_j \cdot \boldsymbol{Q}_j^{\mathrm{T}}| \tag{5-2-9}$$

对于满足伪消息嵌入条件 $\boldsymbol{B}_i \cdot \boldsymbol{Q}_j^{\mathrm{T}} \leqslant -|\theta \cdot \boldsymbol{Q}_j \cdot \boldsymbol{Q}_j^{\mathrm{T}}|$ 的像素块，嵌入过程中嵌入了伪比特“−1”，则在提取端一定有

$$\begin{aligned} \{\boldsymbol{B}_i', \boldsymbol{Q}_j\} &= \boldsymbol{B}_i' \cdot \boldsymbol{Q}_j^{\mathrm{T}} = (\boldsymbol{B}_i - \theta \cdot \boldsymbol{Q}_j) \cdot \boldsymbol{Q}_j^{\mathrm{T}} \\ &= \boldsymbol{B}_i \cdot \boldsymbol{Q}_j^{\mathrm{T}} - \theta \cdot \boldsymbol{Q}_j \cdot \boldsymbol{Q}_j^{\mathrm{T}} \leqslant -2|\theta \cdot \boldsymbol{Q}_j \cdot \boldsymbol{Q}_j^{\mathrm{T}}| \end{aligned} \tag{5-2-10}$$

所以，伪消息“−1”在提取时的判断条件是

$$\{\boldsymbol{B}_i', \boldsymbol{Q}_j\} \leqslant -2|\theta \cdot \boldsymbol{Q}_j \cdot \boldsymbol{Q}_j^{\mathrm{T}}| \tag{5-2-11}$$

(3) 提取信息。

① 从提取密钥 Kd 中获取临界点的位置 P_K、嵌入序列 $\boldsymbol{Q}$、嵌入层数 k 和增益因子 θ。

② 从第 1 层至第 k 层依次提取秘密信息。按式(5-2-13)逐块计算判断：

$$\boldsymbol{B}_i=\begin{cases}\boldsymbol{B}_i'+\theta\cdot\boldsymbol{Q}_j,\ \{\boldsymbol{B}_i',\ \boldsymbol{Q}_j\}\leqslant -2|\theta\cdot\boldsymbol{Q}_j\cdot\boldsymbol{Q}_j^{\mathrm{T}}|\text{（直接丢弃伪消息}-1\text{）}\\ \boldsymbol{B}_i'-e_j'\cdot\theta\cdot\boldsymbol{Q}_j,\ |\{\boldsymbol{B}_i',\ \boldsymbol{Q}_j\}|<2|\theta\cdot\boldsymbol{Q}_j\cdot\boldsymbol{Q}_j^{\mathrm{T}}|\\ \qquad\qquad\text{（由式(5-2-7)得到秘密信息 }e_j'\text{）}\\ \boldsymbol{B}_i'-\theta\cdot\boldsymbol{Q}_j,\ \{\boldsymbol{B}_i',\ \boldsymbol{Q}_j\}\geqslant 2|\theta\cdot\boldsymbol{Q}_j\cdot\boldsymbol{Q}_j^{\mathrm{T}}|\text{（直接丢弃伪消息 1）}\end{cases}\tag{5-2-12}$$

提取出秘密信息 $\boldsymbol{E}'=[e_1',\ \cdots,\ e_j',\ \cdots,\ e_n']$，$e'\in\{1,\ -1\}$。

③ 处理提取出的信息 $\boldsymbol{E}'=[e_1',\ e_2',\ \cdots,\ e_n']$：

$$e_j'=\begin{cases}1, & e_j'=1\\ 0, & e_j'=-1\end{cases}\tag{5-2-13}$$

得到秘密信息 $\boldsymbol{E}=[e_1,\ e_2,\ \cdots,\ e_n]$，$e\in\{0,\ 1\}$。

④ 根据密钥确定临界点的位置 P_K，恢复预处理像素，即

$$p_{i,j}=\begin{cases}p_{i,j}'-\theta\cdot k, & p\in[\theta\cdot k,\ 2\theta\cdot k-1]\\ p_{i,j}'+\theta\cdot k, & p\in[256-2\theta\cdot k,\ 255-\theta\cdot k]\\ p_{i,j}', & \text{其他}\end{cases}\tag{5-2-14}$$

从而得到原始密文图像。

2）图像恢复

解密图像之前由解密密钥 Key：(Key1，Key2)得到流密码加密的密钥 Key2 和约瑟夫置乱加密的密钥 Key1，根据密钥分别对图像进行双重解密。

(1) 流密码解密。

由密钥 Key2 获得流密码序列，使用流密码序列对像素块中的像素点解密。先通过式(5-2-12)将像素点转换成 8 位位平面，然后由式(5-2-13)对像素点异或解密，得到流密码解密后的图像。

(2) 约瑟夫置乱解密。

由密钥 Key1 获得 f 个约瑟夫置乱解密密钥 $\mathrm{Key1_i}$，根据每一个密钥中的置乱参数分别对图像进行分块逆置乱，得到置乱解密后的原始图像。

本节算法能够实现信息提取和图像解密的分离操作。因为使用本节算法的嵌入方法进行秘密信息的嵌入时对像素点的改变量较小，不会扩散到图像的高位位平面。在不解密图像的情况下解密图像可以得到与原始图像近似的恢复图像。通过仿真实验可知，在增益因子不超过 2 和嵌入层数不超过 3 的情况下直接解密的图像的 PSNR 大于 37.3 dB。

5.2.2 实验及分析

本实验均采用标准测试图像 USC-SIPI 库中 6 张 512×512 的 8 位灰度图像来对算法进行仿真，如图 5-5 所示，这 6 张灰度图像分别是 Lena、Baboon、Boat、Peppers、Tank、Splash。实验配置如表 5-1 所示。

表 5-1 实验环境配置表

硬件配置	CPU 主频	2.3 GHz
	物理内存	8 GB
	硬盘容量	500 GB
软件配置	操作系统	Win10
	实验平台	Matlab2017

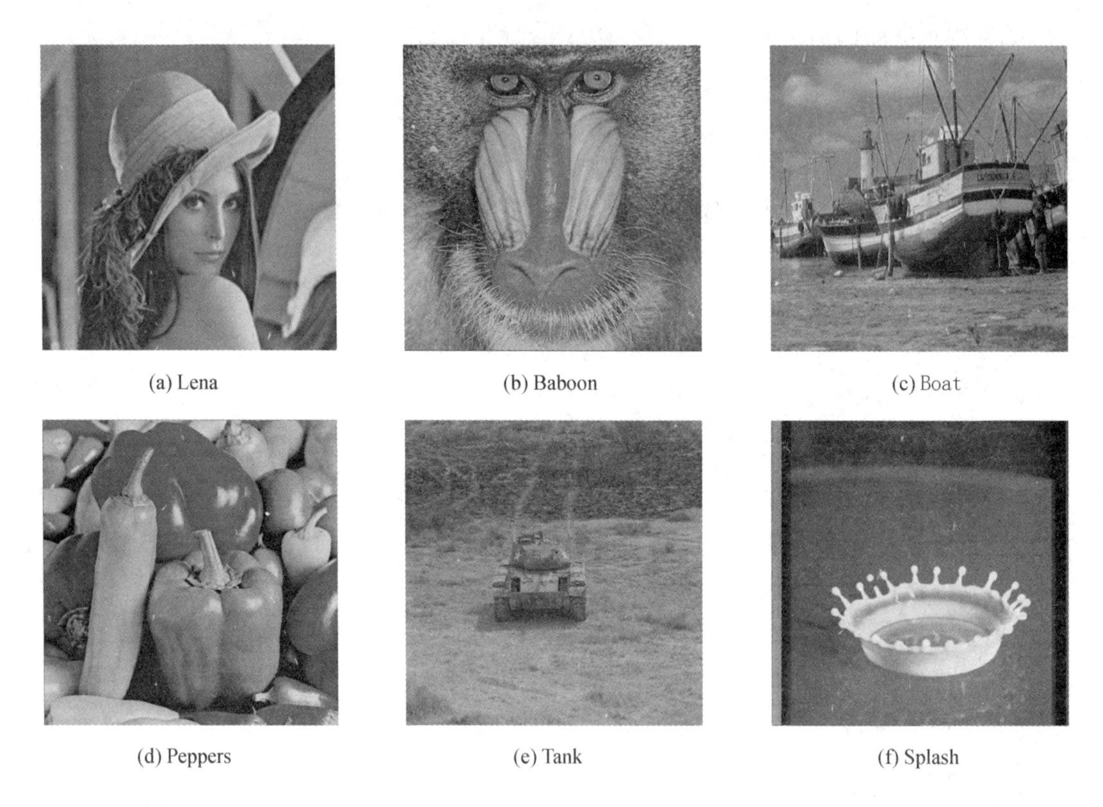

图 5-5 实验图像

1. 实验过程

实验过程以 Lena 图像为例进行说明，实验结果如图 5-6 所示，图中各图像为实验过程中不同实验阶段的 Lena 图像。

对 Lena 图像进行逐块嵌入，设定增益因子 θ 为 1，嵌入层数 k 为 3。先对 Lena 图像进行扫描，对于像素值在[0，3]的像素点都加上 3，对于像素值在[252，255]的像素点都减去 3。而 Lena 图像的像素值范围为[23，246]，所以不做处理。选择 3 个嵌入序列，它们分别为 $\boldsymbol{Q}_1=[1, -1, 1, -1]$，$\boldsymbol{Q}_2=[1, 1, -1, -1]$，$\boldsymbol{Q}_3=[-1, 1, 1, -1]$。下面分别举例说明符合嵌入条件和不符合嵌入条件的情况，假设部分待嵌入的秘密信息为 $e'_1=1$，$e'_2=-1$，$e'_3=1$，嵌入过程示意图如图 5-7 所示。

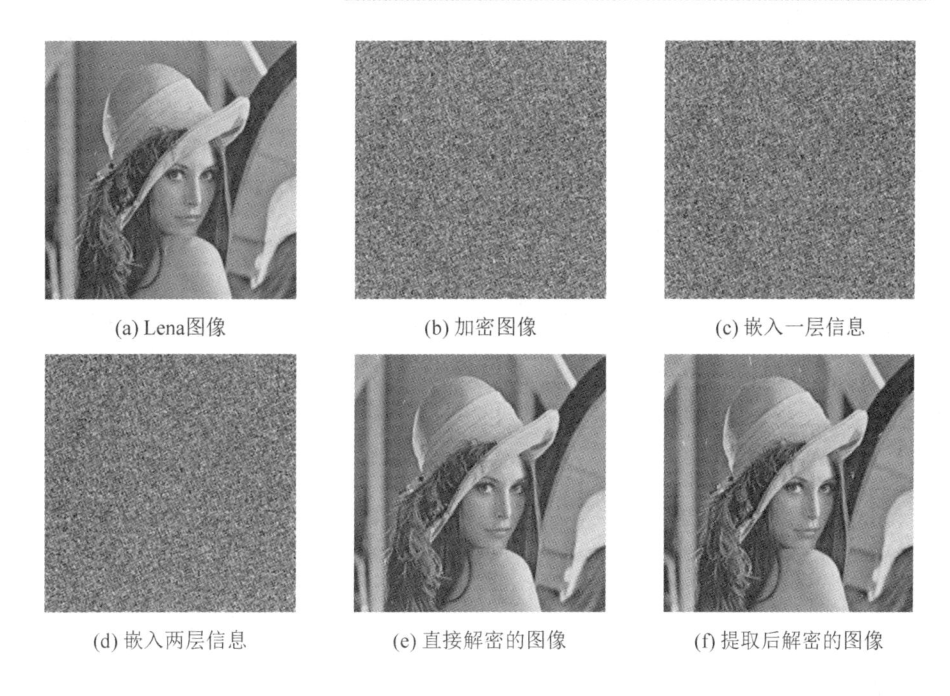

图 5-6　不同实验阶段的 Lena 图像

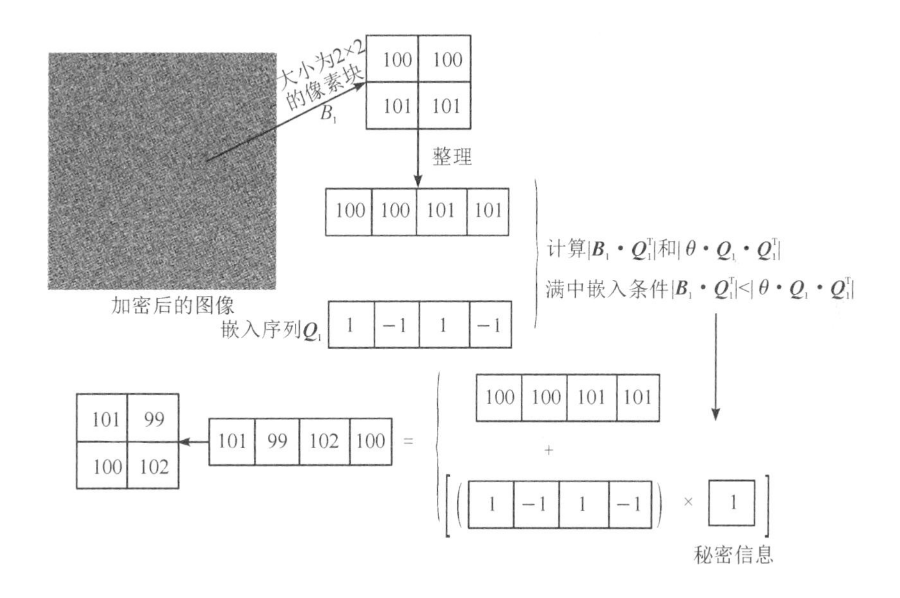

图 5-7　嵌入过程示意图

符合嵌入条件的情况举例如下：

对 Lena 图像中的某一像素块$\boldsymbol{B}_1=(100, 100, 101, 101)$进行第一层信息的嵌入，嵌入序列为$\boldsymbol{Q}_1=[1, -1, 1, -1]$。嵌入之前首先判断像素块 $\boldsymbol{B}_1$ 是否满足嵌入条件，先计算$|\boldsymbol{B}_1 \cdot \boldsymbol{Q}_1^{\mathrm{T}}|=|(100, 100, 101, 101)\cdot(1, -1, 1, -1)^{\mathrm{T}}|=0$，再计算$|\theta \cdot \boldsymbol{Q}_1 \cdot \boldsymbol{Q}_1^{\mathrm{T}}|=|1\cdot(1, -1, 1, -1)\cdot(1, -1, 1, -1)^{\mathrm{T}}|=4$，由结果可知满足像素块的嵌入条件为$|\boldsymbol{B}_1 \cdot \boldsymbol{Q}_1^{\mathrm{T}}|<|\theta \cdot \boldsymbol{Q}_1 \cdot \boldsymbol{Q}_1^{\mathrm{T}}|$，故嵌入 1 bit 秘密信息 e'_1，嵌入后像素块为$\boldsymbol{B}'_1=\boldsymbol{B}_1+e'_1 \cdot \theta \cdot$

$\boldsymbol{Q}_1=(100, 100, 101, 101)+1\times1\times(1, -1, 1, -1)=(101, 99, 102, 100)$。像素块的4个像素点的值都发生了变化，变化大小均为1。

然后进行第二层信息的嵌入，嵌入序列为 $\boldsymbol{Q}_2=[1, 1, -1, -1]$。首先计算 $|\boldsymbol{B}'_1\cdot\boldsymbol{Q}_2^{\mathrm{T}}|=|(101, 99, 102, 100)\cdot(1, 1, -1, -1)^{\mathrm{T}}|=2$，再计算 $|\theta\cdot\boldsymbol{Q}_2\cdot\boldsymbol{Q}_2^{\mathrm{T}}|=|1\cdot(1, 1, -1, -1)\cdot(1, 1, -1, -1)^{\mathrm{T}}|=4$，满足嵌入条件 $|\boldsymbol{B}'_1\cdot\boldsymbol{Q}_2^{\mathrm{T}}|<|\theta\cdot\boldsymbol{Q}_2\cdot\boldsymbol{Q}_2^{\mathrm{T}}|$，嵌入1 bit秘密信息 e'_2，嵌入后像素块为 $\boldsymbol{B}''_1=\boldsymbol{B}'_1+e'_2\cdot\theta\cdot\boldsymbol{Q}_2=(101, 99, 102, 100)+(-1)\times1\times(1, 1, -1, -1)=(100, 98, 103, 101)$。像素块的两个像素点的值发生了变化，变化大小均为2。同样方法可得到第三层嵌入后像素块的值为 $\boldsymbol{B}'''_1=(99, 99, 104, 100)$，像素块的第三个像素点的值变化为3，其余的像素点变化小于3。

嵌入序列中的值均为1或−1，所以每嵌入一层信息时对像素值的最大改变量为1，嵌入 k 层时对像素值的最大改变为 k。但由于每层使用的嵌入序列两两相互正交，所以有些被改变的像素点的值又得以恢复，这就使得嵌入时对很多像素点的改变小于 k，所以多层嵌入提高图像嵌入容量的同时也使图像质量得到了提高。这一结论通过上面的例子也可以得到验证。

不符合嵌入条件的情况举例如下：

对Lena图像中的某一像素块 $\boldsymbol{B}_2=(80, 82, 80, 83)$ 进行第一层信息的嵌入，第一层的嵌入序列为 $\boldsymbol{Q}_1=[1, -1, 1, -1]$。嵌入信息之前首先判断是否满足嵌入条件，先计算 $\boldsymbol{B}_2\cdot\boldsymbol{Q}_1=(80, 82, 80, 83)\cdot(1, -1, 1, -1)^{\mathrm{T}}=-5$，再计算 $|\theta\cdot\boldsymbol{Q}_1\cdot\boldsymbol{Q}_1^{\mathrm{T}}|=|1\cdot(1, -1, 1, -1)\cdot(1, -1, 1, -1)^{\mathrm{T}}|=4$，不满足嵌入条件 $|\boldsymbol{B}_2\cdot\boldsymbol{Q}_1|<|\theta\cdot\boldsymbol{Q}_1\cdot\boldsymbol{Q}_1^{\mathrm{T}}|$，不能嵌入秘密信息。而满足嵌入伪比特“−1”的嵌入条件，即 $\boldsymbol{B}_2\cdot\boldsymbol{Q}_1<-|\theta\cdot\boldsymbol{Q}_1\cdot\boldsymbol{Q}_1^{\mathrm{T}}|$，所以此时嵌入伪比特“−1”，像素块变为 $\boldsymbol{B}'_2=\boldsymbol{B}_2+(-1)\cdot\theta\cdot\boldsymbol{Q}_1=(80, 82, 80, 83)+(-1)\times1\times(1, -1, 1, -1)=(79, 83, 79, 84)$。

对携密密文图像进行提取时，通过密钥得到3个提取序列 $\boldsymbol{Q}_1=[1, -1, 1, -1]$，$\boldsymbol{Q}_2=[1, 1, -1, -1]$，$\boldsymbol{Q}_3=[-1, 1, 1, -1]$。提取时从第1层到第 k 层依次提取秘密信息，直到所有信息提取完毕。先运用公式判断块中嵌入的是秘密信息还是伪消息，若嵌入的是秘密信息，则提取出秘密信息，然后恢复图像；若嵌入的是伪消息，则提取出伪消息后直接丢弃，然后恢复图像。嵌入伪比特的目的是不用为不满足嵌入条件的像素创建位置图（用来记录不满足嵌入条件点的位置的序列，用于在提取时正确提取嵌入的秘密信息），提取时直接丢弃提取出来的伪比特。

例如像素块 $\boldsymbol{B}'_1=(101, 99, 102, 100)$。首先计算 $\{\boldsymbol{B}'_1, \boldsymbol{Q}_1\}=\boldsymbol{B}'_1\cdot\boldsymbol{Q}_1^{\mathrm{T}}=(101, 99, 102, 100)\cdot(1, -1, 1, -1)^{\mathrm{T}}=4$ 和 $2|\theta\cdot\boldsymbol{Q}_1^{\mathrm{T}}\cdot\boldsymbol{Q}_1^{\mathrm{T}}|=2\cdot(1, -1, 1, -1)\cdot(1, -1, 1, -1)^{\mathrm{T}}=2\times4=8$，满足提取条件 $\{\boldsymbol{B}'_1, \boldsymbol{Q}_1\}<2\cdot|\theta\cdot\boldsymbol{Q}_1^{\mathrm{T}}\cdot\boldsymbol{Q}_1^{\mathrm{T}}|$，所以由式(5-2-7)提取秘密信息 $e'_1=1$。恢复图像为 $\boldsymbol{B}_1=\boldsymbol{B}'_1-e'_1\cdot\theta\cdot\boldsymbol{Q}_1=(101, 99, 102, 100)-1\times1\times(1, -1, 1, -1)=(100, 100, 101, 101)$。

像素块 $\boldsymbol{B}'_2=(79, 83, 79, 84)$。计算 $\{\boldsymbol{B}'_2, \boldsymbol{Q}_1\}=(79, 83, 79, 84)\cdot(1, -1, 1, -1)^{\mathrm{T}}=-9$，$2|\theta\cdot\boldsymbol{Q}_1^{\mathrm{T}}\cdot\boldsymbol{Q}_1^{\mathrm{T}}|=2\cdot(1, -1, 1, -1)\cdot(1, -1, 1, -1)^{\mathrm{T}}=2\times4=8$，经计算判断不

满足信息的嵌入条件，而满足嵌入伪消息条件$\{\boldsymbol{B}'_2, \boldsymbol{Q}_1\} < -2|\theta \cdot \boldsymbol{Q}_1^{\mathrm{T}} \cdot \boldsymbol{Q}_1^{\mathrm{T}}|$，所以伪消息为“−1”，直接丢弃。恢复像素块为$\boldsymbol{B}_2 = \boldsymbol{B}'_2 - (-1) \cdot \theta \cdot \boldsymbol{Q}_1 = (79, 83, 79, 84) - (-1) \times (1, -1, 1, -1) = (80, 82, 80, 83)$。

提取秘密信息后，再对像素值在[0，3]的像素点都减去3，对于像素值在[252，255]的像素点都加上3。利用图像解密密钥先进行多粒度逆置乱解密，然后进行细粒度逆置乱解密和流密码解密。得到完全无损恢复的原始Lena图像，如图5-6(f)所示。若仅有图像的解密密钥，则直接对图像进行解密，解密后的图像如图5-6(e)所示，验证了本文算法的可分离性。

2. 嵌入层数分析

算法在嵌入过程中利用CDMA嵌入序列正交的特性实现秘密信息的多层嵌入，从表5-2的实验结果可知，随着嵌入层数的增加，嵌入容量也在不断增大，但直接解密图像的PSNR值在不断减小，在使用时应根据需要来确定嵌入层数。

表5-2　嵌入层数和增益因子分析

实验图像	增益因子 θ	嵌入层数 k	嵌入容量/bit	直接解密的PSNR/dB	提取后再解密的PSNR/dB
Lena	1	1	26 793	48.1308	∞
		2	47 586	45.1205	∞
		3	84 139	43.3596	∞
	2	1	44 117	42 1102	∞
		2	81 203	39.0999	∞
		3	133 313	37.339	∞
	3	1	52 479	38.5884	∞
		2	98 897	35.5781	∞
		3	157 461	33.8172	∞
Baboon	1	1	7781	48.1314	∞
		2	16 932	45.1213	∞
		3	28 996	43.36	∞
	2	1	15 979	42.111	∞
		2	34 714	39.1013	∞
		3	58 616	37.3401	∞
	3	1	22 931	38.5894	∞
		2	49 553	35.5803	∞
		3	82 279	33.8191	∞

续表

实验图像	增益因子 θ	嵌入层数 k	嵌入容量/bit	直接解密的PSNR/dB	提取后再解密的PSNR/dB
Tank	1	1	10 753	48.1308	∞
		2	26 911	45.1205	∞
		3	48 018	43.3596	∞
	2	1	21 541	42.1102	∞
		2	52 777	39.0999	∞
		3	92 218	37.339	∞
	3	1	30 891	38.5884	∞
		2	73 361	35.5781	∞
		3	124 193	33.8172	∞
Splash	1	1	32 182	48.1308	∞
		2	63 960	45.1205	∞
		3	108 336	43.3596	∞
	2	1	49 799	42.1102	∞
		2	100 712	39.0999	∞
		3	161 061	37.339	∞
	3	1	57 531	38.5884	∞
		2	116 154	35.5781	∞
		3	180 075	33.8172	∞

多层嵌入时不同的嵌入序列同时作用在同一个像素块上，对于像素点的改变可能会相互抵消，从而减少对图像整体的改变，增加直接解密的图像质量。如像素块$\boldsymbol{B}_1=(100,100,101,101)$，嵌入信息"1，−1，1"，增益因子$\theta$为1，嵌入序列为$\boldsymbol{Q}_1=[1,-1,1,-1]$，$\boldsymbol{Q}_2=[1,1,-1,-1]$，$\boldsymbol{Q}_3=[1,-1,-1,1]$。嵌入第一层信息后像素块为(101，99，102，100)，4个像素点的值都变化了"1"。嵌入第二层信息后像素块为(100，98，103，101)，4个像素点的值有两个变化了"2"，两个像素点的值又变回了原始像素点的值。嵌入第三层信息后像素块为(101，97，102，102)，有1个像素点的值和原始像素点的值相比变化了"3"，有3个像素点的值变化了"1"。嵌入k层信息后对像素值的最大改变量为k。本节算法在嵌入多层信息时对图像像素点值的改变会有部分抵消，从而保证直接解密的图像质量，这是本节算法的一个优点。

3. 增益因子分析

设置增益因子是为了设置嵌入条件的阈值，增益因子的大小和嵌入条件的阈值成正比。增益因子越大则嵌入条件越宽松，每一层的嵌入容量越高，反之每一层的嵌入容量越低。由表5-2的实验结果可知，Lena图像增益因子为1时一层的嵌入容量是26 793 bit；增益因子为2时一层的嵌入容量是44 117 bit；增益因子为3时一层的嵌入容量是52 479 bit。随着增益因子的增大，图像每一层的嵌入容量明显增大。Lena图像不同增益因子的嵌入容量如图5-8所示。

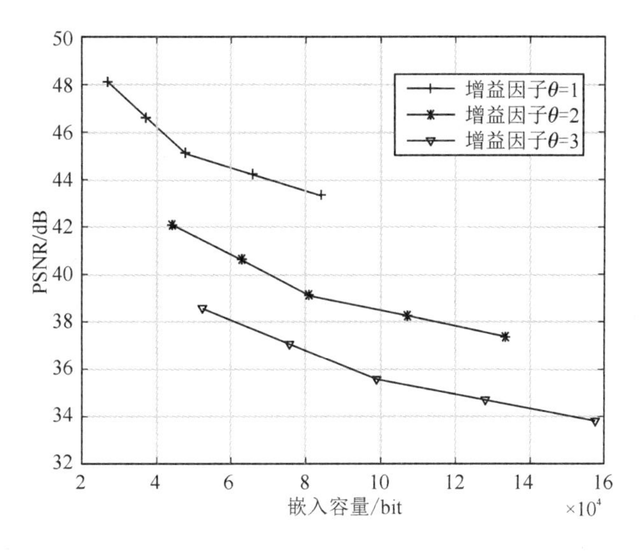

图5-8 Lena图像不同增益因子的嵌入容量

由表5-2可知，直接解密图像的PSNR值与增益因子成反比。由式(5-2-12)也可知，增益因子较大时嵌入条件的阈值较高，每一层满足嵌入条件的像素块较多，但嵌入时对像素值的改变增大，图像质量下降较多。由表5-2可知，当Lena图像嵌入容量为44 000 bit，θ为1时需要嵌入2层，此时嵌入容量最大可达到47 586 bit，满足要求，PSNR值约为46 dB；θ为2时仅需要嵌入1层，此时嵌入容量最大可达到44 117 bit，满足要求，PSNR值约为42 dB。所以在使用过程中应根据需求的侧重点来设定嵌入参数。

4. 嵌入性能对比分析

密文域可逆信息隐藏在嵌入容量的提高方面相对比较困难，多数明文域可逆的嵌入算法在密文域中都会失效。本节算法利用CDMA实现了图像密文域可逆信息隐藏，嵌入参数为：增益因子θ为2，嵌入层数为3。本节算法的最大嵌入容量如表5-3所示。

表5-3 本节算法的最大嵌入容量

图像	Lena	Baboon	Boat	Pepper	Tank	Splash
嵌入容量/bit	133 313	58 616	105 843	120 770	92 218	161 061

5. 安全性分析

本节采用约瑟夫置乱加密和流密码加密的双重加密算法对原始图像进行加密。采用嵌入序列来嵌入秘密信息，这种嵌入方法增加了嵌入过程的安全性。嵌入过程需要密钥参与才能实施，密钥只有合法通信的双方才会拥有，所以只有拥有正确嵌入序列的合法用户才能正确提取隐藏的秘密信息。嵌入结果是多层嵌入序列的叠加结果，所以在没有嵌入序列的情况下难以通过暴力破解的方法对秘密信息进行破解。

本节首先利用 CDMA 技术实现了图像密文域可逆信息隐藏，该算法不需要在加密前对图像进行预处理，也不需要在图像加密后进行压缩处理，而是利用图像加密过程中产生的冗余，通过嵌入序列对秘密信息的扩频编码来实现信息的可逆隐写。在现实的应用场景中，用户只需要参与图像的加密上传，不需要参与其他操作，信息的嵌入者也只参与信息的嵌入过程而不用参与其他操作，这就保证了加密过程和嵌入过程的独立性。在嵌入过程中利用嵌入序列之间相互正交的特性，实现秘密信息的多层嵌入，提高嵌入容量的同时减小了对像素点的改变，增加了嵌入后图像的质量，实现了信息提取和图像恢复的可分离性。

本节算法虽然在嵌入容量上得到了较好的表现，但对一些像素纹理较复杂的图像不能有效地利用像素冗余空间来嵌入秘密信息，出现了较多未嵌入秘密信息而嵌入伪消息的像素块。针对这个问题，后续算法可以进行改进，消除纹理复杂度对嵌入容量的影响，从而实现对所有图像都具有较高的容量嵌入。

5.3 基于纠错码的密文域可逆信息隐藏

前文介绍的在加密过程中生成冗余的方法，利用加密后的数据本身所具有的冗余进行信息嵌入，解决了嵌入与加密两者制约的问题，可以有效地提高嵌入容量，实现信息隐藏的完全可逆。编码技术本身也具有编码后生成冗余的特点，同样可以实现加密过程中的信息嵌入，而纠错码作为编码技术的重要组成部分，其纠错与恢复的特点与可逆信息隐藏中的提取与恢复相类似，将纠错码运用于密文域可逆信息隐藏中，可有效地提高嵌入容量并实现信息隐藏完全可逆。

本节提出一种基于线性系统纠错码的密文域可逆信息隐藏算法，利用加密过程中的冗余实现秘密信息的嵌入和提取。对像素点低位信息进行纠错编码，翻转纠错码信息位以嵌入信息而后置乱。纠错编码会在原有的图像信息基础上产生数据拓展，对载体图片像素高比特位信息进行无损压缩解决扩展问题。在接收端，使用校验矩阵提取秘密消息，可逆地恢复原始载体，实现了算法的可分离性，有着较大的嵌入容量。

5.3.1 算法框架

本节算法对数据进行纠错编码，将秘密信息作为错误图样嵌入纠错码中，在接收端通过译码的过程提取错误信息，并恢复原始信息，实现信息隐藏的可逆性。图像加密与信息嵌入框架如图 5-9 所示。纠错码对低四位编码并置乱，对高四位进行无损压缩，以解决低位纠错编码带来的数据扩展问题，并对压缩后的数据进行流加密，提高信息的安全性。将秘密消息以错误图样的形式嵌入待嵌入图像。消息传递的双方共享同一个纠错码编码器，图像恢复与信息提取框架如图 5-10 所示。在信息接收端，首先进行解压缩操作，恢复加密的高四位信息，而后对其进行解密，同时截取出系统纠错码中的信息码元，组合后可得到原始图像的近似图像，但并不能得到秘密信息；只对编码部分进行译码操作可提取出秘密信息；既恢复图像，又进行译码，可得到嵌入信息，并完全可逆地恢复原始图像。

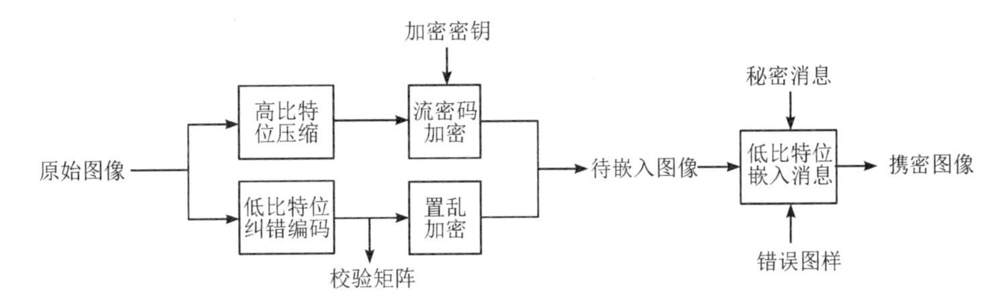

图5-9　图像加密与信息嵌入框架

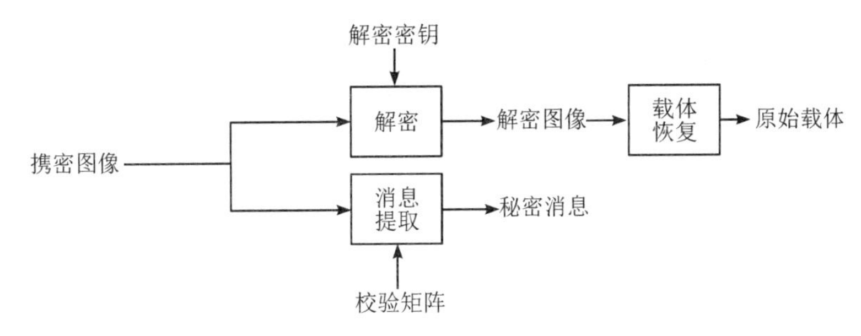

图5-10　图像恢复与信息提取框架

5.3.2　算法过程

1. 压缩与加密

本算法中的压缩主要采用的是游程-霍夫曼编码(Run-length & Huffman codes)压缩：

定义5-1　输入为α，通过游程-霍夫曼编码压缩为输出β。

$$\beta = \text{R\&HCoding}(\alpha) \tag{5-3-1}$$

(1) $\boldsymbol{I}$表示尺寸为$m \times n$的原始图像，将每一个像素点记为$p_{x,y}(0 \leqslant x \leqslant m,\ 0 \leqslant y \leqslant n)$，$x$，$y$表示像素位置。将像素值转为8位二进制，由高到低可表示为b_1，b_2，b_3，…，b_8，将每个像素点的b_1，b_2，b_3，b_4这4个位平面按照从b_1到b_4的顺序排列成一个一维的数组$F(z)$：

$$F(z) = \{z_i \mid i = 1, 2, \cdots, m \times n \times 4\} \tag{5-3-2}$$

(2) 对$F(z)$进行游程编码，压缩过程如图5-11所示，设$F(z)=000110001$，由于游程编码默认从0开始计数，而$F(z)$的起始位是0，0的数量是3，故记为3，而后1的数量是2，故记为2，按照此规则可得到编码结果$J=3231$，而后按照霍夫曼编码规则对J进行编码得到二进制码流C_A，C_A即为压缩后的结果。

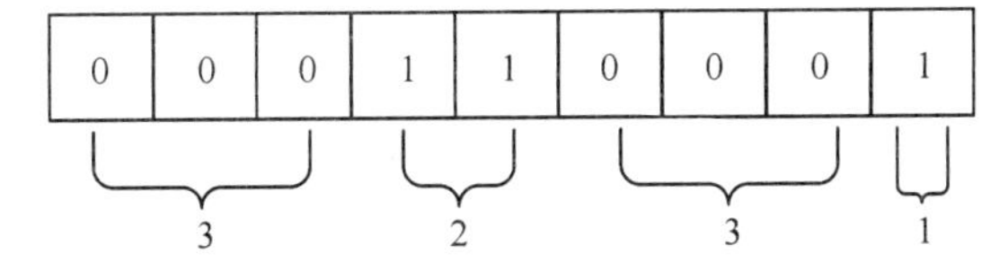

图5-11　压缩过程

$$C_A = \text{R \& H Coding}(F(z)) \tag{5-3-3}$$

（3）生成伪随机序列作为流加密的密钥 $r(r_1, r_2, \cdots, r_{4mn})$，对 C_A 进行逐位异或加密得到密文 C'_A：

$$C'_A = r_i \oplus C_A \tag{5-3-4}$$

2. 纠错编码

将加密后的信息长度记为 t_1，长度 t_1 可确定编码后的最长信息长度 t_2：

$$t_2 = u - t_1 \tag{5-3-5}$$

$$u = 8m \times n \tag{5-3-6}$$

定义 5-2 将输入 α 与生成矩阵 $\boldsymbol{G}$ 相乘实现纠错码编码得到输出 β：

$$\beta = \text{encode}(\alpha) \tag{5-3-7}$$

将输入 β 与 $\boldsymbol{G}^{-1}$ 相乘实现纠错码解码得到输出 α：

$$\alpha = \text{decode}(\beta) \tag{5-3-8}$$

将像素点的后三位信息记为 b_3, b_2, b_1，后四位信息记为 b_4, b_3, b_2, b_1。由于辅助信息 t 仅记录信息长度，不会超过 60 bit，所以用(7, 3)线性系统码对前 30 个像素点 $P_{x,y}$ 的后三位进行纠错编码：

$$Q^3_{x,y} = \text{encode}(7, 3)\ (b_3, b_2, b_1) \tag{5-3-9}$$

而后用(7, 4)线性系统码对之后的像素点的 $P_{x,y}$ 后四位编码得到载体纠错码码字：

$$Q^4_{x,y} = \text{encode}(7, 4)\ (b_4, b_3, b_2, b_1) \tag{5-3-10}$$

$Q^4_{x,y}$ 按顺序组成一维数组 L 并将 L 的长度记为 t_3。将 $Q^3_{x,y}$ 与 $Q^4_{x,y}$ 按顺序组成一维数组 W 并记录 W 的长度值为 t_4。

3. 信息嵌入

（1）将要嵌入的秘密消息 M 每两比特划分为一组，得到秘密消息的组合 $m = (m_1, m_2, \cdots, m_u)$。

定义映射规则：

$$\begin{cases} 00 \rightarrow e_1 = (1000000) & 11 \rightarrow e_2 = (0100000) \\ 01 \rightarrow e_3 = (0010000) & 10 \rightarrow e_4 = (0001000) \end{cases} \tag{5-3-11}$$

得到对应的错误图样 $e = (e_1, e_2, e_3, e_4)$，整理得到错误图样序列 E。

（2）将辅助信息 t_1, t_3, t_4 分别转为二进制表示记为 t'_1, t'_3, t'_4，按步骤(1)转为相应的错误图样 E_0，与载体纠错码 $Q^3_{x,y}$ 模二加得到载密纠错码字：

$$r_i = Q^3_{x,y} + E_0 \tag{5-3-12}$$

通过此步骤实现了辅助信息 t_1, t_3, t_4 的嵌入。

（3）将秘密信息按步骤(1)构造成错误图样序列 E，按步骤(2)将秘密信息嵌入 $Q^4_{x,y}$，实现了秘密信息的嵌入。

（4）对图像进行置乱排列，按 W，C'_A 的顺序组成一维数组 D，补充少于 3 位的随机数即可将图像补全，按 8 位深度将数组重组为携密图像。

4. 消息提取与载体恢复

本节算法实现了消息提取与载体恢复的可分离。在接收端，若有(7，3)码和(7，4)码译码器，可得到秘密消息；若有(7，3)译码器和密钥不能提取信息，可基本恢复图像；若既有流密码密钥，又有(7，4)译码器和(7，3)译码器，可得到秘密消息，同时可以完全可逆地得到原始图像。

定义5-3 将校验矩阵 $\boldsymbol{H}$ 与输入 α 相乘得到伴随矩阵 $\boldsymbol{s}$ 从而确定错误位置，得到错误图样 e，由映射规则输出秘密信息 β：

$$\beta=\mathrm{correct}(\alpha) \tag{5-3-13}$$

情况一：只有(7，3)码和(7，4)码译码器，但没有密钥。

(1) 使用(7，3)译码器对 E 进行译码：

$$(t_1, t_3, t_4)=\mathrm{correct}(Q_{x,y}^3) \tag{5-3-14}$$

(2) 提取出数组 L 的长度 t_4，由 t_4 确定(7，4)码部分，使用(7，4)译码器译码：

$$M=\mathrm{correct}(Q_{x,y}^4) \tag{5-3-15}$$

通过译码得到秘密信息 M，但并不能得到原始图像。

情况二：只有(7，3)码译码器和密钥。

(1) 使用(7，3)译码器对 E 进行译码得到 C'_{A} 的长度 t_1 和纠错编码长度 t_4，从而可确定 C'_{A} 的位置。

(2) 使用流加密产生随机序列 $r(r_1, r_2, \cdots, r_{4mn})$ 对 C'_{A} 进行异或解密得到明文 C_{A}：

$$C_{\mathrm{A}}=r\oplus C'_{\mathrm{A}} \tag{5-3-16}$$

(3) 对明文 C_{A} 进行解压缩操作恢复一维数组 $F(z)$

$$F(z)=\mathrm{R\&HDecoding}(C_{\mathrm{A}}) \tag{5-3-17}$$

(4) 由 $F(z)$ 即可恢复图像 I 的高四位信息。

(5) 取 $Q_{x,y}^3$ 与 $Q_{x,y}^4$ 的信息位，例如 $Q_{x,y}^4=1101111$，只取信息位1101，但并不进行译码将其重组为图像 I 的低位信息，从而得到近似图像 I'。

情况三：既有流密码密钥，又有(7，4)译码器和(7，3)译码器，按照上述两种情况的方法进行操作，可得到秘密消息 M，同时可以完全可逆地得到原始图像 I。

5.3.3 实验及分析

为验证本节算法的性能，从USC-SIPI图像库中选出512×512的8 bit灰度图像Lena、Plane、Milkdrop、Peppers，使用MATLAB 2013a进行实验仿真，如图5-12所示。

1. 安全性与可逆性分析

此处采用生成伪随机序列而后逐比特异或运算的流加密算法对高位压缩数据进行加密，而后通过对低位进行编码以嵌入错误图样的方法嵌入秘密信息，增加了嵌入过程的安全性。对图像进行置乱加密，改变了像素的位置，从而打乱信息次序，提高了安全性。其中，伪随机序列和纠错码生成矩阵是通信双方才有的，只有接收方才能准确地恢复出高位

(a) Lena (b) Milkdrop

(c) Peppers (d) Plane

图 5-12 测试图像

信息。嵌入信息后的图片又进行了置乱操作，第三方很难进行暴力破解。下面用实验证明算法的安全性。

如图 5-13 所示，以图像 Lena 为例，图 5-13(a)表示原始图像，经过编码加密之后嵌

(a) 原始图像 (b) 携密图像

(c) 近拟图像 (d) 恢复图像

图 5-13 算法处理的不同阶段

入信息得到图 5－13(b)表示嵌入秘密信息的携密图像；图 5－13(c)表示不经秘密信息提取直接解密的图像；图 5－13(d)表示提取秘密信息之后的解密图像。

本节算法使用流加密与置乱加密结合的双重加密的方法，破坏了像素之间的相关性，提高了算法的安全性。对图像的统计特性进行分析，图 5－14(a)表示原始图像的像素值直方图，图 5－14(b)表示携密图像的像素值直方图。

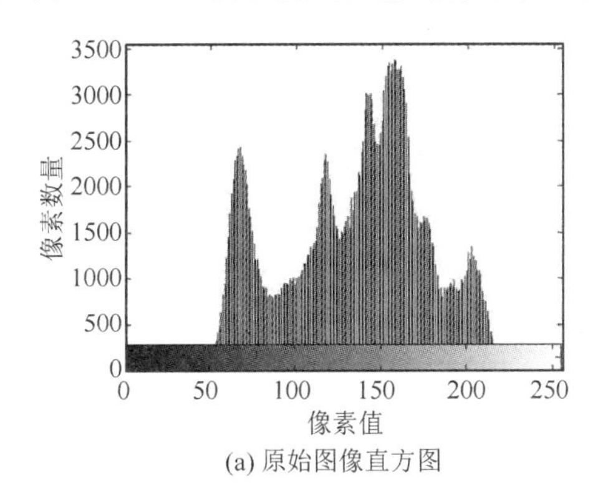

(a) 原始图像直方图

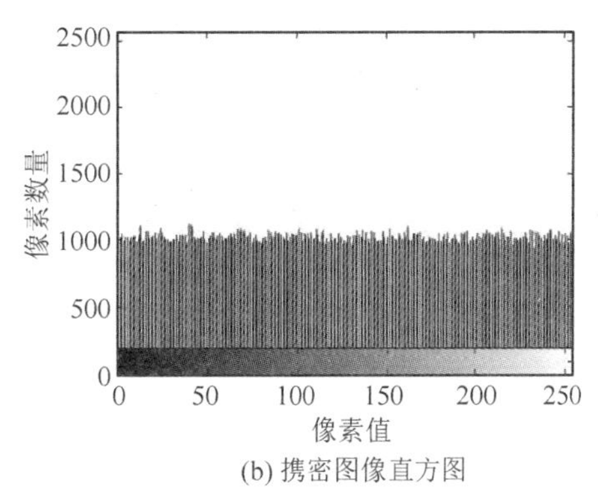

(b) 携密图像直方图

图 5－14　统计特性对比

从图 5－14 中可以看出，原始图像的像素值分布具有一定的规律性，有着明显的明文特征，嵌密图像的像素值较为接近、分布均匀，已经基本不存在相关性与明文特征，第三方很难暴力破解图片或提取出秘密信息，加密之后其安全性可以得到保证。

通过实验结果可以看出，100 幅图像的平均嵌入率达到了 1.7 b/p。相对光滑的图像嵌入率可接近 2 b/p，而且在提取信息后解密图像的 PSNR 均为“∞”，SSIM 值均为 1，表明算法可以完全可逆恢复出原始载体。

2. 压缩比分析

此处运用游程-霍夫曼编码压缩，首先使用游程编码对高四位按位平面进行统计，其次对统计结果再进行霍夫曼编码，得到二进制码流。对于纹理较少、分块明显的图像，可以获得更大的压缩比，由于嵌入容量受压缩比的影响，所以压缩比越大嵌入率越高。如表 5－4 所示，实验中使用单位像素嵌入消息的比特数即 b/p 表示嵌入率，即每个像素点能够嵌入的比特数。图像 Milkdrop 压缩比达到 2.99，相应的嵌入率也会增大，这是因为采用游程-霍夫曼无损压缩方法，对纹理较少的图像游程的统计数据相对较少，从而使得经霍夫曼编码后的数据量也较少，也就取得了更大的压缩比，相应得到了更高的嵌入率。

表 5－4　压缩比与最大嵌入率的比较

图　　像	压　缩　比	嵌入率/(b/p)
Lena	1.92	1.26
Milkdrop	2.99	1.77
Peppers	1.87	1.25
Plane	2.27	1.45

3. 嵌入容量分析

本方案的最大嵌入容量与压缩比有关，压缩比越大的图像，其嵌入容量也就越大。因为纠错编码后加入了监督码元，使数据量产生了一定程度的扩展，为了保证图像的尺寸大小不发生变化，需要对图像高位信息进行无损压缩，所以压缩比也就直接影响了最大嵌入容量。但是压缩后，在纠错码中嵌入秘密信息不受原始图像明文特征的约束，所以不同图片在同一嵌入容量下的 PSNR 和 SSIM 较为接近。如表 5－5、表 5－6 所示，图像直接恢复载体时的质量随着嵌入率的增大，稳定缓慢下降。不同的图像在同一嵌入率下，图像直接恢复载体时的质量比较接近，例如在 1.2 b/p 时，PSNR 均在 37 dB 左右，SSIM 均在 0.97 左右。说明算法稳定性较好，图像恢复质量波动不大，具有较广泛的适用性。

表 5－5 嵌入率与直接恢复载体时的 PSNR dB

图 像	嵌入率				
	0.3 b/p	0.7 b/p	1 b/p	1.2 b/p	1.7 b/p
Lena	43.14	39.81	37.78	37.21	—
Milkdrop	43.06	39.22	37.56	36.89	35.29
Pepper	43.31	39.95	37.59	36.91	—
Plane	43.21	39.18	37.88	37.17	—

表 5－6 嵌入率与直接恢复载体时的 SSIM

图 像	嵌入率				
	0.3 b/p	0.7 b/p	1 b/p	1.2 b/p	1.7 b/p
Lena	0.9922	0.9897	0.9753	0.9753	—
Milkdrop	0.9929	0.9864	0.9719	0.9695	0.9532
Pepper	0.9935	0.9846	0.9768	0.9703	—
Plane	0.9931	0.9747	0.9785	0.9731	—

本节提出了基于纠错码的密文域可逆信息隐藏算法，有机地将纠错码与可逆信息隐藏结合，将秘密信息看作传输载体过程中的噪声，嵌入信息的过程看作噪声微扰导致载体变化的过程。提取信息看作纠错码检错的过程，实现可逆看作恢复原始信息的过程。通过实验分析证明，该方法具有较高嵌入容量，实现了算法的可分离与图像的完全可逆，计算复杂度低。本节算法以秘密信息映射为错误图样以改变纠错码码字的形式实现嵌入，但是在实际传输时网络信道中的噪声微扰也会造成纠错码的改变，这就与嵌入的秘密信息相混淆，影响秘密信息的正常提取。

5.4 基于差值扩展布尔运算编码的密文域可逆信息隐藏

构造可分离的 RDH-ED 算法是该领域技术走向实用的重要基础，引入全同态加密及相关技术较好地实现了 RDH-ED 的可分离，但是全同态加密与自举加密技术中涉及较多的密文张量积运算，导致算法的计算复杂度较高，公钥消耗量较多。为了在保持基于全同态的 RDH-ED 算法可逆性、安全性、可分离性等性能的基础上降低算法的计算复杂度，提高算法的运行效率，本节将 DE 算法按比特位展开得到 DE 算法的二进制表示，利用 LWE 算法逐明文比特位加密的特点构造在密文域上的差值扩展编码过程，设计了一种高效率的 RDH-ED 算法。为了进一步提高密文嵌入量，算法中引入像素值排序(PVO)技术作为图像加密前的预处理。下面首先介绍像素值排序在 RDH 中的应用，然后分析 DE 算法按比特位展开的操作与 LWE 密文的对应操作，最后介绍本节算法。

5.4.1 像素值排序及其在可逆信息隐藏中的应用

HS 类 RDH 算法在嵌入前对图像进行直方图分析的预处理，目的是选择特定直方柱实现数据的可逆嵌入。直方柱越尖锐，嵌入量越高，同时嵌入后像素的失真越小。为了提高直方柱的嵌入性能，PEE-HS 类算法首先对像素值进行预测处理，然后对像素的预测差值进行直方图分析。为了进一步提高预测性能，像素值排序技术被引入 RDH 的预处理过程，经过排序后的图像更加光滑，相邻像素值趋于相等，由此提高了像素块内像素值预测的性能。

Li 等人在文献[12]中首次提出了基于像素值排序的 RDH 方案，使得嵌入性能较传统 PEE 类 RDH 得到了提高。基于 PVO 的 RDH 通过对非重叠像素块内的像素值进行排序处理，然后利用次大/次小值对最大/最小值进行预测，从而对最值进行扩展来实现信息嵌入。由于块内像素的高度相关性，因此可以得到一个陡峭的直方图从而使嵌入性能得到显著提升。Ou 等人[13]和 Peng 等人[14]在文献[12]的基础上进行了优化。文献[12]选择预测误差直方图中数值 1 的直方柱进行平移从而实现信息嵌入，数值 0 的直方柱通常处在次高的位置，但是文献[12]没有充分利用这部分像素。针对这个问题，Ou 等人[13]提出了一种基于 PVO 的 RDH 优化方案，设计优化策略可以增加对文献[12]中预测误差直方柱 0 的利用，从而实现嵌入性能的提升。Peng 等人[14]则设计了一种新的预测误差直方图构造方法，将直方柱 0 纳入到可嵌入像素。Wang 等人结合 PVO 思想提出了一个基于像素块动态划分的 RDH 算法[15]，该算法将纹理复杂的区域划分成较大像素块来保证图像质量，同时将平滑区域划分成较小像素块来提高嵌入容量。He 等人在像素块尺寸划分过程中引入了预测精度矩阵，通过预处理计算进一步提高嵌入性能[16]。除了利用一维直方图进行嵌入，高维直方图也被引入 RDH，从而可用于信息嵌入的冗余空间也就越多。Ou 等人[17]从提高直方图维度的角度出发，引入对偶预测扩展嵌入(Pairwise Prediction-error Expansion，PPE)思想构建二维直方图，从而提升 PVO 类 RDH 的嵌入性能。He 等人[18]针对文献[16]二维直方图的构建过程提出映射优化方案，使嵌入性能进一步提升。

通过上文可以发现，PVO 技术可用于空间域图像的预处理，排序后图像相邻像素趋于相等，图像的纹理区域趋向消失，光滑区域增大，像素间的相关性增强。本节算法为了提高嵌入效率，在进行密文嵌入前使用 PVO 技术对明文像素进行预处理，有效增加了适用 DE 嵌入的像素对数量，进而提高了密文嵌入率。

5.4.2 算法框架与设计

1. 算法框架

算法框架如图 5-15 所示，用户首先对明文进行加密并将密文上传到第三方服务器，解密私钥由明文内容持有者用户自行保存，服务方执行密文域嵌入获得携密密文。因此，对携密密文的操作可以分为以下四种情况：

(1) 用户使用私钥直接解密携密密文得到携密明文，然后可以实施 DE 提取或 DE 恢复操作得到嵌入数据或原始明文；

(2) 服务方可以在不掌握私钥的情况下直接从密文的 LSB 中提取额外信息；

(3) 服务方通过密文域 DE 恢复操作返回新的密文，用户解密新密文得到原始明文；

(4) 服务方通过密文域 DE 提取操作返回加密的额外信息，用户解密密文得到嵌入的额外信息。

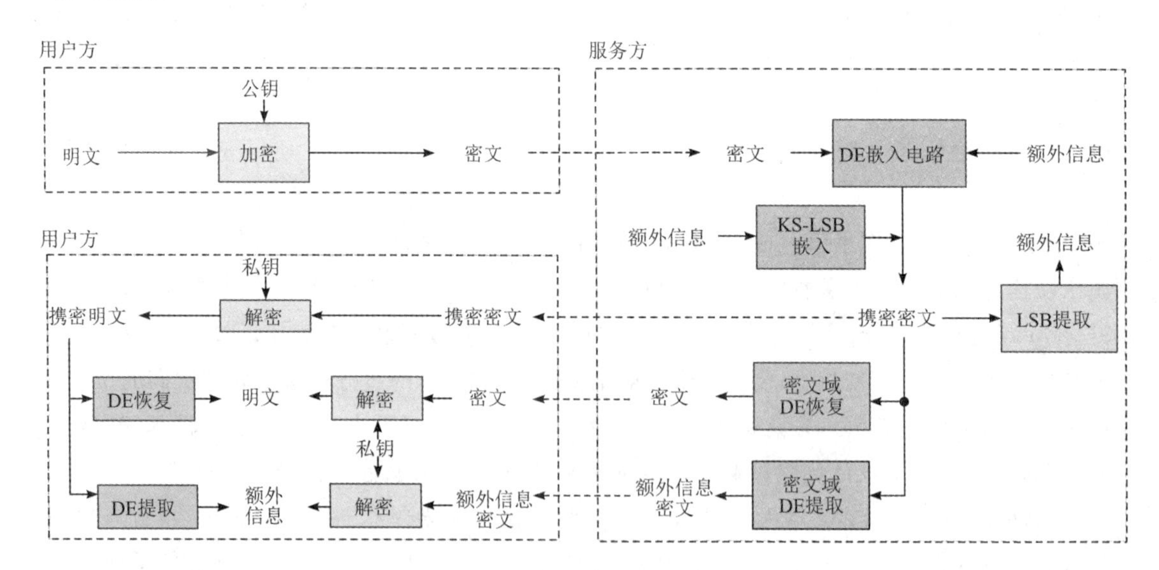

图 5-15 算法框架

算法中使用的变量符号及含义如表 5-7 所示。

表 5-7　变量符号及含义

符　号	含　义
$X, Y \in Z_{256}$	一对相邻像素
$h \in Z_{256}$	X 和 Y 的差值
$l \in Z_{256}$	X 和 Y 的均值(取整)
$b_X^i, b_Y^i, b_h^i, b_l^i \in \{0, 1\}$	X, Y, h 或 l 的第 i 位最低有效位 ($i=1, 2, \cdots, 8$)
$c_X^i, c_Y^i, c_h^i, c_l^i \in Z_q^n$	加密 b_X^i, b_Y^i, b_h^i 或 b_l^i 的密文($i=1, 2, \cdots, 8$)
$b_s \in \{0, 1\}$	额外信息比特
$\boldsymbol{c}_{b_s}$	加密 b_s 的密文
$b_r \in \{0, 1\}$	在 KS-LSB 嵌入中的待嵌入比特

2. 基于单比特加密的密文域 DE 嵌入的构造

图 5-16(a)展示了 DE 算法的嵌入流程。图 5-16(b)展示的是将 DE 算法中的差值扩展操作按照比特位运算进行展开，该过程类似于该操作的电路解析，涉及的运算主要是比特序列的移位、比特加、比特乘、异或等位运算。

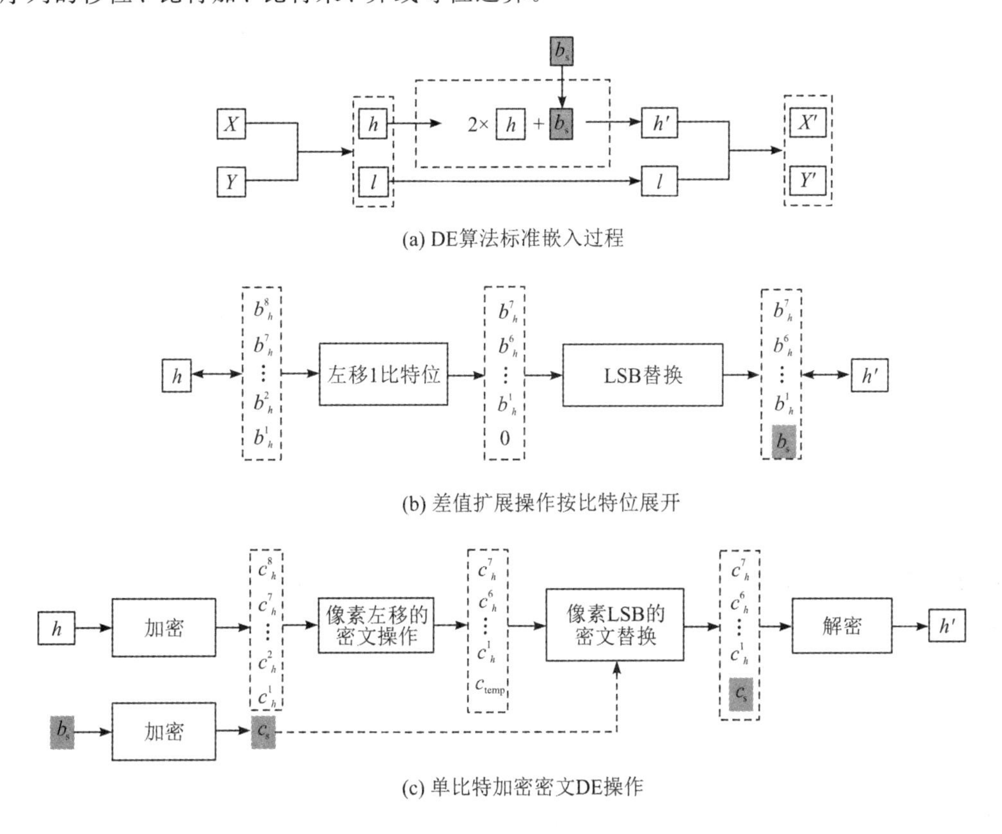

图 5-16　DE 算法的二进制表示与密文的对应变换

DE 算法的二进制表示过程较为简单，差值 h 首先表示为 8 bit 的序列，序列左移一位

等效于差值 h 做十进制乘 2 运算。由于 DE 算法已经对差值 h 进行了防溢出约束，因此左移后的比特序列可直接舍弃 b_h^8，并在最低位填充额外信息比特 b_s，即可得到携密的差值 h' 的比特序列。基于上述过程，可以将差值 h 的密文 $c_h^i(i=1, \cdots, 8)$代入 DE 算法的二进制表示来实现密文域差值扩展，如图 5-16(c)所示。运算结果等效于全同态加密封装的 DE 嵌入后得到的结果。

上述构造的正确性取决于两点：一是 LWE 算法是单比特加密算法，单个密文唯一对应明文中的 1 比特数据，因此密文可以准确代入 DE 算法的二进制表示；二是 DE 算法中的核心操作在于差值 h 的扩展运算，该扩展运算的二进制表示涉及的位运算较为简单，只有移位与位填充操作，并且由于在进行 DE 嵌入前已经对差值 h 进行了防溢出约束，因此密文序列的移位与填充操作不会引起解密后明文的进位与借位问题，解密结果不会出现溢出。

3. 预处理

1) 像素值排序

设有一个明文为 512×512 的灰度图 $\boldsymbol{I}$，其中一行的所有像素被记为像素序列$(p_1, p_2, \cdots, p_l)$，$l=512$。像素序列按照升序重新排列得到新的序列$\{p_{\sigma(1)}, p_{\sigma(2)}, \cdots, p_{\sigma(l)}\}$，当 $i>j$ 时，$p_{\sigma(i)} \leqslant p_{\sigma(j)}$，其中 σ：$\{1, 2, \cdots, l\} \rightarrow \{1, 2, \cdots, l\}$是一个单映射，输出的是原像素的位置，排序后的图像记为 $\boldsymbol{I}'$。映射 σ 作为辅助信息嵌入密文并传送给接收者。

2) 防溢出约束与保真约束

该约束内容与章节 4.2.2 相同，为便于叙述，再次将约束中涉及的公式罗列如下：

将 $\boldsymbol{I}'$分割为不重叠的像素对(X, Y)，$0 \leqslant X, Y \leqslant 255$。一对可用像素可以负载 1 bit 额外信息 $b_s \in \{0, 1\}$。为了防止嵌入后出现像素值溢出，要求像素差值 h 满足式(5-4-1)～式(5-4-2)的约束：

$$|h| \leqslant \min(2(255-l), 2l+1) \tag{5-4-1}$$

$$|2 \cdot h + b_s| \leqslant \min(2(255-l), 2l+1) \ (b_s=0, 1) \tag{5-4-2}$$

保真约束是指在可用像素对非满嵌的情况下，优先选择差值较小的像素对，通过给像素对的差值设置阈值 h_{fid}，约束差值的取值范围：

$$h \leqslant h_{\mathrm{fid}} \tag{5-4-3}$$

满足上述约束的像素对可用于 DE 嵌入，使用索引矩阵 $\boldsymbol{M}_{\mathrm{ava}} \in \{0, 1\}^{512\times 512}$ 来标记可用像素对的位置：标记为“1”的位置指示可用像素对中数值较大的像素在图像中的位置，其余位置均标记为“0”。$\boldsymbol{M}_{\mathrm{ava}}$ 将被无损压缩后作为密文的辅助边信息，随载体数据进行传输。

3) 参数设置与函数使用

加密参数：私钥比特长度为 n；模数为素数 q，$q \in (n^2, 2n^2)$；公钥矩阵的维数为 d，$d \geqslant (1+\varepsilon)(1+n)\mathrm{lb}q$，$1>\varepsilon>0$，$\beta=\lceil \mathrm{lb}q \rceil$。算法中引入的噪声服从分布 χ，χ 与章节 3.2 中的定义一致。

此外，本节算法中会使用到章节 4.2.2 中定义的以下 5 个函数：

定义 4-1 中的私钥产生函数：$\boldsymbol{s}=\mathrm{SKGen}_{n,q}(\cdot)$；

定义4-2中的公钥产生函数：$\boldsymbol{A}=\text{PKGen}_{(d,n),q}(\boldsymbol{s})$；

定义4-3中的加密函数：$\boldsymbol{c}=\text{Enc}_{\boldsymbol{A}}(p)$；

定义4-5中的解密函数：$p=\text{Dec}_{s}(\boldsymbol{c})=[[\langle\boldsymbol{c},\boldsymbol{s}\rangle]_q]_2$；

定义4-7中的替换矩阵生成函数[52]：$\boldsymbol{B}=\text{SwitchKGen}(\boldsymbol{s}_1,\boldsymbol{s}_2)$，密钥替换主要用于KS-LSB的嵌入，替换矩阵来自$\boldsymbol{B}_{\text{LSB}}$：

$$\boldsymbol{B}_{\text{LSB}}=\text{SwitchKGen}(\boldsymbol{s},\boldsymbol{s}) \tag{5-4-4}$$

式中：$\boldsymbol{s}\in\mathbf{Z}_q^n$。

4）密钥生成与分布

密钥分配如表5-8所示，其中随机序列$\boldsymbol{k}$用于KS-KSB嵌入前对明文序列进行异或加密。

表5-8 密钥分配

类型	符号	功能	持有者
私钥	$\boldsymbol{s}$	(1) 生成公钥及替换矩阵； (2) 解密明文或额外信息的密文	用户方
公钥	$\boldsymbol{A}$	数据加密	公开发布
替换矩阵	$\boldsymbol{B}_{\text{LSB}}$	KS-LSB嵌入	公开发布
隐藏密钥	$\boldsymbol{k}$	服务方额外信息嵌入与提取	服务方

4. 数据加密与密文域DE嵌入

1）数据加密

对于满足约束条件的像素对(X, Y)，首先计算像素的差值h与均值l，对(h, l)的各比特进行逐位加密：$\boldsymbol{c}_h^i=\text{Enc}(b_h^i)$，$\boldsymbol{c}_l^i=\text{Enc}(b_l^i)$，$i=1, 2, \cdots, 8$。每次加密都需要使用新的公钥。

2）密文域DE嵌入

(1) 密文为$(\boldsymbol{c}_h^8, \boldsymbol{c}_h^7, \cdots, \boldsymbol{c}_h^1)$和$(\boldsymbol{c}_l^8, \boldsymbol{c}_l^7, \cdots, \boldsymbol{c}_l^1)$。计算$\boldsymbol{c}_{\text{temp0}}=\text{Enc}(0)$。将密文序列左移一个单位，空余位置使用$\boldsymbol{c}_{\text{temp0}}$填充，得到扩展后的差值$h$的密文：$(\boldsymbol{c}_h^7, \boldsymbol{c}_h^6, \cdots, \boldsymbol{c}_h^1, \boldsymbol{c}_{\text{temp0}})$。

(2) 将额外信息进行加密，将其密文替代上一步中填充的$\boldsymbol{c}_{\text{temp0}}$，得到DE嵌入后的差值$h'$的密文：$(\boldsymbol{c}_{h'}^8, \boldsymbol{c}_{h'}^7, \cdots, \boldsymbol{c}_{h'}^1)=(\boldsymbol{c}_h^7, \boldsymbol{c}_h^6, \cdots, \boldsymbol{c}_h^1, \boldsymbol{c}_{b_s})$。

5. 基于密钥替换的密文LSB信息嵌入

(1) 将额外信息$\boldsymbol{b}_s$与隐藏密钥$\boldsymbol{k}$进行异或加密，得到待嵌入序列$\boldsymbol{b}_r$：

$$\boldsymbol{b}_r=\boldsymbol{k}\oplus\boldsymbol{b}_s \tag{5-4-5}$$

其中$b_r\in\boldsymbol{b}_r$。将携密密文中的密文向量$\boldsymbol{c}_{h'}^1$的最后一个元素记为c_{LH1}，该元素的LSB将被替换为比特b_r。

(2) 如果$b_r=\text{LSB}(c_{\text{LH1}})$，则保持$\boldsymbol{c}_{h'}^1$不变；如果$b_r\neq\text{LSB}(c_{\text{LH1}})$，则对$\boldsymbol{c}_{h'}^1$进行密钥替换刷新：$\boldsymbol{c}_{h'}^1=\text{BitDe}(\boldsymbol{c}_{h'}^1)^{\text{T}}\cdot\boldsymbol{B}_{\text{LSB}}$。

(3) 重复步骤(2)，直至取得 $\mathrm{LSB}(c_{\mathrm{LH1}})=b_{\mathrm{r}}$。

此时，得到了完成嵌入的携密密文：$\boldsymbol{c}_{h'}^{1}$ 和 $\boldsymbol{c}_{l}^{1}$ $(i=1, 2, \cdots, 8)$。

6. 密文域信息提取及载体恢复

对于携密密文，服务方可以在不解密出明文的情况下使用隐藏密钥 $\boldsymbol{k}$ 提取额外信息 $\boldsymbol{b}_{\mathrm{s}}$：

$$b_{\mathrm{r}}=\mathrm{LSB}(c_{\mathrm{LH1}}) \tag{5-4-6}$$

$$\boldsymbol{b}_{s}=\boldsymbol{k} \oplus \boldsymbol{b}_{\mathrm{r}} \tag{5-4-7}$$

密文域载体恢复是为了得到一个新的密文，解密结果为原始明文。

计算 $\boldsymbol{c}_{\mathrm{temp0}}=\mathrm{Enc}(0)$，将密文序列右移一个单位，空余位置使用 $\boldsymbol{c}_{\mathrm{temp0}}$ 填充。得到恢复后的密文为$(\boldsymbol{c}_{\mathrm{temp0}}, \boldsymbol{c}_{h'}^{8}, \boldsymbol{c}_{h'}^{7}, \cdots, \boldsymbol{c}_{h'}^{2})$与$(\boldsymbol{c}_{l}^{8}, \boldsymbol{c}_{l}^{7}, \cdots, \boldsymbol{c}_{l}^{1})$。

恢复后的密文返回给用户，使用私钥解密可以得到原差值 h 与均值 l。代入式(5-4-8)～式(5-4-9)恢复出原始像素对：

$$X=l+\left\lfloor\frac{h+1}{2}\right\rfloor \tag{5-4-8}$$

$$Y=l-\left\lfloor\frac{h}{2}\right\rfloor \tag{5-4-9}$$

7. 明文域信息提取及载体恢复

对于携密密文，用户可以使用私钥 $\boldsymbol{s}$ 进行解密，得到携密明文 h' 和 l：$b_{h'}^{i}=\mathrm{Dec}_{s}(\boldsymbol{c}_{h'}^{i})$，$b_{l}^{i}=\mathrm{Dec}_{s}(\boldsymbol{c}_{l}^{i})$，$(i=1, 2, \cdots, 8)$。

额外信息可以从 h' 中提取：

$$b_{\mathrm{s}}=\mathrm{LSB}(h') \tag{5-4-10}$$

LSB(·)用于获得输入整数的最低有效位。

原始像素对可以通过 DE 算法的恢复过程进行恢复，首先恢复差值 h：

$$h=\left\lfloor\frac{h'}{2}\right\rfloor \tag{5-4-11}$$

将 h 和 l 代入式(5-4-8)～式(5-4-9)计算出像素对(X, Y)。

5.4.3 仿真实验与分析

1. 正确性分析

实验环境：所有运算与密文域操作在 MATLAB r2015a 上运行实现，运行平台为 64 位 Windows7(旗舰版)操作系统，处理器硬件为 3.40GHz@64 位单核 CPU(i7-6800K)，8G 内存。测试图像来自 USC-SIPI 图像库(http://sipi.usc.edu/database/database.php?volume=misc)和 Kodak 图像库(http://r0k.us/graphics/kodak/index.html)的 1000 张 512×512 的 8 位灰度图像。本节展示了 6 张测试图像的实验结果(测试图如图 5-17 所示)。参数设置：$n=240$，$q=57\ 601$，$d=4573$，$h_{\mathrm{fid}}=10$。

(a) Lena　(b) Baboon　(c) Crowd

(d) Tank　(e) Peppers　(d) Plane

图 5－17　测试图像

1）明文恢复准确性

在本节算法中，明文恢复分为两种情况：

(1) 用户直接解密携密密文以获得携密明文，计算此时得到的携密明文的 PSNR，记为 PSNR1。然后对携密明文进行 DE 恢复得到明文，计算恢复明文的 PSNR，记为 PSNR2。

(2) 第三方服务方对携密密文实施密文域载体恢复操作可以得到新的密文。用户接收并解密新的密文得到明文，计算该明文的 PSNR，记为 PSNR3。

由于算法在加密前对图像进行 PVO 处理使图像趋于光滑，满足式(5－4－1)～式(5－4－3)中约束条件的像素对增多，可用于 DE 嵌入的适用像素对增加，因此提高了密文域 DE 嵌入的嵌入量，算法的最大嵌入量与可用像素对的数量有关。在最大嵌入量下的 PSNR1～PSNR3 结果如表 5－9 所示。从 PSNR1 的结果可以看出，携密明文中存在失真。PSNR2 和 PSNR3 均为"∞"，表示恢复后的明文没有失真。在表 5－9 中，明文的最大嵌入率接近 0.500 b/p，说明几乎全部像素对都能满足约束可用于嵌入。

表 5－9　最大嵌入量与明文嵌入率时的 PSNR1～PSNR3

测试图像	最大容量/bit	最大嵌入率/(b/p)	PSNR1/dB	PSNR2/dB	PSNR3/dB
Lena	131 072	0.500	50.9706	∞	∞
Baboon	131 048	0.499	51.1409	∞	∞
Crowd	129 529	0.494	50.1606	∞	∞
Tank	131 072	0.500	51.5168	∞	∞
Peppers	131 064	0.500	50.4753	∞	∞
Plane	131 069	0.500	45.3539	∞	∞
Average	130 809	0.499	41.3525	∞	∞

通过调整 h_{fid} 的取值，继续分析不同嵌入量下携密明文图像的 PSNR1。根据 DE 原理，像素对中两像素的差值越小，嵌入后像素的修改就越小，因此 h_{fid} 取值越小，携密明文的失真越小，但是适用的像素对也减少。实验测试了 h_{fid} 不同取值时携密明文的 PSNR1、嵌入量 EC、嵌入率 ER 与对应的 PSNR1，如表 5－10 所示。

表 5－10　不同 h_{fid} 取值的嵌入量/嵌入率与 PSNR1

图像	$h_{fid}=5$		$h_{fid}=3$		$h_{fid}=2$		$h_{fid}=1$		$h_{fid}=0$	
	EC/bit ER/(b/p)	PSNR1 /dB	EC/bit ER/(b/p)	PSNR1 /dB	EC/bit ER/(b/p)	PSNR1 /dB	EC/bit ER/(b/p)	PSNR1 /dB	EC/bit ER/(b/p)	PSNR1 /dB
Lena	130 790 0.4989	51.510	130 342 0.4972	51.718	129 470 0.4939	51.928	126 006 0.4807	52.441	92 044 0.3511	55.707
Baboon	130 749 0.4988	51.610	130 248 0.4969	51.847	129 530 0.4941	52.039	126 808 0.4837	52.446	93 257 0.3557	55.631
Crowd	128 951 0.4919	51.436	127 977 0.4882	51.874	126 471 0.4824	52.282	121 834 0.4648	53.044	98 264 0.3748	55.039
Plane	130 541 0.497 97	52.046	130 004 0.4959	52.325	129 085 0.4924	52.589	126 181 0.4817	53.090	105 403 0.4021	55.069
Peppers	130 591 0.4982	51.387	129 939 0.4957	51.676	128 872 0.4916	51.927	125 136 0.4774	52.491	91 590 0.3494	55.724
Tank	130 780 0.4989	52.108	130 434 0.4976	52.309	129 047 0.4923	52.711	122 289 0.4665	54.019	115 805 0.4418	54.688

本节算法与 FHEE-DE 所实现的功能一致，本节就两算法的 PSNR1 进行比较，如图 5－18 所示。

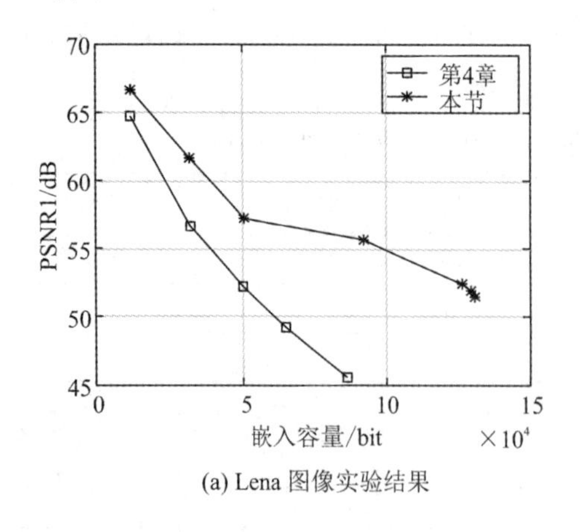

(a) Lena 图像实验结果

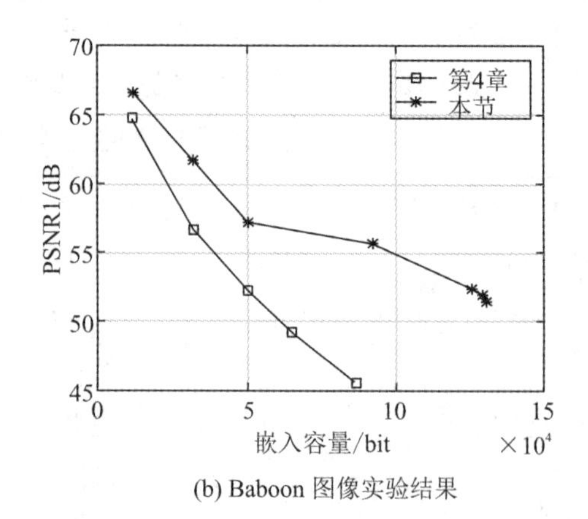

(b) Baboon 图像实验结果

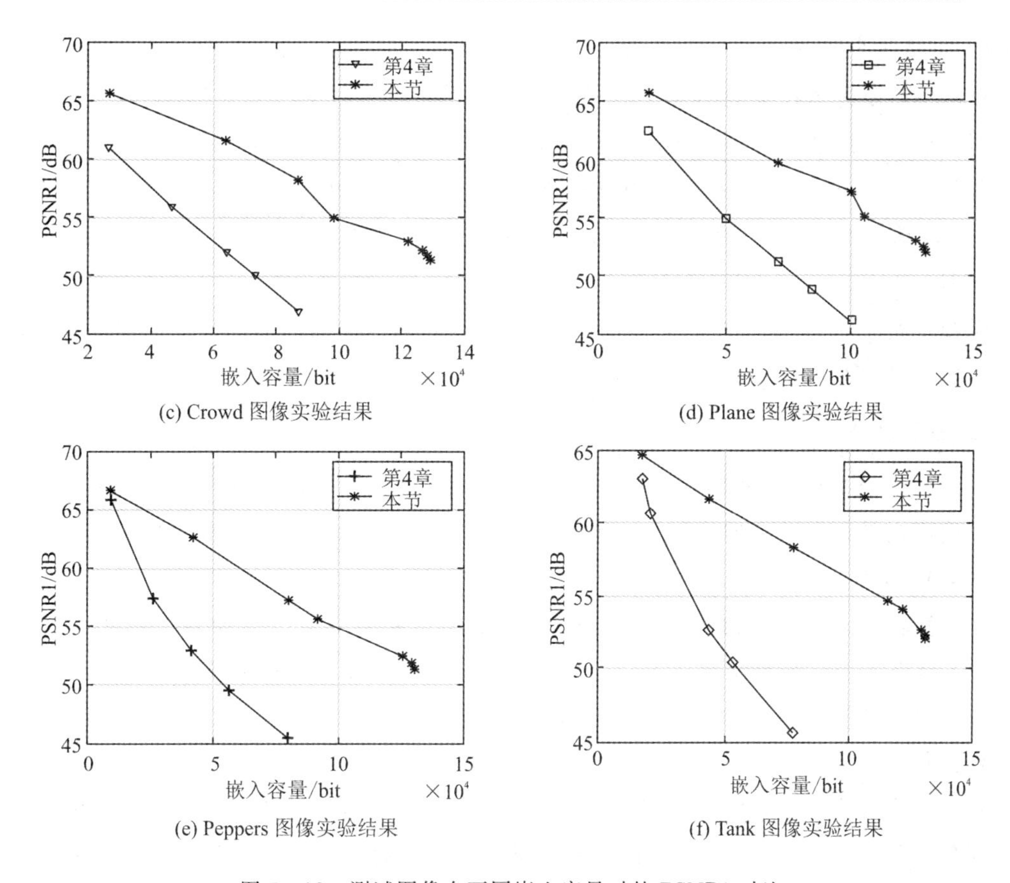

(c) Crowd 图像实验结果

(d) Plane 图像实验结果

(e) Peppers 图像实验结果

(f) Tank 图像实验结果

图 5－18　测试图像在不同嵌入容量时的 PSNR1 对比

表 5－10 中的数据与图 5－18 中曲线的对比结果表明，本节算法在相同约束条件下可以提供更多的适用像素对，从而具有更高的嵌入量；同等嵌入量时，本节算法携密明文的失真更小。与目前代表性的 RDH-ED 算法[119]、[118]、[135]、[121]的 PSNR1 进行对比，图 5－19 分别展示的是测试图像 Lena 和 Plane 的对比实验结果。结果表明，本节算法的率失真性能优于所对比的 RDH-ED 算法。

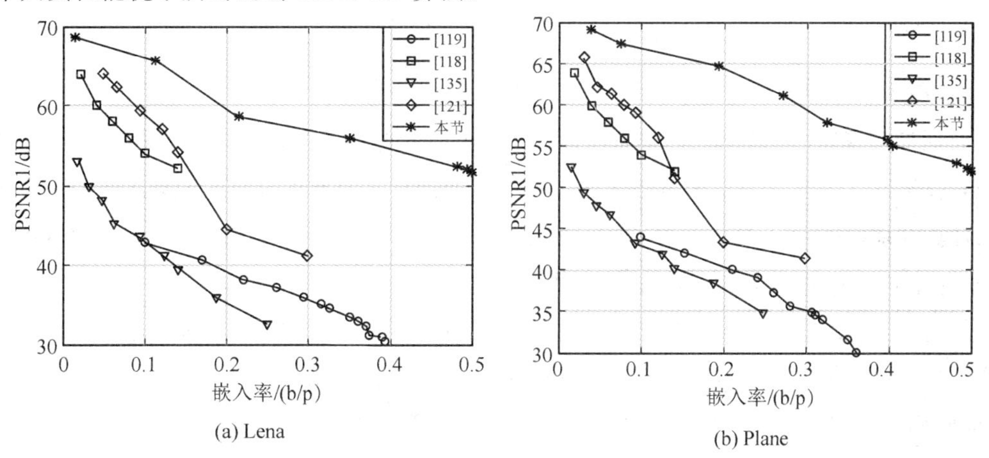

(a) Lena

(b) Plane

图 5－19　对比所提算法与现有算法在不同嵌入率下的 PSNR1

2）信息提取准确性

算法中有三种数据提取的情况：

（1）服务方直接从携密密文的 LSB 中直接提取信息。

（2）用户解密携密密文后得到携密明文，然后使用 DE 提取算法得到嵌入数据。

（3）服务方对携密密文执行密文域 DE 提取得到额外信息的密文，用户解密可以得到嵌入数据。

实验中对 10^5 bit 额外信息进行嵌入与提取，并对提取信息的准确性进行逐位对比，结果为上述三种情况下信息提取的准确率均为 100%。

2. 安全性分析

RDH-ED 的安全性主要包括两个方面：一是数据嵌入不会削弱加密的安全性，也不会留下任何潜在的密码破解的风险；二是在没有隐藏密钥的情况下，无法直接从密文中获得嵌入的信息。

本节算法的嵌入过程没有对密文进行解密或修改操作，保持了原加密算法的加密强度。嵌入操作主要是对单比特加密的密文进行序列上的调整与冗余密文的填充。因此嵌入过程不会泄露私钥或明文信息。KS-LSB 嵌入的过程中主要基于公开发布的公钥进行运算，不会泄露任何私钥信息。

额外信息在嵌入过程中经过 LWE 加密，密文域 DE 嵌入操作的对象是密文，因此不会直接暴露额外信息的内容。在 KS-LSB 嵌入前，第三方服务方首先使用序列加密处理额外信息，然后再进行嵌入，因此确保了密文 LSB 上携带的数据不会泄露额外信息的内容。由于加密过程引入了临时随机量，因此使用同一公钥多次加密相同的明文，得到的密文也是彼此不相关的。综上所述，本节算法可以保持 LWE 加密的安全性，嵌入过程中不会泄露私钥与明文信息。在未知私钥或隐藏密钥的情况下，额外信息在携密密文的传播与存储过程中，能够保证内容保密。

3. 效率分析

1）计算复杂度

公钥加密算法，如 Paillier 算法和 LWE 算法，均具有密文扩展功能。在 LWE 加密过程中，参与运算的变量主要是整数矩阵，矩阵间的操作都是线性运算，因此 LWE 算法加解密的计算复杂度低于 Paillier 等算法[54]。将私钥长度记为 n，Paillier 的计算复杂度为 $O(n^3)$，LWE 加密的计算复杂度为 $O(n^2)$[54]。本节算法与 FHEE-DE 中的加解密过程使用的都是 LWE 算法，因此计算复杂度相同。FHEE-DE 中的嵌入过程需要使用密文同态运算与自举加密，其中自举加密的计算复杂度为 $O(n^3)$；本节算法的计算复杂度主要来自加密前的排序预处理，以及对密文的移位与密文填充等操作。预处理操作中所采用的排序算法的计算复杂度为 $O(n\,\mathrm{lb}n)$[19]，密钥替换的计算复杂度为 $O(n)$，密文序列移动的计算复杂度为 $O(1)$。

2）公钥消耗量

公钥生成后通常不存储在本地，因此不消耗本地存储空间。本节通过分析 FHEE-DE 与本章算法中密文操作的公钥消耗量，可以定量对比嵌入单位比特额外信息时各类密文操作的次数，结合不同操作的计算复杂度可以对比分析两个算法的运行效率。

在 FHEE-DE 中，运算一次加法电路（Add*）需要进行 8 次比特刷新：在第 $i(i=1, 2, \cdots, 8)$次刷新中，存在 1 次位加法运算和 $\sum_{\mu=1}^{i-1}\mu$ 次位乘法运算。8 次刷新总计密文之间进行同态加法运算的次数为 8，同态乘法运算的次数为 84。同理可以得到表 5-11。

表 5-11　操作公钥消耗数目统计

电路	刷新 $i(i=1, 2, \cdots, 8)$		公钥数量				
	+	×	+	×	密钥替换	自举加密	总计
Add*	1	$\sum_{\mu=1}^{8-i}\mu$	8	84	84	9	93
Sub*	$\sum_{\mu=1}^{9-i}\mu$	$\sum_{\mu=1}^{8-i}\mu$	120	84	84	9	93

由表中数据可知，FHEE-DE 在密文之间进行同态运算时需要执行大量密文同态乘与加运算，以及计算复杂度较高的自举加密。本节算法没有使用密文间的同态加、乘运算或自举加密，因此与 FHEE-DE 相比，本节算法具有更高的运行效率。

3）嵌入率

本节算法的嵌入率主要与符合约束条件的像素对个数有关，由于明文图像内容的复杂程度不同，不同图像的最大嵌入率有差异，当 $h_{\text{fid}}=10$ 时，一幅实验图像的明文嵌入率最大，并且基本都可以达到 0.50 b/p；当 $h_{\text{fid}}=0$ 时，图像的嵌入率最小，但是依然可以达到 0.3443 b/p 以上。

本节通过分析传统差值扩展算法的标准过程及其二进制表示，基于 LWE 算法单比特加密的特点设计了具有较高运行效率的密文域差值扩展算法。通过引入像素值排序的预处理，提升了密文嵌入容量，降低了携密明文的失真。该算法可以实现信息提取过程与解密过程的可分离，有效保持了加密过程的安全性与嵌入信息的保密性。实验结果表明，本节算法具有较好的可逆性、可分离性和信息提取的准确性，与 FHEE-DE 相比具有更高的密文嵌入率以及较高的运行效率。

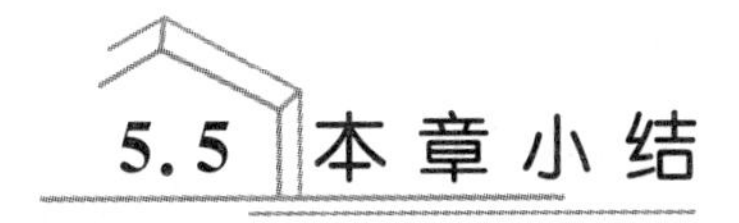

5.5 本章小结

编码技术是整个可逆方案中独立存在的一个部分，编码的可逆效果直接决定了可逆算法的性能，因此引入信息负载率高的编码技术对于有效利用编码冗余是一种较好的可行性选择。除此之外，通过对密文码字进行信息熵意义上的压缩与再编码，可以提高数据单位长度下可负载的信息量，从而可以发掘密文冗余用于信息隐藏。

因此本章首先根据信息熵及编码理论，对编码技术的冗余利用方法进行分析、归纳，重点关注具有校验与纠错功能且码字信息负载率高的编码技术，如熵编码，深入研究编码过程中对原始信息冗余进行发掘与压缩的方法，以及利用压缩后的空余空间进行校验或纠错编码的方法，然后进一步研究在其上负载一定的额外信息以实现可逆数据嵌入。

另一个研究方向在于引入码分多址技术来实现密文信息与秘密消息的叠加合成。CDMA 技术能够实现在同一传输信道同一时刻进行多路通信，因此将码分多址技术的思想应用于密文域可逆信息隐藏能够提高密文域可逆信息隐藏的嵌入容量。信息隐藏的过程与通信的过程类似，加密后的载体图像相当于通信载体，秘密信息相当于通信内容。先使用扩频码对秘密信息进行扩频调制，然后将调制后的秘密信息加入密文载体图像。由于扩频码之间相互正交，所以可以同时嵌入多层扩频调制后的秘密信息，提取时使用相同的扩频码进行调制就能正确提取出秘密信息。通过理论推导，能够实现对提取秘密信息后载体的无损恢复。通过使用 CDMA 技术能够实现用户对同一密文载体的多层嵌入，从而大大提高密文域可逆信息隐藏的嵌入容量。

参考文献

[1] 傅祖芸. 信息论：基础理论与应用[M]. 北京：电子工业出版社，2011.

[2] 王新梅，肖国镇. 纠错码：原理与方法(修订版)[M]. 西安：西安电子科技大学出版社，2002.

[3] CRANDALL R. Some notes on steganography [J]. steganography mailing list. 1998.

[4] MSTAFA R J, ELLEITHY K M. A DCT-based robust video steganographic method using BCH error correcting codes [C]. // 2016 IEEE Long Island Systems, Applications and Technology Conference (LISAT). IEEE, 2016: 1-6.

[5] YANG T Y, CHEN H S. Matrix embedding in steganography with binary Reed-Mullercodes[J]. IET Image Processing, 2017, 11(7): 522-529.

[6] RODRIGUES A, BHISE A. Reversible image steganography using cyclic codes and dynamic cover pixel selection[C] // IEEE International Conference on Wireless Communications, Signal Processing and Networking WiSPNET 2017 conference, Chennai India, 2017: 509-513.

[7] 徐长勇，平西建，刘翠卿. 利用纠错码的 JPEG 图像压缩域隐写算法[J]. 计算机研究与发展，2009，46(11)：132-137.

[8] LI S, SHANG J, DUAN Z, et al. Fast detection method of quick response code

based on run-length coding[J]. Iet Image Processing, 2018, 12(4): 546-551.

[9] 魏佳圆，温媛媛，周诠. 二值图像游程-Huffman 编码方法研究及 Matlab 实现[J]. 空间电子技术，2015(1): 93-96.

[10] 朱近康. CDMA 通信技术[M]. 北京：人民邮电出版社，2001.

[11] 向德生，熊岳山. 基于约瑟夫遍历的数字图像置乱算法[J]. 计算机工程与应用，2005(10): 44-46.

[12] LI X, LI J, LI B, et al. High-fidelity reversible data hiding scheme based on pixel-value-ordering and prediction-error expansion [J]. Signal Processing, 2013, 93(1): 198-205.

[13] OU B, LI X, ZHAO Y, et al. Reversible data hiding using invariant pixel-value-ordering and prediction-error expansion [J]. Image Communication, 2014, 29(7): 760-772.

[14] PENG F, LI X, YANG B. Improved PVO-based reversible data hiding [J]. Digital Signal Processing, 2014, 25(2): 255-265.

[15] WANG X, DING J, PEI Q. A novel reversible image data hiding scheme based on pixel value ordering and dynamic pixel block partition [J]. Information Sciences, 2015, 310: 16-35.

[16] HE W, CAI J, ZHOU K, et al. Efficient PVO-based reversible data hiding using multistage blocking and prediction accuracy matrix [J]. Journal of Visual Communication and Image Representation, 2017, 46: 58-69.

[17] OU B, LI X, WANG J. High-fidelity reversible data hiding based on pixel-value-ordering and pairwise prediction-error expansion [J]. Journal of Visual Communication and Image Representation, 2016, 39: 12-23.

[18] HE W, XIONG G, WENG S, et al. Reversible data hiding using multi-pass pixel-value-ordering and pairwise prediction-error expansion [J]. Information Sciences, 2018, 497: 784-799.

[19] 严蔚敏，吴伟民. 数据结构(C 语言版) [M]. 北京：清华大学出版社，2010.

第6章 总结与展望

6.1 密文域可逆信息隐藏技术总结

当前争夺网络空间安全的制信息权成为综合国力竞争的重要领域之一。密码技术与信息隐藏技术作为信息安全领域的两大基础性技术，在国家的政治、经济、军事等关键领域发挥重要作用。密码技术强调对通信内容的保密，通过对明文内容进行加密变换，使密文数据呈现无意义的随机噪声态；信息隐藏包括隐写术与水印技术，主要利用载体数据的信息冗余来携带额外信息，用于实现隐私保护、保密通信、数字签名或版权认证等安全功能[1-5]。现代信息隐藏技术从20世纪90年代被提出至今，在隐蔽通信、版权保护、数字取证等方面发挥着越来越重要的作用，已成为信息安全领域的研究热点，引起了学术界和安全部门的广泛关注[6-8]。

6.1.1 技术定位

密文域可逆信息隐藏是现代信息隐藏技术的重要分支之一，其特点是用于嵌入的载体是经过加密的，要求从嵌入信息后的携密密文中不仅可以准确提取嵌入信息，而且可以解密并无损恢复出原始明文[9-11]。RDH-ED运用信息隐藏的原理，服务于现实中的密码应用环境，是密码与信息隐藏两大基础信息安全技术交叉结合的关键领域。

目前，密码技术在网上银行、金融贸易、云服务、政府以及军事保密通信等诸多领域发挥基础性的关键作用，密态数据在网络空间的占比越来越大。RDH-ED兼顾内容隐私保护与秘密信息传递双重安全保障，是一种重要的密文域信号处理技术。

6.1.2 应用前景

密文域可逆信息隐藏技术的应用领域主要包括远程医疗诊断、云服务、司法或军事数据保密管理等[11-39]。未来RDH-ED还可以进一步拓展其应用场景与服务的信息化环境。下面介绍其潜在的应用场景。

1. 密文可逆认证

RDH-ED技术可以实现在密文中嵌入认证信息，该技术的可逆性能够保证携密密文的无失真解密，可分离性能够实现第三方在不得到解密密钥的情况下在密文中嵌入并提取信息，保护了明文所有者的内容隐私。下面以分布式环境下RDH-ED技术对医学图像的可逆认证为例说明该应用的特点：在远程医疗诊断过程中，可以对医学图像进行分布式存储以提高数据的容灾性，利用RDH-ED可以实现图像密文的可逆认证。明文为医学图像，为保护患者隐私，将图像加密后的密文发送给服务器；为提高数据存储容灾能力，将密文分割为秘密份存储在多个分布式服务器中；为辅助实现不同密文份的归类与管理，服务器在密文秘密份中嵌入额外的认证信息(如密文来源、患者身份、前期病历、诊断结果等)得到携密密文，服务器只保存携密密文。医学图像等医用信息对数据失真较为敏感，因此携密密文不仅支持额外信息的无失真提取，而且支持医学图像的无损解密与恢复。此外，在密文传输过程中，使用RDH-ED在密文中嵌入校验码或哈希值，可以在不解密的情况下认证数据源或验证数据的完整性。

2. 多模态密码融合

分布式环境下的数据跨域流动、交换与共享需求较大，导致数据流量增加、数据授权分级复杂、数据流向多样、潜在攻击点增多。现有的隔离数据资源、规范数据流向的系统“边界”和访问控制策略难以有效应对上述隐患，使得数据失控、不可信的风险增加。多种密码体制和算法共存的多模态密码技术的应用势在必行，这也导致分布式环境下的密文呈现多模态化特点。为了保证数据的共享与交互，不同密码体制下密文的融合、交换成为支持分布式环境下数据安全交流的关键技术基础，多模态RDH-ED技术可以将密码体制类型、加密参数、数据结构标准等额外信息安全、高效、可靠地嵌入不同密文中，用于实现数据交换过程中的密文融合。嵌入过程的可逆性可以保证融合后密文的可用性，嵌入过程的安全性可以降低额外信息被窃取或剪切的风险。在效率方面，嵌入技术在一定程度上减少了密文融合过程中的解密与加密操作次数，降低了额外信息传递占用的信道量。

多模态RDH-ED技术可以有效推动信息隐藏技术、密码技术与信息系统和信息网络的架构融合，是将多模态密文以及相关的信息安全技术融入系统组件以及通信协议、存储协议、数据处理协议、业务交互协议的重要技术支撑。对于未来推动密码与网络信息产品和系统的深度融合，促进信息安全服务体系化、同步化、标准化具有理论与实践意义。对于加强标准间的协调性，促进信息安全标准在其他行业标准、国家标准乃至国际标准中发挥作用，具有一定的借鉴与指导意义。

3. 深度学习训练反馈

以边缘学习、联邦学习为代表的分布式深度学习系统，在共享训练模型密文的同时，需要接收来自聚合服务器或用户应用过程中积累的反馈信息。反馈信息主要用于改善分布式服务器模型训练的优化方向，并提高训练效率。但是当前反馈信息传递方式存在安全性差、效率低等问题，具体表现为现有的反馈方案多专注于一对多的共享模式，限制了数据交互的灵活性，且存在难以追踪反馈信息数据来源、易遭受共谋攻击等问题，难以实现安全高效、匿名抗合谋的数据共享。此外，共享过程中存在敏感反馈信息易暴露的问题，间接产生了模型内容隐私泄露的风险。面向分布式深度学习的RDH-ED技术可以为反馈信息提供一种安全、可靠、高效的传递方式，在共享训练模型密文的同时将各类反馈信息可逆地嵌入密文中。RDH-ED的可逆性保证了携密模型密文可以正确解密出模型内容，嵌入过程的安全性可以保证反馈信息的内容机密性，嵌入操作减少了反馈信息单独传递的次数，在抵抗剪切、伪造方面具有优势，同时可以降低反馈信息传递占用的信道量。

4. 密文管理与隐蔽通信

存储在第三方数据中心的用户数据呈现出所有权和控制权分离化、存储随机化等特点，极易造成数据丢失、数据泄露、非法数据操作(复制、发布、传播)等数据安全性问题，数据的保密性和完整性无法得到保证。安全、高效的密文管理是解决上述安全隐患，优化分布式环境下数据安全管理方案的重点。如何对噪声态的密文数据进行查询搜索，尤其是对于提供第三方服务的数据库或云服务方，在不解密用户隐私密文的情况下实现必要的密文管理是该领域的技术难题之一。密文检索等传统管理方法存在计算复杂度高、功能单一、信息易被剪裁的应用局限。RDH-ED可以灵活、高效、安全地在密文数据中嵌入额外信息，额外信息可以是密文标注或分类信息，用于辅助管理。当前常见的密文管理应用主要是军事类或医学类敏感数据的加密管理，以及云端密文管理，例如军事类信息(军用遥感地图、情报、命令等)要求信源加密后再进行存储与传输。RDH-ED技术可以在密文中嵌入分级管理信息，从而支持不同场合下数据的分区管理以及读写权限的多级管理。军事类信息具有机密性与敏感性，对原始数据的信息损失是不可容忍的，RDH-ED可以有效兼顾额外信息的嵌入与原始数据的无失真恢复。

在军事或安全部门的保密通信领域，强调对通信安全性和隐蔽性的需求，通信载体的类型随着信息技术的发展不断更新。以明文多媒体数据为载体的传统隐蔽通信技术难以达到可证明安全，而阈下信道技术以网络通信协议为掩护来传输信息，虽然具有可证明安全性，但是信息传输率低。基于RDH-ED的密文域隐写以常见的密态数据交流平台为掩护可以实现新媒体下的隐蔽通信，在实现可证明安全及提高传输率等方面具有独特的优势。

6.1.3 存在问题

结合上述关于RDH-ED技术发展现状的介绍，RDH-ED技术研究要解决的关键技术问题还比较多，下面主要列举以下三点问题。

1. 密文域可逆嵌入理论缺乏的问题

密文域可逆嵌入理论主要用于解决如何保证嵌入的可逆性问题。可逆性实现的难点源于加密技术的“混淆(Confusion)”与“扩散(Diffusion)”原则。“混淆”要求破坏明文数据间的相关性，难以保留传统意义上的可嵌入冗余；“扩散”要求明文任意比特的修改都会影响整个密文数据分布，嵌入造成的密文修改会反馈到整个解密过程，影响解密的可逆性。针对该难点，可以基于现有的VRAE、VRBE、VRIE技术探索适用于分布式密文环境的可逆嵌入理论与技术框架。

由于VRAE、VRBE主要通过向密文中额外引入冗余来实现可逆性，但是引入与加密过程相独立的外来冗余会造成嵌入与解密过程的相互制约，因此适用密码类型较局限。此外，VRAE类算法通过修正加密过程来使密文中保留一定的明文域特征，这带来了一定的安全隐患；VRBE 类算法主要通过构造预处理过程来提升压缩率，高复杂度的预处理过程会造成应用场景受限。因此要基于 VRIE 技术发掘分布式密文环境下加密算法在加密过程中产生的可嵌入冗余，构造加密与信息隐藏相融合的 RDH-ED 技术框架，完善密文域可逆嵌入理论与安全性论证体系。

2. 现有 RDH-ED 算法适用密码体制单一的问题

现有的 RDH-ED 算法无法适应分布式、多方计算等新型安全或可信计算环境发展的特点与需求。分布式系统环境作为未来云计算、人工智能、多方计算发展的新趋势，要求在可靠性、鲁棒性、扩展性、安全性等方面提供更优质的服务。然而，目前绝大多数 RDH-ED 算法都是面向"点对点"或单一加密体制密文环境设计的，由单一服务器管理的携密密文一旦遭受攻击或损坏，就无法从中提取额外信息与重建原始明文，导致服务不可用、可靠性低等问题；基于"点对点"加密场景的 RDH-ED 无法对存储在不同服务器端的数据进行统一认证、标记、检索与管理，因此不适用于不同环境下密文数据的共享交互。

3. 复杂密文环境下嵌入效率低、可分离性差的问题

在信息化环境下，由于密文认证、管理的难度较大，因此对 RDH-ED 技术的实用性提出了更高的要求，但是当前 RDH-ED 算法还存在嵌入效率低、可分离性较差等问题。在嵌入容量方面，VRAE 和 VRBE 类算法腾出冗余空间的方法都依赖于多媒体编码方式固有的冗余或者变换域存在的冗余，通过采用相关性预测、邻近插值、重量化、再编码等压缩方法以及其他变换操作腾出额外空间。然而，加密后的密文数据相关性极小、信息熵最大化使原有的压缩、变换等方法不再适用于发掘密文的冗余，因此，常规的方法难以提高算法的嵌入容量。信息提取与解密过程的可分离性是 RDH-ED 技术实用性的重要指标，也是算法设计的主要难点之一。VRIE 旨在发掘加密算法在加密过程中产生的冗余，然后构造加密与信息隐藏相融合的 RDH-ED 技术，但是该方法的设计难度较大，虽然前期基于公钥加密冗余取得了一定的算法成果，但是现有算法在运行效率、可分离性方面存在一定的应用局限，不能满足复杂密文环境下对密文域可逆信息隐藏的技术需求。

密文域可逆信息隐藏技术在现有理论与算法成果的基础上，其未来的研究工作主要针对以下几方面改进：

(1) 借鉴 VRAE 与 VRBE 类密文域可逆信息隐藏算法的经典嵌入技术，同时引入空间域等非密文域可逆嵌入的优势技术，通过与 VRIE 嵌入技术相结合进一步改善 RDH-ED 算法的技术性能，丰富 RDH-ED 技术的应用场景。

(2) 进一步研究拓展 VRIE 密文域可逆嵌入技术适用的密码算法，当前基于编码的密码算法、属性基加密算法、代理重加密算法等多种密码算法均能较好地适用于本书所提出的 VRIE 嵌入框架；通过将 VRIE 嵌入技术应用于更多密码算法，提高 RDH-ED 技术的适用范围；在传统的对称加密、公钥加密、秘密共享等密码体制外，设计适用于密钥协商[61]、零知识证明等更多密码应用体制的 RDH-ED 算法；随着 RDH-ED 算法适用密码体制的增多，更多密码技术的安全原理需要与信息隐藏的应用进行交叉论证，密文域可逆信息隐藏领域的相关嵌入理论框架与技术评价标准也亟待提出与论证。

(3) 人工智能技术当前广泛应用于密码算法仿真以及信息隐藏算法的优化设计中，并且现已存在大量基于生成对抗网络等技术的生成式隐写方案，未来可以在密文域可逆信息隐藏领域引入生成对抗网络等人工智能技术，进一步优化加密技术与信息隐藏技术的融合成果，拓展 RDH-ED 技术的应用场景。

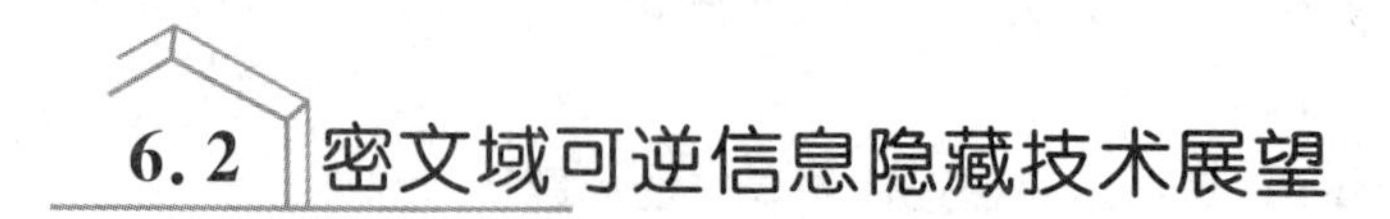

6.2 密文域可逆信息隐藏技术展望

6.2.1 后量子加密环境下的应用发展

以公钥密码与对称密码为主的加密技术在关系国计民生的诸多行业发挥着巨大作用，为密文域可逆信息隐藏技术提供了赖以发展的密文环境与应用前景。RDH-ED 所基于的密码主要是流加密和轻量级图像加密等对称密码算法，如流加密(序列加密)[12-20]、AES (Advanced Encryption Standard)加密[21-22]、RC4 (Rivest Cipher 4)加密[23]。公钥密码算法相对较单一，主要是具有同态性的 Paillier 加密[24-30]、基于格上 LWE 问题的公钥加密[31-37]等。

在现实社会中，公钥密码体制下的各类安全技术已广泛应用于电子商务、系统权限认证、网络协议设计以及政府机关等部门的安全通信。欧、美、韩、日和我国都分别建立起了较为完善的公钥基础设施(Public Key Infrastructure，PKI)。公钥密码技术的应用普及为基于公钥密码的 RDH-ED 的研究提供了发展机遇，同时也提出了具体而迫切的现实需求。

随着量子计算的兴起，公钥密码体制正在经历重要的变革。1985 年，Deutsch 提出利用量子并行存储与并行运行的特性构造可量子化的计算机模型，使得现有的基于计算复杂性的公钥密码系统的安全性受到严重威胁[40]；1994 年，贝尔实验室计算机专家 Shor 基于量子计算机的假设提出了分解因子和求解离散对数的多项式时间算法，随后也出现针对离散对数问题的量子求解算法[41]；1996 年，Grover 算法被提出，将量子破译的解密密钥长度减为一半[42]，极大提高了密码破译的成功率。Grover 算法与 Shor 算法可以对目前已广泛应用的 RSA 密码、ElGamal 密码、椭圆曲线密码(Elliptic Curves Cryptography，ECC)和 Diffie-Hellman 密钥协商协议等公钥密码进行有效攻击。在算法层面外，量子计算技术近年来也快速发展。IBM、谷歌等公司接连宣布实现了量子计算机可用量子位的提高；2020 年，中国科学技术大学宣布构建了 76 个光子的量子计算原型机“九章”，并成功验证了量子优越性。

随着量子计算技术不断取得突破性进展[40-42]，现行公钥密码系统的安全性受到严重威胁。研究能够抵抗量子攻击的后量子密码(Post-quantum Cryptography，PQC)算法成为密码学迫在眉睫的问题。伴随公钥密文环境的新变革，基于后量子密码体制的 RDH-ED 技术亟待研究。

根据 2015 年美国国家标准技术研究院(National Institute of Standards and Technology，NIST)发布的后量子密码报告[43]，后量子密码主要有四种：基于格的密码、基于编码的密码、多变量密码以及基于哈希算法的签名密码，其中格密码(Lattice-based Cryptography)是迄今公认的最具有竞争力的后量子密码。

与其他密码体制可比，格密码具有以下五点优势：一是可抵抗量子计算机的攻击；二是可证明安全的；三是最坏情况到平均情况的可规约性；四是格上运算的简洁高效；五是适用领域广，基于格不仅可以构建加密、签名、密钥交换等密码系统，而且可以应用于信息检索、版权保护等领域。近年来，格加密安全理论与加密技术不断发展，格密码的应用环境不断完善，研究基于格密码等各类后量子密码体制的密文域可逆信息隐藏技术是当前后量子加密时代背景下 RDH-ED 领域具有基础性与前瞻性的研究方向。

6.2.2　在分布式环境下的应用发展

经过近二十年的发展，RDH-ED 技术在嵌入容量、可分离性、安全性等方面取得了长足进步，积累了大量研究成果。但是随着云计算、人工智能、移动互联网技术的迅速发展与普及应用，以分布式云(Geo-Distributed Cloud，GDC)服务、边缘计算(Edge Computing)、联邦学习(Federated Learning)为代表的分布式环境不断涌现。

分布式系统在提升服务与计算能力的同时，对数据处理与共享过程中的隐私保护、完整性认证、效率以及可用性能提升的需求也不断增强，这对信息安全技术的发展提出了新要求。RDH-ED 可以在密态信息处理过程中可逆地嵌入额外信息，从而实现加密数据的标记、认证、管理，以及密文域隐蔽通信，在分布式云计算、分布式深度学习等密文环境中具有较大的研究价值与应用潜力，但是现有的 RDH-ED 研究主要是面向“点对点”保密通信的密文环境，所适用的密码体制呈现单一化的特点，不能满足分布式系统的安全需求，因此研究面向分布式环境、适用于多模态密码体制的密文域可逆信息隐藏技术是当前 RDH-ED 领域具有前瞻性的重要研究方向。

现有的分布式隐私保护模型中涉及的密码体制种类多，在分布式云环境中，典型的密码技术包括属性(身份)基加密、代理重加密等函数加密，以及同态加密、秘密共享、零知识证明等；在联邦学习、分割学习、边缘学习等分布式深度学习隐私保护模型中，典型的密码技术包括代理重加密、同态加密、秘密共享，以及不经意传输等安全多方计算协议。因此，分布式环境中的密文具有多模态的特点，同时密文在分布式系统中需要进行大量共享、交互，对加密数据的标记、认证、溯源、管理提出了更高的要求，具体包括以下三方面内容。

1. 基于公钥嵌入机制的密文域可逆信息隐藏算法

传统的嵌入与提取研究中往往构造的是对称体制下的密文域可逆嵌入体制，即嵌入与提取过程要么没有密钥，要么使用的是相同的密钥，但是对于构造密文域可逆信息隐藏的公钥嵌入机制关注较少。基于公钥嵌入机制的密文域可逆嵌入技术对于提高 RDH-ED 技术的实用性具有重要的意义，通过将用于管理或认证的额外信息以公钥嵌入的方式进行传输，可以支持复杂、动态、个性化的认证交互协议的设计与实现。公钥嵌入机制的 RDH-ED 算法的主要特点在于嵌入密钥与提取密钥不同，且通常要求嵌入过程中如嵌入算法、应用接口或嵌入密钥等要素均可公开面向通信网络中的所有可信及不可信节点，但是提取过程的各要素应当保密，只能面向合法的私人用户实施。对比传统的对称机制下的 RDH-ED 技术，公钥嵌入机制的安全性在传统 RDH-ED 安全性要求的基础上还要求从公钥信息中不能直接获取或推导出任何关于私钥的信息。在效率方面，公钥机制下的 RDH-ED 算法的运行计算复杂度较高，可以引入一定的预处理过程提升加密前数据的相关性。

2. 基于秘密共享的密文域可逆信息隐藏算法

秘密共享方案具有门限效应、同态特性，能够构造树状访问结构，具有表达能力强、访问结构灵活等特点，是支撑分布式云环境、安全多方计算的关键密码技术之一。基于秘密共享的RDH-ED算法可以提高携密密文的容错性与抗灾性。与传统RDH-ED的应用场景相比，基于秘密共享的RDH-ED在密文遭受攻击或数据丢失的情况下，仍然可以有效提取额外信息与重建原始明文。图像秘密共享方案通常将原始图像分割成多幅影子图像，并存储在多个分布式服务器中，与其他密码技术相比，秘密分割过程会产生更多的密文冗余，对于提升分布式环境下的密文域可逆嵌入的嵌入容量具有一定的优势。在设计算法的过程中要充分发挥其门限效应，降低单点风险，从而增强容灾性。其次，还要通过发掘加密过程中的冗余，解决嵌入容量受载体冗余制约的问题，实现大容量可逆嵌入。

3. 基于函数加密的密文域可逆信息隐藏算法

函数加密(Functional Encryption)是一种分布式隐私保护模型，也是云环境下进行密文分享、隐私信息处理的重要技术支撑。多数函数加密方案的实用性能与现实需求仍存在较大差距，目前主要针对发展较为成熟的属性(身份)基加密(ABE/IBE)与代理重加密(PRE)两种函数加密方案进行研究，设计并实现适用于分布式环境下多级管理权限认证与细粒度访问控制的RDH-ED算法。由于ABE与PRE方案对密文域的操作支持多重结果的输出，因此可以用于设计实现可分离的RDH-ED算法。

6.2.3 人工智能时代下的应用发展

生成式对抗网络GAN(Generative Adversarial Networks)是Goodfellow等人[44]在2014年提出的一种生成式模型，目前已经成为人工智能领域的热门研究方向。GAN在结构上受博弈论中的二人零和博弈（即二人的利益之和为零，一方的所得正是另一方的所失）的启发，整个模型可以模拟真实数据样本的潜在分布，并能够生成新的数据样本。GAN的提出满足了许多领域对生成模型的需求，为这些领域注入了新的发展动力。

近期在信息隐藏领域，特别是在图像隐写研究方面，GAN引起了较高的关注。Volkhonskiy等人[45]首先提出了一个基于DCGAN[46]生成类似图像容器的新模型，这种方法允许使用标准隐写算法实现更多的消息嵌入。类似于文献[45]、[47]，Shi等人[48]引入WGAN来提高收敛速度，提高图像质量的稳定性。Tang等人[49]提出了一种使用生成对抗网络的自动隐写失真学习框架，该网络由隐写生成子网络和隐写分析子网络组成。Chu[50]也是在CycleGAN的基础上，提出将源图像的信息隐藏到生成图像中作为信息隐藏。Yang等人[51]提出了一种采用对抗性训练的安全隐写算法，该架构包含三个组件模块：一个生成器、一个嵌入模拟器和一个鉴别器。该算法采用一种基于U-NET的生成器将载体图像转化为嵌入变化概率。然而，大多数基于GAN的隐写方案仍然是基于载体修改的隐写技术[52]。

由于GAN最大的优势是生成样本，因此使用GAN的生成器直接生成含密载体是一个直观的想法。一些研究人员对这个直观的想法进行了初步尝试。Hayes[53]定义了三方(Alice、Bob和Eve)之间的博弈对抗，以同时训练隐写算法和隐写分析方法，Alice学习如何生成隐写图像。该方法生成的含密载体依赖于一个特定的原始载体，通过定义失真代价和消息重构代价训练对抗网络。该方法本质上可以看作是一种基于载体修改的生成式方法。Ke[54]提出了基于载体选择的生成隐写方法，其中秘密消息是通过使用载体图像生成的，而不是嵌入载体，因此不用对载体进行修改。Liu 等人[55]提出了一种使用 ACGAN[56]作为生成器，将消息编码为类别或属性，从而嵌入到生成的图像中，再利用提取器进行消息恢复的方法。在文献[57]、[58]中，Liu 等人利用 GAN“无限采样”的特点，首次提出了一种基于载体合成的生成式隐写方法，该方法首先利用 GAN 构建一个图像采样器，然后利用约束采样的方法，生成满足消息提取和图像自然这两个约束的含密载体。该方案的特点在于生成的图像不依赖任意一个特定的载体，含密载体是从生成器分布中采样得到的一个样本，他们利用图像补全技术实现了一个称之为数字化的卡登格子(Digital Cardan Grille)的生成隐写方法。

1. 对 RDH-ED 嵌入过程的优化

针对当前密文域可逆信息隐藏载体类型单一，同一载体中的可嵌入位置难以量化确定等问题，引入人工智能技术对载体类型与嵌入方法进行拓展与丰富，是利用人工智能工具进行 RDH-ED 技术创新与应用场景开拓的重要手段。使用生成对抗网络技术优化信息隐藏各技术环节，分别从生成可嵌入额外信息的图像载体，生成携带秘密信息的携密图像，生成具有鲁棒性、可抵抗常见的噪声与重压缩攻击的携密图像等角度，提出多种生成式 RDH-ED 算法。

2. 对 RDH-ED 嵌入安全性的检测

为了进一步检验 RDH-ED 算法的安全性，实践检验密文域可逆信息隐藏对嵌入信息安全性的相关要求，定量分析所提出算法的技术性能，结合人工智能技术中的注意力机制与新残差网络等新技术，以及强化学习等新一代更高效率的人工智能工具可以有效提升嵌入安全性的分析效率与性能。

3. 神经网络可逆性的实现与应用

1）可逆性的学习与实现

普遍认为，卷积神经网络的成功源于逐步丢弃问题输入的随机性与可变性。在常见的网络架构中，难以从图像的隐藏表征中直接恢复图像，但是对可逆性的学习与实现，可有效地将神经网络的特点应用于可逆信息隐藏等场景中，因此如何构造具有可逆性的神经网络学习与训练架构，从而实现生成过程的可逆恢复或迭代是一个兼具难度与重要意义的课题。构造方法可以参考以下两方面：

一是基于具有一定可逆结构的神经网络，如流模型，或具有双向循环生成结构的 CycleGAN。其中 CycleGAN，即循环生成对抗网络，出自发表于 ICCV17 的论文“Unpaired Image-to-Image Translation using Cycle-Consistent Adversarial Networks”[59]，文章所提到的技术具有一定的原始输入的恢复能力。该生成网络主要是用于图像风格迁移任务。以前的网络迁移任务的 GAN 都是单向生成的，CycleGAN 为了突破 Pix2Pix 对数据集图片一一对应的限制，采用了双向循环生成的结构，因此得名 CycleGAN。但是该网络中所实现的双向循环主要是图像风格方面的恢复，与可逆信息隐藏所追求的比特级的数据恢复是有所不同的。CycleGAN 的恢复能力体现在图像的低频特征上，如图像结构、轮廓或内容语义上，而可逆信息隐藏要求的恢复能力则体现在原始载体的高频特征上，如图像细节甚至是各像素比特的数值等。

二是循环神经网络(Recurrent Neural Networks，RNN)。RNN 在处理序列数据方面取得了当前最佳的性能表现，但训练时需要大量内存。可逆循环神经网络提供了一个减少训练内存需求的路径，因为隐藏状态不需要存储，而是可以在反向传播过程中重新计算的。同样地，RNN 也可用于构造可逆的学习模型。

2）可逆性的应用

可逆的生成网络可以有效实现多幅图像的叠加生成[60]，现有的单图像隐藏算法将一张秘密图像通过一个隐藏网络嵌入载体图像，最终生成隐秘图像。为了使不知情的人发现秘密图像的存在，图像隐藏任务要求隐秘图像和载体图像在视觉效果上是一致的。在实际使用时，还需要一个恢复网络将隐秘图像中的秘密图像恢复出来，自然恢复图像的质量也不能太差，也需要一个损失函数项来约束。在输入时将多张秘密图像进行堆叠(Concatenation)操作，就实现了多图像隐藏的算法，这也是现有的多图像隐藏算法的基本思路。这种思路虽然简单，但仍存在着一些问题：所有秘密图像一股脑塞进网络，让网络“硬训”出一个结果，虽然网络也能收敛，但没有考虑秘密图像之间的关系，隐藏时容易产生“视觉伪影”和“颜色失真”。可逆网络可以有效保持图像恢复过程中的质量，在实现多图隐藏的过程中具有独特的优势。

6.2.4 基于 RDH-ED 的安全认证协议

数据交互与模型训练反馈的过程复杂，身份认证、完整性认证、数据溯源等复杂的系统认证功能通常需要依据一定的安全认证协议来实现，协议能够有效统筹各类信息安全技术，也是实现人机交互、提升数据共享安全性与模型训练效率的重要保证[61]。为推进 RDH-ED 技术在分布式环境中的应用，实现与加密、Hash、签名、零知识证明[62]、秘密共享等技术的对接与融合，基于密文域可逆信息隐藏的安全认证协议也是一个重要的研究方向。

在计算机网络或信息化系统中，基于密码技术与数字签名等技术的安全认证协议为网络安全通信提供了有效保障。RDH-ED 将密码技术与信息隐藏技术有机融合实现了密文数据可逆认证的功能，具有认证效率高、鲁棒性好、安全性强等特点。为推进 RDH-ED 技术在密文环境中的应用，设计基于 RDH-ED 的分布式安全认证协议具有重要意义。

通过系统分析分布式系统在密文数据生成、传输、交换过程中，对于身份认证、完整性认证和数据溯源检索方面的需求，分别研究基于 RDH-ED 技术的分布式系统身份认证协议、完整性认证协议、密文检索认证协议；通过解决 RDH-ED 与常用密码技术的融合对接问题，明确 RDH-ED 技术在安全认证过程中的作用与地位；通过从多维度定义协议完备性的评估方法，系统论证所提协议的安全性、正确性、保密性与冗余性等基本性质，解决分布式安全认证协议的完备性模型关键科学问题，为 RDH-ED 技术的实用化推进提供协议支持与评估理论的支撑。

将 RDH-ED 与安全认证协议的有机融合应当基于 RDH-ED 的冗余性、认证信息的嵌入提取效率及其安全性，并结合安全认证协议的设计原则、形式化分析方法、攻击手段以及安全性评估模型进行分析与研究。在设计过程中要针对具体的密文环境与特定的密码体制，运用密文域可逆嵌入机理，并结合密文安全认证协议的需求设计相应的密文域可逆隐藏方案。然后，按照协议设计的一般方法与原则并结合隐藏方案的特点，构建符合

Kerckhoffs 准则等基本安全准则的 RDH-ED 密文安全认证协议，同时要求其能够抵抗重放攻击、绑定攻击、封装攻击及并行会话攻击等不同攻击类型，确保密钥管理分发安全、认证消息与密文数据在协议交互认证中的机密性、完整性和可用性。最后，利用形式化分析、模型检测与定理证明等方法建立密文安全认证协议完备性模型，利用可证明安全方法模拟协议认证过程并实现协议的安全性证明，进而解决安全认证协议设计的完备性模型问题。

1. 基于 RDH-ED 的密文系统身份认证协议

身份认证是确认实体对象的数字身份与物理身份是否一致的过程，该过程主要利用实体对象所特有的标识、口令、密保、生物特征以及行为特征进行识别与认证。密文系统身份认证协议是由多方参与者为实现对数据提供者身份认证的目的而执行的一个具有确定动作序列的算法。在密文环境下，数据共享需求大、交互模式复杂、攻击风险较大，为保证数据来源的真实性与可靠性，可利用数字签名或加密技术将数据拥有者与使用者的身份信息变换为认证信息，并运用 RDH-ED 的多重嵌入机制嵌入密文数据，这样不仅提高了单次通信传输多重信息的认证效率，而且有效实现了密文共享传递过程中的数据溯源。

研究方法主要是将密码技术与密文域可逆嵌入理论与框架作为研究密文系统身份认证协议的基础，结合当前广泛应用的身份认证协议、框架与策略(例如单点登录协议，客户端身份认证框架 SALS、HTTP、SSH，表单认证策略等)，设计特定密文应用场景下的身份认证协议，并通过理论证明与实验模拟的方法系统地分析认证协议的安全性、逻辑的完备性、抵抗攻击的鲁棒性，确保认证过程中信息的保密性、完整性和可用性。

密文身份认证协议的设计与 RDH-ED 的嵌入原理与基本框架是不可分割的，必须针对具体的应用场景，将身份认证需求与隐藏算法的特点相结合，从而有效设计基于 RDH-ED 的密文系统身份认证协议。例如，在司法取证的应用场景下，RDH-ED 需要具备多重嵌入的特点，即任何用户在使用数据的过程中都会嵌入相应的身份信息。在数据溯源的过程中必须确保对所有数据使用者身份认证的正确性与合法性。

首先，利用符号理论与可证明安全理论以形式化方法证明协议的安全性，然后，基于 BAN 逻辑、GNY 逻辑、AT 逻辑、VO 逻辑、SVO 逻辑和 Kailar 逻辑等逻辑推理的方法证明协议认证流程的正确性，此外，还可以采用模型检测与定理证明等方法。最后，针对不同类型的协议攻击手段，以模拟攻击的方法验证协议的安全性。

BAN 逻辑是一种基于知识和信任的形式逻辑方法，属于多归类的形式逻辑方法，其中涉及的对象包括三类，即参与主体、加密密钥和表达式。其中，表达式是利用多种语法来分析证明协议认证流程的正确性的。为了证明协议认证操作的正确性，BAN 逻辑需要设定一些专用的逻辑规则来完成协议的分析和推理。例如，消息意义规则是对主体发送消息的翻译；随机数验证规则是对当前消息时效性的验证，验证成功的消息会得到发送者的信任；裁判权规则指主体可借由裁决的消息去判定信任的对象。

公钥基础设施(Distributed Public Key Infrastructure，DPKI)并非是对 PKI 的全盘抛弃和替代，整个身份体系的技术基础仍然是分布式 PKI，DPKI 是在原有 PKI 认证体系的基础之上的一种改进和补充，也是未来网络信任生态的基础设施，其特点主要如下：

(1) 身份自主控制：每个用户的身份不是由可信的第三方控制，而是由其所有者控制，个人能自主管理自己的身份，而不是依赖于应用方。

(2) 身份可移植：个人可以携带自己的身份，从一处漫游到另一处，而非仅仅局限于某一个平台或某一个系统之中。

(3) 密文认证：认证的过程不需要依赖于提供身份的应用方，任何人都可以创建身份标识。

2. 基于 RDH-ED 的密文系统完整性认证协议

数据的完整性主要指数据的精确性与可靠性，通常使用散列函数计算数据摘要的方式进行验证，该过程主要包括密文数据摘要的计算、完整性信息的提取以及信息的认证。在密文系统中，由于数据存储在不同的密文服务器中，数据面临修改、伪造等潜在攻击的风险较大，将完整性认证信息嵌入密文数据中，能够在解密之前灵活、高效地实现密文数据的完整性、一致性认证，从而减小计算开销。

协议设计过程中，首先分类讨论数据完整性认证的应用场景，确定认证的需求，然后结合完整性证明相关理论设计验证方案与协议通信过程，最后。通过形式化分析与模拟攻击测试的方法分析协议的安全性并进一步完善协议。协议的具体实现过程中，主要利用安全哈希函数与数字签名技术生成密文数据的认证信息，然后基于 RDH-ED 技术传递认证信息。

安全哈希算法 SHA 由美国 NIST 设计，主要适用于数字签名标准里面定义的数字签名算法(Digital Signature Algorithm, DSA)。对于长度小于 64 位的消息，SHA1 会产生一个 160 位的消息摘要。当接收到消息的时候，这个消息摘要可以用来验证数据的完整性。

HMAC 算法是一种基于密钥的报文完整性的验证方法，其安全性是建立在 Hash 加密算法基础上的。它要求通信双方共享密钥、约定算法、对报文进行哈希运算，形成固定长度的认证码。通信双方通过认证码的校验来确定报文的合法性，可以用作加密、数字签名、报文验证等。

SM3 密码杂凑算法是中国国家密码管理局 2010 年公布的中国商用密码杂凑算法标准。它是在 SHA-256 基础上改进实现的一种算法，主要用于数字签名及验证、消息认证码生成及验证、随机数生成等。消息分组长度为 512 位，摘要值长度为 256 位，其安全性和 SHA-256 相当。

3. 基于 RDH-ED 的分布式系统密文检索认证协议

针对现有密文检索方法存在计算复杂度高、功能单一、信息易被剪裁等应用局限，此处主要研究利用 RDH-ED 的方法将分词、语义、索引等信息灵活、高效、安全地嵌入密文数据，设计分布式系统中的密文检索认证协议，用于密文数据的检索与辅助管理。

在分布式云环境下，出于信息安全与用户隐私的考虑，需要将加密后的数据存储在云服务器上，针对这些加密的非结构化数据，密文检索技术要求为用户提供高效的检索方案。此外，密文检索在密文管理领域具有重要的应用价值。传统的密文检索协议通过建立检索标签并放置在特定的数据结构中实现数据查询。由于检索标签存在易被剪切、复制的风险，设计将标签信息嵌入密文中进行通信交互的认证协议，在不影响密文无失真解密的情况下可以有效支持标签信息的提取与认证。嵌入密文的信息难以被剪切或复制，可以有效降低攻击威胁，同时减少了标签信息传递的数据量，降低了认证过程中的传输成本。

研究方法主要是将密文检索技术与分布式密文域可逆嵌入理论与框架作为基本理论，结合同态加密、保序加密、布隆过滤器、掩码技术等密文检索技术，设计分布式密文检索认证协议，并基于 Web 服务定义标准接口。最后，通过理论推导、实验仿真的方法完善协议设计，通过建模检测与形式化证明的方法进行正确性与安全性的验证。

密文检索系统在功能上需要具备的核心功能有建立索引、处理查询返回结果集、增加索引、优化索引结构等；在结构上，主要有索引引擎、查询引擎、文本分析引擎、对外接口等。

密文检索认证协议采用单向认证模式，密文数据的加密可使用第三方算法。协议设计的过程中，首先确定密文检索的应用环境并做出需求分析。然后，通过分词、编码、建立语义等方法生成索引信息并结合散列函数输出消息摘要，同时，结合高效的分布式 RDH-ED 算法构建安全高效的索引与查询算法。最后，基于 Web 服务定义规范的 API 接口。

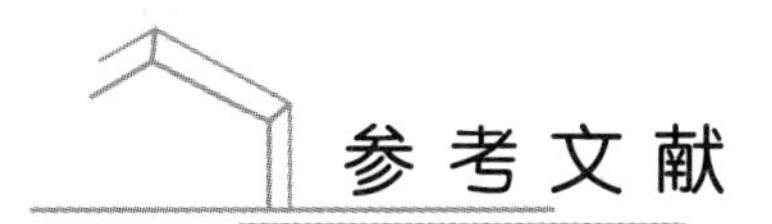

参考文献

[1] 沈昌祥，张焕国，冯登国，等. 信息安全综述 [J]. 中国科学(E 辑：信息科学)，2007，37(2)：129 - 150.

[2] 冯登国，张敏，李昊. 大数据安全与隐私保护 [J]. 计算机学报，2014，37(1)：246 - 258.

[3] JOHNSON N，JAJODIA S. Exploring steganography：Seeing the unseen [J]. Computer，1998，31 (2)：26 - 34.

[4] 孙圣和，陆哲明，牛夏牧. 数字水印技术及应用 [M]. 北京：科学出版社，2004.

[5] 王丽娜，张焕国，叶登攀，等. 信息隐藏技术与应用 [M]. 武汉：武汉大学出版社，2012.

[6] 钮心忻. 信息隐藏与数字水印 [M]. 北京：北京邮电大学出版社，2004.

[7] SIMMONS G J. The prisoner's problem and the subliminal channel [C]. Advances in Cryptology：Proceedings of CRYPTO'83. NY：Plenum Press. 1984：51 - 67.

[8] 王育民，张彤，黄继武，等. 信息隐藏技术理论与应用 [M]. 北京：清华大学出版社，2006.

[9] 柯彦，张敏情，刘佳，等. 密文域可逆信息隐藏综述 [J]. 计算机应用，2016，36(11)：1179 - 1189.

[10] BARTON J M. Method and apparatus for embedding authentication information within digital data [P]. U. S. Patent 5646997. 1997.

[11] KE Y，ZHANG M，LIU J，et al. Fully homomorphic encryption encapsulated difference expansion for reversible data hiding in encrypted domain [J]. IEEE Transactions on Circuits and Systems for Video Technology，2020，30(8)：2353 - 2365.

[12] ZHANG X. Reversible data hiding in encrypted image [J]. IEEE Signal Processing Letters，2011，18(4)：255 - 258.

[13] ZHOU J，SUN W，DONG L，et al. Secure reversible image data hiding over encrypted domain via key modulation [J] IEEE Trans. Circuits Syst. Video

Technol, 2016, 26(3): 441 - 452.

[14] WU X, SUN W. High-capacity reversible data hiding in encrypted images by prediction error [J]. Signal Processing, 2014, 104(11): 387 - 400.

[15] QIAN Z, ZHANG X, WANG S. Reversible data hiding in encrypted JPEG bitstream [J]. IEEE Transaction on Multimedia, 2014, 16(5): 1486 - 1491.

[16] PUTEAUX P, PUECH W. An efficient msb prediction-based method for high-capacity reversible data hiding in encrypted images [J]. IEEE Transactions on information forensics and security, 2018, 13(7): 1670 - 1681.

[17] ZHANG X. Separable reversible data hiding in encrypted image [J]. IEEE Transactions on Information Forensics and Security, 2012, 7(2): 826 - 832.

[18] WU H, SHI Y, WANG H. Separable reversible data hiding for encrypted palette images with color partitioning and flipping verification [J]. IEEE Transactions on Circuits and Systems for Video Technology, to be published, 2016, 27(8): 1620 - 1631.

[19] CAO X, DU L, WEI X, et al. High capacity reversible data hiding in encrypted images by patch-level sparse representation [J]. IEEE Transactions on Cybernetics, 2016, 46(5): 1132 - 1143.

[20] HUANG F, HUANG J, SHI Y. New framework for reversible data hiding in encrypted domain [J]. IEEE Transactions on information forensics and security, 2016, 11(12): 2777 - 2789.

[21] PUECH W, CHAUMONT M, STRAUSS O. A reversible data hiding method for encrypted images [C]. Proc. SPIE 6819, Security, Forensics, Steganography, and Watermarking of Multimedia Contents X, 2008, 68 191E-68 191E-9.

[22] ZHANG W, MA K, YU N. Reversibility improved data hiding in encrypted images [J]. Signal Processing, 2014, 94(1): 118 - 127.

[23] LI M, XIAO D, ZHANG Y, et al. Reversible data hiding in encrypted images using cross division and additive homomorphism [J]. Signal Processing: Image Communication, 2015, 39(11): 234 - 248.

[24] CHEN Y, SHIU C, HORNG G. Encrypted signal-based reversible data hiding with public key cryptosystem [J]. Journal of Visual Communication and Image Representation, 2014, 25(5): 1164 - 1170.

[25] SHIU C, CHEN Y, HONG W. Encrypted image-based reversible data hiding with public key cryptography from difference expansion [J]. Signal Processing: Image Communication, 2015, 39(11): 226 - 233.

[26] WU X, CHEN B, WENG J. Reversible data hiding for encrypted signals by homomorphic encryption and signal energy transfer [J]. Journal of Visual Communication and Image Representation, 2016, 41(11): 58 - 64.

[27] ZHANG X, LOONG J, WANG Z, et al. Lossless and reversible data hiding in encrypted images with public key cryptography [J]. IEEE Transactions on Circuits

and Systems for Video Technology, 2016, 26(9): 1622 - 1631.

[28] WU H, CHEUNG Y, HUANG J. Reversible data hiding in paillier cryptosystem [J]. Journal of Visual Communication and Image Representation, 2016, 40(10): 765 - 771.

[29] LI M, LI Y. Histogram shifting in encrypted images with public key cryptosystem for reversible data hiding [J]. Signal Process, 2017, 130(1): 190 - 196.

[30] XIANG S, LUO X. Reversible data hiding in homomorphic encrypted domain by mirroring ciphertext group [J]. IEEE Trans. Circuits Syst. Video Technol., 2018, 28(11): 3099 - 3110.

[31] 张敏情，柯彦，苏婷婷. 基于 LWE 的密文域可逆信息隐藏[J]. 电子与信息学报，2016，38(2)：354 - 360.

[32] KE Y, ZHANG M, LIU J. Separable multiple bits reversible data hiding in encrypted domain [C]. Digital Forensics and Watermarking-15th International Workshop, IWDW 2016, Beijing, China, LNCS, 10082, 2016, 470 - 484.

[33] LI Z X, DONG D P, XIA Z H. High-capacity reversible data hiding for encrypted multimedia data with somewhat homomorphic encryption [J]. IEEE Access, 2018, 6(10): 60635 - 60644.

[34] 柯彦，张敏情，苏婷婷. 基于 R-LWE 的密文域多比特可逆信息隐藏算法[J]. 计算机研究与发展，2016，53(10)：2307 - 2322.

[35] 柯彦，张敏情，刘佳. 可分离的加密域十六进制可逆信息隐藏[J]. 计算机应用，2016，36(11)：3082 - 3087.

[36] 柯彦，张敏情，张英男. 可分离的密文域可逆信息隐藏[J]. 计算机应用研究，2016，32(11)：3476 - 3479.

[37] 柯彦，张敏情，项文. 加密域的可分离四进制可逆信息隐藏算法[J]. 科学技术与工程，2016，16(27)：58 - 64.

[38] LI J, MA R, GUAN H. Tees: an efficient search scheme over encrypted data on mobile cloud [J]. IEEE Transactions on Cloud Computing, 2017, 5(1): 126 - 139.

[39] KE Y, ZHANG M, LIU J, et al. A multilevel reversible data hiding scheme in encrypted domain based on LWE [J]. Journal of Visual Communication & Image Representation, 2018, 54, (7): 133 - 144.

[40] DEUTSCH D. Quantum theory, the Church-Turing principle and the universal quantum computer [C]. Proceedings of the Royal Society of London A: Mathematical, Physical and Engineering Sciences. The Royal Society, 1985, 400 (1818): 97 - 117.

[41] SHOR P W. Algorithms for quantum computation: Discrete lbarithms and factoring [C]. Proceedings 35th annual symposium on foundations of computer science. Ieee, 1994: 124 - 134.

[42] GROVER L K. A fast quantum mechanical algorithm for database search [C].

Proceedings of the Twenty-eight Annual ACM Symposium on Theory of Computing. ACM, 1995: 212-219.

[43] CHEN L, JORDAN S. Report on post-quantum cryptography [M]. Gaithersburg: US Department of Commerce, National Institute of Standards and Technology, 2016.

[44] GOODFELLOW I J, POUGET A J, MIRZA M, et al. Generative adversarial networks. In Conference and Workshop on Neural Information Processing Systems, 2014.

[45] VOLKHONSKIY D, NAZAROV I, BORISENKO B, et al. Steganographic generative adversarial networks. https://arxiv.org/abs/1703.05502 (2017).

[46] LI B, WANG M, HUANG J, et al. A new cost function for spatial image steganpgraphy. Proc. of International Conference on Image Processing, 2014.

[47] RADFORD A, METZ L, CHINTALA S. Unsupervised representation learning with deep convolutional generative adversarial networks. Computer Science, 2015.

[48] SHI H, DONG, J, WANG, W. et al. Ssgan: secure steganography based on generative adversarial networks. https://arxiv.org/abs/1707.01613v3, 2017.

[49] TANG W, TAN S, LI B, et al. Automatic steganographic distortion learning using a generative adversarial network. IEEE Signal Processing Letters, 2017, 24(10), 1547-1551.

[50] CHU C, ZHMOGINOV A, CYCLEGAN M S. A master of steganography. https://arxiv.org/abs/1712.02950.

[51] YANG J, LIU K, KANG X, et al. Spatial image steganography based on generative adversarial network. https://arxiv.org/abs/1804.07939.

[52] TANG W X, TAN S Q, LI B, et al. Automatic steganographic distortion learning using a generative adversarial network [J]. IEEE Signal Processing Letters, 2017, 24(10): 1547-1551.

[53] HAYES J, DANEZIS G. Generating steganographic images via adversarial training. https://arxiv.org/abs/1703.00371 (2017).

[54] KE Y, ZHANG M, LIU J, et al. Generative steganography with Kerckhoffs' principle [J]. Multimedia Tools and Applications, 2019, 78(10): 13805-13818.

[55] LIU M, LIU J, ZHANG M, et al. Generative Information Hiding Method Based on Generative Adversarial Networks. Journal of Applied Sciences, 2018, 36(2), 27-36.

[56] ODENA A, OLAH C, SHLENS J. Conditional image synthesis with auxiliary classifier gans. https://arxiv.org/abs/1610.09585 (2016).

[57] LIU J, ZHOU T, ZHANG Z, et al. Digital cardan grille: a modern approach for information hiding. https://arxiv.org/abs/1803.09219.

[58] LIU J, KE Y, LEI Y, et al. The reincarnation of grille cipher: a generative approach. https://arxiv.org/abs/1804.06514.

[59] ABADI M, ANDERSEN D G. Learning to protect communications with adversarial neural cryptography [OL]. ArXiv: 1610.06918v1 [cs. CR]. 2017.

[60] GUAN Z. DeepMIH: deep invertible network for multiple image hiding[J]. IEEE Transactions on Pattern Analysis and Machine Intelligence, doi: 10.1109/TPAMI. 2022.3141725.

[61] 屈娟，冯玉明，李艳平，等 可证明安全的面向无线传感器网络的三因素认证及密钥协商方案[J]. 通信学报，2018，39(Z2)：189-197.

[62] 李龚亮，贺东博，郭兵，等. 基于零知识证明的区块链隐私保护算法[J]. 华中科技大学学报(自然科学版)，2020，7：117-121.